普通高等教育“十三五”规划教材

过程控制

彭开香　主编

北京
冶金工业出版社
2021

内 容 提 要

本书在讲述过程控制的发展概况与特点、基本组成与分类、系统表示及其性能指标的基础上，介绍了过程检测仪表、过程执行器与安全栅，以及简单控制系统组成、设计、投运与参数整定技术，讨论了串级控制、大滞后控制、前馈控制、比值控制、选择性控制、分程控制、双重控制、差拍控制、均匀控制等常用复杂控制系统，并简单介绍了预测控制、自适应控制、解耦控制、模糊控制、神经网络控制、专家系统控制等先进过程控制技术，阐述了工业生产过程中典型单元操作的控制方案，还介绍了两个典型的钢铁生产过程的控制，即转炉炼钢过程控制技术与带钢热连轧过程控制技术，给出几类典型工业过程控制系统的设计实践。

本书的特点是理论与实际紧密结合，基本理论与新技术并重，切合信息化与工业化融合需求。本书既可作为大专院校自动化、电气工程等专业本科生、研究生教材或参考书，也可供从事过程控制的工程技术人员或相关专业的高校师生参考。

图书在版编目(CIP)数据

过程控制/彭开香主编．—北京：冶金工业出版社，2016.1
(2021.6 重印)
普通高等教育“十三五”规划教材
ISBN 978-7-5024-7055-5

Ⅰ.①过… Ⅱ.①彭… Ⅲ.①过程控制—高等学校—教材
Ⅳ.①TP273

中国版本图书馆 CIP 数据核字(2015) 第 242208 号

出 版 人 苏长永
地　　址 北京市东城区嵩祝院北巷 39 号 邮编 100009 电话 (010)64027926
网　　址 www.cnmip.com.cn 电子信箱 yjcbs@cnmip.com.cn
责任编辑 戈 兰 美术编辑 彭子赫 版式设计 孙跃红
责任校对 王永欣 责任印制 李玉山
ISBN 978-7-5024-7055-5
冶金工业出版社出版发行；各地新华书店经销；北京虎彩文化传播有限公司印刷
2016 年 1 月第 1 版，2021 年 6 月第 3 次印刷
787mm×1092mm 1/16；21.75 印张；523 千字；333 页
49.00 元

冶金工业出版社 投稿电话 (010)64027932 投稿信箱 tougao@cnmip.com.cn
冶金工业出版社营销中心 电话 (010)64044283 传真 (010)64027893
冶金工业出版社天猫旗舰店 yjgycbs.tmall.com
(本书如有印装质量问题，本社营销中心负责退换)

前　言

工业领域正在全球范围内发挥越来越重要的作用，是推动科技创新、经济增长和社会稳定的重要力量。但与此同时，市场竞争也在变得愈发激烈。客户需要新的、高质量的产品，要求以更快的速度交付根据客户要求定制的产品。此外，还必须不断提高生产力水平。只有那些能以更少的能源和资源完成产品生产的企业，才能够应对不断增长的成本压力。而过程控制技术是现代工业的基石，是人类对生产力发展需求的产物。过程控制技术的有效运用能够缩短产品上市时间、提高生产效率和灵活性，帮助工业企业保持在市场上的竞争优势。

本书是一本综合性、工程性及实用性专业课教材，将过程控制技术与控制系统实现方法相结合，在综合介绍制造业未来与工业过程控制技术发展趋势后，着重讲述过程控制的基本原理及其工程实现，阐述如何将控制理论知识应用到实际工业过程，内容简洁明了，通俗易懂，图文并茂，重点突出，在描述过程控制系统构成和工作原理的基础上，注重实践，并将理论与工业过程实践有机结合。

工业领域即将迎来第四次工业革命，恰如当前生产数字化与自动化的如影随形。其目标都是为了提高生产力，实现更高的效率、生产速度以及更加优异的质量。只有如此，企业才能在通往未来工业的征途上持续保持竞争力。谨以此书献给在高等学校学习的自动化及其相关专业学生和工作在第一线的过程控制工程师，望推动先进过程控制技术在工业生产过程中的推广和应用。

本书总共10章，第1章绪论，主要概述了过程控制的发展概况与特点、过程控制系统的组成与分类、过程控制系统的表示形式与性能指标等。第2章过程检测仪表与执行器，介绍了典型工业过程检测仪表、执行器与安全栅。第3章工业过程数学模型，介绍了工业过程数学模型建立的基本方法，重点阐述了工业过程动态数学模型建立途径与实例分析。第4章简单控制系统，介绍了简单控制系统的设计、投运与参数整定等内容。第5章常用复杂控制系统，介绍了串级、大滞后、前馈、比值、选择性、分程、双重、差拍、均匀等复杂控制的基本原理与系统设计方法。第6章先进过程控制技术，概述了几类常用的先进控制技术及其应用。第7章典型过程单元控制，介绍了典型工业过程单元操作的控制方案。第8、9章介绍了两种典型流程的过程控制系统的设计与实现。第10章工业过程控制实践，介绍了几种典型过程控制系统设计实现与应用实例。

本书由彭开香主编，刘艳、董洁、李江昀编写了部分章节。编写过程中也得到北京科技大学自动化学院王秉正、张雄、景灏、穆启鹏、于威立、李星、陈建华等研究生的支持。在本书正式出版之际，谨向他们表示衷心的感谢。本书责任编辑等为本书的出版也付出了辛勤劳动，在此一并致谢。

由于作者水平有限，以及所做研究和实践工作的局限性，书中难免存在不妥之处，恳请广大读者批评指正。

作 者

2015年8月于北京

目　录

第1章 绪 论

教学要求： 了解过程控制的发展概况及特点；
掌握过程控制系统各部分作用，系统的组成；
掌握管道及仪表流程图绘制方法，认识常见图形符号、文字代号；
学会绘制简单系统的管道及仪表流程图；
掌握控制系统的基本控制要求（稳定、快速、准确）；
掌握静态、动态及过渡过程概念；
掌握品质指标的定义，学会计算品质指标。

重　点： 自动控制系统的组成及各部分的功能；
负反馈概念；
控制系统的基本控制要求及质量指标。

难　点： 常用术语物理意义（操纵变量与扰动量区别）；
根据控制系统要求绘制方框图；
静态、过渡过程概念。

过程控制是指根据工业生产过程的特点，采用测量仪表、执行机构和控制装置等自动化工具，应用控制理论，设计工业生产过程控制系统，使表征生产过程的温度、压力、流量等参量接近给定值或保持在给定范围内，从而提高产品质量，降低能耗，保障安全生产，实现工业生产过程的自动化。

过程控制广泛应用于石油、化工、电力、冶金、轻工、纺织等工业部门，是控制理论与工业过程、设备，以及自动化仪表和计算机工具相结合的工程应用科学。随着工业生产逐渐走向大型化、复杂化，为了满足工业过程生产管理的要求，过程控制在传统仪表控制基础上，以计算机多级控制为核心，向综合化、智能化方向不断发展。

1.1 过程控制的发展概况及特点

过程控制是实现生产过程自动化的重要手段，是现代工业控制的一个重要分支。在过程控制发展的历程中，生产过程的需求、控制理论的开拓和控制技术工具与手段的进展三者相互影响、相互促进，推动了过程控制不断的向前发展。

1.1.1 过程控制的发展概况

纵观过程控制的发展历史，大致经历了以下几个阶段：

（1）20世纪40年代：手工操作状态，只有少量的检测仪表用于生产过程，操作人员主要根据观测到的反映生产过程的关键参数，用人工来改变操作条件，凭经验去控制生产过程。

（2）20世纪40年代末到50年代：大多数是根据以反馈为中心的经典控制理论，设计的单输入、单输出简单控制系统。采用的是基地式仪表和部分单元组合仪表（气动Ⅰ型和电动Ⅰ型），部分生产过程实现了仪表化和局部自动化。

这个阶段以经典控制理论为基本方法，以传递函数为基础，采用根轨迹法和频率法对系统进行分析。自动化水平处于比较低级的阶段，理论上也尚不完整。

（3）20世纪60年代：根据以状态空间方法为基础，以极小值原理和动态规划等最优控制理论为基本特征的现代控制理论，将传统的单输入单输出系统发展到多输入多输出系统领域，出现了串级、比值、均匀、前馈和选择性等多种复杂控制系统。单元组合仪表（气动Ⅱ型和电动Ⅱ型）成为主流产品。60年代后期，出现了专门用于过程控制的小型计算机，直接数字控制系统和监督计算机控制系统开始应用于过程控制领域。

20世纪60年代以后，人们研究出了现代控制理论，它以状态空间为分析基础，包括以最小二乘法为基础的系统辨识，以极小值原理和动态规划为基础的优化控制和以卡尔曼滤波理论为核心的最优估计三个部分，因此使分析系统的方法从外部现象深入到揭示系统的内在规律。

（4）20世纪70～80年代：20世纪70年代开始，为解决大规模复杂系统的优化与控制问题，现代控制理论和系统理论相结合，逐步形成了大系统理论，建立起系统分解与协调的思想，出现了自适应控制、随机控制、最优控制、非线性分布式参数控制、解耦控制等复杂控制方式。20世纪80年代起，智能控制飞速发展，基于专家知识的专家系统、模糊控制、人工神经网络控制、学习控制和基于信息论的智能控制等，在很多领域得到了广泛的应用。

控制理论和其他学科相互渗透，从而形成了以大系统理论和智能控制理论为代表的所谓第三代控制理论。

智能控制作为新一代的控制理论方法，是人工智能与自动控制的结合。人工智能是指智能机器所执行的通常与人类智能有关的功能，如判断、推理、识别、感知、设计和学习等思维活动，其研究内容十分广泛，包含知识表示、问题求解、语言理解、机器学习、模式识别、逻辑推理、人工神经网络、专家系统和智能控制等。目前应用于控制的主要形式为专家系统、模糊控制和人工神经网络。

微型计算机广泛应用于过程控制领域，自动化仪表采用气动Ⅲ型和电动Ⅲ型，即以微处理器为主要构成单元的智能控制装置。集散控制系统（DCS）、可编程逻辑控制器（PLC）、工业PC机和数字控制器等，已成为控制装置的主流。集散控制系统实现了控制分散、危险分散、操作监测和管理集中。

（5）20世纪90年代至今：20世纪90年代后，过程控制朝着综合化、智能化方向不断发展。国内外企业在国际市场的激烈竞争刺激下，把提高综合自动化水平作为挖潜增效、提高竞争力的重要途径，集常规控制、先进控制、过程优化、生产调度、企业管理、经营决策等功能于一体的综合自动化成为企业的发展目标，也成为当今过程控制系统的发展方向。

随着计算机技术和网络技术的迅速发展，出现了总线控制系统，引起过程控制系统体系结构和功能结构上的重大变革，现场仪表数字化和智能化，控制系统中的各个单元实现网络通信，形成了真正意义上的全分散、全数字化、智能化、双向、互联、多变量、多点和多站的过程控制系统。

（6）未来发展的展望：过程控制技术由传统的仪表简单控制，到现场总线、计算机多级先进控制，再到智能化、信息化的综合控制，可以说过程控制技术的发展是中国工业制造行业发展的一个缩影。如何提升我国的工业制造水平，缩短与发达国家之间的差距成为我国政府关注的重点。

2014 年我国政府与德国建立并开展工业 4.0 的合作，所谓“工业 4.0”概念包含了由集中式控制向分散式增强型控制的基本模式转变，目标是建立一个高度灵活的个性化和数字化的产品与服务的生产模式，即是以智能制造为主导的第四次工业革命。

借鉴德国工业 4.0 计划，我国于 2015 年 3 月 5 日，提出要实施“中国制造 2025”，即以体现信息技术与制造技术深度融合的数字化网络化智能化制造为主线，提升产品设计能力，完善制造业技术创新体系，强化制造基础，提升产品质量，推行绿色制造，培养具有全球竞争力的企业群体和优势产业。因此，推进信息技术和控制技术有机结合，发展工业制造领域的综合自动化智能控制将成为未来过程控制发展的主要方向。

1.1.2 过程控制系统的特点

过程控制技术是自动化技术的重要组成部分，通常是指石油、化工、纺织、电力、冶金、轻工、建材、核能等工业生产中连续的或按一定周期程序进行的生产过程自动化，与其他自动控制系统比较，过程控制具有以下特点：

（1）被控对象复杂多样。过程控制涉及范围很广，如石化过程的精馏塔、反应器，热工过程的换热器、锅炉等；生产过程是一个复杂大系统，其动态特性多为大惯性、大滞后形式，且具有非线性、分布参数和时变特性；工业生产是多种多样的，生产过程机理不同，规模大小不同，生产的产品千差万别。因此，过程控制的被控对象也是复杂多样的。

（2）对象动态特性存在滞后。生产过程大多是在庞大的生产设备内进行，当流入（或流出）对象的质量或能量发生变化时，由于存在容量、惯性和阻力，被控参数不可能立即产生响应，这种现象称为滞后。生产设备的规模越大，物质传输的距离越长，能量传递的阻力越大，造成的滞后就越大。

（3）对象动态特性存在非线性。对象动态特性大多是随负荷变化而变的，即当负荷改变时，其动态特性有明显的不同。因此大多数生产过程都具有非线性特性，如果只以较理想的线性对象的动态特性作为控制系统的设计依据，就难以得到满意的控制结果。

（4）过程控制方案丰富多样。由于工业过程的复杂性和多样性，决定了过程控制系统的控制方案的多样性。为了满足生产过程中越来越高的要求，过程控制方案也越来越丰富。有单变量控制系统，也有多变量控制系统；有常规仪表过程控制系统，也有计算机集散控制系统；有提高控制品质的控制系统，也有实现特殊工艺要求的控制系统；有传统的 PID 控制，也有先进控制系统，例如自适应控制、预测控制、解耦控制、推断控制和模糊控制等。

被控对象特性各异，工艺条件及要求不同，过程控制系统的控制方案非常丰富，包括常规 PID 控制、改进 PID 控制、串级控制、前馈-反馈控制、解耦控制，为满足特定要求而开发的比值控制、均匀控制、选择性控制、推断控制，新型控制系统如模糊控制、预测控制、最优控制等。

（5）定值控制是过程控制的主要形式。在多数工业生产过程中，被控变量的设定值为一个定值，定值控制的主要任务在于如何减小或消除外界干扰，使被控变量尽量接近或等于设定值，使生产稳定。

1.1.3 过程控制的主要内容

过程控制针对工业生产过程的各个环节有不同的内容，一般来说包括以下几方面：

（1）自动检测系统。利用各种检测仪表对工艺参数进行测量、指示或记录。如：加热炉温度、压力检测。

（2）自动信号和联锁保护系统。自动信号系统是指当工艺参数超出要求范围，自动发出声光信号，即参数超限报警系统。联锁保护系统是指达到危险状态，打开安全阀或切断某些通路，必要时紧急停车，例如当反应器温度、压力进入危险限时，加大冷却剂量或关闭进料阀。

（3）自动操纵及自动开停车系统。自动操纵系统是指根据预先规定的步骤自动地对生产设备进行某种周期性操作，如合成氨造气车间煤气发生炉，按吹风、上吹、下吹、吹净等步骤周期性地接通空气和水蒸气。自动开停车系统是指按预先规定好的步骤将生产过程自动的投入运行或自动停车。

（4）自动控制系统。利用自动控制装置对生产中某些关键性参数进行自动控制，使它们在受到外界扰动的影响而偏离正常状态时，能自动的回到规定范围。

（5）故障诊断、预报和报警系统。故障诊断和预报技术是指对系统异常状态检测、异常状态原因的识别以及包括异常状态预报在内的各种技术的总称。当确认出现故障时，系统要及时报警以对故障进行反映和处理，从而保障控制系统运行的安全性和可靠性。

1.2 过程控制系统的组成及分类

利用自动控制装置构成的过程控制系统，可以在没有人直接参与的条件下，使这些工艺参数能自动按照预定的规律变化。下面先介绍两个过程控制系统的实例：

（1）锅炉汽包水位控制（见图 1-1）：在锅炉正常运行中，汽包水位是一个重要的参数，它的高低直接影响着蒸汽的品质及锅炉的安全。水位过低，当负荷很大时，汽化速度很快，汽包内的液体将全部汽化，导致锅炉烧干甚至会引起爆炸；水位过高会影响汽包的汽水分离，产生蒸汽带液现象，降低了蒸汽的质量和产量，严重时会损坏后续设备。

图 1-1 中（a）图为开环控制，（b）图为闭环控制，其中：

眼←→检测元件（变送器）：要想实现对汽包水位的控制，首先应随时掌握水位的变化情况。

脑←→控制器：控制器将接收到的测量信号与预先规定的水位高度进行比较，如果两个信号不相等，表明实际水位与规定水位有偏差，此时控制器将根据偏差的大小向执行器

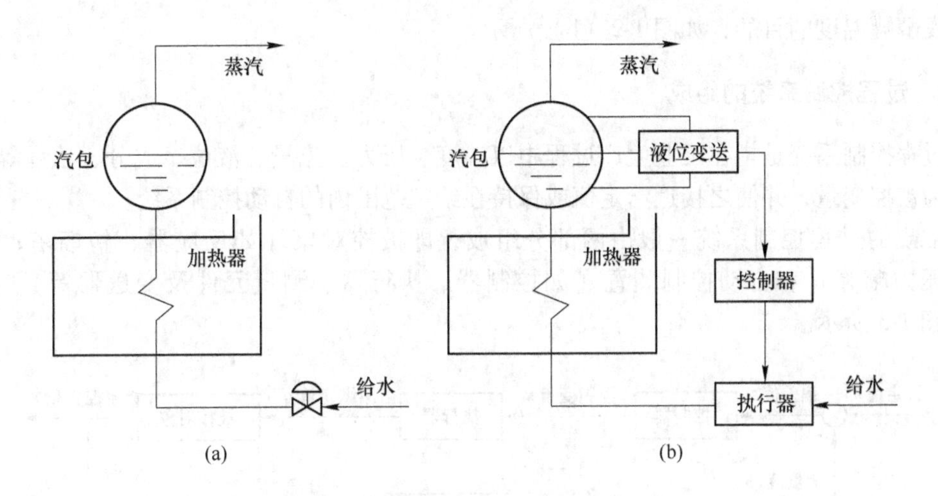

图 1-1　锅炉汽包水位控制系统示意图

输出一个控制信号。

手⟷执行器：执行器可根据控制信号来改变阀门的开度，从而使进入锅炉的水量发生变化，达到控制锅炉汽包水位的目的。

（2）发酵罐温度控制（见图 1-2）：发酵罐是间歇发酵过程中的重要设备，广泛应用于微生物制药、食品等行业。发酵罐的温度是影响发酵过程的一个重要参数。因为微生物菌体本身对温度非常敏感，只有在适宜的温度下才能正常生长代谢，而且涉及菌体生长和产物合成的酶也必须在一定的温度下才能具有高的活性。温度还会影响发酵产物的组成。因此，按一定的规律控制发酵罐的温度就显得非常重要。

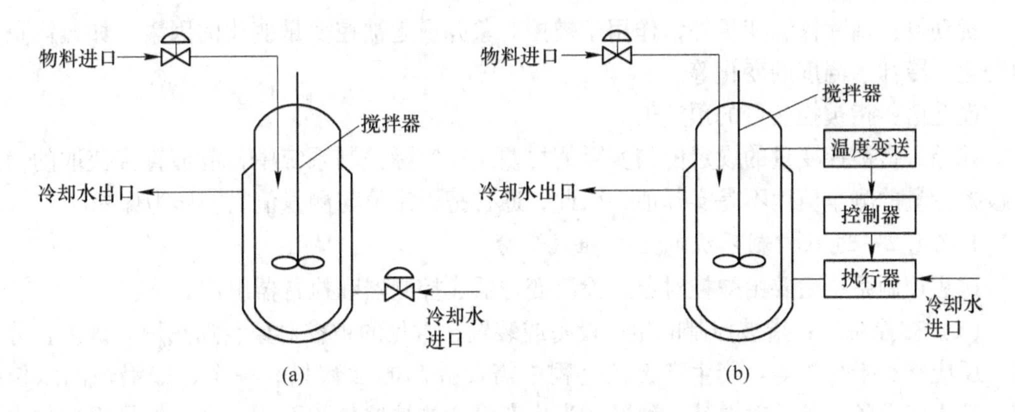

图 1-2　发酵罐温度控制系统示意图

影响发酵过程温度的主要因素有微生物发酵热、电机搅拌热、冷却水的流量及本身的温度变化以及周围环境温度的改变等。一般采用通冷却水带走反应热的方式使罐内温度保持工艺要求的数值。对于小型发酵罐，通常采用夹套式冷却形式，如图 1-2（a）所示。

实现对发酵罐温度的控制，可使用温度检测仪表（如热电偶、热电阻等）测量罐中的实际温度，将测得的数值送入控制器，然后与工艺要求保持的温度数值进行比较。如果两个信号不相等，则由控制器的输出控制冷却水阀门的开度，改变冷却水的流量，从而达到控制发酵罐温度的目的，如图1-2（b）所示。

1.2.1 过程控制系统的组成

过程控制系统是指在工业生产过程中以温度、压力、流量、液位、成分、浓度等过程参量为被控变量，并使之接近给定值或保持在给定范围内的自动控制系统。

常规的过程控制系统一般由两部分组成，即被控对象（如反应器、精馏塔、换热器、压力罐等）和自动控制装置（如控制器、执行器、测量元件及变送器等）。其框图如图1-3所示。

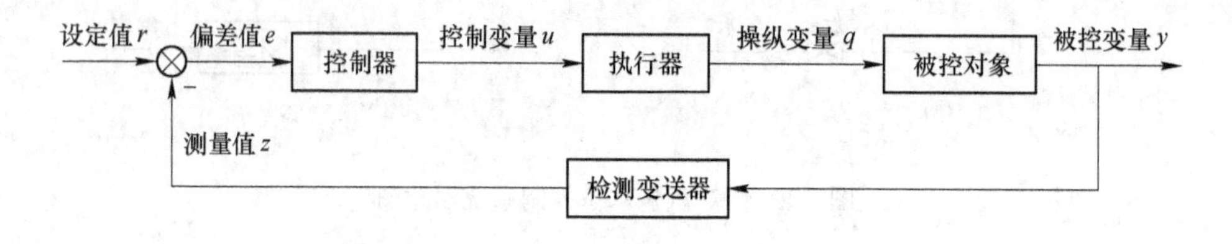

图1-3 过程控制系统框图

1.2.1.1 几个常用术语

被控对象（过程）：指工艺参数需要控制的生产过程设备或机器等，如锅炉汽包、发酵罐。

被控变量：指被控对象中要求保持设定值的工艺参数，如汽包水位、发酵温度。

操纵变量：指受控制器操纵，用以克服扰动的影响使被控变量保持设定值的物料量或能量，如锅炉给水量、发酵罐冷却水量。

扰动量：指除操纵变量外，作用于被控对象并引起被控变量变化的因素，如蒸汽负荷的变化、冷却水温度的变化等。

设定值：指被控变量的预定值。

偏差：指被控变量的设定值与实际值之差。在实际控制系统中，能够直接获取的信息是被控变量的测量值而不是实际值，因此，通常把设定值与测量值之差作为偏差。

1.2.1.2 过程控制系统的主要组成部分

过程控制系统主要由被控对象、检测变送器、控制器和执行器组成。

（1）被控对象：指被控制的生产设备或装置，常见的被控对象有加热炉、锅炉、分馏塔、反应釜、干燥炉等。当生产工艺过程中需要控制的参数只有一个，如锅炉的水位控制，则生产设备与被控对象是一致的；当生产设备的被控参数不止一个，如果锅炉的水位控制实际上取决于给水量、压力和蒸汽流量等参数，此类生产设备被控对象就不止一个，应对其中的不同过程分别作不同的分析及处理。

（2）检测变送器：反映生产过程的工艺参数大多不止一个，一般都需用不同的传感器进行自动检测以获得可靠的信息，才能了解生产过程进行的状态，需要进行自动控制的参数称为被控变量，被控变量往往就是对象的输出变量，其一般为非电量物理量，被控变量由传感器进行检测，将其变成相应的电信号，而变送器会将此信号转换为标准电信号。目前主要的标准电信号有两种，一种是0～10mA直流电流信号；另一种是4～20mA直流电流信号或1~5V的直流电压信号。如果是气动仪表，则应转换为$1.96\times10^4\sim9.8\times10^4$Pa的压力信号。检测变送器的输出就是被控变量的测量值。

（3）控制器：控制器也称调节器，它接收传感器或变送器的输出信号——被控变量。使被控变量发生变化的任何作用均称为扰动。在控制通道内并在控制阀未动作的情况下，由于通道内质量或能量等因素变化造成的扰动称为内扰，而其他来自外部的影响统称为外扰，无论是内扰或外扰，一经产生，控制器就发出控制命令，对系统施加控制作用，使被控变量回到设定值。

（4）执行器：被控变量的测量值z与设定值r在控制器内进行比较后得到偏差e，控制器根据偏差e的大小按控制器规定的控制算法（如PID控制等）进行运算后，发出相应的控制信号u经变化和放大后去推动执行器。目前采用的执行器有电动执行器与气动执行器两大类，应用较多的是气动薄膜控制阀。如果控制器是电动的，而执行器是气动的，就应在控制器与执行器之间加入电-气转换器。如果采用的是电动执行器，则电动控制器的输出信号需经伺服放大器放大后才能驱动执行器，以推动控制阀启闭。

1.2.2 过程控制系统的分类

过程控制系统有多种分类方法。按照控制系统基本结构形式分类，可分为闭环控制系统、开环控制系统、前馈和反馈复合控制；按照系统给定值不同，可分为定值控制系统、随动控制系统和程序控制系统；按照被控参数分类，可分为温度控制系统、压力控制系统、位置控制系统、流量控制系统等；按照系统性能分类，可分为线性系统和非线性系统、连续系统和离散系统、定常系统和时变系统；按照被控变量的数量分类，可分为单变量控制系统和多变量控制系统；按照控制器形式分类，可分为常规仪表控制系统和计算机控制系统。

下面主要介绍按系统结构和按给定值进行分类。

1.2.2.1 按照控制系统基本结构形式分类

A 闭环控制系统

闭环控制系统是指由控制器与被控对象之间的正向通路和反向通路构成闭合回路的自动控制系统，即通过反馈实现被控参数的闭环控制，又称为反馈控制系统。

其优点是不管任何扰动引起被控变量偏离设定值，都会产生控制作用去克服被控变量与设定值的偏差。因而闭环控制系统有较高的控制精度和较好的适应能力，其应用范围非常广泛。

但是，闭环控制系统的控制作用只有在偏差出现后才产生，当系统的惯性滞后和纯滞后较大时，控制作用对扰动的克服不及时，就会使其控制质量大大降低。

B 开环控制系统

开环控制系统是指控制器与被控对象之间只有正向通路，而没有反向通路的自动控制系统，即不存在反馈环节，操纵变量可以通过控制对象去影响被控变量，但被控变量不会通过控制装置去影响操纵变量。

（1）按设定值进行控制：其基本原理是操纵变量与设定值保持一定的函数关系，通过测量并改变设定值，使操纵变量随之变化，进而改变被控对象中的被控变量。如图1-4所示，换热器的工作原理是，冷物料与载热体（蒸汽）在换热器中进行热交换，使冷物料出口温度上升至工艺要求的数值。系统中被控变量为冷物料出口温度，操纵变量为蒸汽流量，设定值增大，蒸汽流量增加，热交换强度增大，物料出口温度升高。

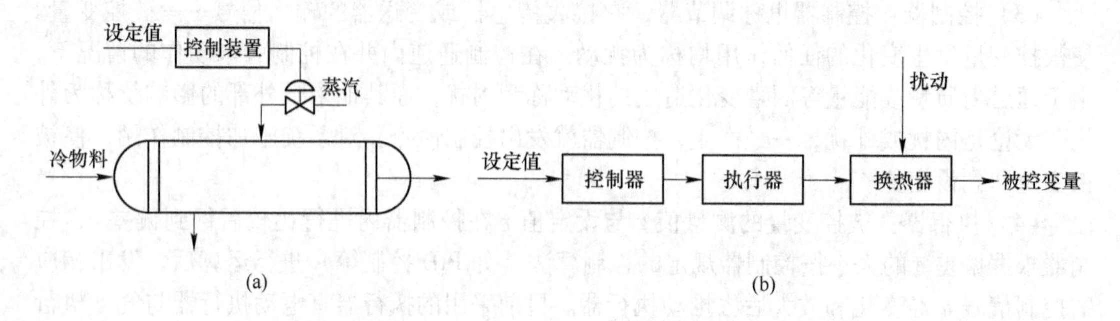

图 1-4 按设定值控制的开环控制系统

（2）按扰动进行控制：基本原理为测量破坏系统正常进行的扰动量，利用扰动信号产生控制作用，以补偿扰动对被控变量的影响，即按扰动进行控制，也称为前馈控制（见图 1-5）。

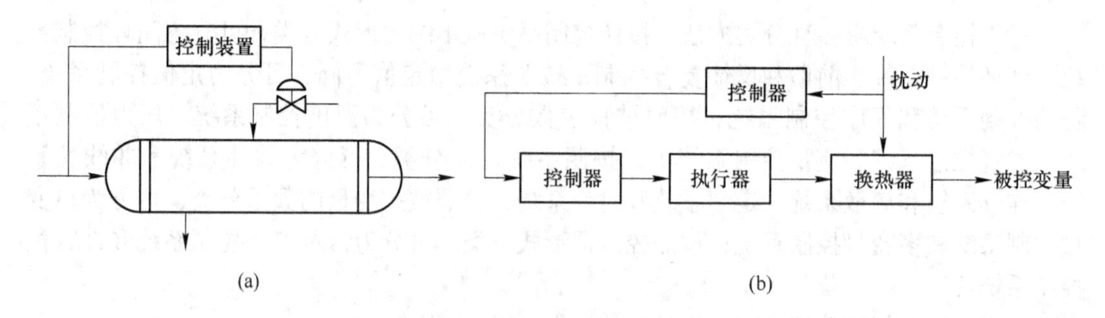

图 1-5 按扰动控制的开环控制系统

由于前馈控制系统主要起快速补偿扰动的作用，不检测控制的最终结果（即实际偏差），在实际生产过程中一般不单独采用。而且对于不可测扰动的对象，如各功能部件内部参数的变化对被控变量造成的影响，无法进行精确控制，故控制精度仍然受到原理上的限制。

C 前馈和反馈复合控制系统

为了能及时克服系统扰动对被控变量的影响，同时又能够有效地克服偏差，提高系统的控制精度，可以将前馈和反馈结合起来使用，构成前馈-反馈控制系统，提高系统的动态和静态特性。

1.2.2.2 按照系统给定值不同分类

在闭环控制系统中，根据设定值的不同形式，可分为定值控制系统、随动控制系统和程序控制系统。

A 定值控制系统

特点：设定值固定不变。

作用：保证在扰动作用下使被控变量始终保持在设定值上。

在定值控制系统中，设定值固定不变，引起系统变化的只是扰动信号。这种控制系统是应用最多的一种。

B 随动控制系统

特点：设定值是一个未知的变化量。

作用：保证在各种条件下系统的输出（被控变量）以一定的精度跟随设定值的变化而变化。

控制系统的设定值不是定值，而是无规律变化的，自动控制的目的是要使被控变量相当准确而及时地跟随设定值的变化。例如，自动平衡记录仪的平衡机构就是跟随被测信号的变化自动达到平衡位置，是一种典型的随动控制系统。

C 程序控制系统

特点：设定值是一个按一定时间程序变化的时间函数。

作用：保证在各种条件下系统的输出（被控变量）以一定的精度跟随设定值的变化而变化。

程序控制系统被控变量的设定值是按预定的时间程序变化的。控制的目的是使被控变量按规定的程序自动变化。如工业热处理炉等周期作业的加热设备，一般都有升温、保温和降温等按时间变化的规律，设定值按此程序进行控制，以达到控制的目的。再如机械行业的数控车床、间歇生产过程中化学反应器的温度控制等都属于这类控制系统。程序控制系统可以看成是随动控制系统的特殊情况，其分析研究方法与随动控制系统相同。

1.3 过程控制系统的两种表示形式

在过程控制系统的研究设计和现场应用时，常常需要用结构清晰、简单明确的方法来反映系统设计的思路及工艺流程，经过研发人员的长期研究，总结出了标准统一、行业认可的两种表示形式，分别是过程控制系统的方框图和流程图。

1.3.1 方框图

方框图是控制系统或系统中每个环节的功能和信号流向的图解表示，是控制系统进行理论分析、设计中常用到的一种形式。

1.3.1.1 方框图组成

(1) 方框：每一个方框表示系统中的一个组成部分（也称为环节），方框内添入表示其自身特性的数学表达式或文字说明。

(2) 信号线：信号线是带有箭头的直线段，用来表示环节间的相互关系和信号的流向；作用于方框上的信号为该环节的输入信号，由方框送出的信号称为该环节的输出信号。

(3) 比较点：比较点表示对两个或两个以上信号进行加减运算，“+”号表示相加，“-”号表示相减。

(4) 引出点：引出点又称分支点，表示信号引出，从同一位置引出的信号在数值和性质方面完全相同。

方框图各基本单元画法如图 1-6 所示。

下面以锅炉汽包水位控制系统方框图为例进行说明，如图 1-7 所示，系统中的每一个

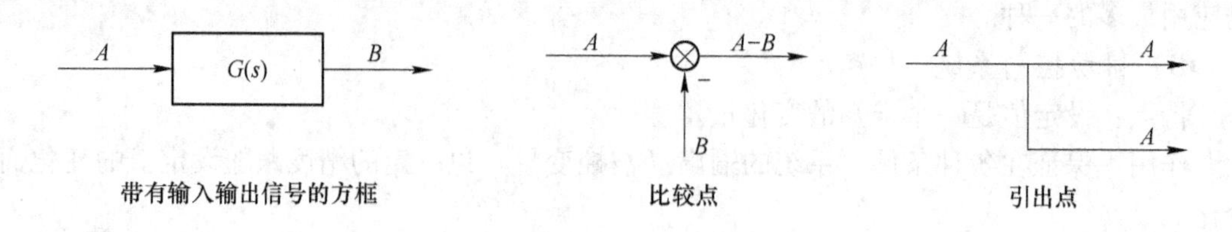

图1-6 方框的组成单元示意图

环节用一个方框来表示，四个方框分别表示：被控对象（锅炉汽包）、测量变送装置、控制器和执行器。每个方框都分别标出各自的输入、输出变量。如被控对象环节，给水流量变化会引起汽包水位的变化，因此给水流量（操纵变量）作为输入信号作用于被控对象，而汽包水位（被控变量）则作为被控对象的输出信号；引起被控变量（汽包水位）偏离设定值的因素还包括蒸汽负荷的变化和给水管压力的变化等扰动量，它们也作为输入信号作用于被控对象。

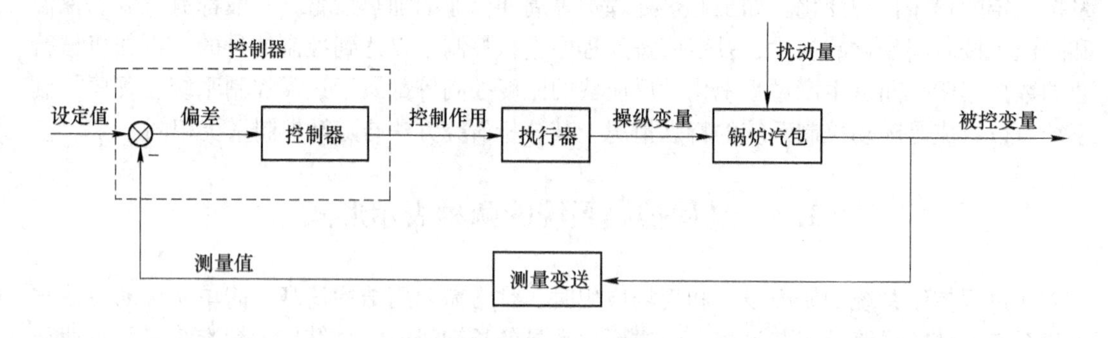

图1-7 锅炉汽包水位控制系统方框图

1.3.1.2 反馈的概念

通过测量变送装置将被控变量的测量值送回到系统的输入端，这种把系统的输出信号直接或经过一些环节引回到输入端的做法叫做反馈。反馈的形式可以分为正反馈和负反馈。

负反馈是指引回到输入端的信号是减弱输入端作用的称为负反馈，用“－”号表示；正反馈是指引回到输入端的信号是增强输入端作用的称为正反馈，用“＋”号表示，或者不添加符号。

1.3.1.3 绘制方框图的注意事项

在绘制方框图时应当注意：

（1）方框图中每一个方框表示一个具体的实物。

（2）方框之间带箭头的线段表示它们之间的信号联系，与工艺设备间物料的流向无关。方框图中信号线上的箭头除表示信号流向外，还包含另一种方向性的含义，即所谓单向性。对于每一个方框或系统，输入对输出的因果关系是单方向的，只有输入改变了才会引起输出的改变，输出的改变不会返回去影响输入。例如冷水流量会使汽包水位改变，但反过来，汽包水位的变化不会直接使冷水流量跟着改变。

（3）比较点不是一个独立的元件，而是控制器的一部分。为了清楚地表示控制器比较机构的作用，故将比较点单独画出。

1.3.2　管道及仪表流程图

管道及仪表流程图是自控设计的文字代号、图形符号在工艺流程图上描述生产过程控制的原理图，是控制系统设计、施工中采用的一种图示形式。该图在工艺流程图的基础上，按其流程顺序，标出相应的测量点、控制点、控制系统及自动信号与联锁保护系统等。由工艺人员和自控人员共同研究绘制。在管道及仪表流程图的绘制过程中所采用的图形符号、文字代号应按照有关的技术规定进行。

1.3.2.1　常用的图形符号和文字代号

A　图形符号

过程检测和控制系统图形符号包括测量点、连接线（引线、信号线）和仪表圆圈等。

（1）测量点：测量点指由过程设备轮廓线或管道线引到仪表圆圈的线的起点，一般不需特定的图形符号，测量点的位置在功能和过程顺序上应正确，但并不表示其确切位置，如图1-8（a）所示。

当有必要标出测量点在过程设备中的位置时，线应引到过程设备轮廓线内的适当位置上，并在线的起点加一个直径约为2mm的小圆符号，如图1-8（b）所示。

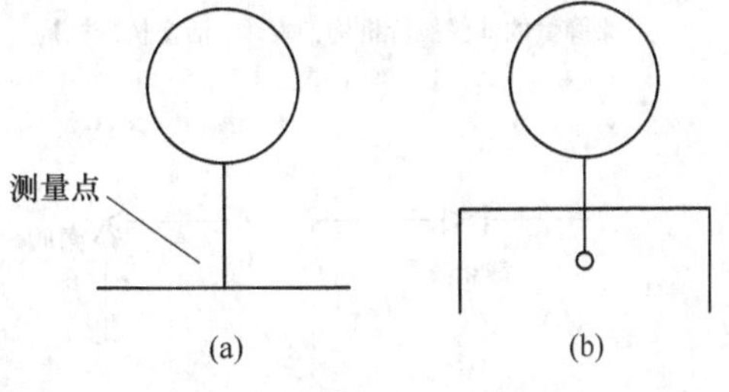

图1-8　测量点示意图

（2）连接线：仪表信号线和电源线及机械的连接线用细实线表示，连接线之间有交叉和相接关系，并且可在连接线上用箭头标明信号传输方向，如图1-9所示。

另外物料管道用粗实线表示，设备、阀门用细实线表示。

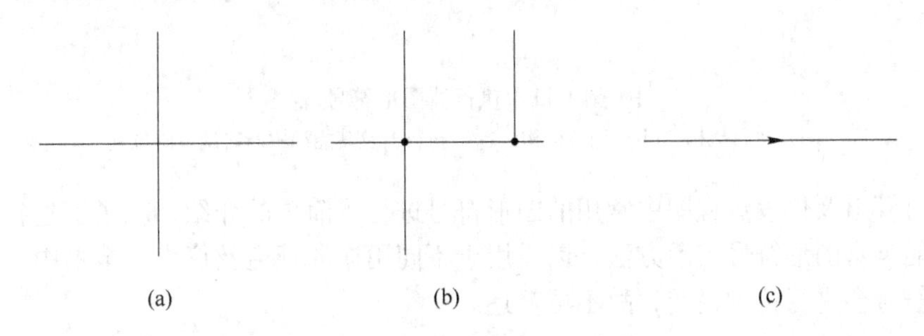

图1-9　连接线的基本形式
（a）交叉；（b）相接；（c）表示信号方向

（3）仪表：常规仪表用仪表圆圈（直径为10～12mm的细实线圆圈）来表示。

1）当一台仪表能够处理两个或多个变量时，可用两个或多个相切的仪表圆圈表示，如图1-10（a）所示。

2）当两个测量点不在同一张图纸上时，可在两个测量点附近分别用相切的实线圆圈和虚线圆圈表示，如图1-10（b）所示。

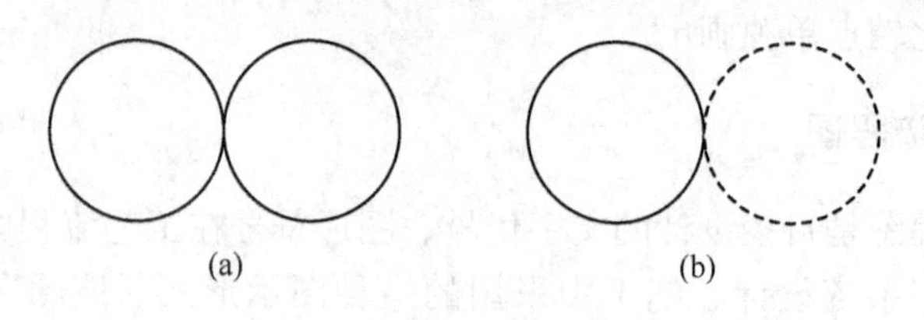

图 1-10 仪表圆圈

（4）执行器：执行器的图形符号是由执行机构和调节机构的图形符号组合而成，分别如图 1-11 所示。

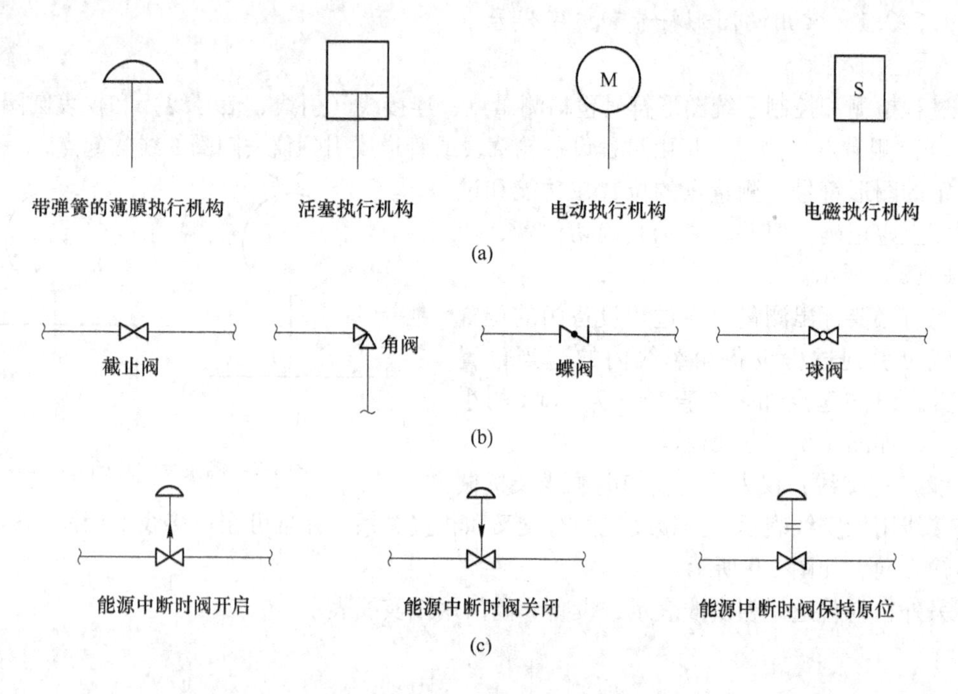

图 1-11 执行器图形符号
（a）执行机构；（b）调节机构；（c）执行器及其能源中断时调节阀位置

上面对管道及仪表流程图中常用的图形符号进行了简单的介绍，除了上述符号外，还有很多功能丰富图形符号表示方法，以适用于不同用途的管道及仪表，本书中未在此处提及的图形符号会进行特别说明，故不再赘述。

B 仪表位号

在检测、控制系统中，构成回路的每个仪表或元件都用仪表位号来标识。仪表位号由字母代号组合和回路编号两部分组成，如图 1-12 所示。

在管道及仪表流程图中，仪表位号的标注方法是，字母代号填写在仪表圆圈的上半圆中，回路编号填写在下半圆中，如图 1-13 所示。

1.3.2.2 管道及仪表流程图实例

图 1-14 为某化工厂超细碳酸钙生产中碳化部分简化的工艺管道及仪表流程图。

(FICQ/101) 表示第一工序第 01 个流量控制回路（带累计指示），累计指示仪及控制器安装

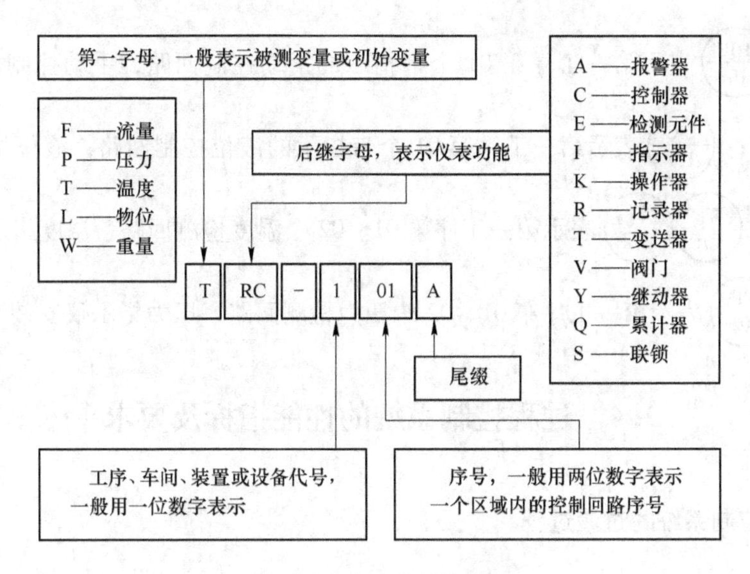

图 1-12 仪表位号结构图

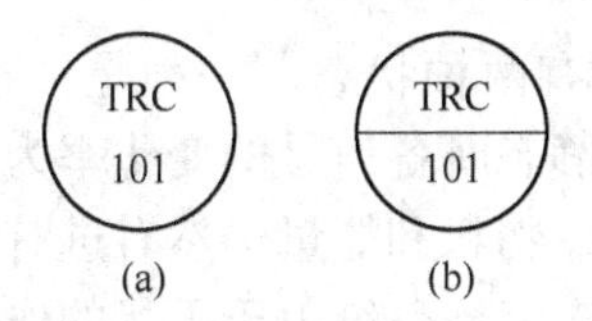

图 1-13 仪表位号的标注

（a）就地安装；（b）集中盘面安装

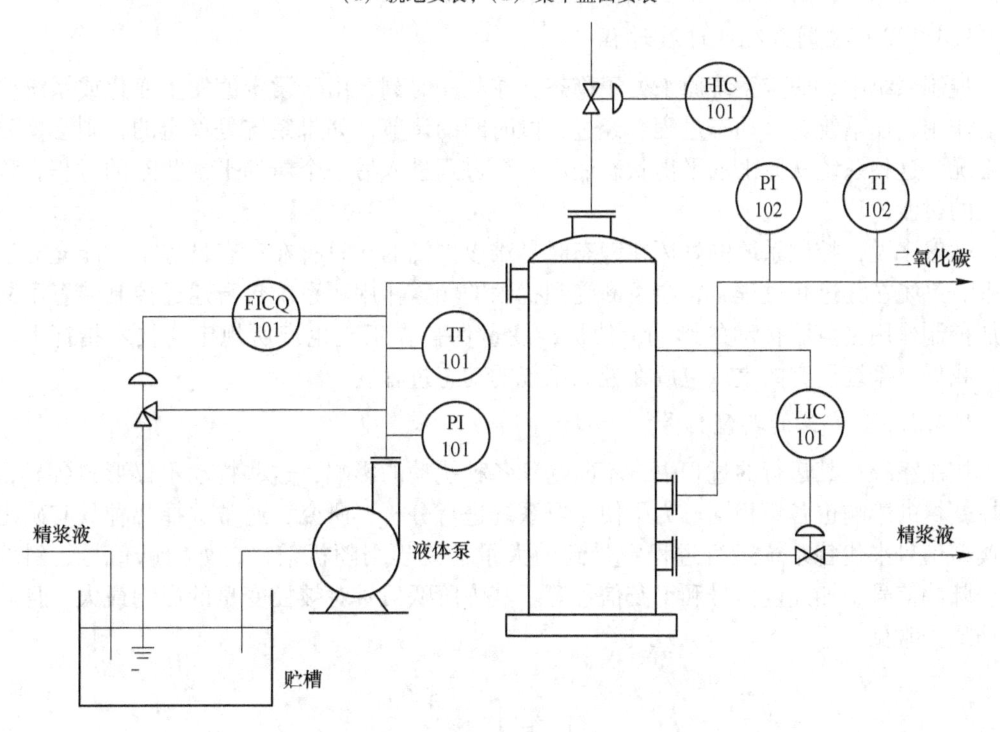

图 1-14 超细碳酸钙生产流程图

在控制室；$\frac{\text{HIC}}{101}$ 表示第一工序第01个带指示的手动控制回路，手动控制器（手操器）安装在控制室；$\frac{\text{LIC}}{101}$ 表示第一工序第01个带指示的液位控制回路，液位指示控制器安装在控制室；(TI 101)(TI 102) 表示第一工序第01、02个温度检测回路，温度指示仪安装在现场；(PI 101)(PI 102) 表示第一工序第01、02个压力检测回路，压力指示仪安装在现场。

1.4 过程控制系统的性能指标及要求

1.4.1 过程控制系统的过渡过程

1.4.1.1 控制系统的静态和动态

过程控制系统在运行过程中有两种状态。一种是被控变量不随时间而变化的平衡状态，称为系统的静态。系统处于静态时各信号的变化率为零，即信号保持在某一常数不变化，但是静态时，生产还在进行，物料和能量仍然有进有出。另一种是被控变量随时间变化的不平衡状态，称为系统的动态。当系统由于干扰的作用破坏了平衡时，被控变量会偏离设定值，从而使控制器、控制阀等自动化装置改变了平衡时所处的状态，产生一定的控制作用来克服干扰的影响，使系统恢复平衡。

1.4.1.2 控制系统的过渡过程

控制系统中，假定系统原来处于稳态，在某一时刻，由于设定值发生变化或系统受到扰动作用，使系统进入动态过程。经过一段时间的调节，如果系统是稳定的，则会恢复平衡工况。这种系统从原来的平衡状态经历一个过程进入另一个新的平衡状态的过程，称为系统的过渡过程。

一般来说，控制系统的好坏在静态时是难以判别的，只有在动态过程中才能充分反映出来。系统在其进行过程中，会不断受到扰动的频繁作用，系统自身通过控制装置不断地施加控制作用去克服扰动的影响，使被控变量保持在工艺生产所规定的技术指标上。因此，我们对系统研究的重点应放在控制系统的动态过程。

1.4.1.3 常见的典型信号

控制系统在其运行的过程中，不断受到各种扰动的影响，这些扰动不仅形式各异，对被控变量的影响也各不相同。为了便于对系统进行分析、研究，通常选择几种具有确定性的典型信号来代替系统运行过程中受到的大量的无规则随机信号，如阶跃信号、斜坡信号、脉冲信号、加速度信号和正弦信号等。其中阶跃信号对被控变量的影响最大，且阶跃扰动最为常见。

$$r(t) = \begin{cases} A, t \geqslant 0 \\ 0, t < 0 \end{cases}$$

如图 1-15 所示，当 $A=1$ 时称为单位阶跃信号。

1.4.1.4 过渡过程的几种形式

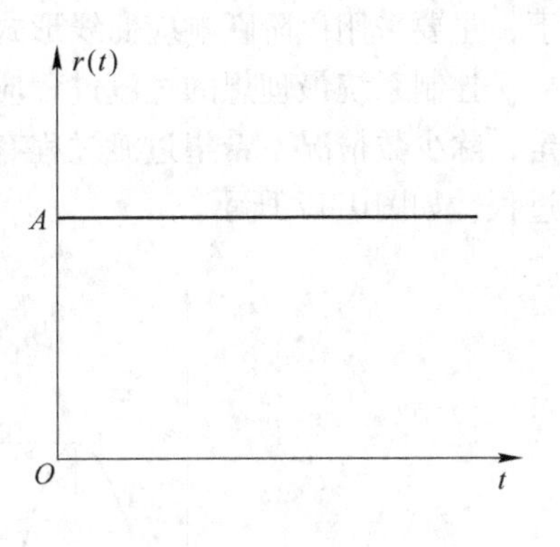

图 1-15 阶跃信号示意图

系统在过渡过程中，被控变量是随时间变化的，因而了解过渡过程中被控变量的变化规律十分重要。在阶跃扰动的作用下，被控变量随时间的变化有以下几种形式，如图 1-16 所示，图中 Y 表示被控变量。

(1) 发散振荡过程：如图 1-16（a）曲线所示，它表明系统受到扰动作用后，被控变量上下波动，且幅度越来越大，即被控变量偏离设定值越来越远，以致超越工艺允许的范围。

(2) 非振荡衰减过程：如图 1-16（b）曲线所示，它表明被控变量受到扰动作用后，产生单调变化，经过一段时间最终能稳定下来。

(3) 等幅振荡过程：如图 1-16（c）曲线所示，它表明系统受到扰动作用后，被控变量做上下振幅稳定的振荡，即被控变量在设定值的某一范围内来回波动。

(4) 衰减振荡过程：如图 1-16（d）曲线所示，它表明系统受到扰动作用后，被控变量上下波动，且波动的幅度逐渐减小，经过一段时间最终能稳定下来。

(5) 非振荡发散过程：如图 1-16（e）曲线所示，它表明系统受到扰动作用后，被控变量单调变化偏离设定值越来越远，以致超出工艺设计的范围。

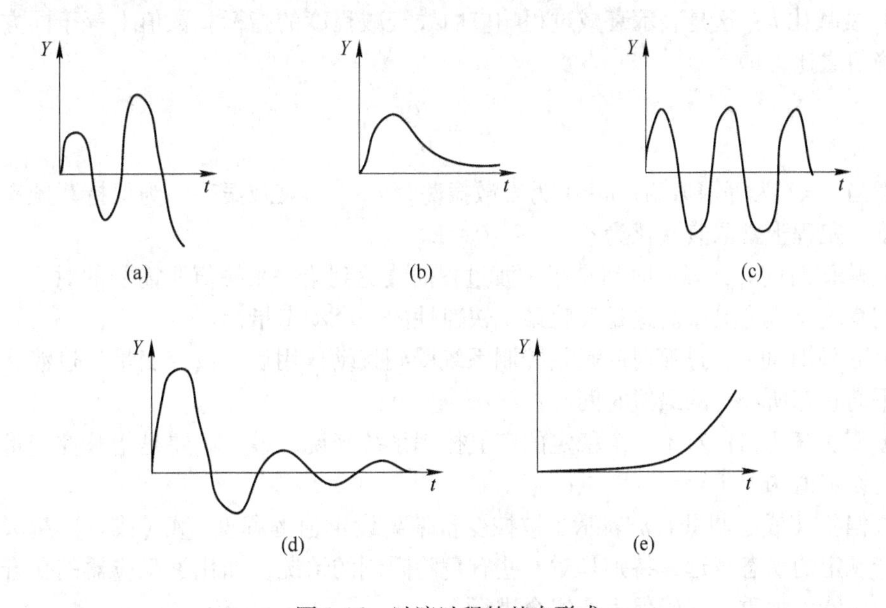

图 1-16 过渡过程的基本形式

上面五种过程形式中，非振荡衰减过程和衰减振荡过程是稳定过程，能基本满足控制要求。

1.4.2 过程控制系统的性能指标

在比较不同控制方案时，应首先规定评价控制系统优劣程度的性能指标。一般情况下，主要采用以阶跃响应曲线形式表示的性能指标。

控制系统最理想的过渡过程应具有什么形状，没有绝对的标准，主要依据工艺要求而定，除少数情况不希望过渡过程有振荡外，大多数情况则希望过渡过程是略带振荡的衰减过程，如图1-17所示。

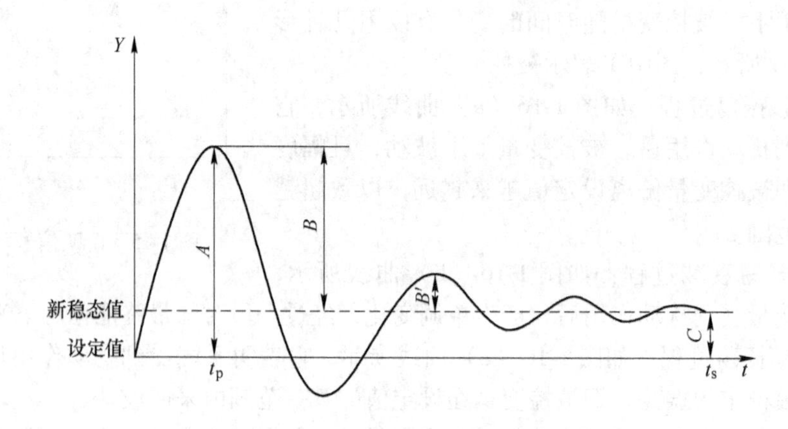

图1-17　理想过渡过程示意图

1.4.2.1　阶跃响应性能指标

在阶跃信号作用下常以下面几个特征参数作为单项性能指标：

（1）衰减比 n：这是表示衰减过程响应曲线衰减程度的指标。数值上等于同方向两个相邻波峰值之比，即

$$n = \frac{B}{B'}$$

显然当 $n=1$ 为等幅振荡；$n<1$ 为发散振荡；$n>1$ 为衰减振荡。为保持系统有足够的稳定程度，工程上常取衰减比为4∶1～10∶1。

（2）峰值时间 t_p：峰值时间是指过渡过程曲线达到第一个峰值所需要的时间。t_p 愈小表明控制系统反应愈灵敏。这是反映系统快速性的一个动态指标。

（3）过渡时间 t_s：过渡时间是指控制系统受到扰动作用后，被控变量从过渡状态恢复到新的平衡状态所经历的最短时间。

（4）最大偏差 A：对于一个稳定的定值控制系统来说，最大偏差是指被控变量第一个波峰值与设定值的差。

最大偏差（或超调量 σ）表示了被控变量偏离设定值的程度。A（或 σ）越大，表示偏离生产规定的状态越远，特别是对一些有危险限制的情况，如化学反应器的化合物爆炸极限等，应特别慎重，以确保生产安全进行。

（5）余差 C：余差是指过渡过程终了时新稳态值与设定值之差。它是反映控制系统控制精度的静态指标，一般希望它为零或不超过工艺设计的范围。

1.4.2.2　偏差积分性能指标

人们时常用偏差积分指标衡量系统性能的优良程度。它是过渡过程中被控变量偏离其新稳态值的偏差沿时间轴的积分，设过渡过程偏差为 e，时间为 t，其一般形式可以表示为：

$$J = \int_0^\infty f(e,t)\,\mathrm{d}t$$

无论是偏差幅度大或是时间拖长都会使偏差积分增大，采用偏差积分性能指标可以兼顾到衰减比、最大偏差和过渡时间等单项指标，所以，它是一类综合指标，而且越小越好。偏差积分可以有多种不同的形式，常用的有以下几种：

（1）偏差积分 IE（integral of error）

$$J = \int_0^\infty e\mathrm{d}t$$

（2）绝对偏差积分 IAE（integral of absolute value of error）

$$J = \int_0^\infty |e|\,\mathrm{d}t$$

（3）平方偏差积分 ISE（integral of squared error）

$$J = \int_0^\infty e^2\mathrm{d}t$$

（4）时间与偏差绝对值的积分 ITAE（integral of time multiplied by the absolute value of error）

$$J = \int_0^\infty t\,|e|\,\mathrm{d}t$$

采用不同的积分公式，意味着对评估过渡过程优良程度的侧重点不同。例如 ISE 侧重于过渡过程的大误差，而 ITAE 则侧重过渡过程的调节时间。假若对同一广义对象，采用同一种控制器，利用不同的性能指标，就导致不同控制器参数设置。人们应根据不同生产过程的要求，尤其从经济效益来考虑指标的选用。

1.4.3 过程控制的要求

过程控制涉及工业生产的各个领域，不同的工艺过程控制有不同的要求，但总的归纳起来有安全性、经济性和稳定性三个方面的要求。

（1）安全性：安全性指的是在生产的整个过程中，确保人身安全和设备的安全，这是最重要的要求。因此在这样的系统中都要采用参数越限报警、事故报警和联锁保护等措施加以保证。在化工等易燃易爆环境中使用的仪表都必须是防爆仪表。为了保护大型设备的安全，系统可设计在线故障预测和诊断系统、容错控制系统等，以进一步提高系统运行的安全性。

（2）经济性：经济性指过程控制系统在生产相同质量和产量的条件下，所消耗的能源和材料最少，做到生产成本低、生产效率高。

（3）稳定性：稳定性即要求系统具有抑制外部干扰，保持生产过程长期稳定运行的能力。工业生产过程的生产条件不可能完全不变，其影响因素就更多，这就要求过程控制系统在诸多因素干扰的情况下仍能保持系统的稳定。过程控制系统在运行时有两种状态：一种称为稳态，系统的设定值保持不变，也没有受到整个外来的任何干扰，因此被控变量也保持不变，整个系统处于平衡稳定状态；而另一种为动态，系统的设定值发生了变化，或者是系统受到了外扰，原来的稳态遭到了破坏，系统的各部分也将作出相应的调整，改变操纵变量的大小，使被控变量重新回复到设定值，使系统稳定下来。这种从前一个稳定状态到另一个稳定状态的过程称为过渡过程。实际上大多数系统被控对象总是不断地受到各种外来的干扰影响，系统经常处于动态过程中。因此评价一个系统的品质，不能单纯评价其稳态，更重要的是应该考虑它在动态过程中被控变量随时间变化的情况。

思考题与习题

1. 请简述过程控制的发展概况以及各阶段的主要特点。
2. 什么是过程控制系统？典型的过程控制系统由哪几部分组成？
3. 过程控制系统具有哪些特点？
4. 如何对过程控制系统进行分类？试给出常见的分类方法。
5. 简述方框图的定义及其组成，并尝试画出一个你所熟悉的控制系统方框图。
6. 如何理解系统的静态、动态和过渡过程？
7. 如何定义和选取过程控制系统的性能指标？

第2章　过程检测仪表与执行器

教学要求： 掌握检测仪表的基本性能指标（精度等级、变差、灵敏度等）；
掌握压力的检测方法（液柱测压法、弹性变形法、电测压法）；
学会正确选用压力计；
掌握应用静压原理测量液位和差压变送器测量液位时的零点迁移；
掌握差压式流量计测量原理，常用节流元件、转子流量计结构、测量原理；
掌握容积式流量计（腰轮流量计）结构、工作原理、使用场合；
掌握应用热电效应测温原理；
掌握补偿导线的选用；
掌握冷端温度补偿的四种方法；了解热电偶结构、分类。

重　　点： 弹性变形法、电测压法；
压力计选用；
应用差压变送器测量液位的零点迁移问题；
补偿导线的选用和冷端温度补偿。

难　　点： 确定精度等级，压电式测量原理；
应用差压变送器测量液位的零点迁移问题；
第三导体定理；
电桥补偿法。

在工业生产过程中，为了正确地指导生产，确保生产过程安全平稳地运行，提高产品质量和生产效率，必须及时而准确地掌握生产的运行状态，对生产过程的特性参数进行实时的自动检测。因此，需要在生产现场安装大量的检测仪表和装置，用于对连续生产过程中温度、压力、流量、液位和成分等参数的测量和获取，从而为现场工作人员的操作以及自动控制提供可靠的依据。

检测仪表是过程控制系统的基础，而执行器则是过程控制系统的最终部分，即操作环节，它接收来自控制器的控制信号，通过执行机构将其转换成相应的角位移或直线位移，去改变调节机构的流通面积，从而调节流入或流出被控过程的物料或能量，实现对温度、压力、流量等过程被控参数的自动控制。

执行器安装在现场，直接与介质接触，常在高温、高压、易腐蚀、易结晶、易燃易爆等恶劣条件下使用，如果选择不当，会直接影响过程控制系统的控制性能，甚至导致系统失控，造成严重的安全生产事故。

2.1　过程检测仪表

2.1.1　过程检测的概念及特点

在工业生产过程中，为了对工艺生产中的压力、流量、物位、温度等变量进行自动检测，并尽可能地获取被测量的真实值，需要对检测的基本概念、测量误差、测量数据处理、仪表的基本性能指标等方面的问题和方法进行学习和讨论，从而更有效地实施测量，进行生产操作和自动调节。

2.1.1.1　检测的概念

从信息论角度讲，检测就是获得信息的过程。人类时刻都在通过五官感受周围的声音、图像、气味等大量信息，获得丰富的知识并对事物做出判断，可以说拥有检测周围环境信息的器官是生物生存的必要条件。

在科学研究和工业生产等领域，检测也是必不可少的过程。例如在传统的闭环控制系统中，根据给定值和被控变量之间的差值，经过运算形成输出去控制操纵变量，如果没有一定的检测方法来检测出被控变量的变化，控制功能就无法实现。

通常来说，检测是指使用专门的工具，通过实验和计算进行比较，得出被测量参数的量值或判定被测参数的有无的过程。而完全以确定被测对象量值为目标的操作称为“测量”。

2.1.1.2　测量误差及处理

测量的目的，就是要测量参数的“真实值”，但是，人们无论从测量原理、测量方法、仪表精度等方面进行怎样的努力，都只能尽量接近“真实值”。也就是说，测量值与“真实值”之间始终存在着一定的差值，即测量误差。

A　测量误差的分类

(1) 按误差的表示形式分类：

1) 绝对误差：测量值与真实值之间的差值，表示为

$$\Delta = X - T$$

式中　Δ——绝对误差；
　　X——测量值；
　　T——真实值。

2) 相对误差：测量的绝对误差与真实值（或测量值）之比，表示为

$$\delta = \frac{\Delta}{T} \times 100\% \approx \frac{\Delta}{X} \times 100\%$$

式中　δ——仪表在 T 处的相对误差。

3) 引用误差：绝对误差与量程比值的百分数，表示为

$$\delta_{引} = \frac{\Delta}{标尺上限值 - 标尺下限值} \times 100\%$$

在实际应用时，通常用最大引用误差来描述仪表测量的质量，并用它来确定仪表的精

度，表示为

$$\delta_{引M} = \frac{\Delta_M}{标尺上限值 - 标尺下限值} \times 100\%$$

式中　$\delta_{引M}$——最大引用误差；

Δ_M——在测量范围内产生的绝对误差的最大值。

（2）按误差的出现规律分类：

1）系统误差：在同一测量条件下，对同一被测参数进行多次重复测量时，误差的大小和符号保持不变或按一定规律变化的误差，又称规律误差。系统误差主要是由于检测仪表本身的不完善、检测中使用仪表的方法不正确以及测量者固有的不良习惯等引起的。

2）粗大误差：明显地歪曲测量结果的误差，又称疏忽误差。引起的原因主要是由于操作者的粗心（如读错、算错数据等）、不正确操作、实验条件的突变或实验状况尚未达到预想的要求而匆忙测试等原因所造成的。无任何规律可循。

3）随机误差：在相同条件下多次重复测量同一量时，误差的大小、符号均为无规律变化，又称偶然误差。随机误差主要是由于测量过程中某种尚未认识的或无法控制的各种随机因素（如空气扰动、噪声扰动、电磁场等）所引起的综合结果。

B　测量误差的处理

（1）消除系统误差的方法：以修正值的方法加入测量结果中消除之；在实验过程中消除一切产生系统误差的因素；在测量过程中，选择适当的测量方法，使系统误差抵消而不致带入测量结果中。

（2）随机误差在多次测量的总体上服从一定统计规律，可利用概率论和数理统计的方法来估计其影响。

（3）消除粗大误差的关键在于，如何辨别并剔除测得值中的“异常值”，一种常用的判别异常值的方法为莱依达准则，它根据统计学小概率事件再一次事件中几乎不可能发生的原理，将残余误差绝对值大于3σ的测得值判定为“异常值”，予以剔除。

2.1.1.3　检测仪表的概念

专门用于检测的仪表或系统称为检测仪表或检测系统，其基本任务就是从测量对象获取被测量，并向测量的操作者展示测量的结果。

检测仪表或检测系统至少包括四个基本组成部分：反映过程参数的被测对象，感受被测量的传感器或敏感元件，展示测量结果的显示器和连接二者的测量电路等中间环节，如图2-1所示。对某一个具体的检测系统而言，被测对象、检测元件和显示装置部分一般是必需的，而其他部分则视具体系统的结构而异。

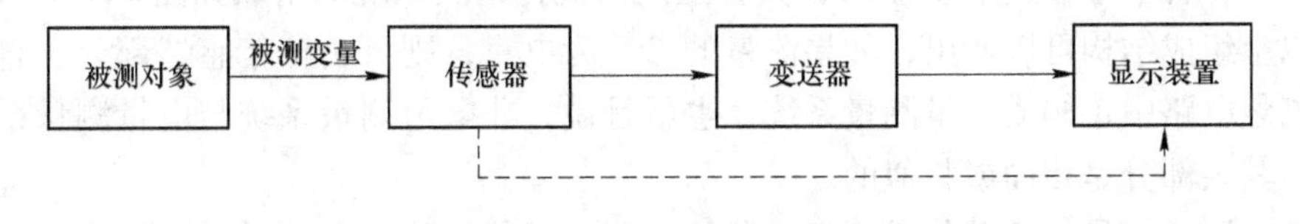

图2-1　参数检测基本过程

传感器又称为检测元件或敏感元件，它直接响应被测变量，经能量转换并转化成一个与被测变量成对应关系的、便于传送的输出信号，如电压、电流、电阻、频率、位移、力等物理量。有时，传感器的输出可以不经过变送环节，直接通过显示装置把被测量显示出来。

变送器将传感器输出的强弱不同的各种信号，经过变送环节的进一步处理，转换成如0～10mA或4～20mA等标准统一的模拟量信号或者满足特定标准的数字量信号。变送器的输出信号送到显示装置，以指针、数字、曲线等形式把被测量显示出来，或者同时送到控制器对被控对象实现控制作用。

有时，传感器、变送器和显示装置可统称为检测仪表；或者将传感器称为一次仪表，将变送器和显示装置称为二次仪表。一般来说，检测、变送和显示可以是三个独立的部分，当然检测和其他部分也可以有机地结合成为一体。需要说明的是，在目前的检测或控制系统中，除了如弹簧管压力表等就地指示仪表之外，传统的显示仪表更多地被数码显示仪表、光柱显示仪表、无纸记录仪、计算机监控系统所替代。

由图2-1可知，传感器是将非电量转换为与之有确定对应关系电量输出的器件或装置。它本质上是非电系统与电系统之间的接口。在非电量的测量中，它是必不可少的转换元件。由于传感器大多存在着一定的非线性，为了保证检测仪表或检测系统的显示值与测量值之间的线性关系，经常需要在检测仪表或检测系统中加入非线性校正电路，或采取非线性校正的软件等措施。

由图2-1可知，过程参数测量的过程是个自动检测系统，它是个开环系统。当选用的仪表不同时，其系统的构成也不尽相同。

（1）当采用模拟仪表进行测量时，其检测仪表或检测系统的组成如图2-2所示。

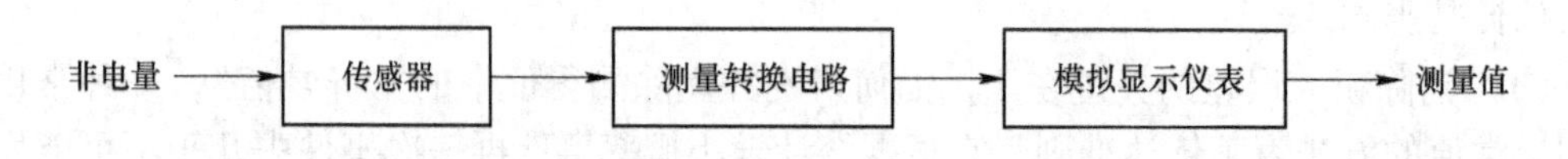

图2-2　模拟仪表及检测系统的构成原理图

（2）当采用数字仪表进行测量时，其检测仪表或检测系统的组成如图2-3所示。

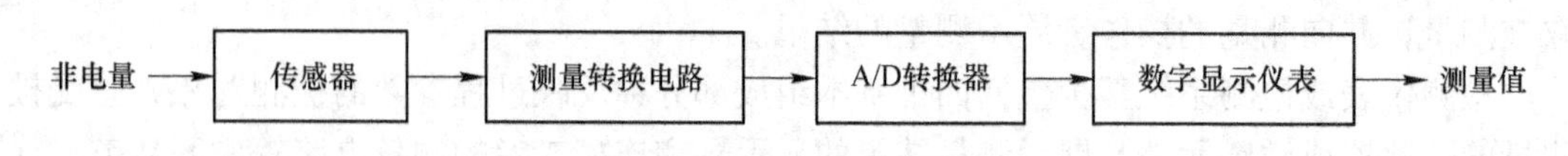

图2-3　数字仪表及检测系统构成原理图

（3）当采用计算机进行测量时，其典型的微机化检测系统的组成如图2-4所示。

从以上组成结构可以看出，如果测量的参数为电量，则可去掉传感器部分，直接将电量送入测量电路中，构成电量测量系统。也就是说，非电量测量系统与电量测量系统除传感器外，其余部分是相同或相似的。

另外，测量信号是逐级传递到显示器的，每一级信号传递和信号处理的准确性都非常重要，否则将会使得测量值在最终显示时不准确。为此我们要求特别是传感器一定要具有高的准确性、高的稳定性、好的灵敏度。

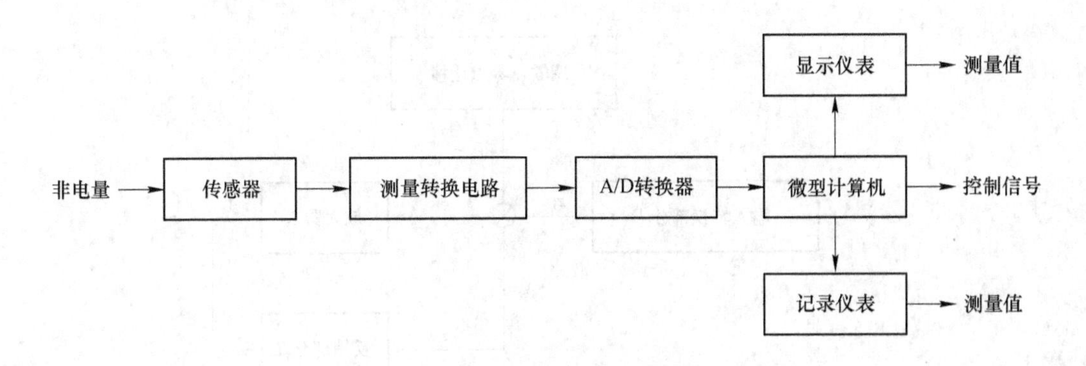

图 2-4　微机化仪表及检测系统构成原理图

总之，测量仪表或测量系统的基本功能是向操作者显示测量结果。测量结果的显示方法有模拟方式和数字方式两种。模拟方式通常是用指针式仪表或示波器显示被测量的大小或变化波形。数字方式就是用数字（如 LED 数码显示器、LCD 液晶显示器等）显示被测量的数值大小的。

当采用常规检测和控制仪表时，控制系统的结构与图 2-4 所示的系统相同，其中检测元件和变送单元可以是分立元件也可以是组合功能仪表，各环节之间采用的是点对点连接的方法。

当采用计算机或数字控制器作为调节单元时，系统的结构就可能是多样的，但其基本控制原理差别不大，如直接数字控制系统 DDC、分布式控制系统 DCS、现场总线控制系统 FCS。在网络化的控制回路系统中，多数检测和仪表单元均是通过网络相互连接和传送信息的。

变送器在自动检测和调节系统中的作用，是将各种工艺参数，如温度、压力、流量、液位、成分等物理量变换成相应的统一标准信号 0～10mA（DDZ-Ⅱ型仪表）或 4～20mA（DDZ-Ⅲ型仪表）再传送到指示记录仪、运算器和调节器，供指示、记录和调节。变送器本质上也是测量仪表，但它更加强调将被测量转化为统一的标准信号。按照被测参数分类，变送器主要有温度变送器、压力变送器、液位变送器、流量变送器等。

变送器的理想输入输出特性如图 2-5 所示。y_{max} 和 y_{min} 分别为变送器输出信号的上限值和下限值；x_{max} 和 x_{min} 分别为变送器测量范围的上限值和下限值。图中，$x_{min}=0$。

通常，变送器由输入转换部分、放大器和反馈部分组成，如图 2-6 所示。

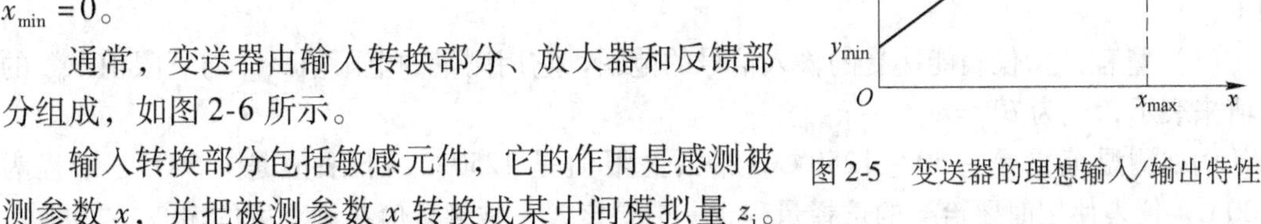

图 2-5　变送器的理想输入/输出特性

输入转换部分包括敏感元件，它的作用是感测被测参数 x，并把被测参数 x 转换成某中间模拟量 z_i。中间模拟量 z_i 可以是电压、电流、位移和作用力等物理量。反馈部分把变送器的输出信号 y 转换成反馈信号 z_f，z_f 与 z_i 是同一类型的物理量。放大器把 z_i 和 z_f 的差值 $\varepsilon(\varepsilon = z_i - z_f)$ 放大，并转换成标准输出信号 y。

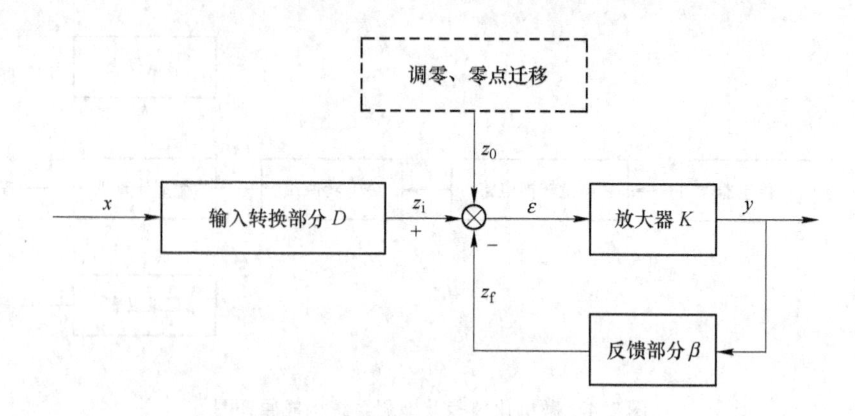

图2-6　变送器的构成原理

由图2-6可以求得整个变送器输出与输入的关系为

$$\frac{y}{x}=\frac{DK}{1+K\beta} \tag{2-1}$$

式中，D 为输入转换部分的转换系数；K 为放大器的放大系数；β 为反馈部分的反馈系数。

当满足 $K\beta >> 1$ 条件时，有

$$\frac{y}{x}=\frac{D}{\beta} \tag{2-2}$$

式（2-2）表明，在 $K\beta >> 1$ 时，变送器的输出与输入关系仅取决于输入转换部分的特性和反馈部分的特性。

由于 $z_i = Dx$，$z_f = \beta y$，因此，由式（2-2）可得

$$z_i = z_f \tag{2-3}$$

式（2-3）表明，在满足 $K\beta >> 1$ 的条件时，变送器输入转换部分的输出信号 z_i，与整机输出信号 y 经反馈部分反馈到放大器输入端的反馈信号 z_f 基本相等，即放大器的净输入 ε 趋于零（$\varepsilon \to 0$）。

式(2-1)～式(2-3)是对变送器特性进行分析的主要依据。式（2-1）可用于对变送器特性进行详细研究，如用于研究放大器的放大系数 K 对系统特性的影响；式（2-2）和式（2-3）用于研究变送器输出与输入之间的静态关系，很简单方便。

2.1.1.4　检测仪表的性能指标

一台检测仪表的好坏，可以用它的性能指标来衡量。现将几项常见的性能指标简介如下：

（1）量程：指仪表能接受的输入信号的范围。它用测量的上限值 x_{max} 与下限值 x_{min} 的差值来表示，记为 $B_x = x_{max} - x_{min}$。

例如测温范围是－50～1250℃，那么上限值是1250℃，下限值是－50℃，量程为1300℃。仪表使用时要恰当的选择量程，一般规定，正常测量值在满刻度的50%～70%。

（2）精确度：仪表的精确度（简称精度）反映的是仪表在全量程范围内测量时可能产生的最大误差，即测量结果的可靠程度。

1）允许误差：在国家规定的标准使用条件下，仪表引用误差的允许界限称为允许误

差。它一般采用在标准使用条件下的最大引用误差来表示，即

$$\delta_{允} = \frac{\Delta x_{\max}}{B_x} \times 100\%$$

式中　$\Delta x_{\max}$——仪表允许的最大绝对误差。

2）精度等级：按仪表工业规定，去掉允许误差的“±”号和“%”号，称为仪表的精度等级。我国规定工业过程测量及控制用检测仪表和显示仪表精确度等级有：0.01，0.02，0.05，0.1，0.2，0.5，1.0，1.5，2.5，4.0，5.0。

［**例 2-1**］　有两台测温仪表，它们的测温范围分别为 0～100℃和 100～300℃，校验表时得到它们的最大绝对误差均为 2℃，试确定这两台仪表的精度等级。

解：这两台仪表的最大引用误差分别为

$$\delta_1 = \frac{2}{100-0} \times 100\% = 2\%$$

$$\delta_2 = \frac{2}{300-100} \times 100\% = 1\%$$

去掉最大引用误差的“%”号，其数值分别为 2 和 1，由于国家规定的精度等级中没有 2 级仪表，同时该仪表的误差超过了 1 级仪表所允许的最大误差，所以这台仪表的精度等级为 2.5 级，而另一台仪表的精度等级正好为 1 级。由此可见，两台测量范围不同的仪表，即使它们的绝对误差相等，它们的精度等级也不相同，测量范围大的仪表精度等级比测量范围小的高。

［**例 2-2**］　某台测温仪表的工作范围为 0～500℃，工艺要求测温时测量误差不超过 ±4℃，试问如何选择仪表的精度等级才能满足要求？

解：根据工艺要求，仪表的最大引用误差为

$$\delta_{\max} = \pm \frac{4}{500-0} \times 100\% = \pm 0.8\%$$

去掉最大引用误差的“±”号和“%”号，其数值为 0.8，介于 0.5～1.0 之间，若选择精度等级为 1.0 级的仪表，其最大绝对误差为 ±5℃，超过了工艺上允许的数值，故应选择 0.5 级的仪表才能满足要求。

小结：在确定一个仪表的精度等级时，要求仪表的允许误差应该大于或等于仪表校验时所得到的最大引用误差；而根据工艺要求来选择仪表的精度等级时，仪表的允许误差应该小于或等于工艺上所允许的最大引用误差。这一点在实际工作中要特别注意。

（3）灵敏度与灵敏限：

1）灵敏度：灵敏度表示检测仪表对被测参数变化反应的能力，表示为检测仪表输出变化 $\Delta\alpha$ 与相应的被测参数变化量 Δx 的比值，即

$$S = \frac{\Delta\alpha}{\Delta x}$$

2）灵敏限：灵敏限是指引起仪表指针发生可见变化的被测参数的最小变化量。一般，仪表的灵敏限数值应不大于仪表允许绝对误差值的一半。

（4）恒定度：检测仪表的恒定度常用变差（又称来回差）来表示。在外界条件不变的情况下，用同一仪表对某一参数值进行正反行程（即由小到大和由大到小）测量时，仪表正反行程指示值之间会存在差值。我们将两者绝对值之差的最大值 Δ_{max} 和仪表量程 B_x 之比的百分数称为变差，记为

$$\delta_b = \frac{\Delta_{max}}{B_x} \times 100\%$$

变差的产生原因很多，例如传动机构的间隙、运动件的摩擦、弹性元件的弹性滞后等。变差越小，仪表的重复性和稳定性越好。应当注意，仪表的变差不能超过仪表引用误差，否则应当检修。

（5）反应时间：在检测过程中，仪表指示的被测值总要经过一段时间后，才能准确地指示出来，这是因为仪表本身存在一个"反应时间"。一台仪表能不能尽快反映出参数的变化情况，是很重要的品质指标，我们将它称为仪表的动态特性。

仪表反应时间的长短，反映了仪表动态特性的好坏。当被测参数随时间迅速变化时，如果检测仪表的反应时间过长，不能及时记录被控变量的变化，就会严重影响到系统的控制品质，对生产过程造成严重的损失。

（6）可靠性：衡量仪表可靠性的指标主要有：可靠度、故障率、平均无故障工作时间、平均工作时间和平均修复时间等。

1）可靠度 $R(t)$：是指规定时间内无故障的概率，$R(t) = e^{-\lambda t}$。

2）故障率 λ：是指仪表工作到 t 时刻时单位时间内发生故障的概率。

3）平均无故障工作时间（Mean time between failure）：是指仪表在相邻两次故障内有效工作的平均时间。

4）平均工作时间（Mean time to failure）：是指不可修复产品从开始工作到发生故障前的平均工作时间。

5）平均故障修复时间(Mean time to repair)：是指仪表出现故障到回复工作时的平均时间。

2.1.2　温度的检测与变送

温度是表征物体冷热程度的物理量。自然界中几乎所有的物理化学变化过程都与温度紧密相关，因此温度是工农业生产、科学实验以及日常生活中普遍需要测量和控制的一个重要物理量。很多重要的生产过程只有在一定的温度范围内才能有效地进行，因此对温度进行准确的测量和可靠的控制是过程控制工程的重要任务之一。

通常采用摄氏温标、华氏温标和热力学温标（又称为绝对温标）。其中，摄氏 0℃对应华氏 32℉、绝对温标为 273.15K。

2.1.2.1　温度的检测方法

温度的测量方法很多，这是因为被测对象的多样性、被测参数的多样性，使得我们在测量温度时需采用不同的测量方法。从测量体与被测介质接触与否来分，测量方法有接触式测温和非接触式测温两类，如表 2-1 所示。

接触式测温法：只能通过物体随温度变化的某些特性来间接测量，其温度测量原理是选择合适的物体作为温度敏感元件，该物体的某一物理性质必须是随温度变化而变化的，

且其特性是已知的。温度敏感元件与被测对象接触，并经过一定时间的热交换后，测量温度敏感元件的相关物理量，就可以知道被测对象的温度。此方法中温度敏感元件必须与被测对象充分接触，依靠传导和对流进行充分的热交换，以保证获得较高的测量精度。此方法常用于 -100 ~ 1800℃温度的测量，其特点是方法简单、可靠，测量精度高；缺点是由于需充分的热接触，测量时需有一定的响应时间，而且使用时往往会破坏被测对象的热平衡产生附加误差。由于工作环境的特殊需要，使得对温度敏感元件的结构和性能要求较高。此外，温度敏感元件体可能与被测对象介质产生化学反应；温度敏感元件体还受到耐高温材料的限制，不能应用于很高温度的测量。为此，需正确选用和安装温度敏感元件。

非接触式测温法：温度敏感元件不与被测对象接触，而是通过热辐射进行热交换，或是通过温度敏感元件来接收被测对象的部分热辐射能，再由热辐射能的大小计算出被测对象的温度。此方法常用于环境条件恶劣、温度极高的测量场所（最高可达6000℃）。此方法测温响应快、对被测对象干扰小，可测量高温、运动的被测对象，还可用于有强电磁干扰，强腐蚀的场合；其缺点是容易受到物体的发射率、测量距离、烟尘和水气等外界因素的影响，测量误差较大。为此，要求正确地选择测量方法及敏感元件的安装位置。

表 2-1 中列出了目前工业生产过程中常用的温度计及其测温原理、应用范围等分类，分别满足不同的测量要求。热电偶和热敏电阻温度计在工业生产和科学研究领域得到了广泛的应用。

表 2-1　温度检测方法分类

测温方式	类　别	原　理	典型仪表	测温范围/℃
接触式温度计	膨胀类	利用液体气体的热膨胀及物质的蒸气压变化	玻璃液体温度计	-100 ~ 600
			压力式温度计	-100 ~ 500
		利用两种金属的热膨胀差	双金属温度计	-80 ~ 600
	热电类	利用热电效应	热电偶	-200 ~ 1800
	电阻类	固体材料电阻随温度而变化	铂热电阻	-260 ~ 850
			铜热电阻	-50 ~ 150
			热敏电阻	-50 ~ 300
	其他电学类	半导体器件的温度效应	集成温度传感器	-50 ~ 150
		晶体固有频率随温度而变化	石英晶体温度计	-50 ~ 120
	光纤类	利用光纤的温度特性或作为传光介质	光纤温度传感器	-50 ~ 400
非接触式温度计			光纤辐射温度计	200 ~ 4000
	辐射类	利用普朗克定律	光电高温计	800 ~ 3200
			辐射传感器	400 ~ 2000
			比色温度计	500 ~ 3200

2.1.2.2　热电偶

热电偶在热电测温中广泛用于 -200 ~ 1800℃的温度测量。它结构简单、准确度高、测温范围广，适用于远距离测量和自动控制。

热电偶基于热电效应，实现温度检测，它由两种不同材料的导体或半导体焊接或铰接而成，其一端测温时置于被测温场中，称为热端（亦称测量端或工作端），另一端为冷端（参比端或自由端）。

如图 2-7 所示，由两种不同导体或半导体 A 与 B 串接成的闭合回路，如果两个接点出现温差（$t \neq t_0$），在闭合回路中就会产生热电动势，这种把热能转换成电能的现象称为热电效应。

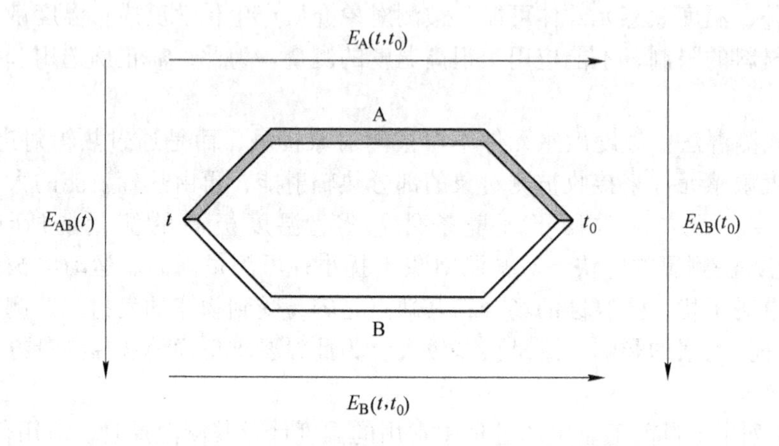

图 2-7 热电偶

根据热电效应原理，如果热电偶的热端和冷端的温度不同（如 $t > t_0$），且冷温度 t_0 恒定，则热电偶回路中形成的热电势仅与热端温度 t 有关。

热电偶回路中的热电动势包含两种导体的接触电动势和单一导体的温差电动势两部分。接触电动势是由两种不同材质的导体 A 和 B 在接触时产生的自由电子扩散而成，记为 $E_{AB}(t)$。温度越高，自由电子越活跃，接触电动势也越高。温差电动势是指同一导体由于两端温度不同而导致电子具有不同的能量所产生的电动势差，记为 $E_A(t,t_0)$。由图 2-7 可知，热电偶的总热电动势为接触电动势和温差电动势之和，记为

$$E_{AB}(t,t_0) = E_{AB}(t) - E_{AB}(t_0) + E_B(t,t_0) - E_A(t,t_0)$$

A 热电偶测温时显示仪表的接入

在热电偶回路中接入各种仪表、连接导线等物体时，主要是基于中间导体定律。在热电偶回路中接入第三导体时，其总的电动势为

$$E_{ABC}(t,t_0) = E_{AB}(t) + E_{BC}(t_0) + E_{CA}(t_0)$$

若 $t = t_0$，则有

$$E_{ABC}(t_0,t_0) = E_{AB}(t_0) + E_{BC}(t_0) + E_{CA}(t_0) = 0$$

合并上述两式，可得

$$E_{ABC}(t,t_0) = E_{AB}(t) - E_{AB}(t_0) \approx E_{AB}(t,t_0)$$

只要第三导体的两个接点温度相同，则接入第三导体对热电偶回路中的总电动势没有影响。这一性质被称为中间温度定律，如图 2-8 所示。

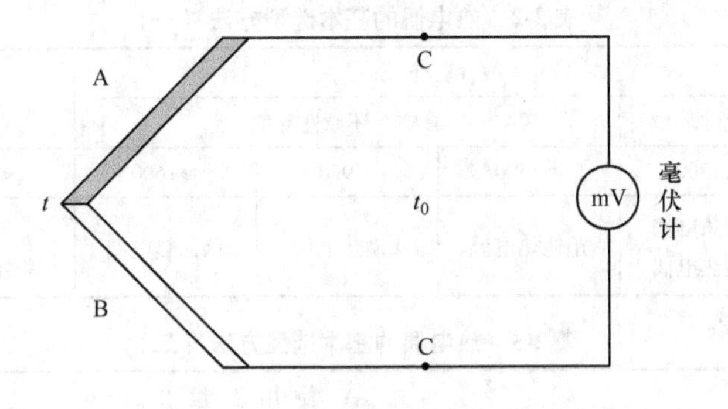

图 2-8 接入第三导体的热电偶

在冷端温度 $t_0=0$℃时，各种类型热电偶的热电势与热端温度之间的对应关系已由国家标准规定了统一的表格形式，称之为分度表。利用热电偶测温时，只要测得与被测温度相对应的热电势，即可从该热电偶的分度表查出被测温度值。若与热电偶配套使用的温度显示仪表直接以该热电偶的分度表进行刻度，则可直接显示出被测温度的数值。

B 热电偶的补偿导线

由热电偶测温原理可知，只有当热电偶的冷端温度保持不变时，热电势才是被测温度的单值函数关系。在实际应用时，因热电偶冷端暴露于空间，且热电极长度有限，其冷端温度不仅受到环境温度的影响，而且还受到被测温度变化的影响，因而冷端温度难以保持恒定。为了解决这个问题，工程上通常采用一种补偿导线，把热电偶的冷端延伸到远离被测对象且温度比较稳定的地方。

C 冷端温度补偿

热电偶的分度表所表征的是冷端温度为0℃时的热电势-温度关系，与热电偶配套使用的显示仪表就是根据这一关系进行刻度的。

（1）冷端恒温法：将热电偶的冷端置于能保持恒温的冰水混合物中，或将冷端补偿导线引至电加热的恒温器内，以保证冷端温度稳定在0℃或某一恒定温度。

（2）冷端温度修正法：在实际测量时，若冷端温度恒为 t_0（$t_0\neq0$），可采用冷端温度修正法对仪表示值加以修正。修正公式如下

$$E(t,0) = E(t,t_0) + E(t_0,0)$$

（3）仪表机械零点调整法：如果热电偶冷端温度 t_0 比较恒定，可预先用另一只温度计测出冷端温度 t_0，然后将显示仪表的机械零点调至 t_0 处，相当于在输入热电偶热电势之前就给显示仪表输入了电势 $E(t_0,0)$，这样，仪表的指针就能指示出实际测量温度 t。

（4）补偿电桥法：补偿电桥法利用不平衡电桥（冷端补偿器）产生的电势来补偿热电偶因冷端温度变化而引起的热电势变化值。

D 热电偶的选型

实际使用中，首先了解被测对象的特性，其次根据热电偶测温范围和适用环境选取热电偶，并确定热电极的直径和长度。基本选型方法如表 2-2 和表 2-3 所示。

表 2-2　热电偶的基本选型方法（一）

使用条件	被测介质				被测温度	
	氧化性环境	真空、还原性环境				
温度范围/℃	<1300	≥1300	<950	≥1600	<1000	≥1000
热电偶类型	N 型热电偶 K 型热电偶	铂铑热电偶	J 型热电偶	钨铼热电偶	镍钴- 镍铝热电偶	B 型热电偶

表 2-3　热电偶的基本选型方法（二）

使用条件	使用温度				
温度范围/℃	<1000	-200~300	1000~1400	1400~1800	≥1800
热电偶类型	廉价热电偶 K 型热电偶	T 型热电偶 E 型热电偶	R 型热电偶 S 型热电偶	B 型热电偶	钨铼热电偶

2.1.2.3　热电阻

工业上常用电阻式测温仪表来测量 -260~850℃之间的温度。它测量精度高、性能稳定、灵敏度高，不需要进行冷端补偿；输出为电信号，可以实现远距离传送和多点切换测量。

A　热电阻的测温原理

热电阻是利用金属导体或半导体的电阻值随温度变化而改变的性质来实现温度测量的。热电阻值随温度变化的大小可用电阻温度系数来表示，定义为

$$\alpha = \frac{R_t - R_{t_0}}{R_{t_0}(t - t_0)} = \frac{1}{\Delta t}\frac{\Delta R}{R_{t_0}}$$

式中　R_t，R_{t_0}——温度 t、t_0 时热电阻的电阻值。

常采用电桥来测量电阻 R_t 的变化，并转化为电压输出。如图 2-9 所示，当温度处于测量下限时，$R_t = R_{t\min}$，设计桥路电阻时，满足 $R_3 \times R_{t\min} = R_2 \times R_4$，此时电桥平衡，$\Delta U = 0$，即

$$\Delta U = \frac{R_{t\min}}{R_{t\min} + R_4} \times E - \frac{R_2}{R_2 + R_3} \times E = 0$$

$$\frac{R_{t\min}}{R_{t\min} + R_4} = \frac{R_2}{R_2 + R_3}$$

当温度上升时，桥路失去平衡，设某一时刻 $R_t = R_{t\min} + \Delta R_t$，则在输出端开路时，有

$$\Delta U = \frac{R_t}{R_t + R_4} \times E - \frac{R_2}{R_2 + R_3} \times E$$

即

$$\Delta U = \frac{R_{t\min} + \Delta R_t}{R_{t\min} + \Delta R_t + R_4} \times E - \frac{R_{t\min}}{R_{t\min} + R_4} \times E$$

当 $\Delta R_t << R_{t\min} + R_4$ 时，$\Delta U \approx \frac{\Delta R_t}{R_{t\min} + R_4} \times E \approx 0$。

B　常用热电阻种类

用于制造热电阻的材料，要求电阻率、电阻温度系数要大，热容量、热惯性要小，电

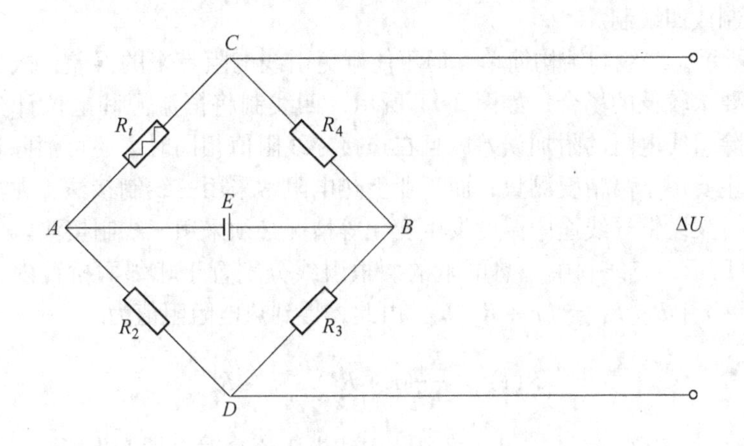

图 2-9 不平衡电桥原理（二线制）

阻与温度的关系最好近于线性。另外，材料的物理化学性质要稳定，复现性好，易提纯，同时价格便宜。

（1）铂电阻（WZP）：铂电阻由贵金属铂构成，具有精度高、稳定性好、性能可靠、耐氧化能力强、测温范围宽等特点。但是其电阻温度系数比较小，电阻值与温度之间呈非线性关系，且价格较贵。

在 -200 ~0℃温度范围内，铂电阻与温度的关系为

$$R_t = R_0[1 + At + Bt^2 + C(t - 100)t^3]$$

在 0 ~850℃温度范围内，铂电阻与温度的关系为

$$R_t = R_0[1 + At + Bt^2]$$

式中 R_t, R_0—— 温度为 t℃、0℃ 时的电阻值；

$A = 3.90802 \times 10^{-3}/℃$；

$B = -5.802 \times 10^{7}/℃$；

$C = -4.2735 \times 10^{-12}/℃$。

（2）铜电阻（WZC）：铜电阻价格便宜，具有较高的电阻温度系数，而且电阻值与温度之间是线性关系。其电阻与温度的关系描述为

$$R_t = R_0(1 + \alpha t)$$

其中，$\alpha = (4.25 \sim 4.29) \times 10^{-3}/℃$，一般取 $\alpha = 4.28 \times 10^{-3}/℃$。

由于铜易氧化、电阻率较小，所以铜电阻的体积大、热惯性大，适宜在测量精度要求不高、温度较低、无水分及腐蚀性的环境下工作。

C 热电阻的结构

工业热电偶和热电阻都由感温元件、绝缘体、保护套管和接线盒等组成。但是与热电偶的直接封装不同，热电阻丝要按照中间对折双绕方式缠绕在由陶瓷或玻璃构成的绝缘骨架上。

D 热电阻测量桥路

热电阻温度计由热电阻、连接导线及显示仪表组成，在导线连接方面可采用的方法有

二线制、三线制或四线制。

如图 2-9 所示，二线制结构简单，但不能避免引线电阻带来的误差，故适用于引线不长、测温精度要求较低的场合；如图 2-11 所示，四线制将恒流源和电位计分立于两个回路，能完全消除引线电阻的附加误差，且在连接导线阻值相同时，还可消除连接导线的影响，因此，它主要用于高精度测量；而工业上热电阻常采用三线制接法，尤其是在测温范围窄、导线长、架设铜导线途中温度发生变化等情况必须采用三线制接法。

如图 2-10 所示，三线制中，热电阻的两根引线分别置于相邻两桥臂内，当电桥平衡时，有 $[R(t)+r+R_3]R_1=(r+R_2)R_4$。由此，得到热电阻阻值为

$$R(t)=\frac{R_4}{R_1}(r+R_2)-r-R_3$$

当 $R_1=R_4$ 时，$R(t)=R_2-R_3$。可见，引线电阻不会对电桥产生影响。这种引线方式可以较好地消除引线电阻所导致的附加误差，测量精度高，因此得到了广泛的应用。

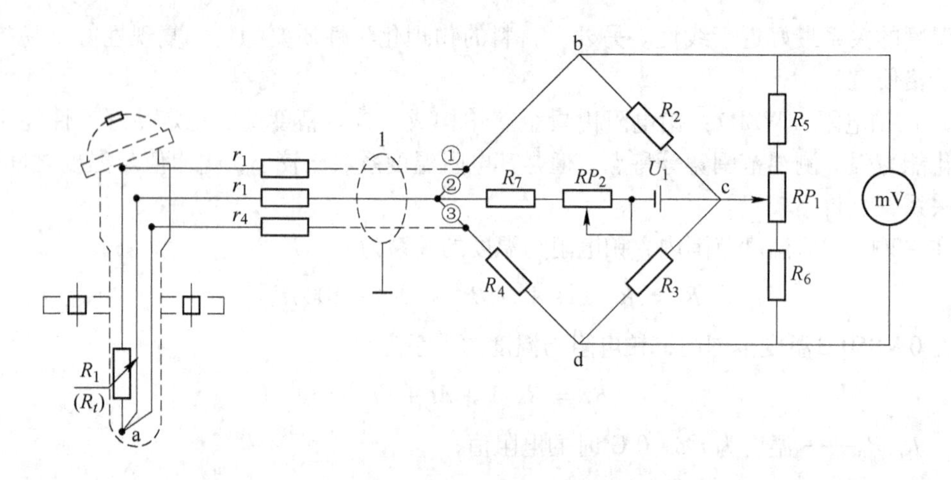

图 2-10　三线制结构

1—连接屏蔽层；RP_1—调零电位器；RP_2—调满度电位器

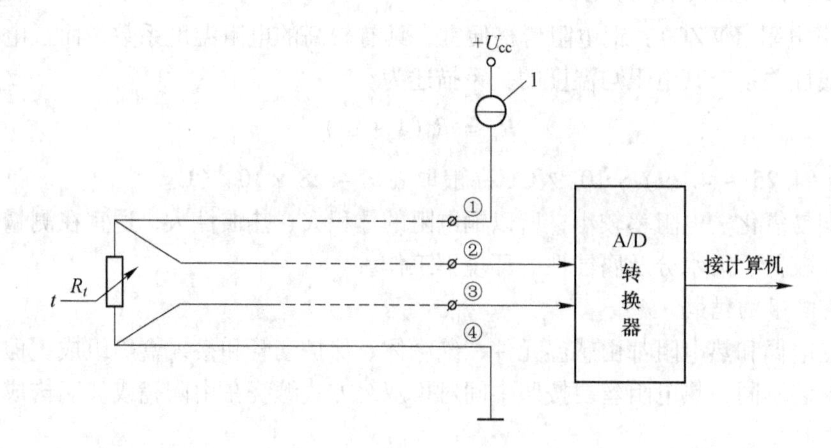

图 2-11　四线制结构

1—连接恒流源

2.1.2.4 温度变送器

热电偶、热电阻是用于温度信号检测的一次元件，它需要和显示单元、控制单元配合来实现对温度或温差的显示、控制。目前，大多数计算机控制装置可以直接输入热电偶和热电阻信号，即把测量信号直接接入计算机控制设备，实现被测温度的显示和控制。但是，在实际工业现场中，也不乏利用信号转换仪表先将传感器输出的电阻或者毫伏信号转换为标准信号输出，再把标准信号接入其他显示单元、控制单元，这种信号转换仪表即为温度变送器，可与各种分度号的热电偶或热电阻配合使用，将被测温度转换成统一的标准电流（或电压）信号，作为显示仪表或调节器的输入，以实现对被测温度的显示、记录或自动控制。

目前温度变送器的种类、规格比较多，有常规的DDZ-Ⅲ型温度变送器、一体化变送器、智能温度变送器等，以满足不同温度测量控制系统的设计及应用需求。

A DDZ-Ⅲ型温度变送器

DDZ-Ⅲ型温度变送器是工业过程中广泛使用的一类模拟式温度变送器。它与各种类型的热电阻、热电偶配套使用，将温度或温差信号转换成4~20mA、1~5V的统一标准信号输出。

常规的DDZ-Ⅲ型温度变送器有三个品种：直流毫伏变送器、热电偶温度变送器、热电阻温度变送器。前一种是将直流毫伏信号转换成4~20mA和1~5V的统一输出信号；后两种分别与热电偶、热电阻配合使用，将温度信号转换成与之成正比的4~20mA和1~5V的统一信号输出。

在过程控制领域，为实现对温度的测量与控制，使用最多的是热电偶温度变送器和热电阻温度变送器，因为它结构简单，使用方便可靠，并具有如下主要特点：

（1）采用低漂移、高增益的线性集成电路作为主放大器，提高了仪表的可靠性、稳定性及各项技术性能。

（2）在热电偶及热电阻温度变送器中均采用了线性化处理电路，使变送器的输出与被测温度之间成线性关系，便于指示和记录。

（3）在线路中采用了安全火花防爆措施，故可用于危险场所中的温度测量，从而扩大了应用领域。

B 一体化温度变送器

所谓一体化温度变送器，是指将变送器模块安装在测温元件接线盘或专用接线盒的一种温度变送器。其变送器模块和测温元件形成一个整体，可以直接安装在被测对象的设备上，输出为统一标准信号。这种变送器具有体积小、质量小、现场安装方便等优点，而在工业生产中得到广泛应用。

一体化温度变送器由测温元件和变送器模块两部分构成，其结构框图如图2-12所示。变送器模块把测温元件的输出信号 E_t 或 R_t 转换成为统一标准信号，主要是4~20mA直流电流信号。

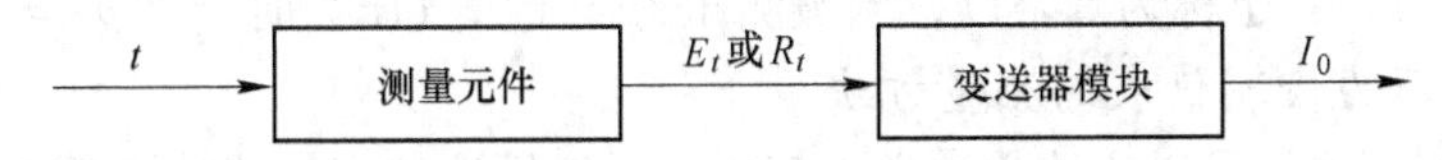

图2-12 一体化温度变送器结构方框图

由于一体化温度变送器直接安装在现场，在一般情况下变送器模块内部集成电路正常工作温度为 -20 ~80℃，超过这一范围，电子元件的性能会发生变化，变送器将不能正常工作，因此在使用中应特别注意变送器模块所处的环境温度。

一体化温度变送器品种较多，其变送器模块大多数以一片专用变送器芯片为主，外接少量元器件构成，常用的变送器芯片有 AD693、XTR101、XTR103、IXR100 等型号。

2.1.2.5　温度检测仪表的选型

由于温度检测范围较宽且应用范围较广，所以选用合适的温度检测仪表很有必要。一般选取温度检测仪表时要注意以下几方面：

(1) 仪表精度等级应符合工艺参数的误差要求。

(2) 选用仪表应操作方便、运行可靠、经济、合理，在同一工程中应尽量减少仪表的品种和规格。

(3) 仪表的测温范围应大于工艺要求的实际测温范围。工程上一般要求实际测温范围为测温仪表范围的90%。但仪表测温范围也不能过大，若实测温度低于仪表刻度的30%，会使实际运行误差高于仪表的精度等级。

(4) 由于热电偶的优良性能，所以是温度检测仪表的首选。但是由于热电阻在低温范围线性特性较优，且无需冷端补偿，所以在低温测量时多选用热电阻。

(5) 测温元件的保护套管耐压等级应不低于所在管线或设备的耐压等级，其材料应根据最高使用温度及被测介质特性来选取。

2.1.3　压力的检测与变送

压力是过程控制系统的重要工艺参数之一。压力的检测与控制是保证生产过程安全正常运行的必要条件。如果压力不符合要求，不仅影响生产效率、降低产品质量，有时还会造成严重的生产事故。另外，其他一些过程参数，如温度、流量、液位等，往往也可以通过压力来间接测量，所以压力检测在生产过程自动化具有特殊的地位。

2.1.3.1　压力的概念

在工程上，压力是指均匀垂直作用于单位面积上的力。采用国际单位制，压力的单位是帕斯卡，简称帕（Pa），$1Pa = 1N/m^2$。其他在工程上使用的压力单位有：工程大气压（at）、标准大气压（atm）、毫米汞柱（mmHg）和毫米水柱（mmH_2O）等。

如图2-13所示，压力的表示形式有以下几种：

(1) 大气压力（p_{atm}）：由于空气柱的重力作用在底面积上所产生的压力。我们所处的环境中，到处都有大气压力的作用。

(2) 绝对压力（p_{abs}）：相对于绝对真空所测得的压力，大气压力（p_{atm}）就是绝对压力。

(3) 表压（p_g）：当被测压力高于大气压力时，有 $p_g = p_{abs} - p_{atm}$，工程上所用压力的指示值，大多为表压力。

(4) 负压（p_v）：也称为真空度，当被测压力低于大气压力时，有 $p_v = p_{atm} - p_{abs}$。

2.1.3.2　压力检测仪表的测量方法

(1) 液柱测压法：是以流体静力学为基础，一般用液柱产生或传递的压力来平衡被测压力的方法进行测量。

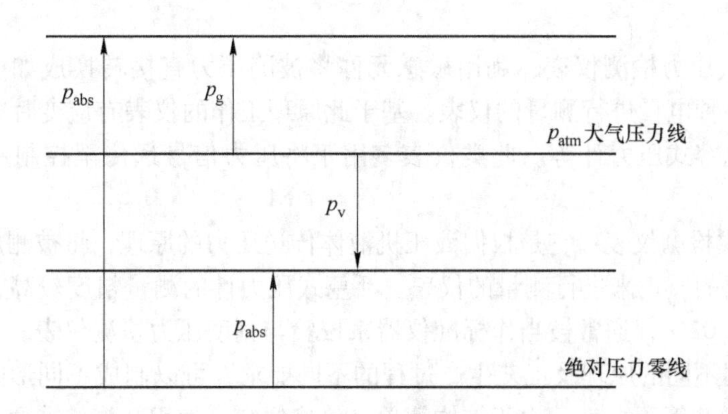

图 2-13 各类压力之间关系图

（2）弹性变形法：当被测压力作用于弹性元件，弹性元件便产生相应的变形。根据变形的大小，便可测知被测压力的数值。

（3）电测压力法：是利用转换元件（如某些机械和电气元件）直接把被测压力变换为电信号来进行测量。

电测压力法可分为两类：

1）弹性元件附加一些变换装置，使弹性元件自由端的位移量转换成相应的电信号，如电阻式、电感式、电容式、霍尔片式、应变式、振弦式等。

2）非弹性元件组成的快速测压元件，主要利用某些物体的某一物理性质与压力有关，如压电式、压阻式、压磁式等。

下面简要介绍电测压法中三种常见的方法：

1）电容式测压：采用变电容原理，利用弹性元件受压变形来改变可变电容器的电量，然后通过测量电容量 C 便可以知道被测压力的大小，从而实现压力-电容转换。

2）压电式测压：其基本原理是根据“压电效应”把被测压力变换为电信号。

当某些晶体受压发生机械变形时（压缩或伸长），在两个相对的面上产生异性电荷，这种没有外电场存在，而由于变形引起的电现象称为“压电效应”。

3）应变片式测压：通过应变片将被测压力 p 引起的弹性元件应变量的变化转换为电阻值 R 的变化，从而完成压力-电阻的转换，并远传至桥式电路获得相应的毫伏级电量输出信号，在显示或记录装置上显示出被测压力值。

2.1.3.3 常用的压力检测仪表

现代工业生产过程中测量压力的范围很宽，测量的条件和精度要求各异，所以压力检测仪表的种类很多，根据敏感元件和转换原理的不同，一般分为以下四类：

（1）液柱式压力检测仪表：根据流体静力学原理，把被测压力转换成液柱高度，采用充有水或水银等液体的玻璃 U 形管或单管进行测量的仪表。基于此原理工作的仪表有单管压力计，U 形管压力计及斜管压力计等。

（2）弹性式压力检测仪表：根据弹性元件受力变形的原理，将被测压力转换成位移进行测量的仪表。常用的弹性元件有弹簧管、膜片和波纹管等。基于此原理工作的仪表有弹簧管式压力表、膜片（或膜盒式）压力表、波纹管式压力表等。此类仪表多用于现场指示压力。

（3）电气式压力检测仪表：利用敏感元件将被测压力直接转换成如电阻、电压、电容、电荷量等各种电量进行测量的仪表。基于此原理工作的仪表有应变片式压力计、霍尔片式压力计、电容式压力计等。此类仪表多用于将压力信号远传至控制室进行压力集中指示。

（4）活塞式检测仪表：它是根据液压机液体传送压力的原理，将被测压力转换成活塞面积上所加砝码的质量来进行测量的仪表。活塞式压力计的测量精度较高，允许误差可以小到0.05%～0.02%，通常被当作标准仪器来校验与刻度压力检测仪表。

总之，根据不同的原理及工艺生产过程的不同要求，可以制成不同形式的压力表。弹性式压力表（弹簧管压力表）由于结构简单，价格便宜，使用和维修方便，并且测压范围较宽，因此，在工业过程中得到了十分广泛地应用。电测法压力表测量脉动压力和高真空、超高压等场合时比较合适。

2.1.3.4　差压（压力）变送器

变送器是自动测控系统中的一个重要组成部分。其作用是将各种物理量转换成统一的标准信号，如气动单元组合仪表（简称为QDZ仪表）为20～100kPa；电动单元组合仪表（简称为DDZ仪表）中，DDZ-Ⅱ型仪表为0～10mA DC；DDZ-Ⅲ型仪表为4～20mA DC。按工作能源不同，压力变送器和差压变送器都分为气动和电动变送器两大类；按工作原理的不同，又可分为力平衡式变送器和微位移平衡式变送器，如以电容、电感、电阻和弦振频率为传感元件的变送器都属于微位移式变送器。20世纪80年代以后，国际上相继推出了各具特色的智能变送器。目前世界上尚未形成统一的现场总线（Field bus）（现场总线是用于过程自动化和制造自动化最底层的现场设备或现场仪表互连的通信网络）标准，因而各个厂家的智能变送器大多按各自的通讯标准开发，所以相互无操作性，无可互换性。

A　力平衡式压力变送器

该类压力变送器采用力矩平衡原理，由测量部分、杠杆系统、位移检测放大器、波纹管（用于气动压力变送器）或电磁反馈机构（用于电动压力变送器）等构成，如图2-14所示。

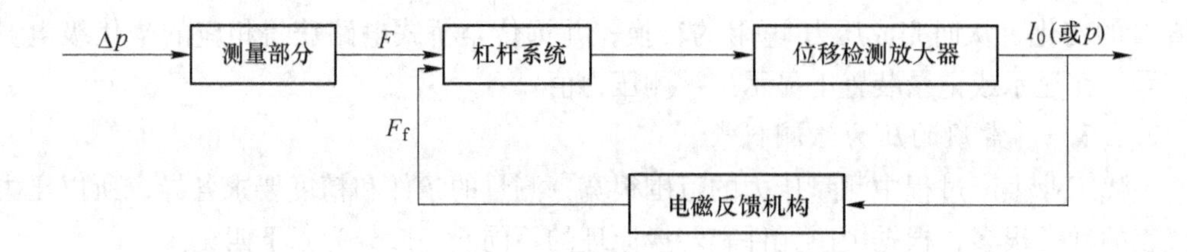

图2-14　力平衡式压力变送器组成图

测量部分将被测压力（差压）Δp 转换成相应的作用力 F，该力与反馈机构输出的反向作用力 F_f 共同作用于杠杆系统，使杠杆产生微小位移，再经过位移检测放大器将其转换成统一气压或电流输出信号；当 F_f 与 F 对杠杆产生的力矩大小相等时，杠杆平衡。DDZ-Ⅲ型力平衡式压力变送器的结构如图2-15所示。

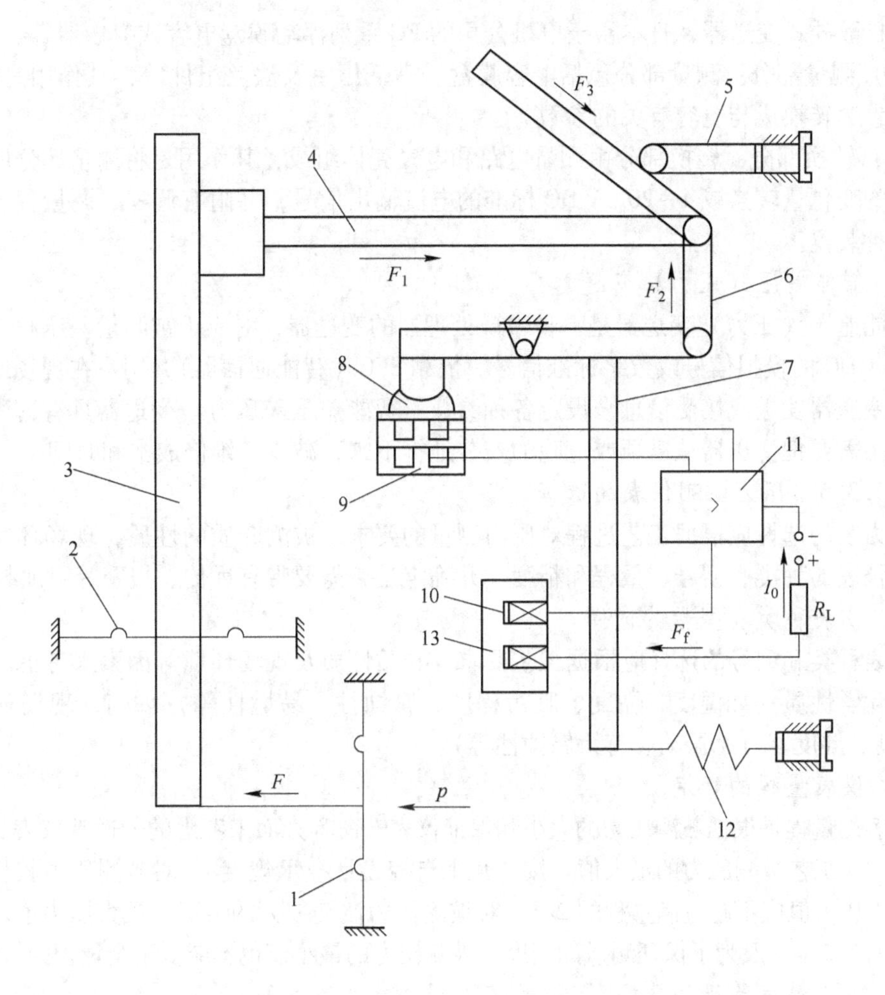

图 2-15　力平衡式压力变送器结构图

1—测量膜片；2—轴封膜片；3—主杠杆；4—矢量机构；5—量程调整螺钉；6—连杆；7—副杠杆；8—衔铁；9—差动变压器；10—反馈绕组；11—放大器；12—调零弹簧；13—永久磁钢

（1）杠杆系统：杠杆系统是由差压变送器中的机械传动和力矩平衡部分组成，包括主、副杠杆、调零和零点迁移机构、平衡锤、静压调整及矢量机构等。其作用是把测量机构对主杠杆的输入力所产生的力矩转换成检测片的微小位移。

（2）位移检测放大器：位移检测放大器由差动变送器、低频振荡器、整流滤波及功率放大器等部分组成。其作用是将副杠杆上检测片的微小位移转换成直流信号输出。

（3）电磁反馈机构：电磁反馈机构由反馈线圈、永久磁钢等组成。其作用是将变送器输出电流转换成相应的电磁反馈力，作用于副杠杆上，产生反馈力矩，以便和测量部分产生的输入力矩相平衡。

B　微位移式变送器

微位移式变送器因其传感器元件位移和变形极小而得名。典型的产品有：美国罗斯蒙特（Rosemount）公司研制的1151系列电容式变送器，美国霍尼韦尔（Honeywell）公司的

DST型扩散硅式变送器，日本富士电机公司的FC系列浮动膜盒电容式变送器等。

（1）测量部分：测量部分包括电容膜盒、高低压室及法兰组件等，其作用是将差压、压力等参数转换成与电容有关的参数。

（2）转换部分：转换部分由测量电路和电气壳体组成，其作用是将测量部分所得到的电容比的变化量转换成4～20mA DC标准的电流输出信号，并附有调零、调量程、调迁移量等各种装置。

C　智能差压（压力）变送器

智能差压（压力）变送器是一种带微处理器的变送器，对应于被测量差压和压力输出4～20mA DC的模拟信号或数字标准信号。依靠SFC（智能通信器），用户在现场或控制室就可对变送器发送或接受信息来设定各种参数。智能差压（压力）变送器具有远程通讯的功能，不需要把变送器从塔顶或危险的安装地拆下来，减少了维修成本和时间。

2.1.3.5　压力检测仪表的选择

压力表的选择应根据工艺过程对压力测量的要求，被测介质的性质，现场环境条件等来确定仪表的种类、型号、量程和精度，并确定是否需要带有远传、报警等附加装置。

A　仪表种类和型号的选择

仪表种类和型号的选择应根据工艺要求，介质性质及现场环境等因素来考虑。介质的物理、化学性质（如温度、黏度、脏污程度、腐蚀性、易燃性等）如何，现场环境条件（如温度、湿度、有无振动、有无腐蚀性等）。

B　仪表量程的确定

仪表的量程是根据被测压力的大小和保证仪表寿命等方面来考虑的，通常仪表的上下限值应稍大于工艺被测压力的最大值。按“化工自控设计技术规定”，对被测压力较稳定的情况，最大压力值应不超过满量程的2/3；对被测压力波动较大的情况，最大压力值应不超过满量程的1/2。一般为了保证测量的精度，被测压力的最小值也不应低于全量程的1/3。

C　仪表精度等级的选择

精度等级是根据生产所允许的最大测量误差和仪表量程来确定的。

2.1.4　流量的检测与变送

在现代工业自动化过程中，流量是重要的过程参数之一。在具有流动介质的工艺过程中，物料通过工艺管道在设备之间来往输送和配比，生产过程中的物料平衡和能量平衡等都与流量有着密切的关系。为了有效地指导生产操作，监视和控制生产过程，经常需要检测各种流动介质（如液体、气体或蒸汽、固体粉末）的流量，以判断生产状况和衡量设备运行效率，为管理和控制生产提供依据。因此，对管道内介质流量的测量和控制也是实现生产过程自动化的一项重要任务。

2.1.4.1　流量检测的基本概念

A　流量的基本概念

流量：瞬时流量 q，指单位时间内通过管道某一截面的流动介质的量。用体积流量或质量流量表示。

总量：累积流量 Q，指选定的某一段时间间隔内流过管道某一截面的流体量的总和，也可分别用体积累积流量或质量累积流量表示。

两者满足如下关系：

$$\begin{cases} q = \int_A v \mathrm{d}A = \bar{v}A \\ Q = \int_0^t q \mathrm{d}t \end{cases}$$

式中　v——某一微元 dA 截面积上的流体速度；

　　$\bar{v}$——界面 A 上的平均速度。

（1）体积流量记为 q_v，单位为 m^3/s；体积累积流量，记为 Q_v，单位为 m^3。

（2）质量流量记为 q_m，单位为 kg/s；质量累积流量，记为 Q_m，单位为 kg。

B　管流和雷诺数

管流指充满管道截面的流体流动的现象。管流有层流和紊流之分，层流就是流体在管道中流动的流线平行于管轴时的流动，紊流就是流体在管道内流动的流线相对混乱的流动。管道内流体流动速度称为流速，在一般情况下，沿管道中心处的流速最大，管壁处的流速为零。

雷诺数 Re，表征流体惯性力与黏性力之比的参数（量纲为 1），表示为：

$$Re = \frac{Dv}{\gamma}$$

式中　D——产生流动的系统的特性尺寸，对管道来说，该特性尺寸就是指管道内径，m；

　　v——由特性尺寸所规定的横截面上的平均流速，m/s；

　　γ——流体的运动黏度，m^2/s。

当 $Re < 2300$ 时，表示流体黏性力较大，呈层流状态；当 $Re > 20000$ 时，表示流体惯性力较大，呈紊流状态；而当 $2300 < Re < 20000$ 时为层流到紊流的过渡区。

2.1.4.2　流量检测方法

A　常见的流量检测方法

由于流量检测条件的多样性和复杂性，所以流量检测手段多样，种类繁多，目前还没有统一的分类方法。按照检测量的不同，可分为体积流量和质量流量检测；按照测量原理，又有容积式、速度式、节流式和电磁式等。

（1）体积流量检测法：该方法包含容积法和速度法两类。

1）容积法：是在单位时间内以标准固定体积对流动介质连续不断地进行测量，以排出流体固定容积数来计算流量。基于这种检测方法的流量检测仪表主要有：椭圆齿轮流量计、旋转活塞式流量计、刮板式流量计等。容积法受流体状态影响较小，适用于测量高黏度流体，测量精度高。

2）速度法：先测量管道内流体的平均流速，再乘以管道横截面积，求得流体的体积流量。基于该检测方法的流量检测仪表主要有：差压式流量计、转子式流量计、电磁式流量计、涡轮式流量计、靶式流量计、超声波流量计等。

（2）质量流量检测法：该方法包含直接法和间接法两类。

1）直接法：由测量仪表直接测量质量流量。其优点在于精度不受流体的温度、压力、密度等变化影响。目前已有的包括角动式流量计、量热式流量计、科里奥力式流量计等。

2）间接法：用测得的体积流量乘以流体的密度自动计算得到的质量流量。当流体密度随流体的温度、压力等变化时，计算繁琐，存在累计误差，测量精度受限。

B 流量计的刻度值进行修正

（1）测量液体流量时通常在常温下用水进行标定，当被测液体的密度与水的密度不同时，可按下式进行刻度换算，其修正公式为

$$\frac{q_v}{q_{v0}} = \sqrt{\frac{(\rho_f - \rho)\rho_0}{(\rho_f - \rho_0)\rho}}$$

式中 q_v——被测液体的实测体积流量，m^3/s；

q_{v0}——仪表的刻度读数，m^3/s；

ρ_f——浮子的材料密度，kg/m^3；

ρ——被测液体的密度，kg/m^3；

ρ_0——标定介质水的密度，kg/m^3。

（2）测量气体流量通常在293.15K，101.325kPa下用空气进行标定，不仅在被测气体密度与空气不同时要进行刻度换算，而且当温度和压力变化时，也须进行刻度换算，其修正公式为

$$q_v = \sqrt{\frac{\rho_0 p T_0}{\rho p_0 T}} q_{v0}$$

式中 q_{v0}——仪表的刻度读数，m^3/s；

q_v——被测气体的实测体积流量，m^3/s；

p_0，T_0——分别为标准绝对压力101.325kPa和标准绝对温度293.15K；

p，T——分别为测量时的绝对压力（kPa）和绝对温度（K）；

ρ_0——标准状态下空气的密度，kg/m^3；

ρ——被测气体在测量时的密度，kg/m^3。

2.1.4.3 差压式流量计

差压式流量计是基于流体动压能和静压能在一定条件下可以相互转换的原理，利用流体经过节流装置产生流速变化时所产生的静压差来实现流量测量的仪表。差压式流量计主要由节流装置、信号管路和差压计（或差压变送器和显示仪表）组成，如图2-16所示。

流体在有节流装置的管道中流动时，在节流装置前后的管壁处，流体的静压力产生的差异的现象称为节流现象。其中，节流装置包括节流元件和取压装置。节流元件是管道中的流体产生局部收缩的元件，常用的节流元件有孔板、喷嘴和文丘里管等，下面以孔板为例说明节流现象，如图2-17所示。

流体在管道截面Ⅰ前未受到节流元件影响，静压力为p_1，平均流速为v_1，流体密度为ρ_1；在接近节流元件处，随着流通面积的减小，流束收缩，流速增加；通过孔板后，在截面Ⅱ处流束达到最小，流速达到最大v_2，此时静压力为p_2，流体密度为ρ_2；随后流束逐渐扩大，速度减慢，到截面Ⅲ后平均流速v_3恢复为v_1；但是由于流通截面积的变化，使流体产生了局部涡流，损耗了能量，所以静压力$p_3 < p_1$，存在压力损失。

这里介绍两个研究流体性质的基本定理伯努利方程和连续性定理。

伯努利方程：适用于理想流体（具有不可压缩，不存在摩擦阻力等性质），实质是流

体的机械能守恒，往往被表述为$p+\frac{1}{2}\rho v^2+\rho gh=C$，这个式子被称为伯努利方程。$p$为流体中某点的压强，$v$为流体该点的流速，$\rho$为流体密度，$g$为重力加速度，$h$为该点所在高度，$C$是一个常量。

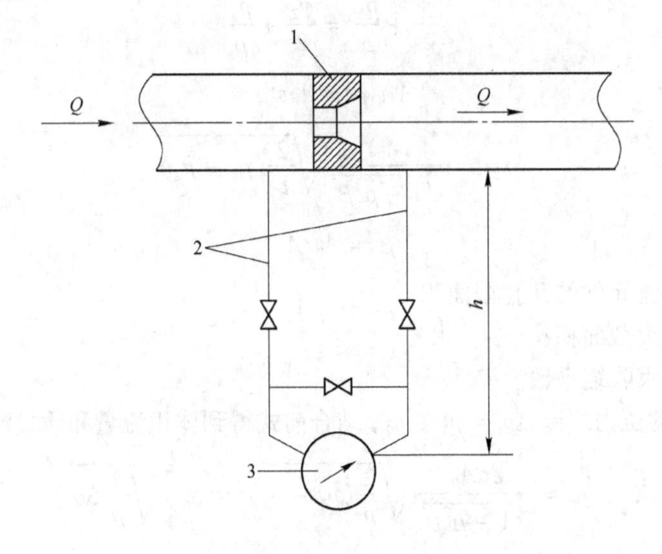

图 2-16 差压式流量计

1—孔板；2—引压管；3—差压计

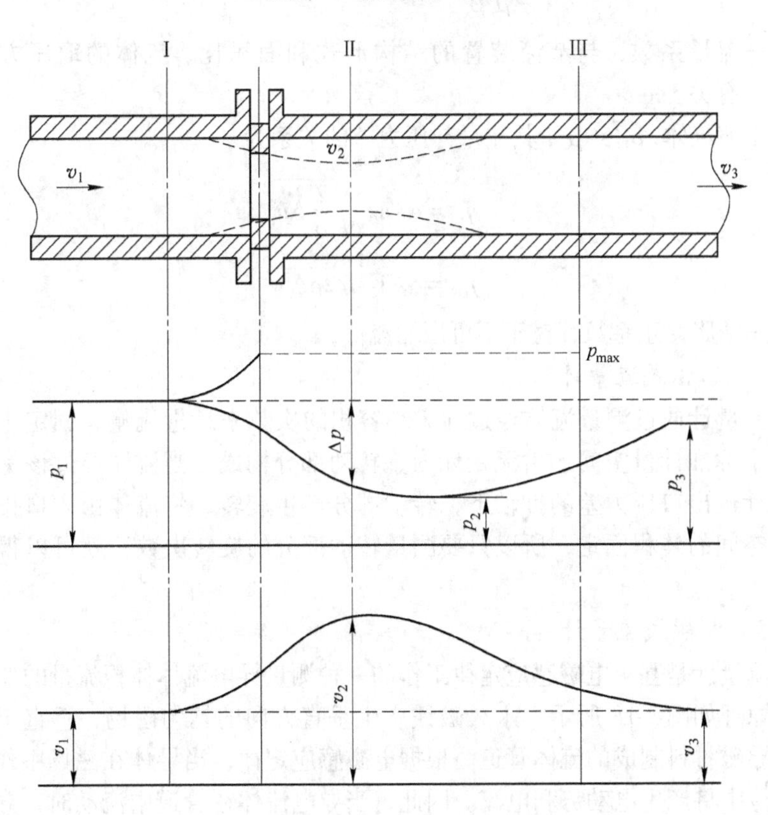

图 2-17 孔板及前后压力、流速分布图

连续性定理：表述为在同一时间内，流进任意切面的流体质量和从另一切面流出的流体质量应该相等。

设流体为不可压缩的理想流体，即 $\rho_1 = \rho_2$。根据伯努利方程和连续性原理

$$\frac{v_1^2}{2} + \frac{p_1}{\rho} = \frac{v_2^2}{2} + \frac{p_2}{\rho}$$

$$A_1 v_1 \rho = A_2 v_2 \rho$$

则有

$$v_2 = \frac{1}{\sqrt{1 - \mu^2 \beta^2}} \sqrt{\frac{2}{\rho}(p_1 - p_2)}$$

其中

$$\beta = A_0 / A_1$$

式中　A_0 ——节流元件的开孔截面积；

A_1 ——管道截面积；

μ ——流束收缩系数。

设孔板前后的压力之差 $\Delta p = p_1 - p_2$，结合前式得到体积流量和质量流量为

$$q_v = \frac{\varepsilon \mu A_0}{\sqrt{1 - \mu^2 \beta^2}} \sqrt{\frac{2}{\rho}(p_1 - p_2)} = \alpha A_0 \sqrt{\frac{2}{\rho} \Delta p}$$

$$q_m = \frac{\varepsilon \mu A_0}{\sqrt{1 - \mu^2 \beta^2}} \sqrt{2\rho(p_1 - p_2)} = \alpha A_0 \sqrt{2\rho \Delta p}$$

式中　α ——流量系数，与节流装置的结构形式和面积比、流体的取压方式与特性等有关。

对于可压缩流体，$\rho_1 \neq \rho_2$，其流量与压力差的关系为

$$q_v = \alpha \varepsilon A_0 \sqrt{\frac{2}{\rho} \Delta p}$$

$$q_m = \alpha \varepsilon A_0 \sqrt{2\rho \Delta p}$$

式中　ε ——膨胀修正系数，对于不可压缩流体，$\varepsilon = 1$。

2.1.4.4　容积式流量计

容积式流量计通过测量流体经过固定小容积的次数来计量流量，固定小容积是流量计内部的一个标准计量空间，由流量计内壁转动部分构成。当流体经过该标准计量空间时，在流量计进出口压力差的推动下，转动部分产生旋转，将流体由入口排向出口。由于标准计量空间的体积固定，所以只要测量转动部分的旋转次数，就可以得到被测介质的流量。

2.1.4.5　电磁式流量计

电磁式流量计是基于电磁感应定律工作的一种测量导电流体体积流量的仪表。

其工作原理如图 2-18 所示，永久磁铁产生垂直方向的均匀磁场，垂直于磁场方向放置一根由不导磁材料制成的流体管道。根据电磁感应定律，当导体在磁场中作切割磁力线运动时，导体中将产生电动势和电流。因此，当导电流体在管道中流动时，导电液体切割磁力线，从而在与磁场及流动方向垂直的方向上产生感应电动势，通过在管道上安装一对

电极来测量电位差。当磁感应强度 B 与管道直径 D 一定时，设 v 为流体的平均速度，则感应电动势的大小为

$$E = BDv$$

被测介质的体积流量与流速的关系为

$$q_v = \frac{1}{4}\pi D^2 v = \frac{\pi}{4}\frac{D}{B}v$$

可见，在管道直径和磁感应强度一定时，体积流量与感应电动势之间具有线性关系。

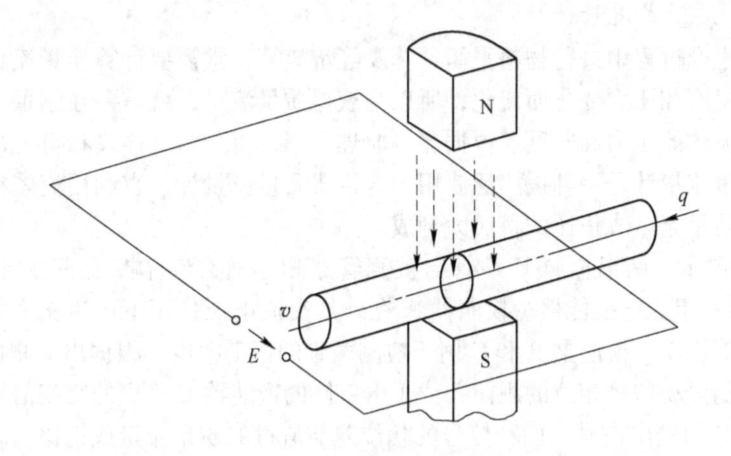

图 2-18　电磁式流量计

电磁式流量计反应灵敏、精度高、线性度好且不受流体温度、压力、密度、黏度等参数的影响；但是只能用于导电液体测量，对于气体、蒸汽或电导率低的液体并不适用。

2.1.4.6　转子式流量计

中、小流量的测量常用转子式流量计，它由一个自下向上的垂直锥管和一个可以沿锥管轴向上下自由移动的浮子组成，如图 2-19 所示。

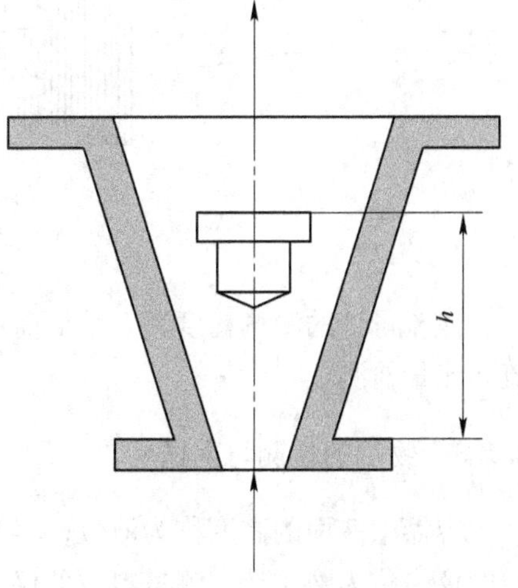

图 2-19　转子式流量计

浮子在锥管中形成一个环形流通面积，起节流作用，因此在被测流体作用下，浮子上、下两侧的压差 Δp 形成上升力 F_2。设 A_f 为最大环形流通面积，ρ 为被测介质密度，v 为环形流通面积中流体平均流速，ξ 为比例系数，则有

$$F_2 = \xi\frac{\rho v^2}{2}A_f$$

设 V_f、ρ_f 分别为浮子的体积和材料密度，g 为重力加速度，则转子重力为

$$F_1 = V_f g(\rho_f - \rho)$$

若流量增加，转子重力小于上升浮力，则转子上升，环形流通面积增加，$\Delta\rho$ 下降，

最终使上升力与重力达到新的动态平衡，于是转子稳定在一定位置上。此时，浮子在锥管中的位置高度与被测介质的流量存在以下关系

$$q_v = \alpha\varphi h\sqrt{\frac{(\rho_f - \rho)}{\rho}}$$

式中　α——流量系数；

φ——流量计结构常数。

则流量越大，浮子所处的平衡位置就越高。

2.1.4.7　质量式流量计

为便于在生产过程中进行物料平衡计算及经济核算，常需要计算质量流量。但是由于流体密度会随温度和压力变化而变化，所以为获得质量流量，就需要在测量流体体积流量的同时，测量流体的压力和密度。根据测量原理不同，可分为直接式和间接式两类。

科氏力质量流量计是一种被广泛使用的直接式质量流量计，它利用流体在振动管中流动时，产生与质量流量成正比的科氏力制成。

如图 2-20 所示，两根金属 U 型管与被测管路相连通，流体按箭头方向流动。在 A、B、C 三处各装一组压电换能器。换能器 A 在外加交流电压作用下产生交变力，使两个 U 型管产生上、下振动；换能器 B 和 C 用于检测两管的振动幅度，根据出口侧振动信号的相位超前于入口侧振动信号相位的规律，位于出口侧的换能器 C 输出的交变信号将超前位于入口侧换能器 B 的输出信号，两种信号的相位差与流过的质量流量成正比。

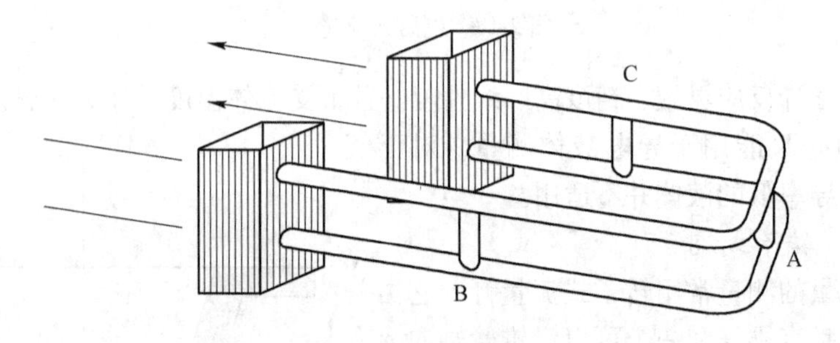

图 2-20　科氏力质量流量计

该流量计的测量精度高、结构简单，适用于中小尺寸的管道中黏度和密度相对较大的流体流量检测。

2.1.5　物位的检测与变送

容器中液面的高度称为液位，容器中固体或颗粒状物质的堆积高度称为料位。测量液位的仪表称为液位计，测量料位的仪表称为料位计，而测量两种密度不同液体介质分界面的仪表称为界面计。在物位检测中，有时需要对物位进行连续检测，有时只需要测量物位是否达到某一特定位置，用于定点物位测量的仪表称为物位开关。上述仪表统称为物位仪表。

物位测量的主要目的有两个：一是通过物位测量来确定容器中的原料、成品或半成品的数量，以保证连续供应生产中各个环节所需的物料或进行经济核算；二是通过物位测量

了解物位是否在规定的范围内，以便使生产过程正常进行，保证产品的质量、产量和生产安全。可见，在工业生产过程自动化中，设备内物位的检测与控制是很重要的。

2.1.5.1　物位检测的主要方法和分类

工业生产中测量物位仪表的种类很多，按其工作原理主要有下列几种类型：

（1）直读式物位仪表：主要有玻璃管液位计、玻璃板液位计等。这类仪表最简单也最常见，但只能用于直接观察液位的高低，而且耐压性能有限。

（2）静压式物位仪表：又可分为压力式物位仪表和差压式物位仪表，利用液柱或物料堆积对某定点产生压力的原理进行工作，其中差压式液位计是一种最常用的液位检测仪表。

（3）浮力式物位仪表：这类物位仪表是利用浮子高度随液位变化而改变（恒浮力），或液体对浸沉于液体中的浮子（或称沉筒）的浮力随液位高度的变化而变化（变浮力）的原理工作的，主要有浮筒式液位计、浮子式液位计等。

（4）电气式物位仪表：根据物理学的原理，物位的变化可以转换为一些电量的变化。如电阻、电容、电磁场等的变化。电气式物位仪表就是通过量出这些电量的变化来测知物位。这种仪表既适用液位的材料，也适用于料位的材料，如电容式物位计、电容式液位开关等。

（5）超声波物位仪表：利用超声波在介质中的传播速度及在不同界面之间的反射特性来检测物位。其本质上是一种非接触式检测方法，适用于声波吸收能力较弱的液体、颗粒状固体及黏稠、有毒介质的物位检测。

2.1.5.2　物位仪表的选用原则

（1）仪表类型：一般情况下，液位的测量均宜选择差压式测量方法。对于高黏度、易结晶、易气化、易冻结、强腐蚀的介质，应选用法兰式差压变送器。其中，对特别易结晶的介质，应采用插入式法兰差压变送器。在选用差压变送器的同时，还应设计（选）出辅助装置，如测量锅炉汽鼓液位时，应设置具有温度补偿性能的双室平衡容器；对气相导压管可能分离或冷凝出液体介质时，应设置平衡容器、冷凝器或隔离容器等；对于高温、高压、强腐蚀、黏度大、有毒等介质的测量，如熔融玻璃、熔融铁液、水银渣、高炉料位、矿石、橡胶粉、焦油等，可以采用放射性物位计；对粉末固体料位的测量，可选用带指示、累积式二次仪表的重锤探测料位计。

（2）检测精度：对用于计量和经济核算的场合，应选用精度等级较高的物位检测仪表，如超声波液位计的精度为 ±5mm。对于一般检测精度可选用其他物位计。

（3）工作条件：对于测量高温、高压、低温、高黏度、腐蚀性强的特殊介质，或在用其他方法难以检测的某些特殊场合，可以选用电容式液位计。但是，这种物位计不适用于易黏附电极的黏稠介质及介电常数变化大的介质。对于一般情况，可以选用其他液位计。

（4）测量范围：如果测量范围较大，如测量范围在两米以上的一般介质，可选用差压液位计。

（5）刻度：最高液位或上限报警点应为最大刻度的 90%，正常液位为最大刻度的 60%，最低液位或下限报警点为最大刻度的 10% 左右。

在具体选用液位检测仪表时，一般还应考虑容器的形状、大小、被测介质的状态（重量、黏度、温度、压力及液位变化），现场安装条件（安装位置，周围有无振动、冲击等），安全性（防火防爆等），信号输出方式（现场显示或远距离显示，变送或控制）等问题。

2.2 执 行 器

执行器是过程控制系统中的重要组成部分，它接受调节器输出的控制信号，并转换成直线位移或角位移来改变调节阀的流通面积，以调节流入或流出被控过程的物料或能量，从而实现对过程参数的自动控制。执行器安装在现场，直接与介质接触，通常在高温、高压、高黏度、强腐蚀、易结晶、易燃易爆、剧毒等场合下工作。如果选择不当，将影响整个控制系统。

执行器由执行机构和调节机构（调节阀）组成，执行机构将输入信号转换成推力或位移推动调节阀，是执行器的推动部分，而调节机构在执行机构的作用下，通过改变调节阀阀芯与阀座之间的流通面积，从而改变被测介质的流量，是执行器的调节部分。在工业生产过程中，执行器根据其能源、位移等可以划分为多种形式。根据使用能源的不同，执行器分为以下几种类型：

（1）电动执行器：输入信号为0～10mA DC或4～20mA DC的电流信号，特点是电源配备方便，信号传输快、损失小，可远距离传输；但推力较小，结构复杂，安全防爆性能差，故适用于防爆要求不高及缺乏气源的场所。

（2）气动执行器：输入信号为0.02～0.1MPa的气压信号，特点为结构简单，可靠，维护方便，防火防爆，可与气动、电动调节仪表配套使用；但气源配备不方便，动作时间长，不适合远传。

（3）液动执行器：用液压传递动力，推力最大；但安装、维护麻烦，使用不多，适用于被控压力高的场合。

2.2.1 执行机构

执行机构是使用气体、电力、液体或其他能源并通过电机、气缸或其他装置将其转化成驱动作用的装置。工业上常用的有电动执行机构和气动执行机构。

2.2.1.1 电动执行机构

电动执行机构用控制电机作动力装置，接收来自控制器的0～10mA DC或4～20mA DC电流信号，并将其转换为相应的输出。电动执行机构有多种类型，其输出的形式有：

（1）角行程：转换为相应的角位移（0°～90°），适用于操纵蝶阀、挡板之类的旋转式调节阀。

（2）直行程：转换为直线位移输出，适用于操纵单座、双座、三通等直线式调节阀。

（3）多转式：转角输出，功率比较大，主要用来控制闸阀、截止阀等多转式阀门。

这几种执行机构在电气原理上基本相同，只是减速器不一样。图2-21所示是电动执行器的控制原理图。伺服放大器可以由比例放大器和比例积分放大器构成，由位置反馈信号构成闭环系统，提高控制精度。

其工作原理为，伺服放大器将输入信号和位置发信器的反馈信号比较后所得差值信号，进行功率放大后，驱动伺服电动机转动，再经减速器减速，带动输出轴改变阀行程。当输入信号和反馈信号差值为正时，伺服电动机正转，阀行程增大；当差值为负时，伺服

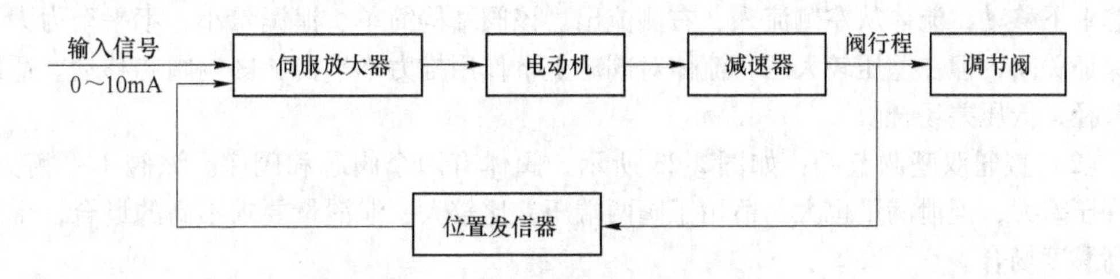

图 2-21 电动执行器控制系统原理图

电动机反转，阀行程减小；当差值为零时，伺服电动机停止转动，阀行程稳定在相应位置。因此，一般来说可以把电动执行机构看作一个比例环节。

电动执行机构不仅可与控制器配合实现自动调节，还可以通过操作器实现系统的自动调节和手动调节的相互切换。当操作器的切换开关置于手动操作位置时，由正、反操作按钮直接控制电动机的电源，以实现执行机构输出的正转和反转。

2.2.1.2 气动执行机构

气动执行机构根据控制器或阀门定位器的输出气压信号的大小，产生相应的输出力和推杆直线位移，推动调节机构的阀芯动作。

气动执行机构主要有薄膜式和活塞式两类。其中，气动薄膜式执行机构使用弹性膜片将输入气压转变为推力，由于结构简单、价格低廉、运行可靠、维护方便而得到广泛使用；气动活塞式执行机构由气缸内的活塞输出推力，由于气缸允许的压力较高，所以该类执行机构的输出推力大、行程长，但价格高，因此只用于特殊需求场合。

2.2.2 调节机构

调节机构，也称为调节阀、控制阀，是执行器的调节部分。它是一个局部阻力可变的节流元件。在执行机构输出力（力矩）作用下，阀芯在阀体内移动，改变了阀芯与阀座之间的流通面积，即改变了调节机构的阻力系数，从而使被控介质的流量发生相应变化，达到改变工艺变量的目的。

调节阀通常由上阀盖、下阀盖、阀体、阀座、阀芯、阀杆等零部件组成。由于调节阀直接与被控介质接触，为了适应各种使用要求，阀体、阀芯有不同的结构，使用的材料也各不相同。根据不同使用场合和使用要求，调节阀的结构形式主要有以下几种：

（1）直通单座调节阀 ：如图 2-22 所示，阀体只有一个阀芯与一个阀座，推力作用使

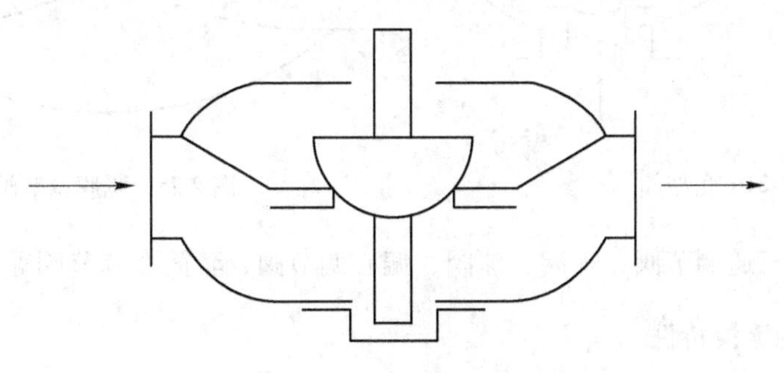

图 2-22 直通单座阀

阀芯上下移动，流体从左侧流入，右侧流出。该阀结构简单、泄漏量小、不平衡力大、易于保证关闭，但在差压较大时，流体对阀芯上下作用推力不平衡，影响阀芯移动。适用于小口径、低压差场合。

（2）直通双座调节阀：如图2-23所示，阀体有两个阀芯和阀座。该阀不平衡力小、允许压差大，但泄漏量也大。适用于阀两端压差比较大、泄漏量要求不高的场合，不适用于高黏度场合。

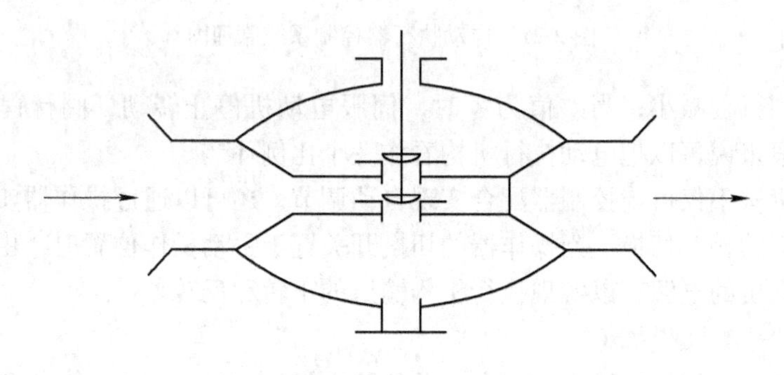

图2-23　直通双座阀

（3）角型调节阀：如图2-24所示，阀体呈直角形，流体从底部进入，然后流经阀芯后从阀侧流出。其流路简单、阻力小，适用于安装现场管道要求用直角连接或高压差、高黏度、含有悬浮物和固体颗粒状物料流量的场合。

（4）隔膜调节阀：如图2-25所示，阀体和隔膜采用耐腐蚀衬里。其特点是结构简单、流阻小、流通能力大。由于介质用隔膜与外界隔离，所以介质不会泄露、耐腐蚀性强，适用于强酸、强碱、强腐蚀性物料和高黏度、含悬浮颗粒状介质。选用隔离调节阀时，应注意执行机构需有足够的推力。

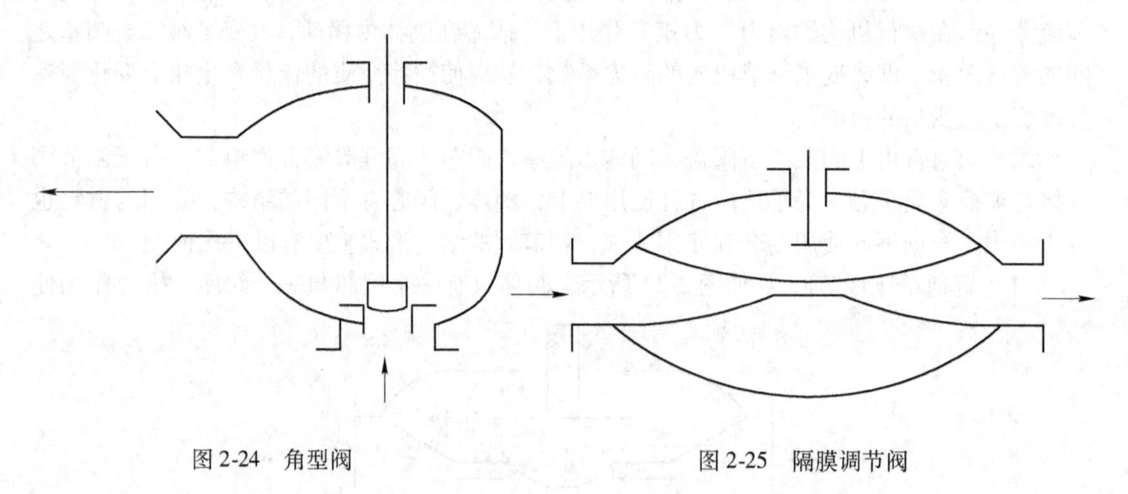

图2-24　角型阀　　　　图2-25　隔膜调节阀

此外，还有三通调节阀、蝶阀、球阀、偏心调节阀、套筒型调节阀等。

2.2.3　调节阀的流量特性

调节阀的流量特性是指介质流过阀门的相对流量与相对开度之间的关系，即

$$\frac{q_v}{q_{vmax}} = f\left(\frac{l}{L}\right) \tag{2-4}$$

式中 $\frac{q_v}{q_{vmax}}$——相对流量，即调节阀某一开度流量 q_v 与全开流量 q_{vmax}之比；

$\frac{l}{L}$——相对开度，即调节阀某一开度行程 l 与全行程 L 之比。

流过调节阀的介质流量大小不仅与阀门开度有关，还与阀前后的压差有关。为便于分析，称阀前后压差不变时的流量特性为理想流量特性；阀前后压差变化时的流量特性为工作流量特性。

2.2.3.1 理想流量特性

理想流量特性完全取决于阀芯的形状，主要有线性、等百分比（对数）、抛物线和快开4种形式。

A 线性流量特性

该特性是指调节阀的相对流量与阀芯的相对位移成线性关系，即调节阀相对开度变化所引起的相对流量变化是常数。即

$$\frac{d\left(\frac{q_v}{q_{vmax}}\right)}{d\left(\frac{l}{L}\right)} = K_v \tag{2-5}$$

式中，K_v 是常数，为调节阀的放大系数。

积分得

$$\frac{q_v}{q_{vmax}} = K_v \frac{l}{L} + C \tag{2-6}$$

式中，C 为积分常数。

边界条件，当 $l=0$ 时，$q_v = q_{vmin}$；$l=L$ 时，$q_v = q_{vmax}$，代入式（2-6）得

$$C = \frac{q_{vmin}}{q_{vmax}} = \frac{1}{R},\ K_v = 1 - C = 1 - \frac{1}{R}$$

式中 R——调节阀所能调节的最大流量 q_{vmax} 与最小流量 q_{vmin} 的比值，称为调节阀的可调范围或可调比。

这里 q_{vmin} 为调节阀可调流量的最小值，一般为 q_{vmax} 的2%～4%。

$$\frac{q_v}{q_{vmax}} = \left(1 - \frac{1}{R}\right)\frac{l}{L} + \frac{1}{R} \tag{2-7}$$

可见 q_v/q_{vmax}与 l/L 之间成线性关系。当可调比 R 一定时，只要阀芯位移变化量相同，流量的变化量也相同。但是流量的相对变化量（流量变化量与原有流量之比）是不同的，在小开度时，相同的开度变化所引起的流量相对变化量大，容易引起流量在原有基础上的大幅度的变化，甚至产生振荡，即控制作用较强；而在大开度时，其流量相对变化量小，控制作用弱，响应缓慢。所以，线性流量特性调节阀不适合于负荷变化大的场合。

B　对数（等百分比）流量特性

所谓对数流量特性是指阀芯位移的相对变化量与流量的相对变化量是相同的。其数学表达式为

$$\frac{\mathrm{d}\left(\frac{q_{\mathrm{v}}}{q_{\mathrm{vmax}}}\right)}{\mathrm{d}\left(\frac{l}{L}\right)} = K\frac{q_{\mathrm{v}}}{q_{\mathrm{vmax}}} = K_{\mathrm{v}} \tag{2-8}$$

可见，调节阀的放大系数 K_{v} 是变化的。代入上述边界条件，经整理可得

$$\frac{q_{\mathrm{v}}}{q_{\mathrm{vmax}}} = R^{\left(\frac{l}{L}-1\right)} \tag{2-9}$$

可知，二者成对数关系。从过程控制看，利用对数流量特性是有利的，调节阀在小开度时，K_{v} 小，控制缓和平稳，调节阀在大开度时，K_{v} 大，控制及时有效。

C　抛物线流量特性

该特性是指流量的相对变化量与阀芯的相对位移呈抛物线关系，其数学表达式为

$$\frac{\mathrm{d}\left(\frac{q}{q_{\max}}\right)}{\mathrm{d}\left(\frac{l}{l_{\max}}\right)} = K\sqrt{\frac{q}{q_{\max}}} = K_{\mathrm{v}} \tag{2-10}$$

根据边界条件可得

$$\frac{q_{\mathrm{v}}}{q_{\mathrm{vmax}}} = \frac{1}{R}\left[1 + (\sqrt{R} - 1)\frac{l}{L}\right]^2 \tag{2-11}$$

抛物线流量特性介于直线与对数流量特性之间，可用对数流量特性来代替。

D　快开流量特性

这种流量特性在小开度时流量比较大，随着开度的增大，流量很快就达到最大，故称为快开特性。其数学表达式为

$$\frac{\mathrm{d}\left(\frac{q_{\mathrm{v}}}{q_{\mathrm{vmax}}}\right)}{\mathrm{d}\left(\frac{l}{L}\right)} = K\left(\frac{q_{\mathrm{v}}}{q_{\mathrm{vmax}}}\right)^{-1} = K_{\mathrm{v}} \tag{2-12}$$

根据边界条件可得

$$\frac{q_{\mathrm{v}}}{q_{\mathrm{vmax}}} = \frac{1}{R}\left[1 + (R^2 - 1)\frac{l}{L}\right]^{1/2} \approx \sqrt{\frac{l}{L}} \tag{2-13}$$

快开流量特性调节阀主要适用于位式控制。

各种理想流量特性曲线如图 2-26 所示。

2.2.3.2　工作流量特性

在实际生产中，调节阀总是与工艺设备、管道等串联或并联使用，由于阻力损失引起阀门前后压差的变化。工作流量特性就是研究调节阀前后压差变化的情况下，相对流量与阀芯相对开度之间的关系。

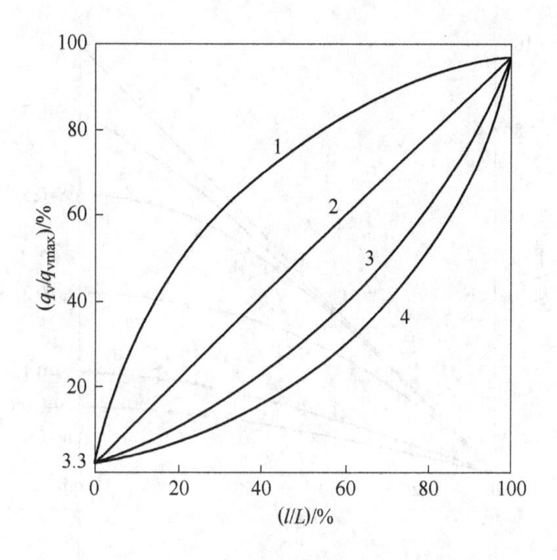

图 2-26 调节阀的理想流量特性

1—快开流量特性；2—直线流量特性；3—抛物线流量特性；4—对数流量特性

A 串联管道时的工作流量特性

如图 2-27 所示，串联管道系统为例，假设系统的总压差 Δp 等于管道系统（除调节阀外的全部设备和管道）的差压 Δp_2 与调节阀的压差 Δp_1 之和。

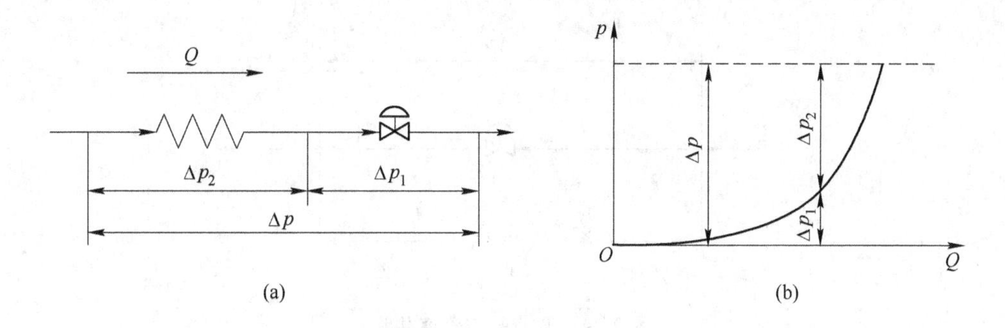

图 2-27 调节阀与管道串联

（a）串联管道系统；（b）压力分布

当总压差 Δp 一定时，随着阀门开度的增大，引起流量的增加，设备及管道上的压差随流量的平方增长，使阀门前后压差逐渐减小。因此，在同样的阀芯位移下，通过调节阀的实际流量比阀门前后压差不变时的理想情况下流量要小。串联管道情况下，引起的流量变化如图 2-28 所示。S 表示调节阀全开时阀门前后压差 $\Delta p_{1\min}$ 与系统总压差 Δp 的比值。

当 $S=1$ 时，管道阻力损失为零，调节阀前后压差等于系统的总压差，所以工作流量特性与理想流量特性一致。随着 S 的减小，管道阻力损失增加，调节阀前后压差减小，一方面使阀全开时的流量减小，即阀的可调范围变小；另一方面流量特性曲线发生畸变，使阀在大开度时的控制灵敏度降低，小开度时的调节不稳定。如图 2-28，随着 S 的减小，流量特性的畸变程度越大，直线流量特性趋向于快开特性，等百分比流量特性趋向于直线特

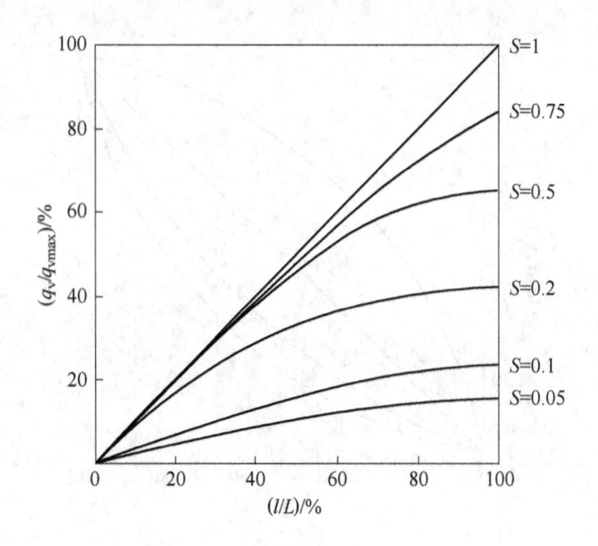

图 2-28　串联管道直线调节阀工作流量特性

性。因此，在实际应用中，一般希望 S 值不低于 0.3 ~ 0.5。

B　并联管道时的工作流量特性

调节阀一般都装有旁路阀，以便手动操作和维护，如图 2-29 所示。显然管路的总流量 Q 是调节阀流量 Q_1 与旁路流量 Q_2 之和。

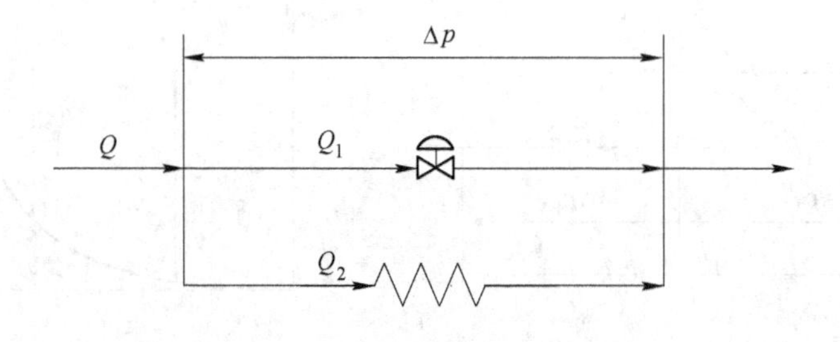

图 2-29　调节阀与管道并联

假设 X 表示并联管道、调节阀全开时的流量 Q_{1max} 与总管最大流量 Q_{max} 之比。在总压差 Δp 一定时，并联管道情况下获得的工作流量特性，如图 2-30 所示。

可见，当 $X=1$ 时，旁路阀关闭，工作流量特性就是理想流量特性。随着旁路阀逐渐打开，X 值逐渐减小，调节阀的可调范围大大下降，使其调节能力降低。一般认为最多只能是总流量额百分之十几，即 X 值不能低于 0.8。

综合上述串联、并联管道两种情况，得到如下结论：

(1) 串联、并联管道都会使调节阀的理想流量特性发生畸变，串联管道的影响尤为严重。

(2) 串联、并联管道都会使调节阀的可调范围降低，并联管道尤为严重。

(3) 串联管道使系统总流量减少，并联管道使系统总流量增加。

(4) 串联、并联管道都会使调节阀的放大系数减小，即输入信号变化引起的流量变化

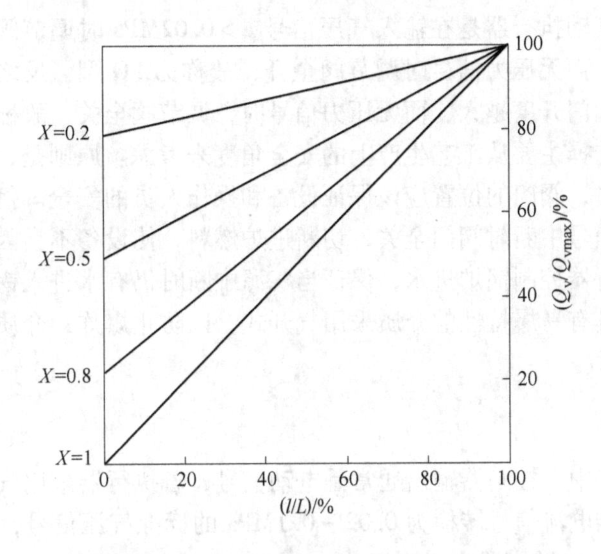

图 2-30 并联管道直线调节阀工作流量特性

减小。串联管道时，若调节阀处于大开度，则 S 值降低对放大系数影响更为严重，并联管道时，若管道处于小开度，则 X 值降低对放大系数影响更为严重。

2.2.4 气动执行器的气开、气关形式

执行器的执行机构和调节阀组合实现气开和气关两种调节。由于执行机构有正、反两种作用形式，调节阀也有正装和反装两种方式，因此存在四种组合方式来实现气动执行器的气开、气关调节，如图 2-31 和表 2-4 所示。

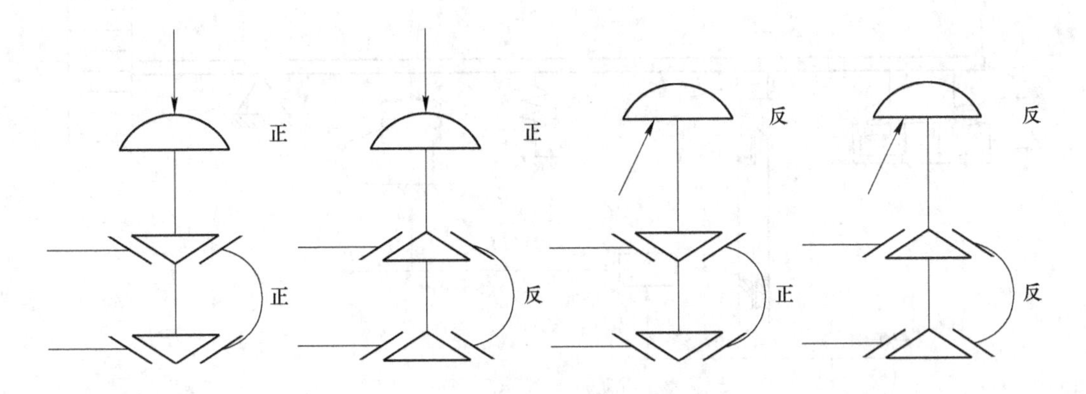

图 2-31 执行器气开、气关作用形式

表 2-4 执行器的作用形式

执 行 机 构	调 节 阀	执 行 器
正作用	正装	气关（正+）
正作用	反装	气开（反-）
反作用	正装	气开（反-）
反作用	反装	气关（正+）

可见，气关式气动执行器是在输入气压信号 $p>0.02\text{MPa}$ 时调节阀关闭，且输入气压越大阀门开度越小，而无压力信号时调节阀全开，故称为FO型。反之，气开式气动执行器是输入气压越大阀门开度越大，而无压力信号时，调节阀全关，故称为FC型。

气开、气关的选择主要从工艺生产上的安全角度来考虑。原则是，当断电或其他事故引起信号压力中断时，阀门的位置应该保证设备和操作人员的安全。例如，加热炉燃料应采用气开式，即当信号中断时阀门全关，切断进炉燃料，使设备不会因为炉温过高造成事故；采用气关式执行器控制锅炉进水，保证当气源中断时仍有水进入锅炉，避免锅炉烧干引发爆炸。通常，具有易爆特性的介质采用气开式，以防止爆炸；介质为易结晶物料，为避免堵塞选用气关式。

2.2.5 电-气转换器

在过程控制系统中，控制器输出通常是电动信号，若执行器采用气动执行器，就必须将控制器输出的标准电流信号转换为 0.02～0.1MPa 的标准气压信号，才能与气动执行器配接。为此，采用电-气转换器实现该要求。

如图2-32所示，电-气转换器采用力矩平衡原理。来自于控制器的电流 I 流入线圈，该线圈在永久磁铁气隙中自由地上下移动。当电流 I 增大时，线圈与磁铁产生的吸力增加，使杠杆沿逆时针方向转动，安装在杠杆上的挡板向喷嘴靠近，从而改变喷嘴和挡板之间的间隙。挡板相对于喷嘴的微小位移，被喷嘴挡板机构转换为气压信号，并通过气动功率放大器的放大产生输出压力 p，作用于波纹管，从而对杠杆产生向上的反馈力。此反馈力对支点O形成的反馈力矩与电磁力矩相平衡，构成闭环系统。可见，输出压力 p 和电流 I 之间呈正比关系，用于推动气动执行器或作远距离的传送。

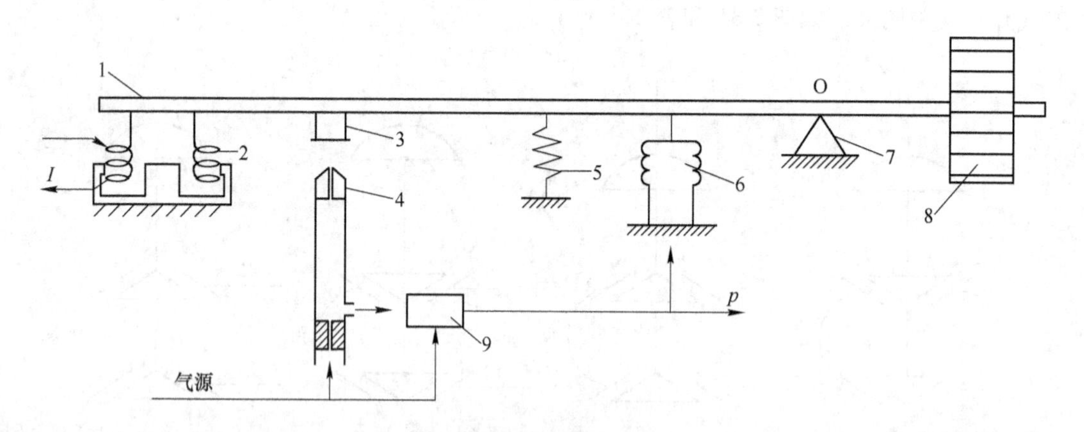

图2-32 电-气转换器图

1—杠杆；2—线圈；3—挡板；4—喷嘴；5—弹簧；6—波纹管；
7—支撑；8—重锤；9—气动放大器

2.2.6 阀门定位器

电-气阀门定位器是电动单元组合仪表的一个辅助单元，也是气动执行器的一个主要附件。它与气动执行器配套使用可组成图2-33所示的闭环负反馈系统，从而改善气动执行器的外特性。

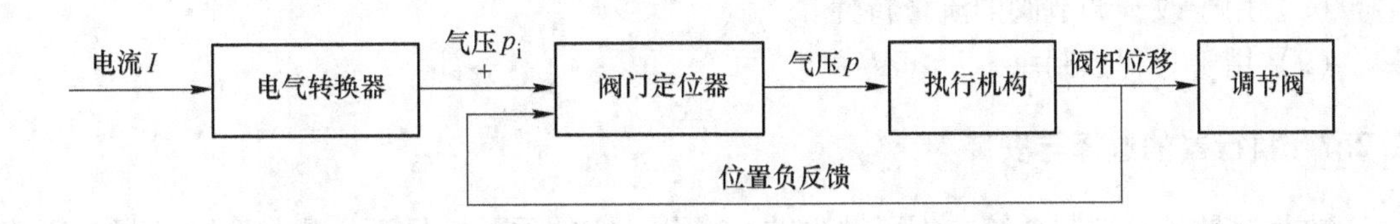

图 2-33 带阀门定位器的气动执行器组成框图

输入电流 I 经电-气转换单元转换成气压信号 p_i，与由执行机构产生的阀杆位移的位置反馈信号比较后，其差值信号经阀门定位器产生供气动执行器使用的气压信号 p，然后由气动执行机构按一定的规律转换成阀杆的相对位移，从而改变调节阀的开度，控制被控介质的流量。阀杆的位移经位置发生器形成位置反馈信号送入阀门定位器，从而构成深度负反馈系统。当系统处于动态平衡状态时，调节阀便处于相应的开度。

2.2.6.1 阀门定位器的主要特性

(1) 提高控制精度。由于引入了深度负反馈，执行器的放大系数 T_v 和气动放大器的 K 的影响可以忽略不计，因而消除了执行器膜片有效面积和弹簧刚度变化、薄膜气室的气容、调节阀活动部分的干摩擦力以及不平衡力等对定位精度的影响，实现精确定位，从而提高了调节阀的控制精度。

(2) 改善调节阀的动态特性。使用阀门定位器后，执行器由原来的一阶滞后环节变成了纯比例环节，提高了调节阀的动态特性。

(3) 能方便地改变调节阀的流量特性。增加阀门定位后，执行器的特性取决于负反馈环节的传递系数 K，改变反馈凸轮的几何形状，便可改变调节阀的流量特性。

(4) 实现分程控制。当用一个调节器的输出信号分段分别控制两个调节阀工作时，可利用两个阀门定位器分段，例如，一个在 0.02 ~ 0.06MPa 作全行程工作，而另一个在 0.06 ~ 0.1MPa 作全行程工作，便可实现分程控制。

2.2.6.2 阀门定位器的选择

由于阀门定位器有上述主要特性，选择时通常遵循下列原则：

(1) 对于要求控制质量高的重要控制系统，用以提高调节阀的定位精度及工作可靠性，确保控制质量。

(2) 用于调节阀前后压差大的场合，通过提高气源压力，增大执行机构的输出力，以克服流体对阀芯产生的不平衡力。

(3) 用于控制高压介质的场合，克服流体对阀芯的不平衡力和由于填料密封紧而造成较大的阀杆摩擦力。

(4) 用于标称口径 $D_g > 100$mm 以上的调节阀，增大执行机构的输出力。

(5) 用于控制高温或低温介质（由于阀杆与填料之间摩擦力大）的调节阀。

(6) 用于流体中含有固态悬浮物或黏度较高的介质场合，以克服介质对阀杆位移时产生的较大阻力。

(7) 用于调节阀与调节器距离较远（一般大于 60m，尤其是气动调节器）的场合，以克服控制信号传递的滞后。

（8）用于改善调节阀的流量特性。

（9）用于分程控制。

2.2.7　执行器的选择与安装

执行器是各种控制系统中不可缺少的一部分，它的重要性显而易见，合理选择与正确使用执行器将对智能技术的实现起积极作用。执行器是自动控制系统的末端部件，例如，调节阀、风门、电加热器的调整装置和电磁阀等，其中调节阀是智能建筑中使用最广泛的一种执行器。在供热、通风和空调系统中使用了大量控制阀门。执行器的好坏直接影响到系统是否能正常工作。

由于执行器的原理比较简单，人们在设计中常忽视这一环节。事实上，执行器处在生产现场的环境中，长期和生产介质接触，要保证它的安全运行并非一件易事，它也是工业自动化系统中最薄弱的一个环节。由于设计时对执行器选择不当或运行时维护不善，常使整个自动控制系统工作不正常，或严重影响调节品质而导致整个系统失灵。在目前已竣工的工程中，相当部分的控制系统不尽如人意，虽不全是执行器引起的问题，但的确占有相当比例。因此在工业自动化系统中必须对执行器的选择与应用给予加倍的重视，从设计阶段就应该重视执行器的选用，精心考虑应用的要求直至安装细节，注意考虑各种因素，包括人为因素，客观评价方案的先进性。造价时应力求做到技术领先、价格合理，使配置满足要求。这样做可以真正做到部件与系统的无缝连接。

2.2.7.1　执行器结构形式的选择

工业上执行器的执行机构部分，主要采用气动或电动执行机构，两者比较如表2-5所示，选择时应根据实际要求进行综合考虑，特别是对于气动执行机构，必须确定气动执行器的气开、气关作用方式。

表2-5　气动执行机构和电动执行机构的比较

执行机构	可靠性	驱动能源	价格	输出力	防爆性能
气动执行机构	高	压缩气体、气源装置	低	小	好
电动执行机构	较低	电	高	大	差

选择调节机构要充分考虑流体性质（如黏度、腐蚀性、毒性等）、工艺条件（如温度、压力、流量等）和系统要求，根据各种调节机构的特点和使用场合，兼顾经济性和工艺要求。

2.2.7.2　控制阀门的选择

在工业系统的供热、通风和空调系统中经常采用各种控制阀门，如冷冻水、热水等的控制。控制阀门的选型主要包括阀的口径选择、型号选择、阀的流量特性选择以及阀的材质选择，包括阀体、阀芯、阀座。同时阀门的防护等级、控制信号、电源、额定功率、泄漏、最大压差和环境温度等也需考虑。

2.2.7.3　阀门的安装

安装中最常见的问题是阀门的方向不对，即调节阀的入口当出口用，出口又当入口用。一般蝶阀的结构是对称的，不分入口和出口，所以不存在装反的问题。但其他结构的调节阀，如果入口和出口装反了，则会影响阀的流量特性，引起流通能力的改变，有时还容易使盘根处泄漏。对于单座阀，如装反会使不平衡力改变方向，甚至影响阀的稳定性。在高压调节阀中，如流向选择不当，还会影响使用寿命。直通、三通阀都要考虑流向，一般厂家在阀体上都标注有指示流向的箭头标志。

安装位置考虑：调节阀应垂直、正立安装在水平管道上。安装位置的选择应便于操作和维修。另外，阀门安装前应先检查校验，确认性能合格，内部无异物，并将管道吹扫干净后再行安装。

安装电动阀时，除调节阀安装的一般要求外，还应注意严格按电气安装有关施工要求进行，为保证安全和正常运行，使用前应对阀的基本性能进行检查。

2.3 安 全 栅

安全栅（又称防爆栅）安装在安全场所，它是安全场所仪表和危险场所仪表的关联设备，一方面传输信号；另一方面控制流入危险场所的能量在爆炸气体或混合物控制流入危险场所的能量在爆炸气体或混合物的点火能量以下，以确保系统的本安防爆性能。它像栅栏一样将安全场所与危险场所隔开，因此被形象地称为“安全栅”。

2.3.1 安全防爆的基本概念

在大气条件下，气体蒸汽、薄雾、粉尘或纤维状的易燃物质与空气混合，点燃后燃烧将在整个范围内传播的混合物，称为爆炸性混合物。含有爆炸性混合物的环境，称为爆炸性环境。按爆炸性混合物出现的频度、持续时间和危险程度，又可将危险场所划分成不同级别的危险区。

不同的危险等级对电气设备的防爆要求不同，煤矿井下用电气设备属Ⅰ类设备；有爆炸性气体的工厂用电气设备属Ⅱ类设备；有爆炸性粉尘的工厂用电气设备属Ⅲ类设备。对于Ⅱ类电气设备，电路电压限制在30V DC时，各种爆炸性混合物按最小引爆电流分为三级，如表2-6所示。

表2-6 爆炸性混合物的最小引爆电流

级 别	最小引爆电流/mA	爆炸性混合物种类
Ⅰ	$i>120$	甲烷、乙烷、汽油、甲醇、乙醇、丙酮、氨、一氧化碳
Ⅱ	$70<i<120$	乙烯、乙醚、丙烯晴等
Ⅲ	$i\leqslant 70$	氢、乙炔、二硫化碳、市用煤气、水煤气、焦炉煤气等

2.3.2 安全火花防爆系统

电动仪表存在电路打火的可能。如果从电路设计就开始考虑防爆，把电路在短路、开路及误操作等各种状态下可能发生的火花都限制在爆炸性气体的点火能量之下，那么这类仪表就称为安全火花防爆仪表。

安全火花防爆仪表只能保证本仪表内部不发生危险火花，对其他仪表通过信号线传入的能量是否安全则无法保证。如果在与其他仪表的电路连线之间设置安全栅，防止危险能量进入，则完全做到了安全火花防爆。

构成安全火花防爆系统的两要素：

（1）在危险现场使用的仪表必须是安全火花防爆仪表（本安仪表）。

（2）现场仪表与危险场所之间的电路连接必须经过安全栅（防爆栅），如图 2-34 所示。

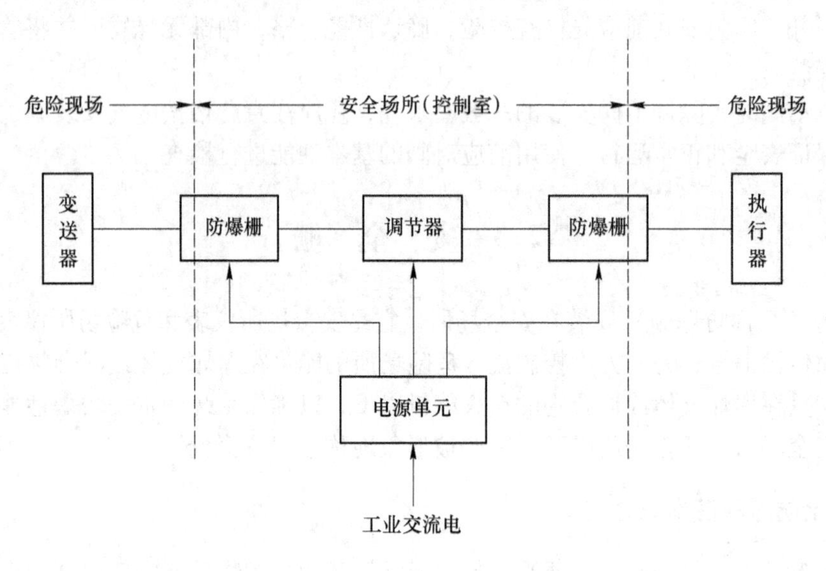

图 2-34　安全栅现场应用示意图

2.3.3　安全栅的工作原理

安全栅安装在安全场所，是传递正常信号、阻止危险能量通过的保险器件。安全栅的一种基本形式是在信号通路上串联一定电阻，起限流作用，把流入危险侧的能量限制在临界值之下，称为电阻式安全栅。它具有精确、可靠、小型和廉价等优点，但防爆定额电压低，常常不能满足工业现场的需求。因此，工业上常用的安全栅有两种，分别是齐纳式安全栅和隔离式安全栅。此外，随着计算机技术和网络技术的发展，现场总线本安防爆系统也得到了越来越广的应用。

2.3.3.1　齐纳式安全栅

齐纳式安全栅利用齐纳二极管（又称为稳压二极管）的反向击穿特性，由快速熔断器、两组齐纳二极管、限流电阻构成（见图 2-35）。

齐纳式安全栅的基本工作原理为：

（1）当 U_1 正常时，额定电压值为 24V，它小于齐纳二极管的击穿电压，齐纳二极管截止，回路电流由变送器决定，在 4 ~ 20mA DC 范围内，安全栅不影响系统的正常工作。

一旦危险侧发生故障，例如危险侧发生短路，短路电流取决于电源电压和回路电阻 R_s，可通过选取 R_s 值，把短路电流限制在额定电流以下，从而保证危险场所的安全。

（2）当安全栅电压高于安全额定电压 U_N 且低于放电管的放电电压 U_{Hr}时，齐纳二极管击穿，快速熔断器 FU_1 熔断，把危险场所与安全场所隔离开来。

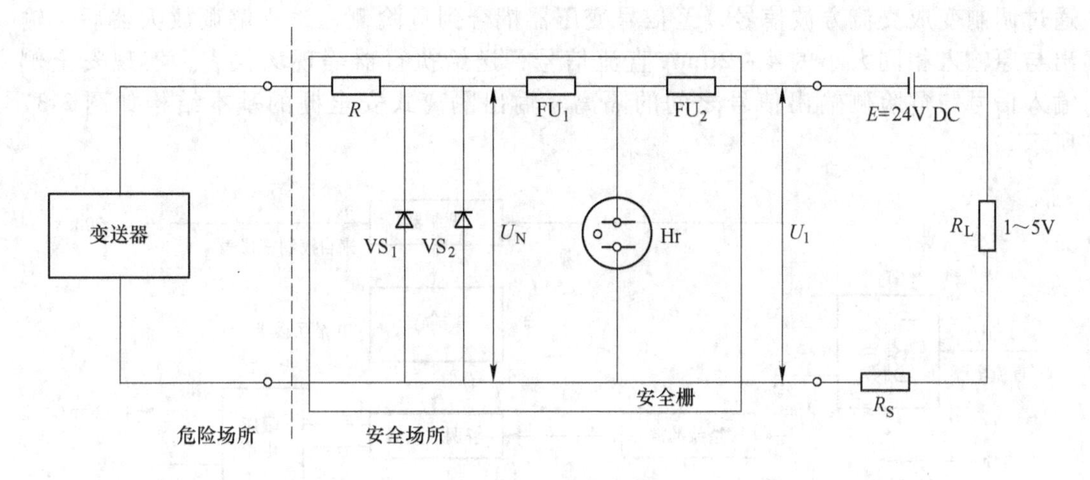

图 2-35 齐纳式安全栅

R—限流电阻；FU_1，FU_2—快速熔断器；Hr—氩放电管；VS_1，VS_2—齐纳二极管

(3) 当 $U_1 \geqslant U_{Hr}$ 时，放电管 Hr 放电，其两端电压很快降低到很低的数值。

齐纳式安全栅具有选型容易，工作可靠，体积小和防爆定额高等特点，且通用性好，价格低廉，但对快速熔断器等关键部件的工艺要求较高，制作困难。

2.3.3.2 隔离式安全栅

隔离式安全栅分为输入式安全栅（从现场到控制室）和输出式安全栅（从控制室到现场）两种。隔离式安全栅隔离能量的关键部件是脉冲变压器，由它控制流向危险区域的能量。输入电源经 DC/AC 变换器变成交流方波，再经电源耦合、整流滤波得到直流稳压电源，为解调放大器提供电源，或者通过限压、电流电路为现场仪表（如变送器等）提供隔离直流电源。

输入隔离式安全栅，接受来自现场变压器的 4～20mA 输出电流，经调制变成交流方波信号，通过信号变压器耦合到安全侧，经解调放大还原为相同大小的 4～20mA 直流信号输出给控制室内调节或记录仪表，这样，即可实现电源隔离和危险侧输入信号与安全侧输出信号隔离。输入隔离式安全栅基本结构图如图 2-36 所示。

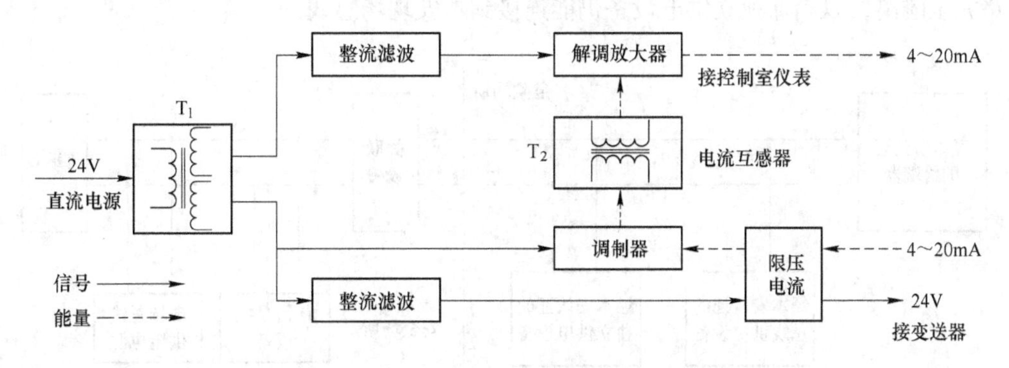

图 2-36 检测端安全栅的基本结构

输出隔离式安全栅，来自控制室（安全侧）内仪表的输入 4～20mA 直流信号

通过调制变成交流方波信号，经信号变压器耦合到危险侧，送入解调放大器后，输出与原输入相同大小的4～20mA直流信号，送给执行器等现场仪表，实现安全侧输入信号与危险侧输出信号之间的隔离。输出隔离式安全栅的基本结构如图2-37所示。

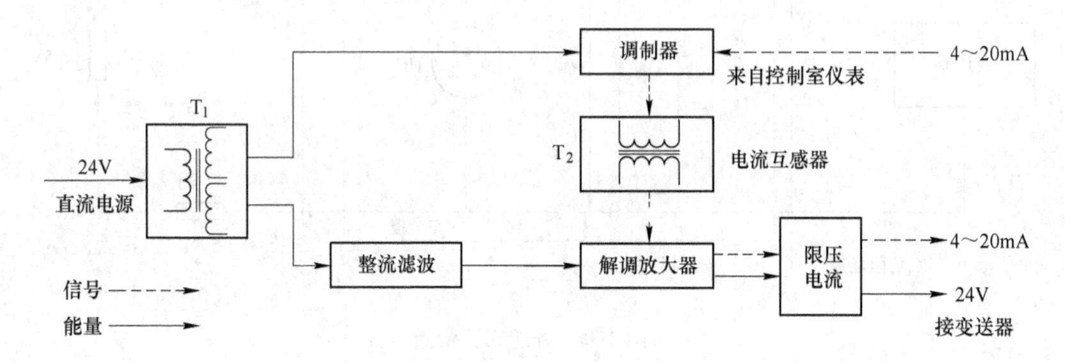

图2-37　执行器端安全栅的基本结构

与齐纳式安全栅相比，隔离式安全栅通用性更强，不需要特别本安接地，可以安装在危险区域或安全区域中合适的位置；电源、信号输入、信号输出均通过变压器耦合，实现信号输入输出的完全隔离，更安全可靠；信号完全浮空，抗干扰能力更强。但隔离式安全栅以高频作为基波，易产生射频干扰，不利于系统的正常运行。

2.3.3.3　现场总线本安防爆系统

现场总线系统是采用计算机网络技术，将设备挂接在总线上，以实现数据共享。因此，现场总线系统具有多负载特性，即总线上挂接的设备较多。在现场总线本安防爆系统中，挂接设备的增多在丰富系统功能的同时，使现场本安仪表的输入电容和电感增大，这与本安防爆的要求产生矛盾。

如图2-38所示，关联设备、本安现场和系统传输电缆是影响现场总线系统本安防爆性能的关键因素。一方面，本安现场总线系统具有多负载特性，要求满足互操作性，即同一总线上可以挂接不同制造商生产的总线设备；另一方面，要求供电电源与本安现场总线电路完全隔离，以确保独立供电设备仍能连接到本安现场总线。

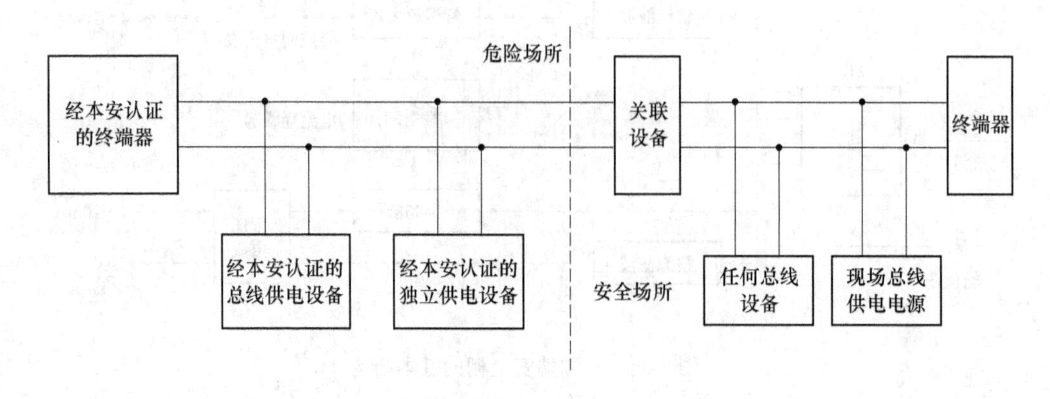

图2-38　本安现场总线系统的典型结构

思考题与习题

1. 某一标尺为0～1000℃的温度计出厂前经校验得到如下数据：

标准表读数/℃	0	200	400	600	800	1000
被校表读数/℃	0	201	402	604	806	1001

求：1）该表的最大绝对误差；

2）该表的精度；

3）如果工艺允许最大测量误差为±5℃，该表是否能用?

2. 热电偶测温原理是什么？热电偶回路产生热电势的必要条件是什么？
3. 利用热电偶测温时，为什么要采用补偿导线对冷端进行补偿，补偿导线的作用是什么？
4. 某DDZ-Ⅲ型温度变送器的输入量程为200～1000℃，输出为4～20mA。当变送器输出电流为10mA时，对应的被测温度是多少？
5. 简述电测压力法的主要类型及分类。什么是压电效应？
6. 什么是节流装置？试述差压式流量计测量流量的原理，并说明哪些因素对差压式流量计的测量有影响。
7. 简述执行器的组成及各部分的功能。
8. 调节阀的流量特性有哪些？理想情况下和工作情况下的流量特性有何不同？
9. 电动执行机构有哪些输出形式，各有什么特点？什么是气动执行器的气开、气关形式？
10. 阀门定位器应用在什么场合？简述电/气阀门定位器的工作原理。
11. 什么是安全栅（防爆栅）？什么是安全火花防爆系统？
12. 安全栅的基本形式有哪些？以齐纳式安全栅为例，简述安全栅的工作原理。
13. 现场总线防爆系统与传统本安防爆系统相比有哪些区别？

第3章　工业过程数学模型

教学要求：掌握工业过程机理建模的方法与步骤；
熟悉工业过程的自衡和非自衡特性；
熟悉工业过程的阶跃响应曲线及解析表达式；
掌握工业过程基于阶跃响应的建模步骤、作图方法和数据处理；
熟悉工业过程最小二乘建模方法；
了解工业过程辨识与参数估计。

重　　点：静态及动态过程的机理建模方法；
阶跃响应建模法的建模过程。

难　　点：工业过程辨识与参数估计；
最小二乘建模方法。

3.1　工业过程模型概述

人们要控制一个过程，必须了解过程的特性，过程特性的数学描述就称为过程的数学模型。在控制系统的分析和设计中，过程的数学模型是极为重要的基础资料。过程的特性可从稳态和动态两方面来考察，前者指的是过程在输入和输出变量达到平稳状态下的行为，后者指的是输出变量和状态变量在输入影响下的变化过程的情况。可以认为，动态特性是在稳态特性基础上的发展，稳态特性是动态特性达到平稳状态的特例。从生产控制的角度来看，过程的稳态数学模型是系统方案和控制算法设计的重要基础之一。在被控变量与操纵变量的选择、检测点位置的选择、控制算法设计、操作优化控制的设计等方面，无不需要稳态数学模型的知识。稳态是相对的，动态是绝对存在的，要评价一个过程控制系统的工作质量，只看稳态是不够的，应该首先考核它在动态过程中被控变量随时间变化的情况。

建立被控过程数学模型的目的是用于过程控制系统的分析和设计，以及用于新型控制系统的开发和研究。建立控制系统中各组成环节和整个系统的数学模型，不仅是分析和设计控制系统方案的需要，也是过程控制系统投入运行、控制器参数整定的需要，它在操作优化、故障诊断、操作方案的制订等方面也是非常重要的。一些典型的先进控制方法都是基于模型的，如模型预测控制、时滞补偿控制、解耦控制、最优控制及自适应控制。过程数学模型是软测量技术的核心。过程数学模型可用来优化操作条件，对于一个先进控制项目，要花80%以上的时间和精力去了解和建立过程数学模型。

建立过程的数学模型，就要了解和掌握过程的动态特性，这在过程控制中是一个十分重要的前提。要设计能满足生产过程要求的合适的过程控制系统；或是对现有过程控制系统进行分析，提出改进方案等，需要确切掌握过程的数学模型。尤其随着过程控制技术的迅速发展，要实现高质量的、新型复杂的控制方案时，研究过程的数学模型将变得越发重要和必要。

3.2 工业过程静态模型

3.2.1 机理模型

机理建模就是根据生产过程中实际发生的变化机理，写出各种有关的平衡方程，如物质平衡方程、能量平衡方程、动量平衡方程、相平衡方程，反应物体运动、传热、传质、化学反应等基本规律的运动方程，物性参数方程和某些设备的特性方程等，从中获得所需的数学模型。

机理建模的基本依据：

（1）质量守恒——物质不灭定律。

（2）能量守恒——热力学第一定律：系统能量的增加等于加入系统的热量减去系统对外做的功。

（3）动量守恒——牛顿第二定律：系统动量变化率与作用在该系统上的力相等。

从传递过程机理上讲，物质、热和动量的传递具有许多可以相互类比的特性。

（4）衡算量：物料、热量和动量衡算的对象，包括质量、物质的量、热焓、动量。

（5）特征密度：单位体积内所含的衡算量称为特征密度。

（6）通量：单位时间通过单位面积的衡算量，如流体体积流量。

使用基本定律的方法：根据系统的具体情况，规定一个划定体积，以这一个划定体积为对象，依据守恒定律，列写衡算方程：

$$[输入速率]-[输出速率]+[源]=[累积速率]$$

质量守恒：物料衡算（组分衡算）；

能量守恒：热量衡算（焓衡算）；

动量守恒：动量衡算，过程控制较少涉及。

下面以两侧流体都不起相变化的换热器（见图3-1）作为例子，讨论输入变量作小范

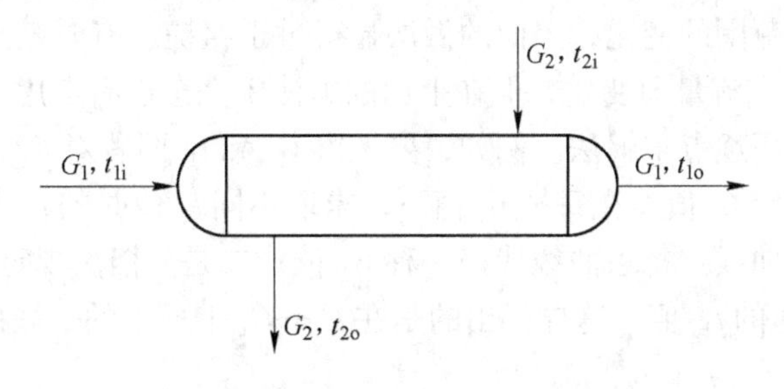

图3-1　无相变的热交换器

围变化的情况。

原始的基本方程式是热量平衡式（热损失忽略不计）和传热速率式，分别是

$$Q = G_1C_1(t_{1o} - t_{1i}) = G_2C_2(t_{2i} - t_{2o}) \tag{3-1}$$

$$Q = KF(t_{2i} + t_{2o} - t_{1i} - t_{1o})/2 \tag{3-2}$$

（为了简化，采用算术平均值）

式中，Q 为单位时间传热量；K 为传热系数；F 为传热面积；G_1 和 G_2 是流体1和2的质量流量；C_1 和 C_2 为相应的热容；t 为温度；下标1、2表示流体1和2，下标i和o表示流入和流出。

这里有4个输入变量，即 G_1、G_2、t_{1i} 和 t_{2i}，两个输出变量，即 t_{1o} 和 t_{2o}。如果 t_{1o} 是被控温度，是需要研究的输出变量，则为了考察各个输入变量对它的影响，必须把式（3-1）和式（3-2）联立求解，为此，需把另一个输出变量 t_{2o} 消去。在本例中没有中间变量，如有的话，也需消去。

由式（3-1）可知

$$t_{2o} = [G_2C_2t_{2i} - G_1C_1(t_{1o} - t_{1i})]/(G_2C_2)$$

代入式（3-2），并加以整理，可得

$$[(G_1C_1 + G_2C_2)KF + 2G_1C_1G_2C_2]t_{1o}$$

$$= [(G_1C_1 - G_2C_2)KF + 2G_1C_1G_2C_2]t_{1i} + 2G_2C_2KFt_{2i} \tag{3-3}$$

在输入变量作小范围变化时，可以先在额定的正常工作条件下求取稳态解，并把它们分别在符号的右上角注以圈号，如 t_{1i}°、t_{2i}° 等，用以表示初始的稳态值。然后将各个输入变量逐一考虑，每次认为别的输入变量保持不变。例如，要求取 Δt_{1i} 对 Δt_{1o} 的影响结果时，就认为进入温度 t_{1i} 起了变化，由 t_{1i}° 改变为 $t_{1i}^{\circ} + \Delta t_{1i}$，这时候认为 G_1、G_2、t_{2i} 等都不变，只是输出变量由 t_{1o}° 改变为 $t_{1o}^{\circ} + \Delta t_{1o}$。代入式（3-3），并减去原来的稳态关系式，可得

$$[(G_1C_1 + G_2C_2)KF + 2G_1C_1G_2C_2]\Delta t_{1o} = [(G_1C_1 - G_2C_2)KF + 2G_1C_1G_2C_2]\Delta t_{1i} \tag{3-4}$$

式（3-4）表明了 Δt_{1i} 与 Δt_{1o} 的关系，同时也表明，它们两者间的关系是线性的。取 Δt_{2i} 作为输入变量的增量时，情况也相似。

这种考虑小范围变化的处理方法称为增量化方法。在数学处理上是泰勒级数展开。其实，对式（3-3）等号两侧分别进行增量化，可直接导出式（3-4）。

输出变量与输入变量两者增量间的比值称为稳态增益，如 $\Delta t_{1o}/\Delta t_{1i}$、$\Delta t_{1o}/\Delta G_1$ 等。

对于输入变量大范围的变化，上面的做法显得过于粗糙，有时甚至不正确。例如，传热系数 K 就会随温度和流量而变化，但在上面的解法中完全没有考虑。因此，对于大范围的变化，往往只能采用逐点求解法。例如，要考察 G_1 和 t_{1i} 两者对 t_{1o} 的影响，可以有两种做法，一是分档次规定 G_1 值，在每档 G_1 值下，求取不同 t_{1i} 值时的 t_{1o} 值，这样得出的是在 t_{1o}—t_{1i} 平面上的一簇曲线。每条曲线代表一种 G_1 值；二是分档次规定 t_{1i} 值，在每档 t_{1i} 值下，求取不同 G_1 值时的 t_{1o} 值，这样得出的是在 t_{1o}—G_1 平面上的一簇曲线，每条曲线代表一种 t_{1i} 值。

这样求出的是整套数据或图形数据，不是关系公式。如通过回归方法与曲线拟合，亦

可化成经验关系式。

从这些图形曲线可同时分析出输入变量小范围变化的效应。在每个操作点求取曲线斜率，即可得出输出变量与输入变量两者增量间的比值，即稳态增益。

3.2.2 统计模型

对已经投产的过程，如果条件允许，也可通过测试或依据积累的操作数据，用数学方法回归，得出统计模型。

建立统计模型步骤如下。

3.2.2.1 输入变量与输出变量的确定

输入变量是经验方程式中的自变量，输出变量是因变量。自变量的数目不宜太多，其原因很易说明。假定只有一个自变量 u_1，一个因变量 y，那就等效于在 y—u_1 平面上按实验数据回归成一条直线或曲线。假定有两个自变量，那就是在 y—u_1—u_2 三维空间上回归成一个曲面，实验数据应该在 u_1—u_2 平面上有较好的分布，这样才有可能得出比较可靠的模型。如果 u_2 的值很少变化，那么要揭示出 y—u_2 的关系将很困难。自变量数目越多，要得到正确的模型越不容易，如回归得到的方程式中，某些项应冠以正号时反而变成了负号。

3.2.2.2 测试

现在理论上有很多实验设计方法，如正交设计等。然而真要应用，在实施上可能会遇到困难。因为工艺上很可能不允许操作条件作大幅度的变化，这时候，如果选取的变化区域过窄，不仅所得到的应用范围不宽，而且测量误差的相对影响上升，模型的精确度将成问题。有一种解决办法是吸收调优操作的经验，即逐步向更好的操作点移动，这样有可能一举两得，既扩大了测试的区间，又改进了工艺操作。

测试中另一个重要问题是稳态是否真正建立，还是仍处于动态过程中，有时难以判断。特别是时滞大的过程，从表面上看似乎输入变量和输出变量都相对不动，实际上却处在动荡的孕育过程中。尽管人们已开辟了一些方法，像均值滤波方法等，然而收效不一定显著。

3.2.2.3 回归分析或神经网络建模

对线性系统来说，设

$$y = a_0 + a_1u_1 + a_2u_2 + \cdots + a_mu_m$$

由于已有很多组 y 与 $(u_1, u_2, \cdots, u_m)$ 的数据，要设法求取各系数 $a_0, a_1, a_2, \cdots, a_m$。不难看出，要求解这些 a_i 值，至少需要（$m+1$）组数据。因为每组测量值都含有若干误差，所以为了提高模型的精确度，数据的组数应该多得多。线性回归通常采用最小二乘法，其目标是使目标函数 $J = \Sigma(y - a_0 - a_1u_1 - \cdots)^2$ 为最小。

有时候，是否所有这些自变量都对 y 起作用，难以肯定，此时可以用数学方法检验各个自变量对 y 影响的显著性，也可以把某个或某些系数 a_i 置 0，从结果进行比较。

回归的结果能否令人满意，可以衡量数据的拟合误差，也可以用一些数理统计方法，如 F 检验和复相关系数分析等。

对于非线性情况，模型结构难以先确定，除非对过程的物理、化学规律十分清晰，否则就没有固定的方法，只能凭借一些技巧。采用二次型，即包括 u_iu_j（i 可以等于 j，也可以不等于j）项的最常见；考虑引入 $\ln u_i$ 或 e_i^u 的也有，这多少是参考了内在的机理规律。

作为工程处理，可以令这些非线性项作为新的变量，从而使方程式成为线性形式。例如

$$y = a_{11}u_1 + a_{12}u_1u_2 + a_{22}u_2^2$$

可改写成

$$y = a_{11}u_1 + a_{12}u_3 + a_{22}u_4$$

而令

$$u_3 = u_1u_2,\ u_4 = u_2^2$$

这样做，从精确度的观点考虑是有问题的，因为一方面增加了自变量数，另一方面又扭曲了坐标标尺或坐标轴。然而这时候可像线性系统一样处理，工程上相当方便，仍然可取。其他方法可参阅数理统计方法方面的书籍。

应用时，可以比较几种模型结构，从中选出最合适的方程式。

3.2.2.4　F 检验和 t 检验

通过回归分析建立的数学模型需要检验。模型检验又分为自身检验与交叉检验。所谓自身检验，就是用原来进行回归计算的数据来检验，这能够检验回归计算是否出错，也能够检验曲线拟合得好不好，但不能完全说明是否真的合乎实际。所谓交叉检验，就是用新的未用于建模计算的数据来作检验。如果交叉检验结果良好，那么足以表明模型可靠。建议和提倡采用交叉检验。

在多元线性回归分析中，对线性回归方程进行检验的方法是用 F 检验，其目的是检验因变量 y 是否与自变量 x 存在线性关系。如果在总体数据中，确实存在这种线性关系，或者说，确实可以用自变量的线性形式来解释 y，则至少存在一个 x, y 于自变量的总体变量的总体参数不等于零；否则，所有总体参数均等于零。因此，该检验问题的原假设和对立假设为：

$$H_0: \beta = 0 (\text{即}\ \beta_1 = \beta_2 = \cdots = \beta_p = 0)$$

$$H_1: \beta \neq 0 (\text{至少存在}\ \beta\ \text{的一个分量}\ \beta_i\ \text{不等于}\ 0)$$

检验统计量 F 为：

$$F = \frac{U/p}{Q/(n-p-1)} \overset{H_0}{\Longrightarrow} F(p, n-p-1) \tag{3-5}$$

式中，$U = \sum_{i=1}^{n} (\hat{y}_i - \bar{y})^2$，为回归离差平方和，它的自由度是$p$；

$Q = \sum_{i=1}^{n} (y_i - \hat{y}_i)^2$，为残差平方和，它的自由度为$(n-p-1)$。

$$T = U + Q$$

式中，$T = \sum_{i-1}^{n} (y_i - \bar{y})^2$，为总离差平方和，它的自由度是$(n-1)$。由于 T 是常数。因此，当残差平方和 Q 取到最小值时，可解释为回归离差平方和 U 必然达到最大值。

一般地，可以定义复判定系数（Coefficient of multiple determination）R^2 为

$$R^2 = U/T = 1 - Q/T \tag{3-6}$$

R^2 的含义为回归离差平方和占总离差平方和的百分比，是表示拟合优良度的指标。

该统计量在假设 H_0 为真时服从 F 分布，F 分布的第一个自由度为 p，第二个自由度为 $(n-1-p)$。它在不同显著性水平 a（通常取1%或5%）和不同的自由度 p 与 $(n-1-p)$ 的组合下的概率值可用表格形式给出。可以查分布表中的第 p 行，第 $(n-1-p)$ 列，得到拒绝域的临界值 $F_a(p,n-1-p)$。

根据计算得到的检验值，有以下决策规则：

（1）若 $F \leqslant F_a(p,n-1-p)$，则对于给定的显著性水平 a，接受 H_0 假设，认为 y 与 x 的回归方程无显著意义。

（2）若 $F \geqslant F_a(p,n-1-p)$，则对于给定的显著性水平 a，否定 H_0 假设，认为 y 与 x 的回归方程有显著意义。

F 值越大，总体参数的概率就越小。一般当 $F \geqslant 4$ 时，则认为可以用 x_1，x_2，…，x_p 的线性模型来拟合 y，这时我们就说模型通过了 F 检验。

回归方程的假设检验包括两个方面：一个是对模型的检验，即检验自变量与因变量之间的关系能否用一个线性的模型来表示，可由 F 检验来完成；另一个检验是关于回归参数的检验，即当模型检验通过后，还要具体的检验每一个自变量对因变量的影响程度是不是显著，就要进行必要的 t 检验。在 F 检验中，指出了 y 与 x 之间是否存在线性模型关系，而 t 检验是针对每一个自变量 x_i，检验它的各个参数是否显著为0。

检验统计量 t 为

$$t_i = \frac{\hat{\beta}_i - \beta_i}{\sqrt{C_{ii}s_y}}(i = 1,2,\cdots,p) \tag{3-7}$$

它服从自由度为 $(n-1-p)$ 的分布。其中 C_{ii} 为 $(X^{\mathrm{T}}X)^{-1}$ 的对角线上的元素，$s_y = \sqrt{\frac{Q}{n-1-p}}$。当 H_0 假设为真时，则有

$$t_i = \frac{\hat{\beta}_i}{\sqrt{C_{ii}s_y}}(i = 1,2,\cdots,p) \tag{3-8}$$

偏相关系数

$$v_j = \sqrt{1 - Q/Q_j}(j = 1,2,\cdots,p) \tag{3-9}$$

其中

$$Q_i = \sum_{i=1}^{n}(\bar{y} - \beta_0 - \beta_1 x_{i1} - \cdots - \beta_p x_{ip})^2$$

当 v_j 越大时，说明 x_j 对于 y 的作用越显著，此时不可把 x_j 剔除。

对于给定的显著性水平 a，若计算 $t > t_a(n-1-p)$，则拒绝 H_0 假设，认为 β_i 显著不为0，即相应的 x_i 对 y 有影响；否则，β_i 与0无显著差别，即 x_i 对 y 无关重要，应该从回归方程中剔除，然后再对剩下的自变量建立回归方程。

同样通过最小二乘原理，为了使其偏差平方和最小，回归系数一样要达到预定的要求，与此同时，再计算如下数值：回归平方和；平均标准偏差；复相关系数（Coefficient of multiple correlation），它定义为复判定系数的平方根 R，当复相关系数越靠近1，说明相关误差接近于0，线性回归的效果好；偏相关系数（Coefficient of partial correlation），它是

指多元回归中某个自变量的单相关系数，其定义式（3-9），当偏相关系数越大的时候说明某自变量对因变量的影响就越显著，此时的自变量就不能剔除。

3.3　工业过程动态模型

3.3.1　动态数学模型的作用和要求

过程的动态数学模型，是表示输出向量（或变量）与输入向量（或变量）间动态关系的数学描述。从控制系统的角度来看，操纵变量和扰动变量都属于输入变量，被控变量属于输出变量。

过程动态数学模型的用途，同样是相当广泛的，大体可分为两个方面，一是用于各类自动控制系统的分析和设计，二是用于工艺设计以及操作条件的分析和确定。

过程动态数学模型的重要性，随着自动控制水平的提高，越来越受到人们的重视。对于简单控制系统和串级控制系统来说，如果对过程的数学模型有所了解，控制器的参数可以整定得更好更快。然而，如果知之不多，也可通过试凑法的途径把控制器整定好。当发展为复杂控制系统时，至少要知道控制通道与扰动通道放大系数的比值，而对于解耦控制系统，则要知道各条控制通道的传递函数。当发展进到最优控制系统，如果没有可靠的数学模型，则最优控制将无的放矢，毫无意义。过程的特性又往往随时间而变化，有时需要随时求取模型参数（在线辨识），不断修改控制规律，实行自适应控制。表 3-1 列出了动态数学模型的应用和要求。

表 3-1　动态数学模型的应用和要求

应 用 目 的	过程模型类型	精确度要求（输入/输出特性）
控制器参数整定	线性、参量（或非参量）、时间连续	低
前馈、解耦、预估控制系统设计	线性、参量（或非参量）、时间连续	中等
控制系统的计算机辅助设计	线性、参量（或非参量）、时间连续	中等
自适应控制	线性、参量、时间离散	中等
模式控制、最优控制	线性、参量、时间离散或连续	高

除了用于自动控制系统的分析和设计外，动态数学模型还用于很多方面，例如，作为工艺结构设计的参考依据、作为间歇过程操作方案确定的依据、作为过程参数监测和故障检测的依据等。

对动态数学模型的具体要求，随其用途而异，总的来说是要求简单和正确可靠。要求正确可靠是不言自明的：模型是实际过程的数学仿真，如果误差很大，必将导致错误的结论。要求简单的原因有：如果进行在线实时控制，模型一复杂，要按照目标函数计算最优控制作用就十分费时，计算工作量大，不用高运算速度的计算机，难于及时完成任务。如果模型用于前馈控制、解耦控制及模式控制，模型一复杂，控制规律也就复杂，不易实施。如果模型参数是依据输入/输出数据用估计方法得出的，那么模型结构越复杂，需要估计的参数数量就越多，此时难于保证所得参数的精度。所以，实际应用的动态数学模型，传递函数的阶次一般不高于三阶，有时宁可用具有时滞的二阶形式，最常用的是有时滞的一阶形式。

3.3.2 动态数学模型的类型

由过程机理推导得到的几种类型的数学模型如表 3-2 所示。

表 3-2 数学模型的类型

过 程 类 型	静 态 类 型	动 态 类 型
集中参数过程	代数方程	微分方程
分布参数过程	微分方程	偏微分方程
多级过程	差分方程	微分—差分方程

由系统辨识所得模型结构一般比较简单。以单输入单输出为例，最常用的是线性时间连续模型和线性时间离散模型。

（1）线性时间连续模型可写成微分方程或传递函数形式

$$a_n y^{(n)}(t) + \cdots + a_1 y'(t) + y(t) = b_m u^{(m)}(t-\tau) + \cdots + b_1 u'(t-\tau) + b_0 u(t-\tau) \tag{3-10}$$

或

$$\frac{Y(s)}{U(s)} = \frac{b_0 + b_1 s + \cdots + b_m s^m}{1 + a_1 s + \cdots + a_n s^n} e^{-\tau s} \tag{3-11}$$

式中，y 为输出变量；u 为输入变量；τ 为纯滞后（时滞）。

（2）线性时间离散模型可写成差分方程或脉冲传递函数形式

$$\begin{aligned} & a_n y(k-n) + a_{n-1} y(k-n-1) + \cdots + a_1 y(k-1) + y(k) \\ = & b_m u(k-m-d) + \cdots + b_1 u(k-1-d) + b_0 u(k-d) \end{aligned} \tag{3-12}$$

即

$$y(k) = \frac{b_0 + b_1 q^{-1} + \cdots + b_m q^{-m}}{1 + a_1 q^{-1} + \cdots + a_n q^{-n}} q^{-d} u(k) \tag{3-13}$$

式中，d 为纯滞后（采样周期整数倍）；q^{-1} 为后向差分算符，与 z 变换中的 z^{-1} 相当。

若考虑随机干扰时，式（3-12）等式右边再加上一项随机干扰项 $n(k)$。

当然，时间连续和时间离散模型是可以在一定条件下转换的。

3.3.3 建立动态数学模型的途径

3.3.3.1 机理模型的建立

由过程机理建立动态数学模型的方法需要足够和可靠的验前知识，才能导出正确的原始微分方程式。验前知识十分重要，如果前提有错误，结果往往失真。然而这类方程有个突出的好处，因为这是验前的方法，所以在工艺设备没有建立以前就可以得出模型，这对于事前设计和方案评比是十分有利的。

在机理模型建立时，原始微分方程的推导通常基于物料平衡和能量平衡关系。对于化学反应过程，列写每种组分物料平衡关系时，还应考虑反应中生成和消耗的物料，在列写热平衡式时，要考虑化学反应热。

为了找出输出与输入之间的关系，如果各式中有些项与输入或输出变量有关，应化为它们的函数，此时要用到各种速率或平衡关系式。然后进行增量化，得到用输出和输入变量的增量形式表示的微分或差分方程。必要时可进行无因次化。

由于原始微分方程往往相当复杂，需要简化后才能作为控制用的数学模型。模型简化有3类方法：一是开始时就引入简化假定，使导出的方程形式简单些；二是在得到较复杂的原始方程后，用低阶的微分方程或差分方程去近似；三是把原始方程求解或用计算机仿真，得到一系列的响应曲线（阶跃响应曲线或频率特性），依据这些特性，用低阶的传递函数去近似。

如有可能，应对所得的数学模型进行验证，即与实际过程的响应曲线相比较。有人认为，响应曲线的形状，特别是中频或高频段的形状是重要的。

3.3.3.2 系统辨识和参数估计

人们把由测试数据直接求取模型的途径称为系统辨识，而把在已知模型结构的基础上，由测试数据确定参数的方法称为参数估计。也有人统称之为系统辨识，而把参数估计作为其中一个步骤。

系统辨识的一般程序如图3-2所示。

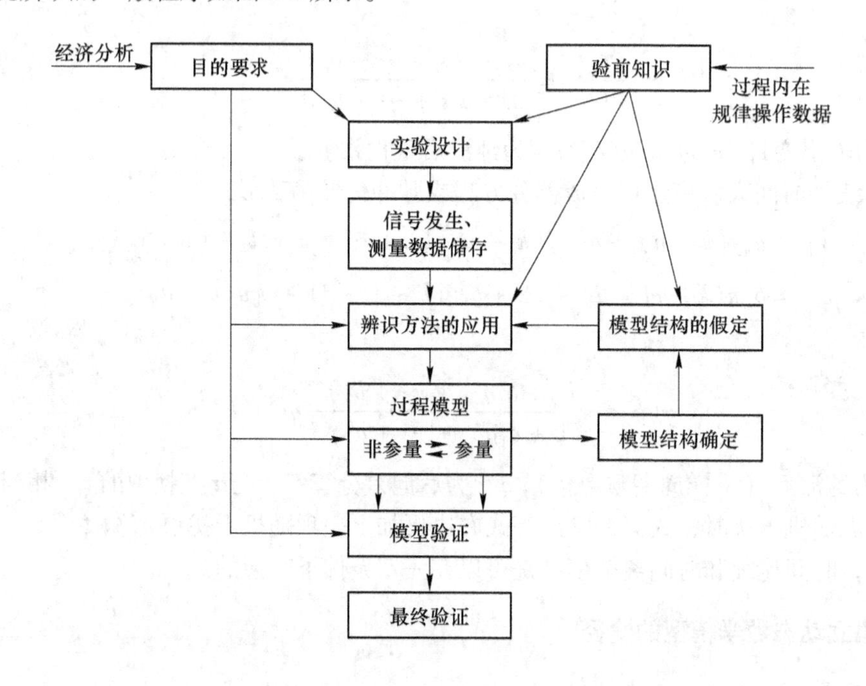

图3-2 系统辨识的一般程序

首先，应该明确采取数学模型的目的，参阅表3-1，应用目的不同，要求和形式亦不一样。

其次，要掌握足够的验前知识。验前知识来自内在的物理化学规律，来自事前测试数据，也来自日常操作记录的分析，如过程是否接近线性、时滞和时间常数的大小等，对模型结构实验设计、辨识方法都有影响。验前知识越丰富正确，辨识越容易迅速得到精确的结果。

再次，实验设计，包括下列因素的选取和确定：输入信号的幅度和频率，采样周期，总的测试时间，开环或闭环辨识，离线或在线辨识，信号发生，数据存储和计算装置，信号滤波及漂移处理方法。

输入信号、输出信号测量及数据存储是指通过手动，或采用信号发生器、特性测试仪或计算机发生输入信号，用记录仪、测试仪或用计算机处理输出信号的方式选择。输入信号应能激发过程特性的全部模式，幅值的大小既要考虑工艺容许限度，又要顾及所得结果的精确度。

辨识方法的应用是指阶跃响应、频率响应、频谱分析、相关函数方法或参数估计方法来建立模型。如果得到是图形或曲线，称为非参数方法；如果直接得到参数，则称为参量方法。在模型结构的选择方面，包括模型形式、时滞情况及方程阶次的确定。通常先作假定，再回过来验证，例如假定为二阶，可得出一组参数，再假定为三阶，又可得出一组参数。然后依据估计参数和输入参数求取模型的输出，哪种模型的估计误差最小，又最简单，就选择作为最合适的结构。

模型的验证有两种方式，一是自身验证，即把测试输入下实际过程的输出与模型的输出作比较。然而，这时的肯定结论，推广至其他输入情况下不一定可靠，最好用另一种方式即交叉验证的方法，再进行一次测试，把另一组输入下的过程的实际输出量测值与模型的输出计算值作比较。

如果模型精度合乎要求，辨识工作即告完成；如果不合要求，要重新进行试验设计、重新假定模型结构，构成一个迭代程序。

3.3.3.3 开环与闭环辨识

目前一般常用辨识方法是在开环条件下进行的。然而在实际应用中，需要在闭环条件下进行过程辨识，这是因为开环辨识过程特性，只能反映某一个确定工作点的特性。若过程为线性时，则能反映过程操作范围内变化时的特性；而存在非线性时，就不能反映操作条件变化时的特性。开环辨识对一些实验装置与小型装置实施是方便的，而对工业生产装置，特别是大型装置施行开环辨识，必然破坏生产的正常进行，被控变量长时间偏离设定值，一般生产单位是不希望的；被辨识过程是更大的复杂过程的一部分，无法除去反馈。

随着过程辨识方法的发展，有人总结出在控制器有噪声源或有外部输出信号等非常一般化的结构下，闭环可辨识的实验条件为：（1）在控制器输出端施加外部信号；（2）在控制器输入端施加外部信号；（3）改变线性反馈规律，如控制器的放大系数。数学仿真结果表明，对于单输入单输出离散随机系统，在控制器输出端施加准随机双位信号的实验条件是适宜于工业生产过程应用的闭环辨识实验条件的，按此实验条件进行闭环辨识可以得到精度与开环辨识相近的过程模型。

3.3.4 工业过程动态机理模型

3.3.4.1 动态数学模型的一般列写方法

从机理出发，用理论的方法得到过程动态数学模型，其主要依据是物料平衡和能量平衡关系式，一般可用下式表示：

单位时间内进入系统的物料量(或能量)- 单位时间内由系统流出的物料量(或能量)=

系统内物料（或能量）储藏量的变化率

为了找到输出变量 y 与输入变量 u 之间的关系，必须设法消除原始微分方程中的中间变量，常常要用到相平衡关系式，用到传热、传质及化学反应速率关系式等。

在建立过程动态数学模型时，输出变量 y 与输入变量 u 可用 3 种不同形式，即可用绝对值 Y 和 U 表示；用增量 ΔY 和 ΔU 表示；或用无因次形式的 y 和 u 表示。

在控制理论中，增量形式得到广泛的应用。它不仅便于把原来非线性的系统线性化，而且通过坐标的移动，把工作点作为原点，使输出/输入关系更加清晰，且便于运算；另外，在控制理论中普遍应用的传递函数，就是在初始条件为零的条件下定义的，采用增量形式可以方便地求得传递函数。

对于线性系统，增量方程式的列写很方便。只要将原方程中的变量用它的增量代替即可。对于原来非线性系统，则需要进行线性化，在系统输入和输出工作范围内，把非线性关系近似为线性关系。最常用的是切线法，在稳态特性上用经过工作点的切线代替原来的曲线。在列写动态方程后，将输入变量与输出变量间的非线性函数，在工作点附近展开成泰勒级数，忽略高次项后，即可得到变量（增量）的线性函数关系式。如果系统的稳态特性曲线在工作点附近区域没有间断点、折断点和非单值区域，就可以用这种方法进行。

最后还需指出，在列写动态方程时，式中除了输出变量、输入变量和系数外，常常会出现一些中间变量，应先将这些中间变量通过有关关系式化为输入或输出变量的函数，然后进行线性化和增量化。

3.3.4.2 典型工业过程机理建模

A 单容对象的建模

不同生产部门被控对象千差万别，但最终都可以由微分方程表示。微分方程的阶次是由被控对象中储能部件的数量决定的。其中最简单的是单容对象。

a 单容水槽

单容水槽如图 3-3 所示，不断有水流入槽内，同时也有水不断由槽中流出。水流入量 Q_i 由调节阀开口度 μ 加以控制，流出量 Q_o 则由用户根据需要通过负载阀 R 来改变。被控变量为水位 H，它反映水的流入量与流出量之间的平衡关系。现在分析水位在调节阀开度扰动下的动态特性。

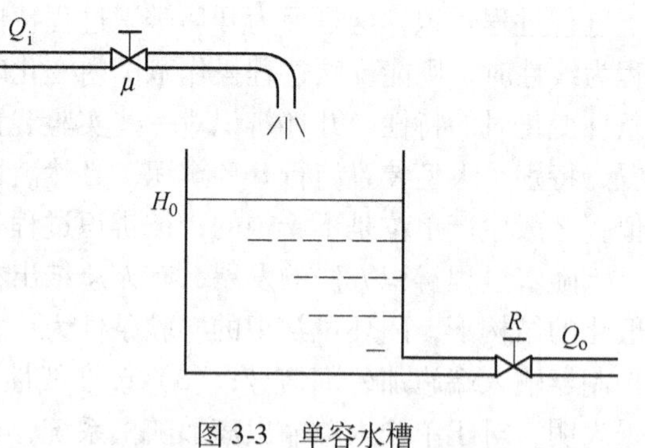

图 3-3 单容水槽

在过程控制中，描述各种对象动态特性最常用的方式是阶跃响应，这意味着在扰动发生以前，该对象原处于稳定平衡工况。

对于上述水槽而言，在起始稳定平衡工况下，有 $H = H_0$，$Q_{i0} = Q_{o0}$。在流出侧负载阀开度不变的情况下，当进水阀开度发生阶跃变化 $\Delta\mu$ 时，若进水流量和出水流量的变化量分别为 $\Delta Q_i = Q_i - Q_{i0}$，$\Delta Q_o = Q_o - Q_{o0}$，则在任何时刻液位的变化 $\Delta H = H - H_0$ 均满足下述物料平衡方程：

$$(Q_i - Q_o)\mathrm{d}t = \mathrm{d}v = F\mathrm{d}\Delta H$$

$$[(Q_i - Q_{i0}) - (Q_o - Q_{o0})]\mathrm{d}t = F\mathrm{d}\Delta H$$

$$\frac{\mathrm{d}\Delta H}{\mathrm{d}t} = \frac{1}{F}(Q_i - Q_o) = \frac{1}{F}(\Delta Q_i - \Delta Q_o) \tag{3-14}$$

式中，F 为水槽的横截面积。

当进水阀前后压差不变时，ΔQ_i 与 $\Delta\mu$ 成正比关系：

$$\Delta Q_i = k_\mu \Delta\mu \tag{3-15}$$

式中，k_μ 决定于阀门特性的系数，可以假定为常数。

对于流出侧负载阀，其流量与水槽的水位高度有关：

$$Q_o = k\sqrt{H} \tag{3-16}$$

式中，k 为与负载阀开度有关的系数，在固定不变的开度条件下，k 可视为常数。

式（3-16）是一个非线性微分方程。这个非线性给下一步的分析带来很大的困难，应该在条件允许的情况下尽量避免。如果水位始终保持在其稳态值的附近很小的范围内变化，那就可将上式加以线性化。

如考虑水位只在其稳态值附近的小范围内变化，式（3-16）可以近似为

$$Q_o = Q_{o0} + \frac{k}{2\sqrt{H_0}}(H - H_0) + \cdots = Q_{o0} + \frac{k}{2\sqrt{H_0}}\Delta H + \cdots$$

则

$$\Delta Q_o \approx \frac{k}{2\sqrt{H_0}}\Delta H \tag{3-17}$$

将式（3-15）和式（3-17）代入式（3-14）中得

$$\frac{\mathrm{d}\Delta H}{\mathrm{d}t} = \frac{1}{F}\left(k_\mu \Delta\mu - \frac{k}{2\sqrt{H_0}}\Delta H\right)$$

或

$$\left(\frac{2\sqrt{H_0}}{k}F\right)\frac{\mathrm{d}\Delta H}{\mathrm{d}t} + \Delta H = \left(k_\mu \frac{2\sqrt{H_0}}{k}\right)\Delta\mu \tag{3-18}$$

如果假设系统的稳定平衡工况在原点，即各变量都以自己的零值（$H_0 = 0$，$\mu_0 = 0$）为平衡点，则可去掉上式中的增量符号，直接写成

$$\left(\frac{2\sqrt{H_0}}{k}F\right)\frac{\mathrm{d}H}{\mathrm{d}t} + H = \left(k_\mu \frac{2\sqrt{H_0}}{k}\right)\mu \tag{3-19}$$

根据式（3-19）可得水位变化与阀门开度之间的传递函数为

$$G(s) = \frac{H(s)}{\mu(s)} = \frac{k_\mu \frac{2\sqrt{H_0}}{k}}{1 + k_\mu \frac{2\sqrt{H_0}}{k}Fs} = \frac{K}{1 + Ts} \tag{3-20}$$

式中，$R = \frac{2\sqrt{H_0}}{k}$，$T = RF = \frac{2\sqrt{H_0}}{k}F$，$K = k_\mu R = k_\mu \frac{2\sqrt{H_0}}{k}$。

式（3-20）是最常见的一阶惯性系统，它的阶跃响应是指数曲线，如图3-4所示。

$$H(t) = K(1 - e^{-\frac{t}{T}}) \tag{3-21}$$

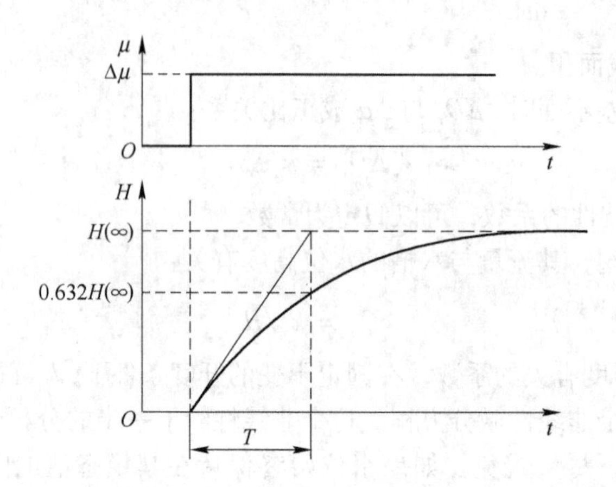

图3-4　单容水槽水位的阶跃响应

以上与电容充电过程相同，实际上如果把水槽的充水过程与图3-5所示的 RC 回路的充电过程加以比较，就会发现两者虽不完全相似，但在物理概念上具有可类比之处。

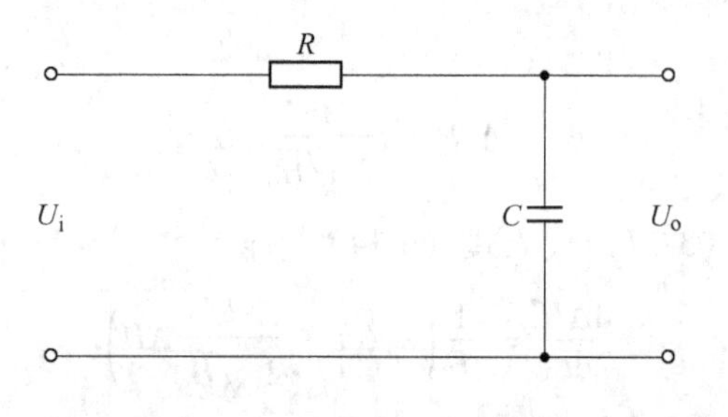

图3-5　RC 充电回路

图中 RC 充电回路的传递函数为

$$G(s) = \frac{U_o}{U_i} = \frac{\frac{1}{Cs}}{R + \frac{1}{Cs}} = \frac{1}{RCs + 1} \tag{3-22}$$

根据类比关系，由式（3-20）和式（3-22）分别看出，对于水槽而言

水容

$$C = F$$

水阻

$$R = \frac{2\sqrt{H_0}}{k}$$

在水槽模型中，水位相当于电压，水流量相当于电流。不同的是在图3-3中，水阻出现在流出侧，而 RC 电路中电阻则出现在流入侧（只有流入量，没有流出量）。此外，式（3-19）还表明，水槽的时间常数是

$$T=\frac{2\sqrt{H_0}}{k}F=(\text{水阻}R)\times(\text{水容}C)$$

这与 RC 回路的时间常数 $T=RC$ 没有区别。

F 反映了水槽容纳水的能力大小，假设 $F_1>F_2$，则如图 3-6 所示。

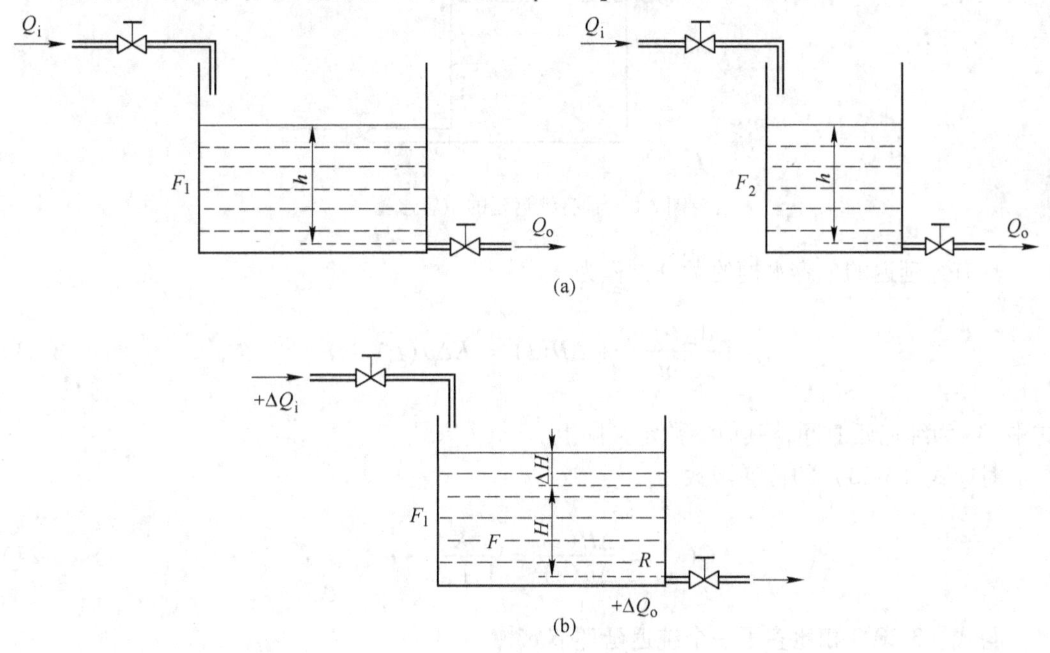

图 3-6　水槽容纳能力比较

给水量 Q_1 增大导致液位 H 上升的原因是出水存在阻力。液位 h 上升克服阻力，使 Q_2 增大 ΔQ，直至 $Q_2=Q_1$。增大相同流量 ΔQ，阻力越大，所需增加的 ΔH 也越大。

R 反映了对流量变化的阻力大小，称为阻力系数，这里称为液阻。

其传递函数为 $\dfrac{H(s)}{Q_i(s)}=\dfrac{R}{1+RFs}$，属于一阶惯性环节（一阶系统），如图 3-7 所示。

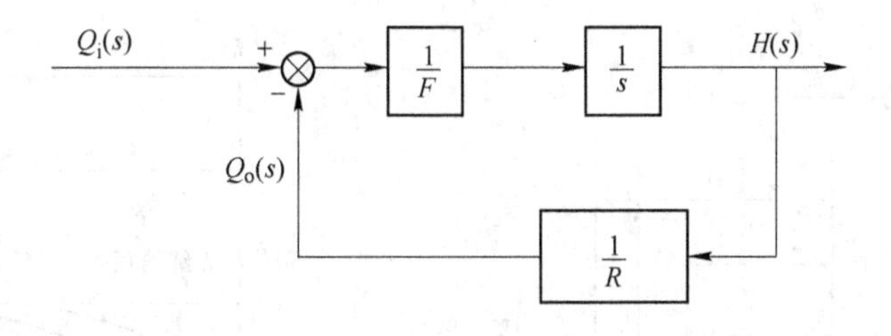

图 3-7　单容水槽方框图

液阻 R 形成了事实上的液位反馈，是液位平衡的关键因素。

b　有纯延迟的单容水槽

如图 3-8 所示，进水调节阀距入槽有一段较长的距离，因此该调节阀开度 μ 变化所引起的流入量 ΔQ_i 变化，需经过一段传输时间 τ_0 才能对水槽液位产生影响。

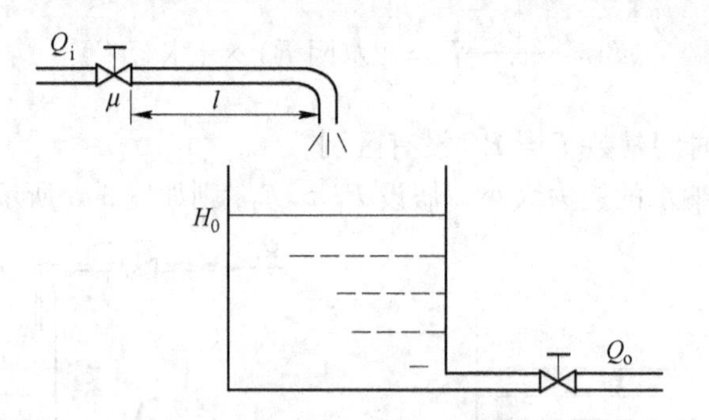

图 3-8　具有纯迟延的单容水槽

具有纯延迟的单容水槽的微分方程为

$$T\frac{\mathrm{d}\Delta H(t)}{\mathrm{d}t}+\Delta H(t)=K\Delta\mu(t-\tau_0) \tag{3-23}$$

式中，τ_0 为纯迟延时间，其他参数定义同上。

对应式（3-23）的传递函数为

$$G(s)=\frac{\Delta H(s)}{\Delta\mu(s)}=\frac{K}{1+Ts}\cdot \mathrm{e}^{-\tau_0 s} \tag{3-24}$$

与式（3-20）相比多了一个纯迟延环节 $\mathrm{e}^{-\tau_0 s}$。

纯延迟（τ_0）：由于物料传输需要一定时间，使得控制量的作用要落后一定时间。

$$\frac{H(s)}{Q_i(s)}=\frac{K}{Ts+1}\qquad \frac{H(s)}{Q_i(s)}=\frac{K}{Ts+1}\cdot \mathrm{e}^{-\tau_0 s}$$

纯延迟（τ_0）大小与物料传输速度、传输长度有关。

纯滞后与无纯滞后单容阶跃响应比较如图 3-9 所示，阶跃响应曲线沿时间轴向后平移 τ_0 时间。

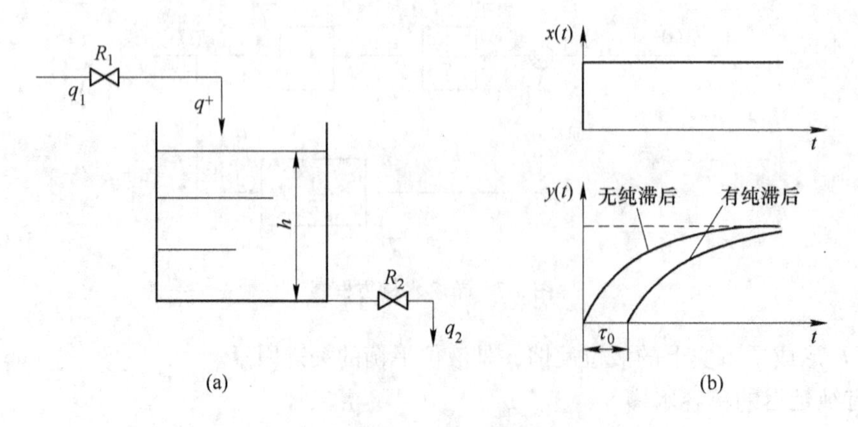

图 3-9　纯滞后与无纯滞后单容阶跃响应的比较

（a）液位过程；（b）阶跃响应

c 单容积分水槽

单容积分水槽的流出侧装有排水泵，水泵的排水量仍然可以用负载阀来改变，但排水量并不随水位高低而变化（见图 3-10）。这样当负载阀开度固定不变时，水槽的流出量也不变，因而有 $\Delta Q_o = 0$。由此可以得到水位在调节阀开度扰动下的变化规律为

$$\frac{\mathrm{d}\Delta H}{\mathrm{d}t} = \frac{1}{F}k_\mu \Delta\mu \quad 或 \quad \frac{\mathrm{d}H}{\mathrm{d}t} = \frac{1}{F}k_\mu \mu$$

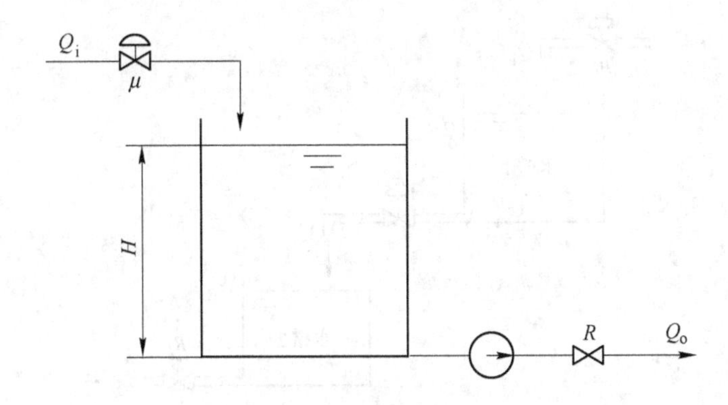

图 3-10 单容积分水槽

水位变化与阀门开度变化之间的传递函数为

$$G(s) = \frac{H(s)}{\mu(s)} = \frac{k_\mu}{Fs} \tag{3-25}$$

式（3-25）代表一个积分环节，它的阶跃响应如图 3-11 为一条直线

$$h(t) = \frac{k_\mu \mu}{F}t \tag{3-26}$$

单容积分水槽为无自平衡对象。

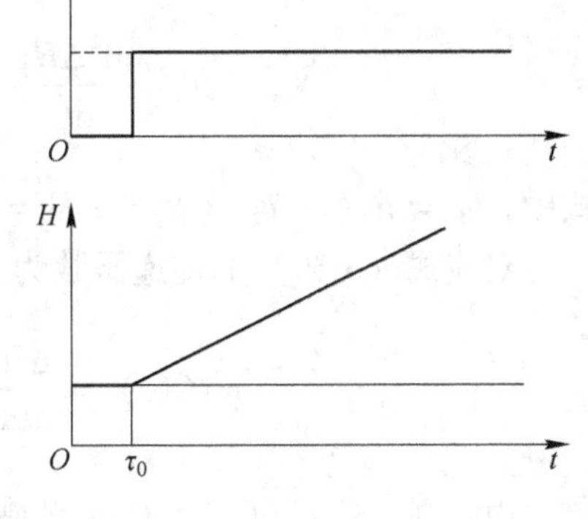

图 3-11 单容积分水槽水位的阶跃响应

B 多容对象的传递函数

以上讨论的是只有一个储能部件的对象，实际被控过程往往要复杂一些，即具有一个以上的储能部件。

a 双容水槽

如图 3-12 所示的双容水槽。水首先进入水槽 1，然后通过底部的阀 R_1 流入水槽 2。水流入量 Q_i 由进水槽 1 的调节阀开度 μ 加以控制，流出量 Q_o 由用户根据需要通过负载 R_2 来改变，被控变量为水槽 2 的水位 H_2。分析水槽 2 的水位 H_2 在调节阀开度 μ 扰动下的动态特性。

根据图 3-12 可知，水槽 1 和水槽 2 的动态平衡方程为

水槽 1

$$\frac{\mathrm{d}\Delta H_1}{\mathrm{d}t} = \frac{1}{F_1}(\Delta Q_i - \Delta Q_1) \tag{3-27}$$

水槽2

$$\frac{d\Delta H_2}{dt} = \frac{1}{F_2}(\Delta Q_1 - \Delta Q_o) \tag{3-28}$$

假设调节阀均采用线性阀，则有

$$\Delta Q_i = k_\mu \Delta\mu;\ \Delta Q_1 = \frac{1}{R_1}\Delta H_1;\ \Delta Q_o = \frac{1}{R_2}\Delta H_2 \tag{3-29}$$

式中，F_1 和 F_2 分别为水槽1和水槽2的横截面积，R_1 和 R_2 为阀的线性化水阻。

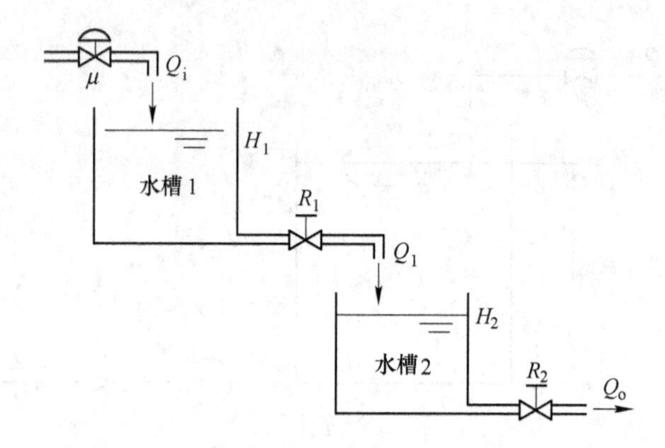

图3-12 双容水槽

将式（3-29）带入式（3-27）和式（3-28）中消去中间变量后可得

$$T_1T_2\frac{d^2\Delta H_2}{dt^2} + (T_1 + T_2)\frac{d\Delta H_2}{dt} + \Delta H_2 = K\Delta\mu \tag{3-30}$$

式中，$T_1 = R_1F_1$；$T_2 = R_2F_2$；$K = k_\mu R_2$。

对应式（3-30）的传递函数为

$$G(s) = \frac{\Delta H_2(s)}{\Delta\mu(s)} = \frac{K}{T_1T_2s^2 + (T_1 + T_2)s + 1} \tag{3-31}$$

由式（3-31）可知，双容水槽为一个二阶系统，其阶跃响应如图3-13所示。

双容水槽的阶跃响应呈S形，起始阶段与单容水槽明显不同，双容对象的响应速度要经过一段时间后才变为最快。其原因为对于双容水槽，在调节阀突然开大后的瞬间，水位 H_1 只有一定的变化速度，而其变化量本身为零，因此 Q_1 暂无变化，这时 H_2 的起始变化速度也为零（即两个容积之间存在阻力，称为容量时延）。

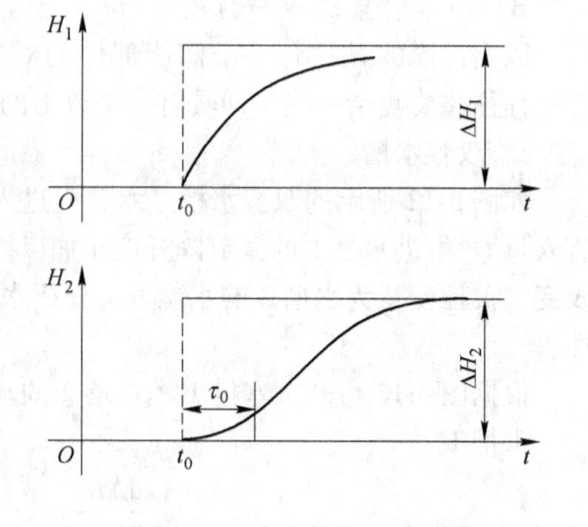

图3-13 双容水槽的阶跃响应

容量时延的求法：作图法，通过曲线拐

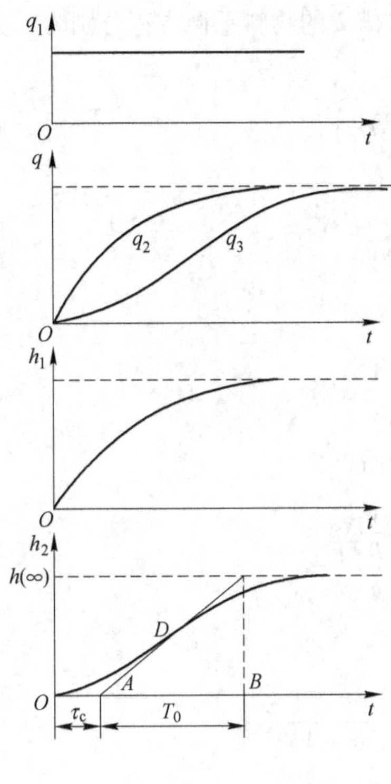

图 3-14　容量时延的求法

点 D 作切线，求得与时间轴交点 A，OA 即为容量时延 τ_c，T_0 为等效时间常数，如图 3-14 所示。

由此可见增加了一个容积之后，使被控变量的响应在时间上落后一些。n 容对象是 n 阶系统，对象的容量越大、阶数越多，容量时延也越大，这往往也是有些工业过程难以控制的原因（见图 3-15）。

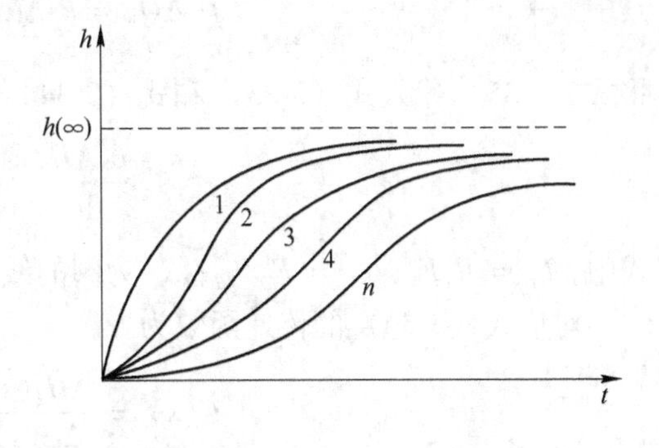

图 3-15　多容过程对象阶跃响应

若双容水槽的进水调节阀距入槽也有一段较长的距离，需要经过一段传输时间 τ_0 才能对水槽液位产生影响，则其对应的传递函数为

$$G(s) = \frac{\Delta H_2(s)}{\Delta\mu(s)} = \frac{K}{T_1T_2s^2 + (T_1 + T_2)s + 1} \cdot e^{-\tau_0 s} \tag{3-32}$$

双容以上串级水槽传递函数可以以此类推。

b　无自平衡能力的双容水槽

无自平衡能力的双容水槽如图 3-16 所示，与有自平衡能力的双容水槽只有一个区别，

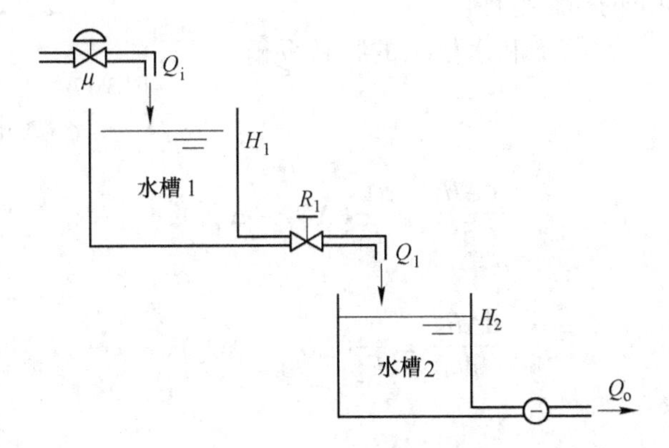

图 3-16　无自平衡能力的双容水槽

在水槽2的流出侧装有一直排水泵，此时水槽1和水槽2的物料平衡方程分别为

水槽1

$$\frac{d\Delta H_1}{dt}=\frac{1}{F_1}(\Delta Q_i-\Delta Q_1) \tag{3-33}$$

水槽2

$$\frac{d\Delta H_2}{dt}=\frac{1}{F_2}\Delta Q_1 \tag{3-34}$$

式中，F_1 和 F_2 分别为水槽1和水槽2的横截面积。

其中

$$\Delta Q_i=k_\mu\Delta\mu;\ \Delta Q_1=\frac{1}{R_1}\Delta H_1 \tag{3-35}$$

将式（3-35）代入式（3-33）和式（3-34）中，整理后可得

$$T_1\frac{d^2\Delta H_2}{dt^2}+\frac{d\Delta H_2}{dt}=\frac{1}{T_2}\Delta\mu \tag{3-36}$$

式中，$T_1=R_1F_1$；$T_2=F_2/k_\mu$；R_1 为阀的线性化水阻。

对应式（3-36）的传递函数为

$$G(s)=\frac{\Delta H_2(s)}{\Delta\mu(s)}=\frac{1}{T_2s(T_1s+1)} \tag{3-37}$$

式（3-37）对应的阶跃响应如图3-17所示。

c　具有相互作用的双容水槽

对于如图3-18所示的双容水槽，两个水槽串联在一起，每个水槽的水位变化都会影响另一个水槽的水位变化。它们之间的连通管路具有一定的阻力，因此两者的水位可能是不同的。水首先进入水槽1，然后通过连通管进入水槽2，最后由水槽2流出。水流入量 Q_i 由进入水槽1的调节阀开度 μ 加以控制，流出量由用户根据需要通过负载阀 R_2 来改变，被控变量为水槽2的水位 H_2，现在分析水槽2的水位 H_2 在调节阀开度 μ 扰动下的动态特性。

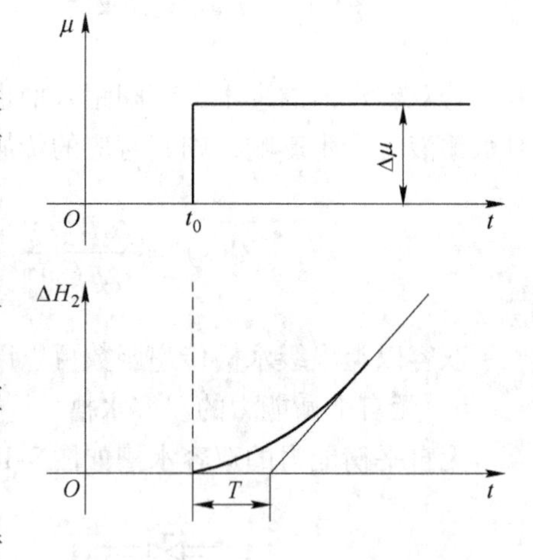

图3-17　无自平衡能力双容水槽的阶跃响应

根据图3-18可知，水槽1和水槽2的物料平衡方程分别为

水槽1

$$\frac{d\Delta H_1}{dt}=\frac{1}{F_1}(\Delta Q_i-\Delta Q_1) \tag{3-38}$$

水槽2

$$\frac{d\Delta H_2}{dt}=\frac{1}{F_2}(\Delta Q_1-\Delta Q_o) \tag{3-39}$$

其中

$$\Delta Q_i=k_\mu\Delta\mu;\ \Delta Q_1=\frac{1}{R_1}(\Delta H_1-\Delta H_2);\ \Delta Q_o=\frac{1}{R_2}\Delta H_2 \tag{3-40}$$

式中，F_1 和 F_2 分别为水槽 1 和水槽 2 的横截面积；R_1 和 R_2 为阀的线性化水阻。

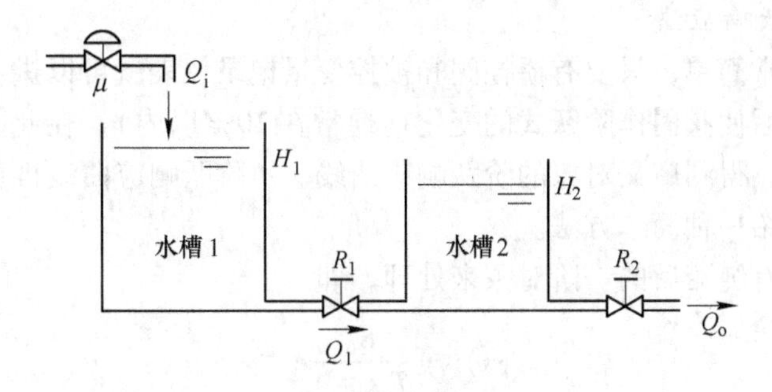

图 3-18　具有相互作用的双容水槽

将式（3-40）代入式（3-38）和式（3-39）中，消去中间变量后可得

$$T_1T_2\frac{\mathrm{d}^2\Delta H_2}{\mathrm{d}t^2}+(T_1+T_2)\frac{\mathrm{d}\Delta H_2}{\mathrm{d}t}+(1-r)\Delta H_2=K\Delta\mu \tag{3-41}$$

式中，$r=\dfrac{R_2}{R_1+R_2}$；$T_1=R_1F_1$；$T_2=rR_1F_2$；$K=rk_\mu R_1$

对应式（3-41）的传递函数为

$$G(s)=\frac{\Delta H_2(s)}{\Delta\mu(s)}=\frac{K}{T_1T_2s^2+(T_1+T_2)s+1-r} \tag{3-42}$$

3.3.5　过程辨识与参数估计

过程辨识的方法很多，依据输入变量的变化情况（即所施加外作用的形式），目前大致可分为非周期函数，周期函数，非周期性随机函数及周期性函数等 4 类，它们各自的特点比较如表 3-3 所示。

表 3-3　四类辨识方法的特点对比表

信号类型		需要设备	测试精确度	对工艺的影响	测试时间	计算工作量	其他
非周期函数	阶跃函数	不需要	尚好	大	短	小	会受干扰，可能进入非线性区域
	脉冲函数	不需要	低	较小	短	小	会受干扰
周期函数	正弦函数	需要	低频好	尚小	长	中	会受干扰，参数不回原值，误差较大
非周期性随机函数	白噪声或其他规定的随机函数	需要	尚好	尚好	较长	大	
	日常工作记录	不需要	较低	较低	长	大	
周期性随机函数	准随机双值信号	数字计算机或专用设备	较低	较低	中	大	

下面讨论最常用的一些方法。

3.3.5.1　阶跃响应法

阶跃响应法非常简单，只要有遥控阀和被控变量记录仪表就可以进行。先使工况保持平稳一段时间，然后使阀门作阶跃式的变化（通常在 10% 以内），在此同时把被控变量的变化过程记录下来，得到广义对象的阶跃响应曲线。由阶跃响应曲线推算传递函数的近似方法很多，这里介绍一种简单方法。

把对象作为具有纯滞后的一阶对象来处理，即

$$G(s) = \frac{K_0}{T_0 s + 1} e^{-\tau s} \tag{3-43}$$

式中，K_0 为对象放大系数；T_0 为对象时间常数；τ 为对象纯滞后。

则可在响应曲线拐点处作切线（如图 3-19 所示），各参数求法如下

$$K_0 = \frac{\Delta y(\infty)}{\Delta u}$$

τ = 时间轴原点至通过拐点切线与时间轴交点的时间间隔；

T_0 = 被控变量 y 完成全部变化量的 63.2% 所需时间 $-\tau$。

另外一种确定 τ 和 T_0 的方法，是把达到 $y(\infty)$ 的 39% 和 63% 的响应时间读出来，分别用 $t_{0.39}$ 和 $t_{0.63}$ 表示，用下式计算

$$T_0 = 2(t_{0.63} - t_{0.39}) \tag{3-44}$$

$$\tau = 2t_{0.39} - t_{0.63} \tag{3-45}$$

3.3.5.2　脉冲响应法

阶跃响应法尽管有许多优点，但也存在一些问题，特别是使工况长期偏离正常值，有时会对生产带来不利的影响。为了解决这个矛盾，一种方法就是在施加阶跃响应后，隔一段时间再施加一个反向的阶跃输入，合起来就是用脉冲作为输入信号，如图 3-20 所示。

既然输入是正向和反向阶跃作用之和，因而把输出变化过程折算为阶跃响应并不困难。

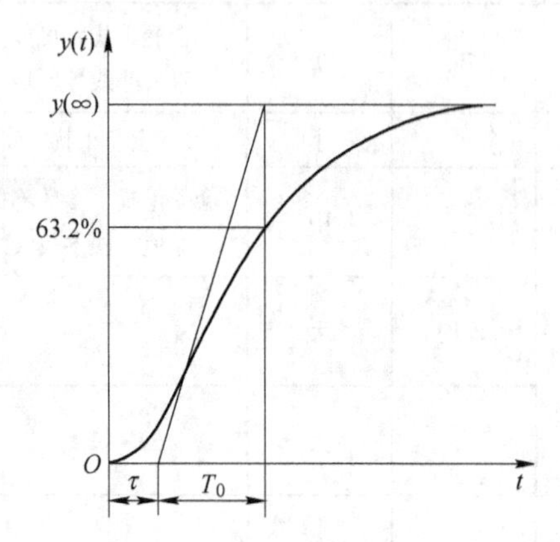

图 3-19　由阶跃响应曲线确定的图解法

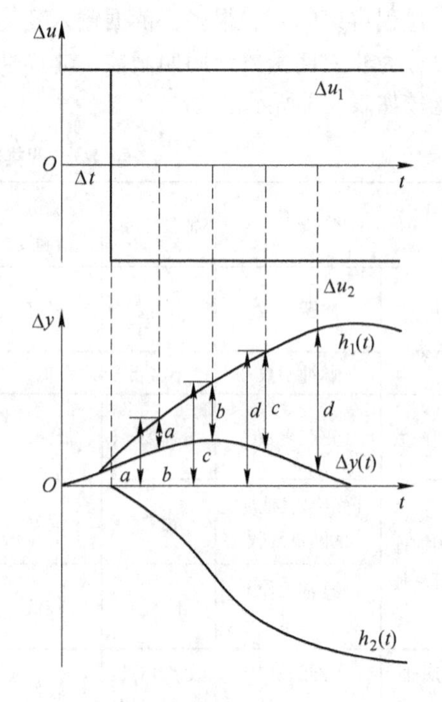

图 3-20　脉冲响应折算为阶跃响应

输入是

$$\Delta u(t) = \Delta u_1(t) + \Delta u_2(t) = \Delta u_1(t) - \Delta u_1(t - \Delta t)$$

而输出是

$$\Delta y(t) = h_1(t) + h_2(t) = h_1(t) - h_1(t - \Delta t)$$

所以

$$h_1(t) = \Delta y(t) + h_1(t - \Delta t) \tag{3-46}$$

上式表示了响应曲线关系式，在 0：Δt 时间内，$h_1(t)$ 等于脉冲响应，即 $h_1(t) = \Delta y(t)$，而后 $h_1(t)$ 等于当时的脉冲响应 $\Delta y(t)$ 加 Δt 时间以前的阶跃响应 $h_1(t-\Delta t)$，随着时间推移就可得到完整阶跃响应曲线。得阶跃响应曲线后，可以通过前述有关方法求取过程的数学模型。

这个方法精确度也不高，同时对工况漂移等干扰比较敏感，所以应用不很广泛。

3.3.5.3 相关函数法

用统计相关函数法测定过程的动态特性是将一个特定的随机信号 $u(t)$ 加到被测过程的输入端，然后计算过程输出信号 $y(t)$ 与输入信号 $u(t)$ 的互相关函数，从这个互相关函数来度量过程的脉冲响应函数。

A 随机信号的统计描述

随机信号的波形如图 3-21 所示。

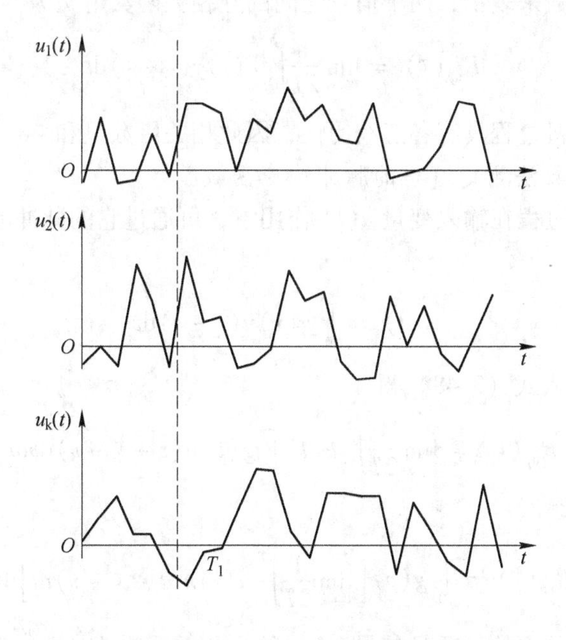

图 3-21 随机信号波形

图中，$u(t)$ 是随着时间随机地变化的，称之为随机信号。如果进行了许多次试验，则它们的集合就称为随机信号的总体。

如果有足够多次试验，则可求出任一时刻下这些随机信号的平均值，即称为随机信号的总体平均值，类似也可求出随机信号的总体均方值。

如果有一随机过程，它的统计特性在各个时刻都不变，则称之为平稳随机过程。平稳随机过程虽然是数学上的抽象提法，但是有许多过程，它们的统计特性往往变化得非常慢，可以在足够长时间认为是平稳随机过程。许多生产过程参数的变化，除了装置开停车过程，往往可以认为是平稳随机过程。

下面讨论的问题均假定属于平稳随机过程，并假定是各态经历的，即时间平均值与总体平均值相等。

B 自相关函数和互相关函数

如果有两个时间函数，其中一个函数在任何时刻的值总是以某种方式依赖于另一个函数的值，则称这两个时间函数或两个信号是相关的。例如，有一个信号 $u(t)$，总是在某种程度上影响着时间间隔 τ 以后的值，即 $u(t+\tau)$ 依赖于 $u(t)$，则称它们是相关的。一个信号的未来值与现在值之间的依赖关系可用自相关函数来度量。

一个信号的自相关函数定义为 $u(t)$ 和 $u(t+\tau)$ 的积的时间平均值，记作 $R_{uu}(\tau)$，即

$$R_{uu}(\tau) = \lim_{T\to\infty}\frac{1}{2T}\int_{-T}^{T}u(t)u(t+\tau)\mathrm{d}t \tag{3-47}$$

当 $\tau=0$ 时，自相关函数的数值相当于该信号的均方值，即

$$R_{uu}(0) = \overline{u^2(t)} = \sigma^2$$

有一个信号 $u(t)$ 也可能影响另外一个信号 $y(t)$ 的未来值 $y(t+\tau)$，其相关的度量可用两个信号的互相关函数来表示，两个信号之间的互相关函数定义为

$$R_{uy}(\tau) = \lim_{T\to\infty}\frac{1}{2T}\int_{-T}^{T}u(t)y(t+\tau)\mathrm{d}t \tag{3-48}$$

由于假定平稳随机过程具有各态经历性，因此相关函数只和 τ 有关，而与 t 无关。

C 用互相关函数法测定过程的脉冲响应函数

根据卷积定理，过程在输入变量 $u(t)$ 作用下，可通过它的脉冲响应函数 $g(v)$ 来计算输出变量 $y(t)$，即

$$y(t) = \int_0^{\infty}g(v)u(t-v)\mathrm{d}v \tag{3-49}$$

将式（3-49）带入式（3-48）得

$$R_{uy}(\tau) = \lim_{T\to\infty}\frac{1}{2T}\int_{-T}^{T}u(t)\int_0^{\infty}g(v)u(t+\tau-v)\mathrm{d}v\mathrm{d}t$$

更换积分次序可得

$$R_{yu}(\tau) = \int_0^{\infty}g(v)\left[\lim_{T\to\infty}\frac{1}{2T}\int_{-T}^{T}u(t)u(t+\tau-v)\mathrm{d}t\right]\mathrm{d}v \tag{3-50}$$

式（3-50）方括号中的一项是信号 $u(t)$ 的自相关函数在 $(\tau-v)$ 处的值 $R_{uu}(\tau-v)$，故

$$R_{uy}(\tau) = \int_0^{\infty}g(v)R_{uu}(\tau-v)\mathrm{d}v \tag{3-51}$$

式（3-51）就是著名的维纳-何甫方程。

如把 $R_{uu}(\tau)$ 和 $R_{uy}(\tau)$ 分别作为输入变量和输出变量来看待，也可画成图 3-22 所示的

框图。

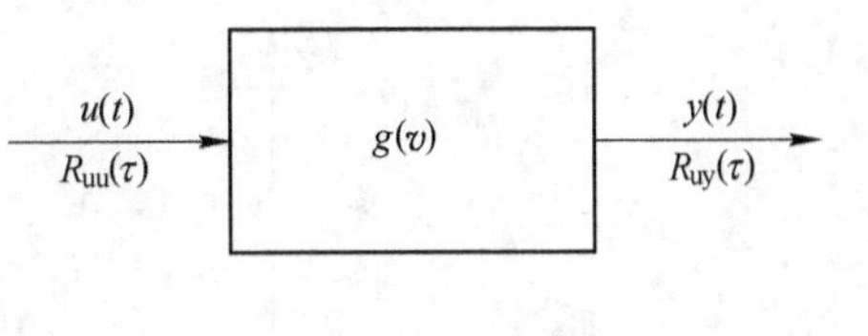

图 3-22 框图

如果测得了上述的自相关函数 $R_{uu}(\tau)$ 及互相关函数 $R_{uy}(\tau)$，则只要解式（3-51），就可以求得此过程的脉冲响应函数 $g(v)$，亦即获得了过程的动态特性。但对于一般形式的 $R_{uu}(\tau)$ 和 $R_{uy}(\tau)$，式（3-51）的求解是很困难的，必须寻求某些特殊形式的输入信号，以简化求解。例如采用白噪声作为输入信号。

若有一随机信号，经傅里叶频谱分析，它在所有频率下面都有恒定的幅值，则称为白噪声。白噪声的变化速度极快，它的值前后互不相关。显然，白噪声只是理论上的抽象而已，实际并不存在。但是，若某个实际的随机信号，它在所考虑的频率范围内（对工业过程来说，在低频范围内）其幅值是恒定的，则可以认为是一个白噪声。可以知道白噪声的自相关函数是一个 δ 函数

$$R_{uu}(\tau) = M\delta(\tau) \tag{3-52}$$

式中，M 是常数。

将式（3-52）代入式（3-51），就有

$$R_{uy}(\tau) = \int_0^{\infty} Mg(v)\delta(\tau - v)\,\mathrm{d}v = Mg(\tau) \tag{3-53}$$

也就是说，当输入为白噪声时，输入信号与输出信号的互相关函数 $R_{uy}(\tau)$ 与脉冲响应函数成正比例，或

$$g(\tau) = \frac{1}{M}R_{uy}(\tau) \tag{3-54}$$

可见，在过程输入端加白噪声试验信号后，只要测量输入信号与输出信号的互相关函数，即可求得过程的脉冲响应函数 $g(\tau)$。

采用这个方法的优点是：试验可以在正常运行状态下进行，它不需要使被测过程过分偏离正常运行状态的。这是因为白噪声的整个能量分布在一个很广的频率范围内，所以它对正常运行状态的影响是不大的，这对大型生产装置来讲很重要。

利用白噪声来测定过程动态特性，在原理上很方便，有人就把日常工作中的干扰作为白噪声来看待，不另外施加测试信号，用日常操作数据进行统计。然而，为了准确地测出互相关函数 $R_{uy}(\tau)$，必须在较长的时间内进行积分，理论上时间应趋于无穷大。这显然是很不方便的，并且长时间的测量与积分，会引起由于信号漂移和非平稳因素所导致的误差。另一方面，白噪声很难实现，因为它的频谱密度始终为1，不能办到。比较常用的方法是另行施加接近随机过程的周期性信号，准随机双位信号即为其中之一。

D 用准随机信号测定过程的动态特性

准随机信号的自相关函数与白噪声的自相关函数相似（即是一个脉冲），但是它具有一个重复周期。也就是说，准随机信号的自相关函数 $R_{uu}(\tau)$ 在 $\tau = 0, T, 2T, \cdots$ 以及 $-T$，$-2T, \cdots$ 各点均取值 σ^2，而其他各点的值为0或一个小值，该自相关函数图形（理想）如图 3-23 所示。

准随机信号是一个具有周期 T 的周期信号。这里用 $u(t)$ 表示这个信号，其自相关函

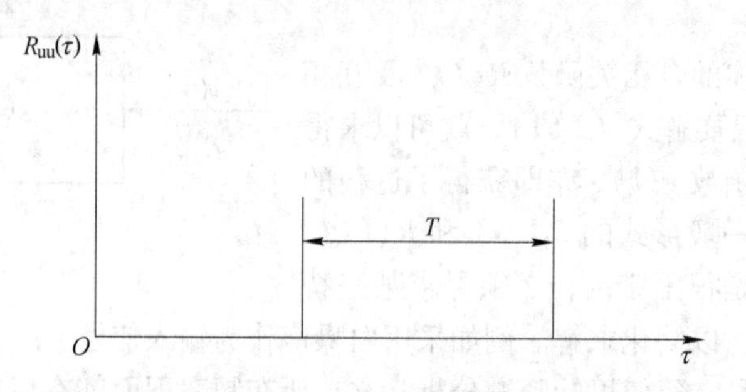

图 3-23 准随机信号的自相关函数图形

数为

$$R_{uu}(\tau) = \frac{1}{T}\int_0^T u(t)u(t+\tau)\mathrm{d}t \tag{3-55}$$

以及

$$R_{uu}(\tau - v) = \frac{1}{T}\int_0^T u(t)u(t+\tau - v)\mathrm{d}t \tag{3-56}$$

所以互相关函数为

$$R_{uy}(\tau) = \int_0^\infty g(v)\left[\frac{1}{T}\int_0^T u(t)u(t+\tau - v)\mathrm{d}t\right]\mathrm{d}v \tag{3-57}$$

更换积分次序可得

$$R_{uy}(\tau) = \frac{1}{T}\int_0^T u(t)\left[\int_0^\infty g(v)u(t+\tau-v)\mathrm{d}v\right]\mathrm{d}t = \frac{1}{T}\int_0^T u(t)y(t+\tau)\mathrm{d}t \tag{3-58}$$

由此看出，采用准随机信号后，互相关函数只要通过一个周期的运算，就可以得到完全结果。

由式（3-51），并考虑 $u(t)$ 的周期 T，可写出

$$R_{uy}(\tau) = \int_0^T g(v)R_{uu}(\tau - v)\mathrm{d}v + \int_T^{2T} g(v)R_{uu}(\tau - v)\mathrm{d}v + \int_{2T}^{3T} g(v)R_{uu}(\tau - v)\mathrm{d}v + \cdots \tag{3-59}$$

根据式（3-53）得

$$R_{uy}(\tau) = M[g(\tau) + g(T+\tau) + g(2T+\tau) + \cdots] \tag{3-60}$$

如果在选择信号 $u(t)$ 的重复周期做出事先的安排，使得过程的脉冲响应函数在时间 T 时早已衰减为0（见图3-24），则式（3-60）可简化为

$$R_{uy}(\tau) = Mg(\tau) \tag{3-61}$$

式（3-61）与式（3-53）完全相同，但此处 $R_{uy}(\tau)$ 的计算只需在时间0：T 内进行，这就显示了采用准随机信号的优越性。式（3-61）中 M 是与所选用的准随机信号本身特性（如幅值、周期）有关的系数。

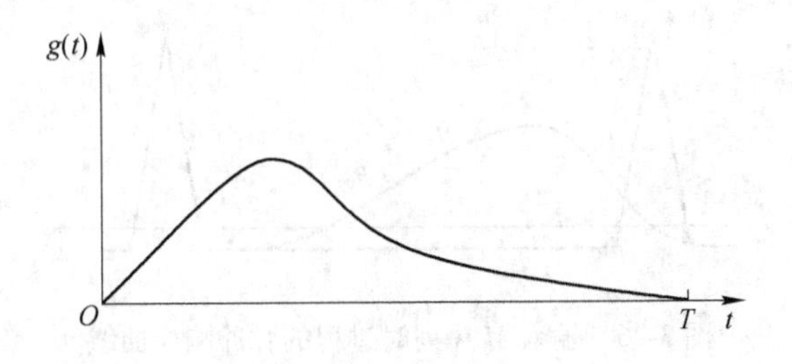

图 3-24 脉冲响应

近年来在实践中应用较多的一种是准随机信号（p. r. b. s），准随机信号具有下列特征：

（1）信号只有两个水平 $\pm V$，切换时间发生在时间间隔 Δt 的整数倍上，即 $t=0$，Δt，$2\Delta t$，…。

（2）信号的切换次序是事先确定的，因此试验可以重复。

（3）准随机信号具有周期性，周期 $T = N\Delta t$，N 是个奇整数。

（4）在整个周期中，有 $(N+1)/2$ 个时间间隔在一种信号水平，另外 $(N-1)/2$ 个在另一种信号水平。

（5）准随机信号的自相关函数如图 3-25 所示。

（6）在准随机信号中最常用的是最大长度序列（M 序列），$N = 2n-1$，n 是整数。$N =$ 7,15,31,… 。

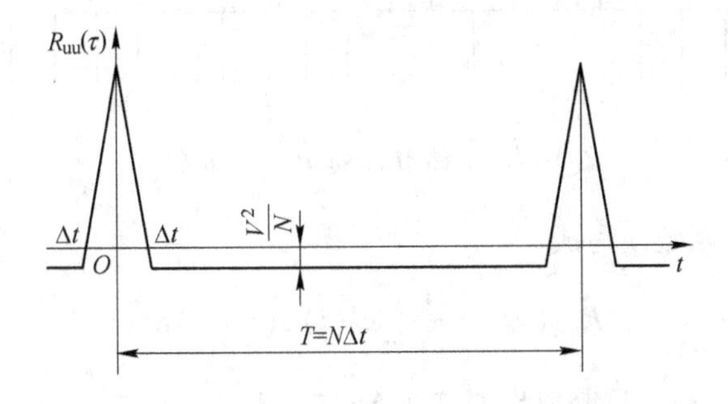

图 3-25 准随机信号的自相关函数

用准随机信号有很多优点，对正常工况影响不大；测试周期不长，只要稍大于过渡过程时间（即大于时滞与时间常数之和）的 3～5 倍就可以了；如果过程特性为线性，工作点的漂移不影响计算结果。

当 M 序列的周期大于过程脉冲响应函数的持续时间时，过程的输出信号与信号之间的互相关函数与过程的脉冲响应成正比，如图 3-26 所示。

由于准随机信号的自相关函数是一个周期性的三角波，所以互相关函数实际上相当于三角波的相移，并且该三角波的水平线与横坐标的距离为 $-V^2/N$，并非为零。只有当 Δt 选得很小，N 较大时，该三角波才能近似为理想的 δ 函数，该三角波的水平线与横坐标的距离才能近似为零。在某些条件下，这样的近似是允许的。但是 Δt 若选得过小，过程的输出也将变小，这就要影响测试结果的精确度。实际应用中，在数据处理上作一些改进，

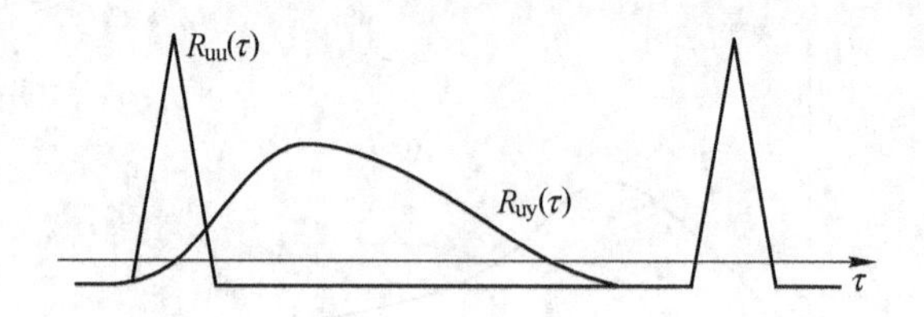

图 3-26　输入 M 序列时过程的脉冲响应曲线

可以使数据处理大为简化，并且提高结果的精确度。

如果在测定过程的动态特性时，采用 M 序列形成的信号 $u(t)$ 作为输入，然后根据此信号再构成一个信号 $u'(t)$，如图 3-27 所示。$u'(t)$ 是一个离散的周期性信号，其周期也是 $T = N\Delta t$，它仅在 $-k\Delta t$，$-(k-1)\Delta t$，…，$-2\Delta t$，$-\Delta t$，0，Δt，$2\Delta t$，…，$k\Delta t$，… 等时刻为一理想的脉冲（δ 函数），其正负号随 $u(t)$ 的正负号而决定。

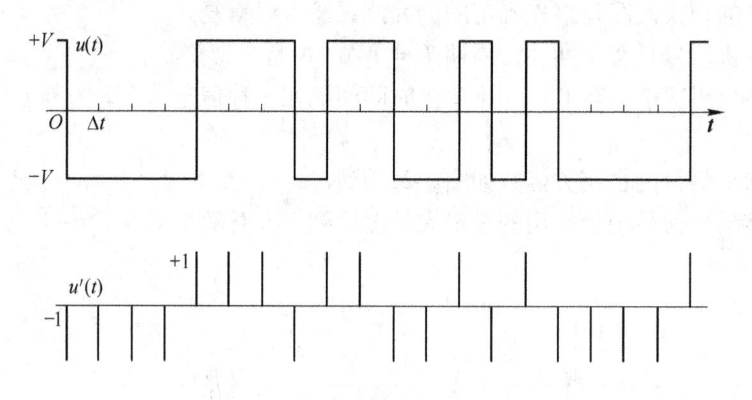

图 3-27　一种 M 序列 $u(t)$ 及 $u'(t)$

将 $u(t)$ 的自相关函数改写成

$$R_{u'u}(\tau) = \frac{1}{N}\int_0^T u'(t)u(t+\tau)\mathrm{d}t \tag{3-62}$$

此函数的计算很容易，只要取出 τ，$\tau+\Delta t$，$\tau+2\Delta t$，…，$\tau+(N-1)\Delta t$ 等共 N 个时刻的 $u(t)$ 之值，乘以 $u'(t)$ 在 0，Δt，…，$(N-1)\Delta t$ 时刻的符号值（+1 或 −1），相加后再除以 N 即得。根据式（3-62）可得

$$R_{u'u}(\tau) = \begin{cases} V, & \cdots,\ -2N\Delta t \leqslant \tau < (-2N+1)\Delta t,\ -N\Delta t \leqslant \tau < (-N+1)\Delta t, \\ & 0 \leqslant \tau < \Delta t, N\Delta t \leqslant \tau < (N+1)\Delta t,\ 2N\Delta t \leqslant \tau < (2N+1)\Delta t, \cdots \\ -\dfrac{V}{N}, & \text{其他} \end{cases}$$

它的图形如图 3-28 所示，是一个周期性的方波，方波宽度为 Δt，总的高度为 $\dfrac{N+1}{N}V$，周期为 $N\Delta t$。

$u'(t)$ 与过程输出 $y(t)$ 之互相关函数为

$$R_{u'y}(\tau) = \frac{1}{N}\int_0^T u'(t)y(t+\tau)\mathrm{d}t = \frac{1}{N}\int_0^T u'(t)\left[\int_0^{\infty} g(v)u(t+\tau-v)\mathrm{d}v\right]\mathrm{d}t$$

$$= \int_0^{\infty} g(v) \left[\frac{1}{N} \int_0^T u'(t) u(t + \tau - v) \mathrm{d}t \right] \mathrm{d}v$$

$$= \int_0^{\infty} g(v) R_{u'u}(\tau - v) \mathrm{d}v \tag{3-63}$$

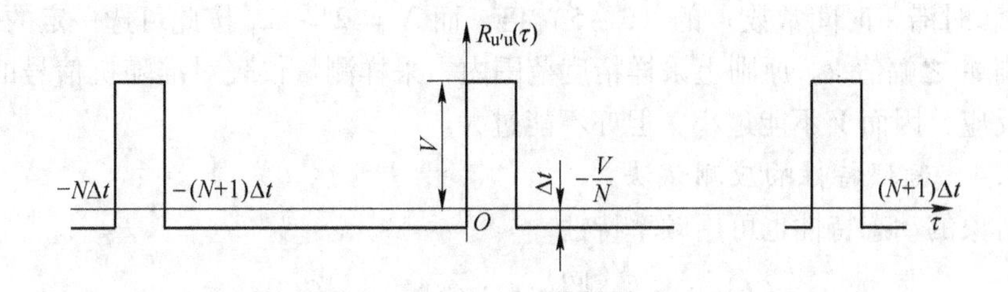

图 3-28　$u'(t)$ 序列的自相关函数

可见，若 $R_{u'u}(\tau)$ 作为过程的输入，则 $R_{u'y}(\tau)$ 就对应于它的输出。因为 $R_{u'u}(\tau)$ 是一个方波，所以 $R_{u'y}(\tau)$ 相当于一个方波响应，亦很容易计算，只要取出 τ, $\tau + \Delta t$, $\tau + 2\Delta t$, …, $\tau + (N-1)\Delta t$ 共 N 个时刻的 y 值，乘以 $u'(t)$ 在 0, Δt, $2\Delta t$, …, $(N-1)\Delta t$ 时刻的符号值（+1 或 −1），相加后再除以 N 即得。

$R_{u'u}(\tau)$ 可分解为两部分，如图 3-29 所示 $R'_{u'u}(\tau)$ 及 $R''_{u'u}(\tau)$，前者是一个基准为零的方波，后者是一个常数 $-V/N$。与此相对应，$R_{u'y}(\tau)$ 亦要分两部分 $R'_{u'y}(\tau)$ 及 $R''_{u'y}(\tau)$，前者相应于 $R'_{u'u}(\tau)$ 的响应，后者相应于 $R''_{u'u}(\tau)$ 的响应。

而

$$R_{u'y}(\tau) = R'_{u'y}(\tau) + R''_{u'y}(\tau) \tag{3-64}$$

因此

$$R'_{u'y}(\tau) = R_{u'y}(\tau) - R''_{u'y}(\tau) \tag{3-65}$$

因为 $R''_{u'y}(\tau)$ 是常数 $R''_{u'u}(\tau)$ 的响应，相当于方波响应的稳态值。因此，为了求得基准为零的方波响应 $R'_{u'y}(\tau)$，应将按式（3-65）算出的相关函数减去稳态值。

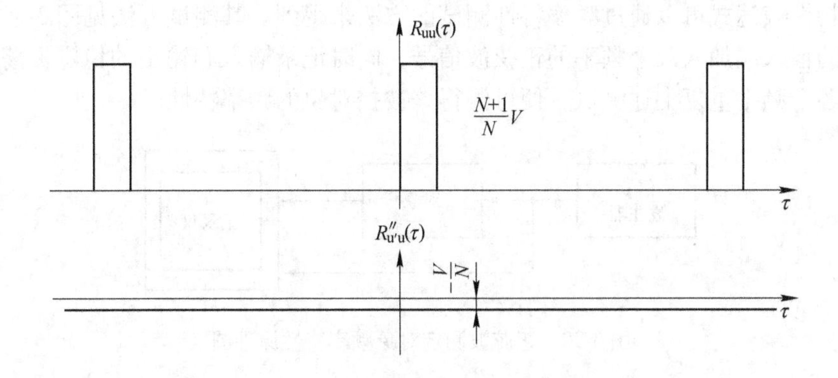

图 3-29　$R_{u'u}(\tau)$ 分解为两部分

为了提高精度，还可以多取几个周期的数据，然后取平均值。

采用准随机双位信号测试动态特性时，选择 p. r. b. s 有如下规定：

（1）准随机信号的步长 Δt 的选择。对系统输入一定脉冲宽度 τ 的正负脉冲，观察其输出反应 $y(t)$，改变 τ，使 τ 小到值 τ_c，此时输出 $y(t)$ 几乎是零，则 τ_c 就是系统的截止周期，可取 $\Delta t = (2:5)\tau_c$。

（2）序列脉冲数 N。要使准随机信号周期 $T = N\Delta t$ 大于系统的过渡过程时间 T_s，或 $T = N\Delta t >$（时滞 + 时间常数）的（3 ~ 5）倍，而 $N = 2^n - 1$，按此可选一定的位数 n。

（3）脉冲之幅值 V。原则上采样精度范围内，采样测量仪表对准随机信号的每一幅值变化都有反应，因而 V 不能过小，但亦不能过大。

3.3.5.4　频域特性响应测试法

被控对象的动态特性也可用频率特性

$$G(j\omega) = \frac{Y(j\omega)}{U(j\omega)} = |G(j\omega)| \angle G(j\omega)$$

来描述，它与传递函数及微分方程一样，同样表征了系统的运动规律。

频率特性和数学模型的关系：若系统（或元件）的数学模型为 $G(s)$，则其频率特性为 $G(j\omega)$。这就是说，只要将传递函数中的复变量用纯虚数代替，就可以得到频率特性。

$G(s) \rightarrow G(j\omega)$

$$\begin{aligned} G(j\omega) &= |G(j\omega)| \angle G(j\omega) \\ &= U(\omega) + jV(\omega) \\ &= M(\omega) e^{j\varphi(\omega)} \end{aligned}$$

$M(\omega)$——ω 幅值特性

$G(s) \leftarrow G(j\omega)$

$\varphi(\omega)$——ω 相位特性

一般动态特性测试中，幅频特性较易测得，而相角信息的精确测量则比较困难。这是由于通用的精确相位计，要求被测波形失真度小，而在实际测试中，测试对象的输出常混有大量的噪声，有时甚至把有用信号淹没。

由于一般工业控制对象的惯性都比较大，因此要测试对象的频率特性，需要持续很长时间。而测试时，将有较长的时间使生产过程偏离正常运行状态，这在生产现场往往不允许，故用测试频率的方法在线来求对象的动态特性受到一些限制。

A　正弦波方法

频率特性表达式可以通过频率特性测试的方法来得到。其测试方法见图3-30，是在所研究对象的输入端加入某个频率的正弦波信号，同时记录输入和输出的稳定振荡波形，在所选定的各个频率重复上述测试，便可测得该被控对象的频率特性。

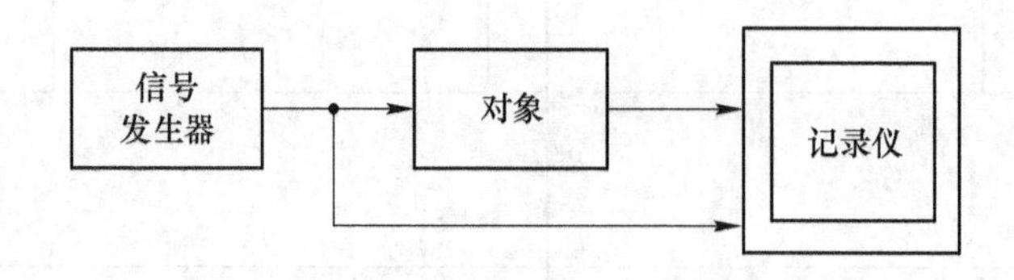

图3-30　正弦波测定对象频率特性原理图

以正弦波输入测定对象的频率特性，在原理上，数据处理上都是很简单的。在所研究对象的输入端加以某个频率的正弦波信号，记录输出的稳定振荡波形，就可测得精确的频率特性。当然，应该对所选的各个频率逐个地进行试验。

在对象输入端加以所选择的正弦信号，让对象的振荡过程建立起来。当振荡的轴线及幅度和形式都维持稳定后，就可测出输入和输出的振荡幅度及它们的相移。输出振幅与输入振幅的比值就是幅频特性在该频率的数值，而输出振荡的相位与输入振荡的相位之差，就是相应的相频特性之值，幅频特性和相频特性构成了对象的频率特性（见图3-31）。

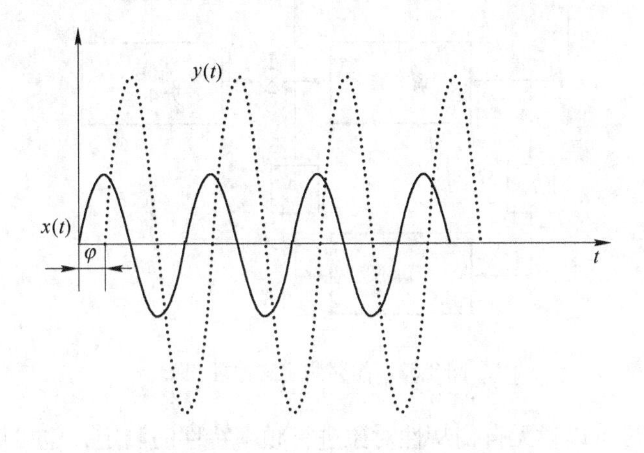

图3-31 对象在某一频率下输入输出曲线

这个试验可以在对象的通频带区域内分成若干等分，对每个分点 ω_1，ω_2，…，ω_c 进行试验，实验通带范围一般由 $\omega = 0$ 到输出振幅减少到 $\omega = 0$ 时幅值的1/20～1/100上限频率为止。有时，主要是去确定某个区域内的频率特性，如调节对象在相移为180°的频率 ω_π 附近一段频率特性，可在此附近做一些较详细的试验，其他频率区域可以粗略地做几点，甚至不做。

使用这种方法进行试验是较费时间的，尤其缓慢的生产过程被控变量的零点漂移在所难免，这就不能长期进行试验。

该方法的优点是简单、测试方便、具有一定的精度，但它需要用专门的超低频测试设备，测试工作量较大。

B 闭路测定法

上述测定法是在开路状态下输入周期信号 $x(t)$，测定其输出 $y(t)$，这种测定法的缺点是，被控变量 $y(t)$ 的振荡中线，即零点的漂移不能消除，因而不能长期进行试验。另外，它要求输入的振幅不能太大，以免增大非线性的影响，降低测定频率特性的精度。

若利用调节器所组成的闭路系统进行测定，就可避免上述缺点。

图3-32所示为试验的原理图。图中信号发生器所产生的专用信号加在这一调节器的给定值处。而记录仪所记录的曲线则是被测对象输入、输出端的曲线。对此曲线进行分析，即可求得对象的频率特性。

闭路测定法的优点有两个。一是精度高，因为已经形成了一个闭路系统，大大削弱了对象的零点漂移，因此可以长期地进行试验，振幅也可以取得较大；另外，由于闭路工作，若输入加在给定值上的信号是正弦波，各坐标也将作正弦变化，也就减少了开路测定时非线性环节所引起的误差。用这种方法进行测定时，主要用正弦波作为输入信号，所有这一切皆提高了测定精度。二是安全，因为调节器串接在这个系统中，所以即使突然有些干扰，由于调节器的作用也不会产生过大偏差而发生事故。

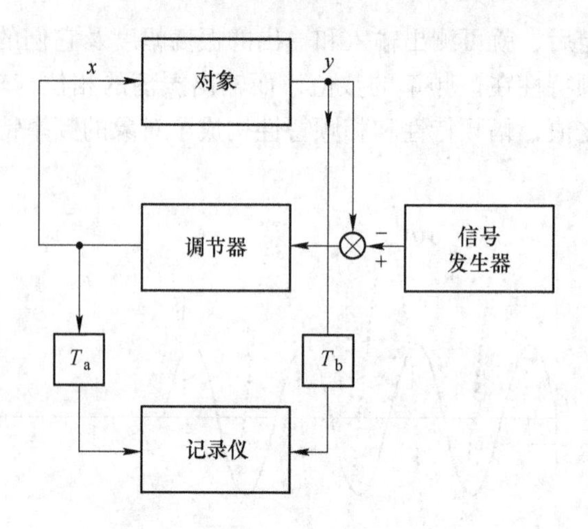

图3-32 闭路测定法原理图

此外，这种方法可以对无自衡特性对象进行频率特性的测定，也可以同时测得调节器的动态特性。此方法的缺点是只能对带有调节器的对象进行试验。

3.3.5.5 最小二乘法

对于单入单出（SISO）线性定常系统，可以用连续时间模型描述，如微分方程、传递函数 $G(s)=\dfrac{Y(s)}{U(s)}$；也可以用离散时间模型来描述，如差分方程、传递函数 $G(z)=\dfrac{Y(z)}{U(z)}$。如果对被控过程的连续输入信号 $u(t)$、输出信号 $y(t)$ 进行采样，则可得到一组输入序列 $u(k)$ 和输出序列 $y(k)$，输入序列和输出序列之间的关系可用下面的差分方程进行描述（不考虑纯滞后）：

$$y(k)+a_1y(k-1)+a_2y(k-2)+\cdots+a_ny(k-n)$$
$$=b_0u(k-1)+b_1u(k-2)+\cdots+b_nu(k-n)$$

式中，k 为采样次数；u 为被控过程输入序列；y 为被控过程输出序列；n 为模型阶数；a_1，a_2，…，a_n 及 b_0，b_1，b_2，…，b_n 为常系数。

被控过程建模（辨识）的任务，一是确定模型的结构，即确定模型的阶数 n 和滞后 τ_0（在差分方程中用 d 表示，$d=\tau_0/T$，T 为采样周期）；二是确定模型结构中的参数。最小二乘法是在 n 和 τ_0 已知的前提下，根据输入、输出数据推算模型参数 a_1，a_2，…，a_n 及 b_0，b_1，b_2，…，b_n 的常用方法之一。

为了便于辨识建模，往往采用一个统一的格式，即最小二乘格式。对于带控制量的自回归模型（CAR 模型），已知 n 和 τ_0，模型的差分方程如下

$$A(z^{-1})y(k)=z^{-d}B(z^{-1})u(k)+v(k) \tag{3-66}$$

其中，$u(k)$ 和 $y(k)$ 为过程的输入量和输出量；$v(k)$ 为噪声。

$$A(z^{-1})=1+a_1z^{-1}+a_2z^{-2}+\cdots+a_nz^{-n}$$
$$B(z^{-1})=b_1z^{-1}+b_2z^{-2}+\cdots+b_nz^{-n}$$

将差分方程展开如下

$$y(k) = -a_1y(k-1) - \cdots - a_{n_a}y(k-n_a) + b_0u(k-d) + \cdots + b_{n_b}u(k-d-n_b) + v(k)$$

将式（3-66）写成式（3-67）的形式

$$y(k) = \boldsymbol{h}^{\mathrm{T}}(k)\boldsymbol{\theta} + v(k) \tag{3-67}$$

其中

$$\begin{cases} \boldsymbol{h}(k) = [-y(k-1) \quad \cdots \quad -y(k-n_a) \quad u(k-d) \quad \cdots \quad u(k-d-n_b)]^{\mathrm{T}} \\ \boldsymbol{\theta} = [a_1 \quad \cdots \quad a_{n_a} \quad b_0 \quad b_1 \quad \cdots \quad b_{n_b}]^{\mathrm{T}} \end{cases}$$

式（3-67）称作最小二乘格式。

用参数估计值计算输出的估计值：

$$\hat{y}(k) = -\hat{a}_1y(k-1) - \cdots - \hat{a}_{n_a}y(k-n_a) + \hat{b}_0u(k-d) + \cdots + \hat{b}_{n_b}u(k-d-n_b)$$

其最小二乘格式为

$$\hat{y}(k) = \hat{\boldsymbol{h}}^{\mathrm{T}}(k)\hat{\boldsymbol{\theta}}(k) \tag{3-68}$$

k 时刻参数向量估计值 $\hat{\theta}(k) = [\hat{a}_1 \quad \cdots \quad \hat{a}_{n_a} \quad \hat{b}_0 \quad \hat{b}_1 \quad \cdots \quad \hat{b}_{n_b}]^{\mathrm{T}}$

估计的误差称为残差 $e(k)$

$$e(k) = y(k) - \hat{y}(k) = y(k) - \boldsymbol{h}^{\mathrm{T}}(k)\hat{\boldsymbol{\theta}}(k) \tag{3-69}$$

量测向量 $\boldsymbol{h}^{\mathrm{T}}(k) = [-y(k-1) \quad \cdots \quad -y(k-n_a) \quad u(k-d) \quad \cdots \quad u(k-d-n_b)]$

如果一共有 N 组数据，$k = m+1, \cdots, m+n$，写成矩阵形式

向量方程

$$\boldsymbol{y} = \boldsymbol{H}\hat{\boldsymbol{\theta}} + \boldsymbol{e} \tag{3-70}$$

其中

$$\boldsymbol{y} = \begin{bmatrix} y(m+1) \\ y(m+2) \\ \vdots \\ y(m+N) \end{bmatrix} \qquad \boldsymbol{e} = \begin{bmatrix} e(m+1) \\ e(m+2) \\ \vdots \\ e(m+N) \end{bmatrix} \qquad \hat{\boldsymbol{\theta}} = \begin{bmatrix} \hat{a}_1 \\ \vdots \\ \hat{a}_{n_a} \\ \hat{b}_0 \\ \vdots \\ \hat{b}_{n_b} \end{bmatrix}$$

N 维输出向量　　N 维残差向量　　$(n_a + n_b + 1)$ 维参数向量

$$H_L = \begin{bmatrix} \hat{\boldsymbol{h}}(m+1) \\ \hat{\boldsymbol{h}}(m+2) \\ \vdots \\ \hat{\boldsymbol{h}}(m+N) \end{bmatrix}$$

$$
=\begin{bmatrix} -y(m) & \cdots & -y(m+1-n) & u(m+1-d) & \cdots & u(m+1-n_b-d) \\ -y(m+1) & \cdots & -y(m+2-n) & u(m+2-d) & \cdots & u(m+2-n_b-d) \\ \vdots & \ddots & \vdots & \vdots & \ddots & \vdots \\ -y(m+N+1) & \cdots & -y(m+N-n) & u(m+N-d) & \cdots & u(m+2-n_b-d) \end{bmatrix}
$$

量测数据矩阵,$N\times(n_a+n_b+1)$

最小二乘法参数估计是指选择参数 $\hat{a}_1$, $\hat{a}_2$, …, $\hat{a}_n$, $\hat{b}_1$, $\hat{b}_2$, …, $\hat{b}_n$, 使模型误差尽可能小，即要求估计参数使残差平方和（损失函数）取极小值

$$J(\hat{\boldsymbol{\theta}})=\sum_{k=m}^{m+N}e^2(k)=\boldsymbol{e}^{\mathrm{T}}\boldsymbol{e}=(\boldsymbol{y}-\boldsymbol{H}\hat{\boldsymbol{\theta}})^{\mathrm{T}}(\boldsymbol{y}-\boldsymbol{H}\hat{\boldsymbol{\theta}})\rightarrow\min$$

因此 $\hat{\boldsymbol{\theta}}$ 应满足 $\dfrac{\partial J}{\partial\hat{\boldsymbol{\theta}}}=0$; $\dfrac{\partial^2 J}{\partial\hat{\boldsymbol{\theta}}^2}>0$

$$\frac{\partial J(\hat{\boldsymbol{\theta}})}{\partial\hat{\boldsymbol{\theta}}}=\frac{\partial}{\partial\hat{\boldsymbol{\theta}}}(\boldsymbol{y}-\boldsymbol{H}\hat{\boldsymbol{\theta}})^{\mathrm{T}}(\boldsymbol{y}-\boldsymbol{H}\hat{\boldsymbol{\theta}})=-2H^{\mathrm{T}}(\boldsymbol{y}-\boldsymbol{H}\hat{\boldsymbol{\theta}})=0$$

$$(\boldsymbol{H}^{\mathrm{T}}\boldsymbol{H})\hat{\boldsymbol{\theta}}=\boldsymbol{H}^{\mathrm{T}}\boldsymbol{y}$$

若 $\boldsymbol{H}^{\mathrm{T}}\boldsymbol{H}$ 为非奇异矩阵（通常情况下这一点可以满足），可得唯一的最小二乘参数估计值

$$\hat{\boldsymbol{\theta}}=(\boldsymbol{H}^{\mathrm{T}}\boldsymbol{H})^{-1}\boldsymbol{H}^{\mathrm{T}}\boldsymbol{y} \tag{3-71}$$

此时 $\dfrac{\partial^2 J(\hat{\boldsymbol{\theta}})}{\partial\hat{\boldsymbol{\theta}}^2}=2\boldsymbol{H}^{\mathrm{T}}\boldsymbol{H}$ 为正定矩阵。

常用输入信号有：

（1）随机序列（白噪声）;

（2）伪随机序列（M 序列或逆 M 序列）。

伪随机信号的获取：目前在工业实际中，尤其在多变量控制系统的建模过程中更多的是采用一种实用实验信号。众所周知，对于一个生产过程的辨识必须有“好的”实验信号作为生产过程的输入，这样才能获得过程的全部信息。所谓“好的”实验信号是指输入信号要具有充分激励的特性，且信号的频带带宽要足够宽，这样才能保证所获得的过程输出信号具有可辨识性。从工程实际的角度看，对于过程辨识的输入信号应有以下几方面的要求：

（1）输入信号的幅度不应过大，以免使过程进入非线性或影响生产；

（2）输入信号对过程的扰动应该尽量小，即在施加正向扰动后应该很快加入反向扰动，以消除辨识实验对过程稳态工作点的影响；

（3）输入信号的变化不宜过度频繁，如白噪声输入在工程上一般就不易接受；

（4）输入信号在工程上易于实现、成本低。

通过长期的研究与实践，发现伪随机二进制序列（PRBS）既可以满足理论上对于系统充分激励的要求，也可以满足实际系统对于信号的一系列工程要求。PRBS 是根据确定的数学公式产生的一组性质接近随机序列的二进制序列。它的自相关函数接近脉冲函数，具有周期性。因此只要 PRBS 的周期选择得足够长，就可以认为它就是一组随机序列。M

序列就是一个典型的伪随机序列。但如果考虑到工程实验的时间限制，伪随机序列往往也是不可接受的。因为一般的伪随机序列也需要至少几十个周期的变化才能获得满意的实验结果，这对于生产过程的扰动也相对较大。

在实践中，工程技术人员提出了一种介于伪随机信号和简单的阶跃响应、脉冲响应之间的一种实验信号，并辅助以适当的辨识方法从而获得生产过程的模型。这种信号是由多个上升或者下降的阶跃信号连续构成，每次上升和下降的持续时间大致为 1 ~5 倍的过程时间常数。信号从某个数值开始，最终回到该数值，并保持一段时间，使得信号对于生产过程的影响尽量达到最小，如图 3-33 所示。

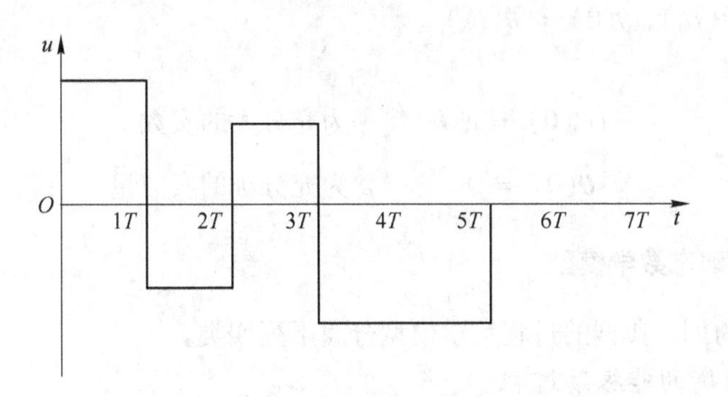

图 3-33 连续阶跃信号

该信号也可以看做是不同宽度的单脉冲、双脉冲和阶跃信号的不同组合。在实际建模过程中，可以根据实际情况（如现场装置的运行情况、生产运行对实验持续时间的制约等）对连续阶跃信号进行灵活的组合，然后再通过适当的算法对系统参数进行辨识。

3.3.5.6 递推最小二乘法（RLS）

式（3-71）是在采集一批数据后进行计算，求出参数的估计值 $\hat{\boldsymbol{\theta}}$。如果新增加一对（或数对）数据，按照式（3-71），就要把新数据加到原先的数据中再重新计算 $\hat{\boldsymbol{\theta}}$。随着数据的不断增加，不仅计算工作量增大，而且要保存所有的数据，内存的占用量会越来越大，不适合在线辨识。如果利用新增加的数据对原先已计算出的参数估计值进行适当的修正，使其不断刷新，这样就不需要对全部数据进行重新计算和保存，可减少内存占用量和计算量，提高计算速度，这就是递推最小二乘法估计参数的思路。递推最小二乘法计算速度快、占用内存少，适合进行在线辨识。

递推算法的一般形式

$$\hat{\boldsymbol{\theta}}_{N+1} = \hat{\boldsymbol{\theta}}_N + \boldsymbol{K}_{N+1}[y(N+1) - \boldsymbol{h}^{\mathrm{T}}(N+1)\hat{\boldsymbol{\theta}}_N] \tag{3-72}$$

$$\hat{y}(N+1 \mid N) = \boldsymbol{h}^{\mathrm{T}}(N+1)\hat{\boldsymbol{\theta}}_N \tag{3-73}$$

根据新一次的量测向量和原来参数向量估计值，计算得到的过程输出估计值信息 $\tilde{y}(N+1) = y(N+1) - \hat{y}(N+1 \mid N)$ 以及修正系数向量 $\boldsymbol{K}_{N+1}$。

最小二乘估计递推算法

$$\hat{\boldsymbol{\theta}}_{N+1} = \hat{\boldsymbol{\theta}}_N + \boldsymbol{K}_{N+1}[y(N+1) - \boldsymbol{h}^{\mathrm{T}}(N+1)\hat{\boldsymbol{\theta}}_N] \tag{3-74}$$

$$\boldsymbol{K}_{N+1}=\boldsymbol{P}_N\boldsymbol{h}(N+1)\left[\boldsymbol{h}^{\mathrm{T}}(N+1)\boldsymbol{P}_N\boldsymbol{h}(N+1)+1\right]^{-1} \tag{3-75}$$

$$\boldsymbol{P}_{N+1}=\left[\boldsymbol{I}-\boldsymbol{K}_{N+1}\boldsymbol{h}^{\mathrm{T}}(N+1)\right]\boldsymbol{P}_N \tag{3-76}$$

递推计算时，$\hat{\boldsymbol{\theta}}(0)$，$\boldsymbol{P}(0)$ 的确定。

先利用一批数据，长度为 L_0，采用一次完成算法

$$\begin{cases}\boldsymbol{P}(L_0)=(\boldsymbol{H}_{L_0}^{\mathrm{T}}\boldsymbol{H}_{L_0})^{-1}\\ \hat{\boldsymbol{\theta}}(L_0)=\boldsymbol{P}(L_0)\boldsymbol{H}_{L_0}^{\mathrm{T}}\boldsymbol{y}_{L_0}\end{cases} \tag{3-77}$$

取 $\boldsymbol{P}(0)=\boldsymbol{P}(L_0)$，$\hat{\boldsymbol{\theta}}(0)=\hat{\boldsymbol{\theta}}(L_0)$

或直接取

$$\begin{cases}\boldsymbol{P}(0)=\alpha^2\boldsymbol{I} & \alpha\text{ 为充分大的实数}\\ \hat{\boldsymbol{\theta}}(0)=\varepsilon & \varepsilon\text{ 为充分小的实向量}\end{cases} \tag{3-78}$$

3.3.6 典型过程动态数学模型

以阶跃响应为例，典型的过程数学模型分属下列四类。

3.3.6.1 自衡的非振荡过程

自衡的非振荡过程亦称非周期过程，这是一大类在工业生产过程中最常见的过程。该类过程在阶跃输入信号作用下的输出响应曲线没有振荡地从一个稳态趋向于另一个稳态。图3-34 所示是该类过程典型的输出响应曲线。

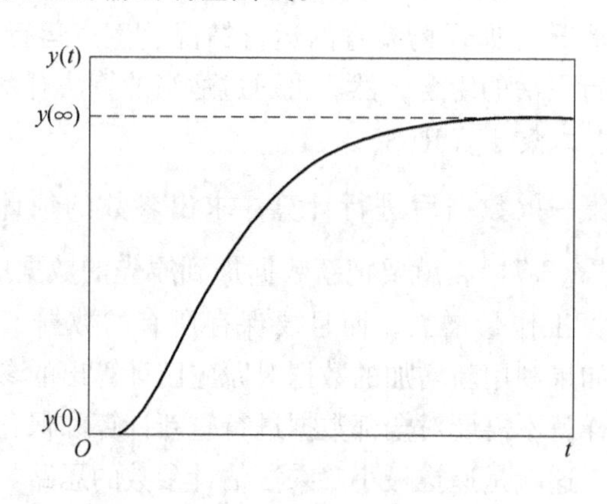

图3-34 自衡非振荡过程

过程能自动地趋于新稳态值的特性称为自衡性。在外部阶跃输入信号作用下，过程原有平衡状态被破坏，并在外部信号作用下自动地非振荡地稳定到一个新的稳态，这类工业过程称为具有自衡的非振荡过程。

例如，液位储罐在进料阀开度增大时，原来的稳定液位会上升，由于出料阀开度未变，随着液位的升高使静压增大，出料流量也增大，因此，液位上升逐渐变慢，直到液位达到一个新的稳定位置。

具有自衡的非振荡过程的特性可用下式表达描述：

具有时滞的一阶环节

$$G(s) = \frac{K}{Ts + 1}e^{-s\tau} \tag{3-79}$$

具有时滞的二阶非振荡环节

$$G(s) = \frac{K}{(T_1 s + 1)(T_2 s + 1)}e^{-s\tau} \tag{3-80}$$

第一种形式是最常用的。其中，K 是过程的增益或放大系数；T 是过程的时间常数；τ 是过程的时滞（纯滞后）。

3.3.6.2　无自衡的非振荡过程

无自衡的非振荡过程没有自衡能力，它在阶跃输入信号作用下的输出响应曲线无振荡地从一个稳态一直上升或下降，不能达到新的稳态。这类过程的响应曲线如图 3-35所示。

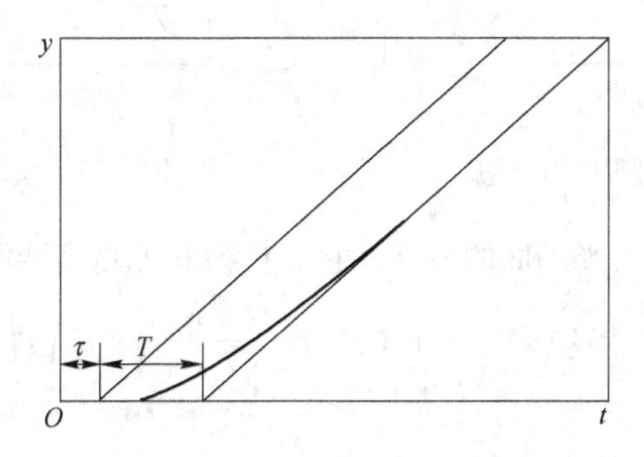

图 3-35　无自衡的非振荡过程

例如，某些液位储罐的出料采用定量泵排出，当进料阀开度阶跃变化时，液位会一直上升到溢出或下降到排空。

具有无自衡的非振荡过程的特性可用下面的传递函数描述：

具有时滞的积分环节

$$G(s) = \frac{K}{s}e^{-s\tau} \tag{3-81}$$

具有时滞的一阶和积分串联环节

$$G(s) = \frac{K}{(Ts + 1)s}e^{-s\tau} \tag{3-82}$$

该过程的增益 K 由输出响应曲线的斜率确定。过程输出响应曲线的渐进线与时间轴交点处的时间常数 T 和时滞 τ 之和。其中，响应曲线在初始段没有发生变化的时间是时滞 τ。

3.3.6.3　衰减振荡过程

衰减振荡过程具有自衡能力，在阶跃输入信号作用下，输出响应呈现衰减振荡特性，最终过程会趋于新的稳态值。图 3-36 所示是这类过程的阶跃响应。工业生产过程中这类过程不多见。它具有位于 s 左半平面的共轭复极点，其传递函数形式如下：

$$G(s) = \frac{K}{s^2 + 2\zeta\omega s + \omega^2}e^{-s\tau} \quad (0 < \zeta < 1) \tag{3-83}$$

根据响应曲线的衰减比和振荡频率可以确定过程的阻尼比 ζ 和频率 ω，根据输出的新稳态值和原始稳态值及阶跃的幅值可以确定过程的增益 K，过程的时滞 τ 可根据响应曲线初始段没有发生变化的时间确定。

3.3.6.4 具有反向特性过程

具有反向特性过程在阶跃输入信号作用下开始与终止时出现方向的变化。该类过程的阶跃响应曲线如图 3-37 所示。

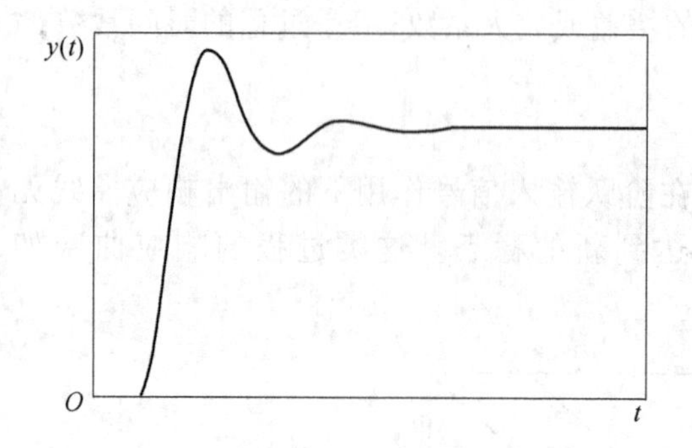

图 3-36 自衡振荡过程阶跃响应

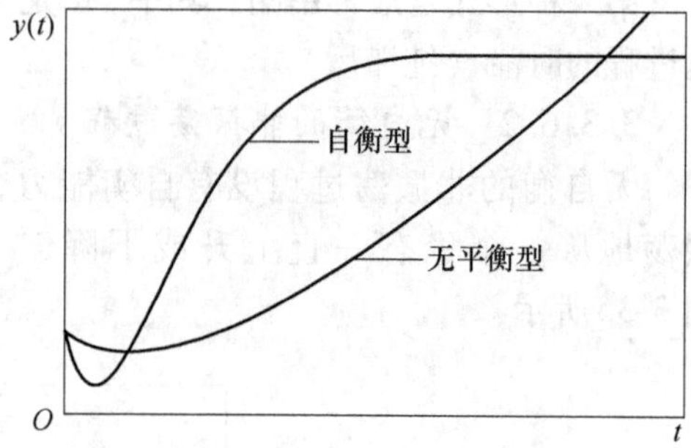

y(t)
自衡型
无平衡型
O
t

图 3-37 反向特性过程阶跃响应

这类过程具有位于 s 右半平面的零点。它有自衡和无自衡两种类型，可以表示为两个环节的差：$G(s) = G_1(s) - G_2(s)$。其中 $G_1(s) = \dfrac{K_1}{T_1 s + 1}$；$G_2(s)$ 根据类型确定。

自衡型

$$G_2(s) = \frac{K_2}{T_2 s + 1} \tag{3-84}$$

无自衡型

$$G_2(s) = \frac{K_2}{s} \tag{3-85}$$

因此，该类过程的传递函数为

自衡型

$$G(s) = \frac{K(1 - T_d s)}{(T_1 s + 1)(T_2 s + 1)} \tag{3-86}$$

无自衡型

$$G(s) = \frac{K(1 - T_d s)}{(T_1 s + 1)s} \tag{3-87}$$

式中，$T_d > 0$。

思考题与习题

1. 什么是工业过程的数学模型？
2. 建立工业过程数学模型的目的是什么？过程控制对数学模型有什么要求？
3. 建立工业过程数学模型的方法有哪些？

4. 工业过程静态数学模型的作用是什么？
5. 工业过程动态数学模型的作用和要求是什么？
6. 简述动态数学模型的一般列写方法。
7. 常见的工业过程动态特性的类型有哪几种？试用传递函数近似描述它们的动态特性。
8. 对图 3-38 所示的液位过程，输入量为 Q_1，流出量为 Q_2、Q_3，液位 h 为被控参数，水箱截面为 A，并设 R_2、R_3 为线性液阻。

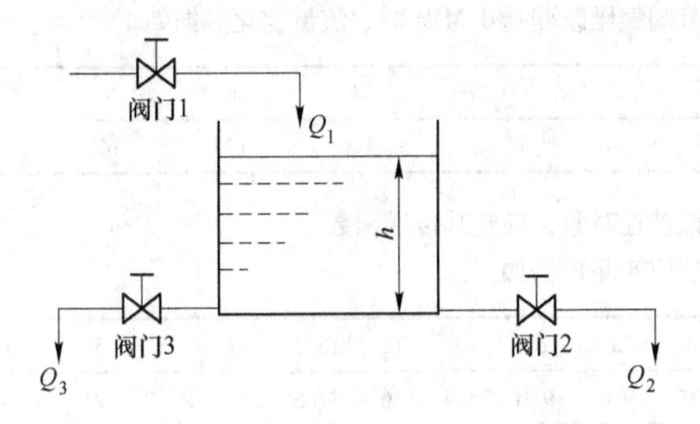

图 3-38

（1）列写液位过程的微分方程组；
（2）画出液位过程的框图；
（3）求出传递函数 $H(s)/Q_1(s)$，并写出放大倍数 K 和时间常数 T 的表达式。

9. 以 Q_1 为输入、h_2 为输出列写图 3-39 串联双容液位过程的微分方程组，并求出传递函数 $H_2(s)/Q_1(s)$。

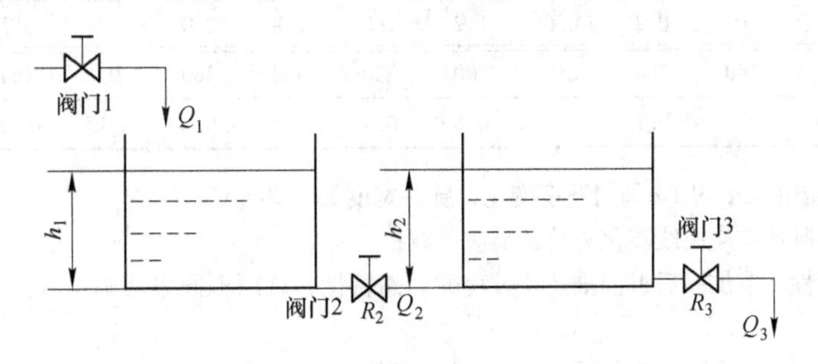

图 3-39

10. 已知图 3-40 中气罐的容积为 V，入口处气体压力 p_1 和气罐内气体温度 T 均为常数。假设罐内气体密度 ρ 在压力变化不大的情况下可视为常数，等于入口处气体密度；R_1 在进气量变化不大时可近似为线性气阻。试求以送气量 Q_o 为输入变量、气罐压力 p 为输出的传递函数 $p(s)/Q_o(s)$。
11. 何为测试法建模？有什么特点？
12. 应用直接法测定阶跃响应曲线时应注意哪些问题？
13. 简述将矩形脉冲响应曲线转换为阶跃响应曲线的方法；矩形脉冲法测定被控过程的阶跃响应曲线的优点是什么？
14. 实验测得某液位过程的阶跃响应数据如下：

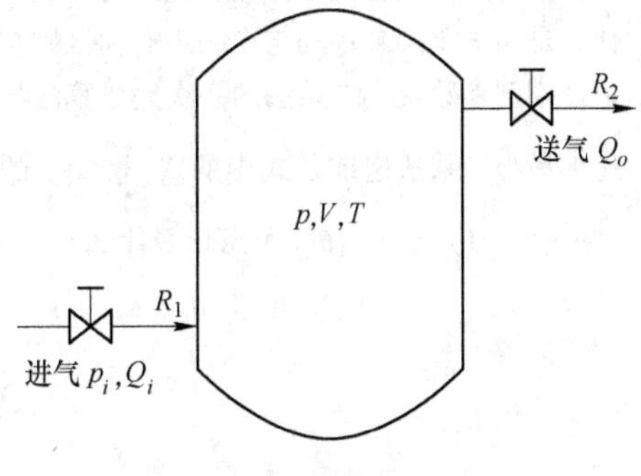

图 3-40

t/s	0	10	20	40	60	80	100	140	180	250	300	400	500	600	…
h/cm	0	0	0.2	0.8	2.0	3.6	5.4	8.8	11.8	14.4	16.6	18.4	19.2	19.6	…

当阶跃扰动为 $\Delta\mu=20\%$ 时：

（1）画出液位的阶跃响应曲线；

（2）用一阶惯性环节加滞后近似描述该过程的动态特性，确定 K、T、τ。

15. 某一流量对象，当调节阀气压改变0.01MPa时，流量变化数据如下：

t/s	0	1	2	4	6	8	10	…	…
$\Delta Q/\mathrm{m^3\cdot h^{-1}}$	0	40	62	100	124	140	152	…	180

用一阶惯性环节近似该被控对象，确定其传递函数。

16. 某温度过程矩形脉冲响应实测数据如下：

t/min	1	3	4	5	8	10	15	16.5	20	25	30	40	50	60	70	80
θ/℃	0.46	1.7	3.7	9.0	19.0	26.4	36	37.5	33.5	27.2	21	10.4	5.1	2.8	1.1	0.5

矩形脉冲幅值为2（无量纲），脉冲宽度 $\Delta t=10\mathrm{min}$。

（1）将该矩形脉冲响应曲线转化为阶跃响应曲线；

（2）用二阶惯性环节表示该过程的传递函数。

17. 实验测得某液位过程的矩形脉冲响应数据如下：

t/s	0	10	20	40	60	80	100	120	140	160	180	200
h/cm	0	0	0.2	0.6	1.2	1.6	1.8	2.0	1.9	1.7	1.6	1
t/s	220	240	260	280	300	320	340	360	380	400	…	∞
h/cm	0.8	0.7	0.7	0.6	0.6	0.4	0.2	0.2	0.15	0.15	…	0.15

已知矩形脉冲幅值 $\Delta\mu=10\%$ 阀门开度变化，脉冲宽度 $\Delta t=20\mathrm{s}$。

（1）将该矩形脉冲响应曲线转化为阶跃响应曲线；

（2）用一阶惯性环节加滞后近似描述该过程的动态特性，试用不同方法确定 K、T、τ，并对结果进行分析。

18. 简述频率法测试动态特性的基本原理及其优点与局限。
19. 什么是平稳随机过程？随机过程各态历经的含义是什么？
20. 什么是白噪声？
21. 相关分析辨识过程动态特性的优点是什么？
22. 什么是 M 序列？M 序列与白噪声有何区别与联系？
23. 估计模型参数最小二乘法的一次完成算法与递推算法的区别是什么？
24. 递推最小二乘法递推公式中的 $X_{N+1}\hat{\theta}(N)$ 的含义是什么？$y(n+N+1)-X_{N+1}\hat{\theta}(N)$ 的含义是什么？$y(n+N+1)=X_{N+1}\hat{\theta}(N)$ 意味着什么？

第 4 章　简单控制系统

教学要求：掌握简单控制系统的组成；
掌握被控变量的选择方法及原则；
掌握操纵变量的选择方法及原则，学会分析对象静态、动态特性；
对控制质量的影响；
了解系统设计中的测量变送问题；
掌握位式、比例、比例积分、比例微分以及比例积分微分等控制规律的选择及控制器正反作用选择；
了解简单控制系统的投运过程及参数整定方法。

重　　点：被控变量、操纵变量的选择；
控制器控制规律的选择及正反作用的选择。

难　　点：操纵变量的选择；
控制器正反作用的选择。

4.1　简单控制系统组成

在生产过程中存在着各种各样的控制系统。简单控制系统只是对一个被控参数进行控制的单回路闭环控制系统。这类系统虽然结构简单，但却是最基本的过程控制系统。它主要适用于控制对象的滞后较小、负荷和干扰变化都比较平缓或要求不高的场合。即使在高水平、复杂的过程控制系统中，简单控制系统仍占大多数（约占工业控制系统的 70% 以上）。并且复杂过程控制系统也是以简单过程控制系统为基础的，它的最底层也往往正是简单过程控制系统。因此对于简单过程控制系统的学习和掌握具有重要意义。

在控制系统中都有一个需要控制的过程变量，简称“被控变量”，例如温度、流量、压力、液位等。为了控制这些被控变量，来达到希望的设定值，需要有一种控制手段，主要起到调节作用，简称为“操纵变量”或“操作变量”，例如蒸汽流量、出料流量、回流流量等。

简单控制系统的结构框架如图 4-1 所示。

简单控制系统对象一般有控制通道和扰动通道两个通道：控制通道是操作变量作用到被控变量的通道，而扰动通道则是扰动作用到被控变量的通道。

控制器是将检测变送单元的输出信号与控制系统的设定值进行比较，得出偏差信号，按一定的规律进行运算，而运算结果则作用到执行器上。控制器可以采用模拟控制器，也

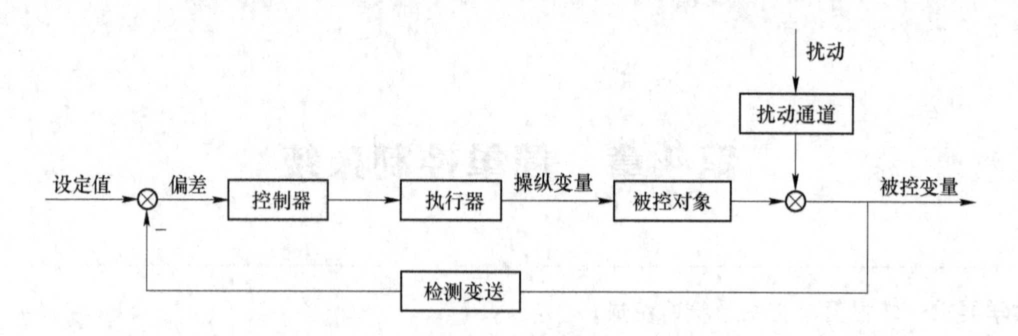

图 4-1　简单控制系统的结构框图

可以是微处理器组成的数字控制器。

执行器直接作用到被控对象上，是控制系统环路中的最终元件，它接收控制器的输出信号，直接控制操纵变量的变化。常见的执行器有气动薄膜控制阀、带电气阀门定位器的气动控制阀、变频调速电动机等。

被控对象就是需要控制的设备，例如换热器、管道、泵液位储罐等。

检测变送单元分为检测元件和变送器，主要用于检测被控变量，并将检测到的信号转换为标准信号再进行输出。常见的检测变送单元有热电偶、热电阻、温度变送器、液位变送器、压力变送器、流量变送器等。

当系统受到扰动影响时，系统的实际输出就会偏离设定值，即检测信号与设定值之间就会存在偏差，在控制器中，将偏差值按照一定的规律运算，再将输出结果作用到执行器上以此来控制操纵变量，最终使得被控变量回到设定值。

在控制系统中，常常也将执行器、被控对象以及检测变送单元归结为一个整体，称为“广义对象”，因此简单控制系统的结构框架能够简化为图 4-2。

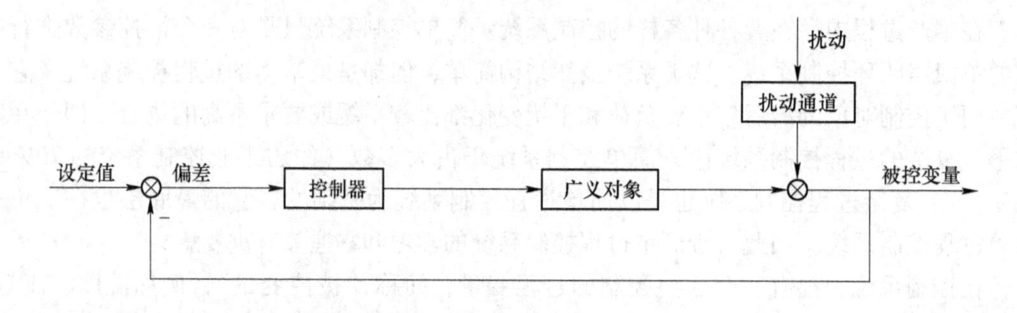

图 4-2　简单控制系统简化图

简单过程控制系统的传递函数描述如图 4-3 所示。

下面对图 4-3 进行几点说明：

（1）框图中的各个信号都是增量，箭头是控制系统中的信号流向，而不是能量流向或者物流。并且增益和传递函数都是在稳态值为零时得到的。

（2）各环节的增益有正负之别，能够根据稳态条件下该环节的输出变化量与输入变化量之比来确定。当该环节的输入增加时，输出也增加，那么该环节的增益就为正；反

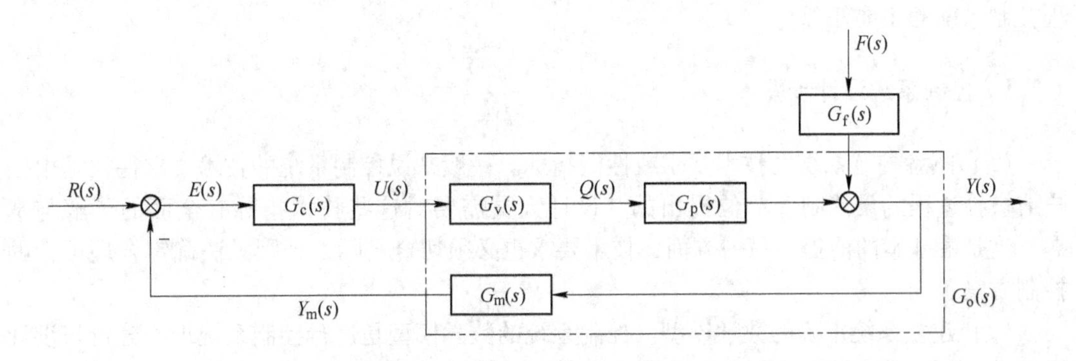

图 4-3 简单过程控制系统传递函数描述图

之若输入增加，输出降低，则该环节的增益为负。例如气开控制阀的增益为正，气关控制阀的增益为负；检测变送单元的增益一般是正的；在液位控制系统中，若控制阀装在入口处，则对象的增益为正，若装在出口处，则对象的增益为负；与此同时，控制器也有正负作用之分，正作用的控制器的增益为负，反作用控制器的增益为正。整个闭环控制系统为负反馈，所以各环节的增益的乘积须为正，而负反馈可以通过控制器正反作用的选择来实现。

（3）按照设定值是否变化，反馈控制系统可以分为定值控制系统与随动控制系统或伺服控制系统。无论是定值控制系统中的输出受扰动影响，还是随动系统中的设定值任意变化，控制系统总是通过控制通道的调节，来改变操纵变量，使得输出的被控变量稳定或者跟上设定值的变化。由图 4-3 可以得到，定值控制系统的传递函数为：

$$\frac{Y(s)}{F(s)}=\frac{G_f(s)}{1+G_c(s)G_v(s)G_p(s)G_m(s)} \tag{4-1}$$

随动控制系统的传递函数为：

$$\frac{Y(s)}{R(s)}=\frac{G_c(s)G_v(s)G_p(s)}{1+G_c(s)G_v(s)G_p(s)G_m(s)} \tag{4-2}$$

（4）包含采样开关的控制系统称为采样控制系统，这类系统一般由常规仪表加采样开关构成，也可以直接由计算机控制系统构成。根据采样开关的数量、设置的位置、保持器类型和采样周期的不同，控制效果也并不相同。

（5）常常将检测变送环节用 1 表示，这样能够快速而准确地检测变送被控变量。有时为了简化，也将 $G_m(s)$ 与 $G_p(s)$ 合并在一起考虑，若检测变送环节为非线性时，须分开考虑。

4.2 简单过程控制系统设计

由图 4-1 可知，简单过程控制系统主要是由过程检测、控制仪表、被控过程组成，而被控过程是由所需要控制的生产工艺所决定的。因此过程控制系统设计的任务主要体现在如何确定合理的控制方案、选择正确的参数检测方法与检测仪表、过程控制仪表的选型以及调节器的参数整定等。而其中控制方案的确定、仪表的选型以及调节器的参数整定是过程控制系统的主要任务。

4.2.1 控制系统设计步骤

（1）熟悉控制系统的技术要求或性能指标。一般来说控制系统的技术要求往往是由用户或被控过程的设计制造单位提出的，设计人员需要对这些技术指标有全面的了解与掌握，这是最基本的前提。另一方面，技术要求也必须切合实际，否则无法确定合理可行的控制方案。

（2）建立系统正确的数学模型。控制系统的数学模型是进行控制系统理论分析与设计的基础，只有描述过程控制系统的数学模型切合实际、科学有效，对系统的理论分析与设计才能深入进行。从某种意义上说，过程控制方案确定的是否合理在很大程度上取决于所建立的数学模型的精度，数学模型的精度越高、越与被控的实际过程相接近，控制方案也就越合理。

（3）确定控制方案。控制系统的方案设计是整个设计的核心，是非常关键的一步，要通过广泛的调研与论证来确定控制方案。它主要包括被控变量的选择与确定、操作变量的选择与确定、监测点的初步选择、系统组成、绘制工艺流程图、编写初步控制方案设计说明书等。

（4）根据系统的动静态特性进行分析与综合。控制方案确定后，根据用户的技术要求和控制系统的动静态特性，进行分析与综合，确定系统各个环节的有关参数。系统分析与综合的方法有很多，例如经典控制理论中的频率特性法和根轨迹法、现代控制理论中的最优化方法等，而系统仿真与实验研究更是为系统理论的分析与综合提供了方便快捷的手段。

（5）系统仿真与实验研究。这一步主要是起到检验作用，检验系统理论的分析与综合是否正确，许多难以考虑或考虑不周的问题几乎都能通过仿真与试验来解决，来确定控制系统的控制方案和各个环节的相关参数。仿真与实验研究主要是利用 MATLAB 语言来实现。

（6）工程设计。在控制系统的设计方案与各个环节的相关参数都确定的情况下，才进行工程设计。这一步的主要内容包括：测量方式与测量点的确定、仪器仪表的选型与订购、控制室与表盘的设计、仪表供电与供气系统的设计、信号联锁与安全系统的设计、电缆的铺设以及保证系统安全运行的有关软件的设计等。并且需要绘制出具体的施工图。

（7）工程安装。工程安装是根据具体的施工图对控制系统进行具体操作。在工程安装时，需要对每个仪表进行调试，并且对整个控制回路进行联调，以保证控制系统能够安全运行。

（8）参数整定。控制器的参数整定是保证系统安全运行十分重要的一个步骤，是在控制方案设计合理、仪器仪表正常工作、工程安装准确无误的前提下进行的。

（9）设计回访。在整个控制系统正常安全运行一段时间后，相关设计人员应去现场了解情况、听取意见、总结经验，看能否在原设计的基础上做一定的改进与提高。

一个简单控制系统涉及开发的全过程如图 4-4 所示。

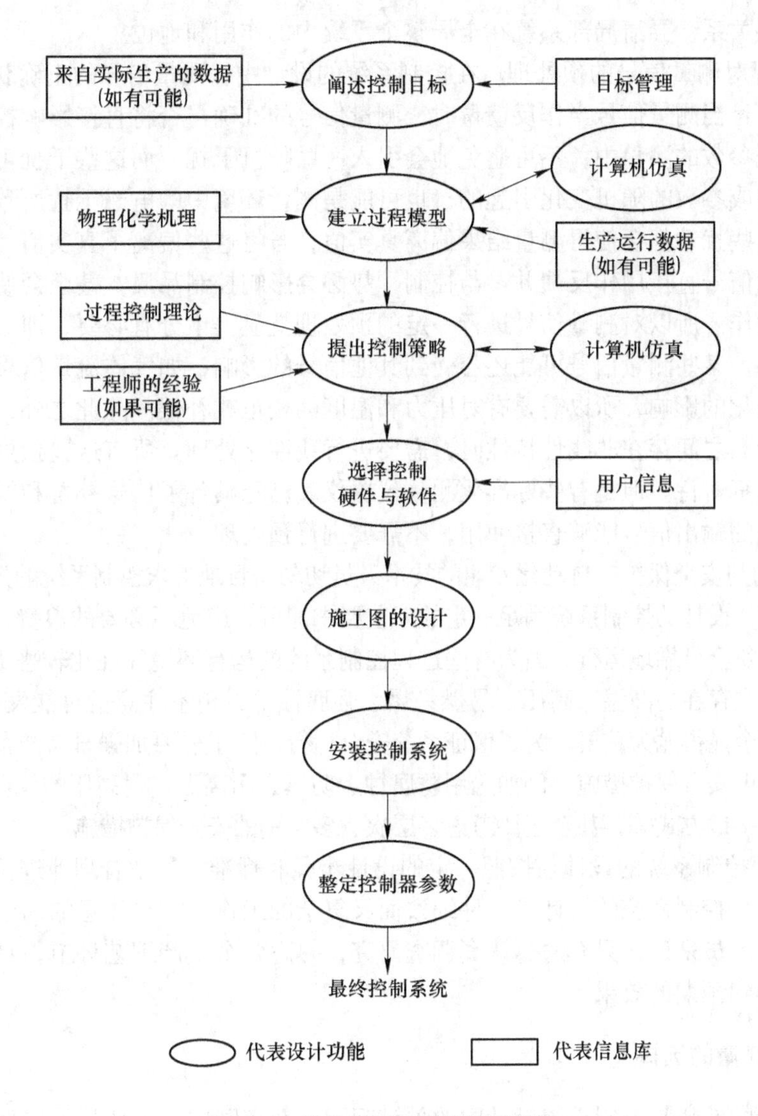

图4-4 简单控制系统开发流程图

4.2.2 设计中需要注意的问题

过程控制系统的设计对相关设计工作人员也有一定要求，主要体现在以下几点：

(1) 熟悉被控过程特性。设计人员不仅需要掌握全面的自动化专业的相关知识，还需要熟悉所需要控制的工艺装置对象及要求，这十分重要。因为这是控制方案确定的基本依据之一。不同的被控过程在控制方式和控制品质方面往往存在一定的差异，即使同一类型的被控过程，由于其规模、容量、干扰来源和性质等的不同，控制要求也往往存在一定的差异。因此不熟悉被控过程特点的设计人员很难设计出一个合理的控制方案。

(2) 明确各生产环节之间的约束关系。整个生产过程是由各个生产环节和工艺设备构成的，因此各个生产环节和工艺设备之间往往也存在着相互制约、相互影响的关系。为了从全局出发考虑局部系统的控制方案和布局，合理设计每一个控制系统，设计人员应全面考虑这些约束关系，弄清局部系统在全局整个系统中的作用和地位。

（3）重视对测量信号的预处理。在控制系统的设计中，测量信号的正确获取和预处理十分重要。并且当测量信号当作反馈量时，测量信号的准确与否将直接影响控制系统的品质。在对过程参数的测量中，不可避免地会引入一些随机干扰，而这些干扰可能是由于测量元件的结构或参数的随机变化引起的，也可能是测量环境中的电磁干扰所致。但不管原因是什么，这些扰动都会使得测量结果偏离真实值，若将这些偏离了真实值、又没有经过预处理的测量信号直接用作反馈并参与控制，势必会影响控制品质，甚至会使控制器产生错误的控制动作。所以对测量信号进行一定的预处理就显得十分有必要，即去除测量信号中干扰。另外，某些测量信号可能还会受到其他信号的影响，如气体流量信号会同时受到压力和温度变化的影响，所以需要有对压力和温度的校正或补偿。除此之外，当一些测量信号与被测参数之间存在非线性特性时，需要进行线性化处理。所有这些预处理工作都需要设计人员认真对待。但是有些标准化测量仪器仪表已经具备了信号补偿和线性化处理的功能，则它们的输出信号能够直接使用，不需要进行预处理。

（4）节约与安全保护。自动化专业的技术人员切勿盲目地追求控制系统的先进性与工艺装置的先进性，设计的控制系统满足一定的工艺要求即可，避免不必要的浪费，但必须保证过程控制系统安全可靠地运行。因为有些过程控制系统的运行环境往往比较恶劣，例如石油化工生产过程中存在的高温、高压、易燃易爆、强腐蚀等，稍不注意就可能发生重大事故，因此系统的安全显得尤为重要。为了保证系统安全运行，除了需要加强日常防范，在系统设计时要认真考虑安全保护措施，例如选用防腐蚀、防爆、耐高温、耐高压的仪器仪表，采用合理的布线与接地方式等，甚至还要考虑多层次、多级别的安全保护措施。

（5）过程控制系统的设计须按照一定的设计步骤和标准，科学合理地进行。

综上所述，控制系统的设计是一件细致而又复杂的工作，需要注意的问题更加是多方面的，对设计人员来说，只有通过认真调查研究，熟悉各个生产工艺环节，具体问题具体分析，才能得到预期的效果。

4.2.3　被控变量的选择

被控变量的选择是控制系统设计中的关键问题。在实践中，该变量的选择以工艺人员为主，自控人员为辅，因为对控制的要求是从工艺角度提出的。但自控人员也应该多了解工艺，多与工艺人员沟通，从自动控制的角度提出建议。工艺人员与自控人员之间的相互交流与合作，有助于选择好控制系统的被控变量。

4.2.3.1　被控变量的选择方法

（1）直接参数法。选择能直接反映生产过程中产品产量和质量又易于测量的参数作为被控变量。

（2）间接参数法。选择那些能间接反映产品产量和质量又与直接参数有单值对应关系、易于测量的参数作为被控变量。

4.2.3.2　被控变量的选择原则

（1）选择对产品的产量和质量、安全生产、经济运行和环境保护具有决定性作用的、可直接测量的工艺参数为被控变量。

（2）当不能用直接参数作为被控变量时，可选择一个与直接参数有单值函数关系并满足如下条件的间接参数为被控变量。首先是满足工艺的合理性，其次是具有尽可能大的灵敏度且线性好，最后是测量变送装置的滞后小。

4.2.4　操纵变量的选择

选择操纵变量,就是从诸多影响被控变量的输入参数中选择一个对被控变量影响显著而且可控性良好的输入参数,作为操纵变量，而其余未被选中的所有输入量则视为系统的干扰。

4.2.4.1　对象静态特性对控制质量的影响

在定值控制系统中，采用比例控制时其增益为 K_c，设阶跃扰动幅值为 F，根据终值定理计算出新稳态值及余差

$$y(\infty) = \lim_{s \to 0} s \frac{Y(s)}{F(s)} \frac{F}{s} = \frac{K_f F}{1 + K_c K_o} \tag{4-3}$$

余差

$$e(\infty) = -y(\infty) = -\frac{K_f F}{1 + K_c K_o} \tag{4-4}$$

若该控制系统为二阶衰减振荡过程，则最大偏差 A 为

$$A = \frac{K_f F}{1 + K_c K_o}\left[1 + \exp\left(-\frac{\zeta\pi}{\sqrt{1 - \zeta^2}}\right)\right] = \frac{K_f F}{1 + K_c K_o}\left(1 + \frac{1}{n}\right) \tag{4-5}$$

我们可以发现，随着过程增益 K_o 的增加，余差减小，最大偏差减小，控制作用增强，但稳定性变差。在其他因素相同条件下，如果过程增益 K_o 越大，克服扰动能力越强。同时，扰动通道放大倍数 K_f 越小越好，K_f 小表示扰动对被控变量的影响小，系统可控性好。

4.2.4.2　对象动态特性对控制质量的影响

对象的动态特性一般可由时间常数 T 和纯滞后 τ 来描述。

设扰动通道时间常数为 T_f 和纯滞后 τ_f；控制通道的时间常数为 T_o 和纯滞后 τ_o。下面我们分别进行讨论控制通道和扰动通道各参数的影响。

A　对扰动通道特性的影响

扰动通道时间常数 T_f 大，扰动对系统输出的影响缓慢，有利于通过控制作用克服扰动的影响，因此，控制质量高；T_f 小，扰动作用快，对系统输出的影响也快，控制作用不能及时克服扰动。

时滞 τ_f 的存在不影响系统闭环极点的分布，因此，不影响系统稳定性。它仅表示扰动进入系统的时间先后，即不影响控制系统的控制品质。

B　对控制通道的影响

首先，分析控制通道中时间常数的影响。这里需要在时滞 τ_o 与时间常数 T_o 之比不变的条件下进行讨论。控制系统的闭环特征方程为

$$1 + G_c(s)G_o(s) = 1 + \frac{K_c K_o}{T_o s + 1} e^{-s\tau_0} = 0 \tag{4-6}$$

相位条件：

$$-\omega\tau_0 - \arctan(T_o\omega) = -\pi \Longrightarrow -\frac{\tau_o}{T_o}(T_o\omega) - \arctan(T_o\omega) = -\pi \tag{4-7}$$

若 $\frac{\tau_o}{T_o}$ 固定，则相位条件 $T_o\omega$ 不变，对稳定性没有影响，若 $\frac{\tau_o}{T_o}$ 固定，时间常数 T_o 大，则为使稳定条件不变，ω 应相应减小，因此，时间常数大时，为保证系统的稳定性，振荡

频率减小，回复时间变长，动态响应变慢；反之，若$\frac{\tau_o}{T_o}$固定，时间常数T_o小，则振荡频率增大，回复时间变短，动态响应变快。换言之，时间常数越大，过渡过程越慢。

然后，分析控制通道中时滞的影响。当检测变送环节存在时滞时，被控变量的变化不能及时传送到控制器；当被控对象存在时滞时，控制作用不能及时使被控变量变化；当执行器存在时滞时，控制器的信号不能及时引起操纵变量的变化，因此，开环传递函数存在时滞，引起相位滞后，从而使交接频率和临界增益降低，使控制不及时、超调增大、稳定性下降，使闭环系统的控制品质下降。

用$\frac{\tau_o}{T_o}$反映时滞的相对影响。通常，$\frac{\tau_o}{T_o}<0.3\sim0.5$时，系统尚可用简单控制系统进行控制。当$\frac{\tau_o}{T_o}>0.3\sim0.5$时，应采用其他控制方案对该类过程进行控制。因此，在设计和应用时应尽量减小时滞，有时可增大时间常数以减小$\frac{\tau_o}{T_o}$。

4.2.4.3　操纵变量的选择原则

（1）要构成的控制系统，其控制通道特性应具有足够大的放大系数，比较小的时间常数及尽可能小的纯滞后时间。

（2）系统主要扰动通道特性应该具有尽可能大的时间常数和尽可能小的放大系数。

（3）考虑工艺上的合理性。如生产负荷关系到产品的质量，就不宜选为操纵变量，例如乳化物干燥塔操纵变量的选择。

4.2.5　检测变送环节对系统的影响

检测变送环节的作用是将工业生产过程的参数（流量、压力、温度、物位、成分等）经检测变送单元转换为标准信号。在检测仪表中，标准信号通常采用4～20mA、1～5V、0～10mA电流或电压信号，20～100kPa气压信号；在现场总线仪表中，标准信号是数字信号。检测元件和变送器的类型繁多，现场总线仪表的出现使检测变送器呈现模拟和数字并存的状态。但它们都可用时滞的一阶环节近似。

检测仪表和变送器的基本要求是准确、迅速和可靠。准确指检测元件和变送器能正确反映被控或被测变量，误差应小；迅速指应能及时反映被控或被测变量的变化；可靠是检测元件和变送器的基本要求，它应能在环境工况下长期稳定运行。

由于检测元件直接与被测或被控介质接触，因此，在选择检测元件时应首要考虑该元件能否适应工业生产过程中的高温、低温、高压、腐蚀性、粉尘和爆炸性环境，能否长期稳定运行；其次，应考虑检测元件的精确度和响应的快速性等。除了这些选择检测元件和变送器的要求外，还应考虑检测元件和变送器的线性特性等。

仪表的精确度影响检测变送环节的准确性。应合理选择仪表的精确度，以满足工艺检测和控制要求为原则。检测变送仪表的量程应满足读数误差的精度要求，同时应尽量选用线性特性。仪表量程大K_m小，而仪表量程小则K_m大。

检测元件和变送器增益K_m的线性度与整个闭环控制系统输入输出的线性度有关，当控制回路的前向增益足够大时，整个闭环控制系统输入/输出的增益是K_m倒数。例如，采用孔板和差压变送器检测变送流体的流量时，由于差压与流量之间的非线性，造成流量控制回路呈现非线性，并使整个控制系统开环增益非线性。

相对于过程的时间常数，大多数检测变送环节的时间常数是较小的。但成分检测环节的时间常数和时滞会很大；气动仪表的时间常数较电动仪表要大；采用保护套管温度计检测温度要比直接与被测介质接触检测温度有更大的时间常数。此外，应考虑时间常数随着过程运行而变化的影响，例如，由于保护套结垢，造成时间常数增大，保护套管磨损，造成时间常数减小等。对检测变送环节时间常数的考虑主要应根据检测变送、被控对象和执行器三者时间常数的匹配，即增大最大时间常数与次大时间常数之间的比值。

减小时间常数的措施包括检测点位置的合理选择；选用小惯性检测元件；缩短气动管线长度；正确使用微分单元；选用继动器等放大元件等。为了增大最大时间常数与次大时间常数之间的比值，对于快速响应的被控对象，例如流量、压力等，有时需要增大检测变送环节的时间常数，常用的措施有合理选用微分单元（反微分）、并联大容量的电容或气容、串联阻容滤波环节等。

检测变送环节中时滞产生的原因是检测点与检测变送仪表之间有一定的传输距离 l，而传输速度 w 也有制约，因此，产生时滞$\tau_m=\dfrac{l}{w}$。

减小时滞的措施包括：选择合适的检测点位置，减小传输距离 l；选用增压泵、抽气泵等装置，提高传输速度 w。在考虑时滞影响时，应考虑时滞与时间常数之比，而不应只考虑时滞的大小，应减少时滞与时间常数的比值。

对检测变送信号的数据处理包括：信号补偿，线性化，信号滤波，数学运算、信号报警和数学变换等。

4.2.5.1　信号补偿

热电偶检测温度时，由于产生的热电动势不仅与热端温度有关，也与冷端温度有关，因此需要进行冷端温度补偿；热电偶到检测变送环节之间的距离不同，所用连接导线的类型与规格也不同，线路电阻不同，因此需要进行线路电阻补偿；气体流量监测时，若检测点温度、压力与设定值不同，则需要进行温度与压力的补偿；精馏塔内介质成分与温度塔压有关，正常操作时，塔压保持恒定，可直接用温度进行控制，当塔压变化时，则需要用塔压对温度进行补偿。

4.2.5.2　线性化

检测变送环节是根据有关的物理化学规律检测被控变量的，有些被控变量存在一定的非线性，例如热电动势与温度、差压与流量等，这些非线性会造成控制系统的非线性，因此需要对检测变送信号进行线性化处理。可以通过硬件组成非线性环节来处理，例如利用开方器对差压进行开方运算，也可以通过软件实现。

4.2.5.3　信号滤波

环境中的噪声使检测变送信号受到波动，并且影响控制系统的稳定运行，因此滤波不可避免。信号滤波有硬件滤波和软件滤波，高频滤波和低频滤波，带通滤波和带阻滤波等。硬件滤波往往采用阻容环节，可以采用电阻电容组成低通滤波，或者气阻气容组成滤波环节，可以组成有源滤波，也可以是无源滤波。但需要购买硬件，提高了成本。软件滤波通常采用计算方法，用程序编制各种数字滤波器，具有投资少、应用灵活等特点。在智能仪表、DCS 等装置中往往采用软件滤波。

4.2.5.4 数学运算、信号报警和数学变换

当检测信号与被控变量之间有一定的函数关系时，需要进行数学运算获得实际的被控变量的数值。例如节流装置差压的开方与流量是线性关系，因此获得的差压数据应进行开方运算。有时对检测的信号需要进行一些复合数学运算，例如对气体流量的温度和压力补偿运算就包括乘、除、加的运算。

若检测变送信号超出了工艺过程允许的范围，或者计算机控制系统中，检测元件处于异常状态时，就需要进行信号报警与联锁处理。

信号的数学变换也常常用到检测变送信号的处理。常用的数学变换有快速傅里叶变换、小波变换等，模/数转换、数/模转换也是经常采用的。

4.2.6 控制阀的选择

控制阀是自动控制系统中一个重要的组成部分，对于它的选择也就显得尤为重要。控制阀的选择主要有：结构形式及材质的选择、口径大小的选择、气开气关形式的选择、流量特性的选择以及阀门定位器的选择等。

4.2.6.1 结构形式及材质选择

控制阀由执行机构和调节机构两部分组成。执行机构将控制器的输出信号转换为直线位移或者角位移，两者之间为比例关系；调节机构则将执行机构输出的直线位移或角位移转换成流通面积的变化从而改变操纵变量的大小。

执行机构有薄膜式、活塞式、长行程式三种类型。其中薄膜式和活塞式输出直线位移，长行程式输出角位移（0°~90°）。薄膜式结构简单，价格便宜，使用最为广泛；活塞式输出推力大，常用于高静压、高压差和需较大推力的场合；长行程式的行程长、转矩大，适用于转角的蝶阀、风门等。

调节机构的类型有直通阀（双座式和单座式）、角阀、三通阀、球形阀、阀体分离阀、隔膜阀、蝶阀、高压阀、偏心旋转阀和套筒阀等。直通阀和角阀供一般情况下使用，其中直通单座阀是运用于要求泄漏量小的场合；直通双座阀适用于压差大、口径大的场合，但其泄漏量要比单座阀大；角阀应用于高压差、高黏度、含悬浮物或颗粒状物质的场合；三通阀适用于需要分流或合流控制的场合，其效果比两个直通阀要好；蝶阀适用于大流量、低压差的气体介质；而隔膜阀则适用于有腐蚀性的介质。总之，调节机构的选择应根据不同的使用要求而定。表4-1所示是部分不同结构形式控制阀的特点及使用场合。

表4-1 部分不同结构形式控制阀的特点及使用场合

结构形式	特点及使用场合
直通单座阀	只有一个阀芯，阀前后压差小，适用于要求泄漏量小的场合
直通双座阀	有两个阀芯，阀前后压差大，适用于允许有较大泄漏量的场合
角　阀	阀体成直角，适用于高压差、高黏度、含悬浮物和颗粒物质的场合
隔膜阀	适用于有腐蚀性介质的场合
蝶　阀	适用于有悬浮物的介质、大流量、压差小、允许大泄漏的场合
三通阀	适用于分流或合流控制的场合
高压阀	适用于高压控制的特殊场合

4.2.6.2 控制阀口径大小的选择

确定控制阀口径大小也是选用控制阀的一个重要内容，其主要依据阀的流通能力，正常工况下要求控制阀开度处于15%～85%之间，因此，不易将控制阀口径选得太小或过大，否则可能会使控制阀运行在全开时的非线性饱和工作状态，系统失控；或是阀门经常处于小开度的工作状态，造成流体对阀芯、阀座严重冲蚀，甚至引起控制阀失灵。

4.2.6.3 控制阀气开气关形式的选择

对于一个具体的控制系统来说，究竟选气开阀还是气关阀，即在阀的气源信号发生故障或控制系统某环节失灵时，阀是处于全开的位置安全，还是处于全关的位置安全，要由具体的生产工艺来决定，一般来说要根据以下几条原则进行选择：

（1）首先要从生产安全出发，即当气源供气中断，或控制器出故障而无输出，或控制阀膜片破裂而漏气等而使控制阀无法正常工作以至阀芯回复到无能源的初始状态（气开阀回复到全关，气关阀回复到全开），应能确保生产工艺设备的安全，不致发生事故。如生产蒸汽的锅炉水位控制系统中的给水控制阀，为了保证发生上述情况时不致把锅炉烧坏，控制阀应选气关式。

（2）从保证产品质量出发，当发生控制阀处于无能源状态而回复到初始位置时，不应降低产品的质量，如精馏塔回量控制阀常采用气关式，一旦发生事故，控制阀全开，使生产处于全回流状态，防止不合格产品的蒸出，从而保证塔顶产品的质量。

（3）从降低原料、成品、动力损耗来考虑，如控制精馏塔进料的控制阀就常采用气开式，一旦控制阀失去能源即处于气关状态，不再给塔进料，以免造成浪费。

（4）从介质的特点考虑。精馏塔塔釜加热蒸汽控制阀一般选气开式，以保证在控制阀失去能源时能处于全关状态避免蒸汽的浪费，但是如果釜液是易凝、易结晶、易聚合的物料时，控制阀则应选气关式以防调节阀失去能源时阀门关闭，停止蒸汽送入而导致釜内液体的结晶和凝聚。

4.2.6.4 控制阀流量特性的选择

控制阀的流量特性指的是介质通过阀门的流量与阀杆行程之间的关系，通常用相对值来表示，即

$$q = Q/Q_{\max} = f(l) = f(L/L_{\max}) \tag{4-8}$$

式中，$Q_{\max}$和$L_{\max}$分别是阀全开时的最大流量和阀杆的最大行程。

根据控制阀的两端的压降，控制阀流量特性分为理想流量特性和工作流量特性，理想流量特性是控制阀两端压降恒定时的流量特性，亦称为固有流量特性。工作流量特性是在工作状态下（压降变化）控制阀的流量特性。控制阀出厂所提供的流量特性是指理想流量特性。

理想流量特性可分为线性、等百分比（对数）、抛物线、双曲线、快开、平方根等多种类型。国内常使用的理想流量特性有线性、等百分比和快开等几种。

根据控制系统稳定运行准则，扰动或设定变化时，控制系统稳态稳定运行的条件是控制系统各开环增益之积基本恒定：控制系统动态稳定运行的条件是控制系统总开环传递函数的模基本恒定。

选择控制阀工作流量特性的目的通过控制调节机构的增益来补偿因对象增益变化而造

成开环总增益变化的影响，即用 K_v 的变化补偿 K_p 的变化，使 $K_{开}=K_cK_vK_pK_m$ 基本恒定。讨论时，假设控制器增益（或比例度）、执行机构增益、检测变送环节增益不随负荷或设定而变化。这样，当对象增益 K_p 随负荷或设定变化时，通过选择合适的控制阀流量特性，使控制阀增益 K_v 与 K_p 之积保持基本不变。

在选择控制阀工作流量特性时应注意以下事项：

（1）控制系统通常受到多种扰动的影响，因此，在选择控制阀工作特性时应抓住主要矛盾，即对控制系统有主要影响的扰动，并据此选择控制阀工作流量特性。

（2）在考虑被控对象特性时，应从整个工作范围考虑，而不能仅局限在工作点附近，因为，在工作点附近的特性通常可近似为线性，从而不能获得正确的分析结果。

（3）流量特性的选择是用于补偿广义被控对象的非线性特性，有时，被控对象的非线性并不能够用选择控制阀的流量特性来补偿。例如，pH 控制系统。

从控制阀的工作特性选择控制阀的理想特性，由于控制阀制造厂提供的控制阀流量特性是理想流量特性，因此，在确定控制阀工作流量特性后，应根据被控变量类型和对象特性、压降比 S 的影响等确定控制阀理想流量特性，如表 4-2 所示。

表 4-2　根据降压比 *S* 确定控制阀理想流量特性

压降比 S	$S>0.6$			$0.3<S<0.6$			$S<0.3$
所需工作流量特性	线性	等百分比	快开	线性	等百分比	快开	宜用低 S 控制阀
应选理想流量特性	线性	等百分比	快开	等百分比	等百分比	线性	

控制阀选择哪种流量特性要根据具体对象的特性来考虑，原则是希望控制系统广义对象是线性的，即当工况发生变化，如负荷变动、阀前压力变化或设定值变动时，广义对象的特性基本不变，这样才能使整定后的控制器参数在经常遇到的工作区域内都适应，以保证控制品质。如果当工况发生变化后，广义对象的特性有变化，由于不可能随时修改常规控制器的参数，控制品质将会下降。

4.2.6.5　阀门定位器的选择

阀门定位器有气动阀门定位器和电-气阀门定位器两种，后者还兼有电-气转换功能。阀门定位器有以下三方面的功能：

（1）改善控制阀的动、稳态特性。由于阀门定位器和控制阀组成了一个随动系统，引入了负反馈，从而大大削弱了控制阀的动稳态特性参数的影响。另外，由于阀门定位器，气源压力可以提高，从而能够增大控制阀执行机构的输出力，加快控制阀执行机构的动作速度，因此，使用阀门定位器可以减少控制信号的传递滞后，克服阀杆的摩擦力，消除介质对阀芯的不平衡力，加快阀杆的移动速度，实现快速准确定位，提高控制精度。

（2）改善控制阀的流量特性。控制阀由执行机构和调节机构两部分组成，控制阀的流量特性由调节机构的特性所决定。配上阀门定位器之后，由于阀杆位置是反馈到阀门定位器的反馈凸轮上，因此，改变反馈凸轮的形状就可以改变执行机构的特性，从而使控制阀的流量特性得到修改。

（3）实现分程。在某种复杂控制系统中，需要用一台控制器去操纵两台控制阀，每台控制阀工作在不同的信号范围内。此时就需要使用阀门定位器来实现各控制阀的零位和量程的调整。

4.2.7 控制器控制规律的选择及正反作用的确定

4.2.7.1 控制器对控制规律的选择

控制器部分实际上区别于被控过程，是在控制设备中独立实现的。控制器是整个控制系统的灵魂，控制规律的选择更是重中之重，控制器控制规律主要根据过程特性和要求来选择，它决定了执行器对受控对象采取怎样的动作。下面介绍几种控制规律，主要包括位式控制（ON/OFF）、比例控制（P）、比例积分控制（PI）、比例微分控制（PD）、比例积分微分控制（PID）。

A 位式（ON/OFF）控制

最简单、最容易实现，且使用最广泛的控制器是 ON/OFF 控制器，一般采用继电器（relay）控制。常见的位式控制有双位和三位两种，一般适用于滞后较小、负荷变化不大也不剧烈、控制品质要求不高、允许被控变量在一定范围内波动的场合，如恒温箱、电阻炉等的温度控制。位式控制输入输出特性如图 4-5 所示。

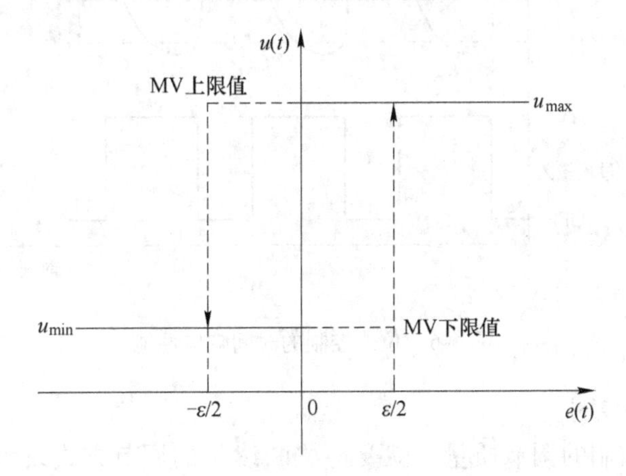

图 4-5 位式控制的输入输出特性

而控制规律的数学描述如式（4-9）所示。

$$u(t) = \begin{cases} u_{\max}, & e(t) \geqslant 0 \\ u_{\min}, & e(t) < 0 \end{cases} \tag{4-9}$$

式中，$u(t)$为控制器输出，$u_{\max}$为控制器输出上限值，通常为 100%；$u_{\min}$为控制器输出下限值，通常为 0；$e(t)$为控制器偏差，满足

$$e(t) = r(t) - y(t) \tag{4-10}$$

式中，$r(t)$ 为给定值；$y(t)$ 为被控变量的测量值。

位式控制器主要应用在工业生产上一些调节质量不是很高的场合，例如某些温度、液位等控制回路。并且，在日常生活中这种控制器更是随处可见。例如，我们日常使用的冰箱或空调，用来控制储藏室内温度或居室内温度，就是通过使用位式控制器不时启动压缩机进行制冷，产生冷气来调节温度的。

然而，在实际使用中，上述的调节特性并不理想。当被调过程变量达到设定值附近

时，由测量噪声或各种扰动因素引起的测量值的任何微小波动都会触发控制器输出在上下限值之间来回不停的摆动，不仅会对被控过程造成一定的冲击，而且会很快磨损执行机构，严重影响使用寿命。为了避免执行器中的移动部件的过度磨损，实际采用的控制特性如图4-5中的虚线所示，即引入“死区”（或称“滞环”），其宽度 ε 决定于现场噪声水平，一般取为满量程的0.5%～2.0%左右。

位式控制的主要缺点是过程变量会围绕期望值在一定范围内不停地振荡，如图4-6所示。本质原因就是在于位式控制实际上是一种“断续”控制方式，即每当误差超出上限 $e_{max}=\varepsilon/2$ 或低于下限 $e_{min}=-\varepsilon/2$ 时，控制器才会发出动作；而其他时刻，系统实际上处于开环状态，这样就任凭被控变量出现缓慢波动仍不调节。因此，位式控制是一种非常粗糙的控制方式。

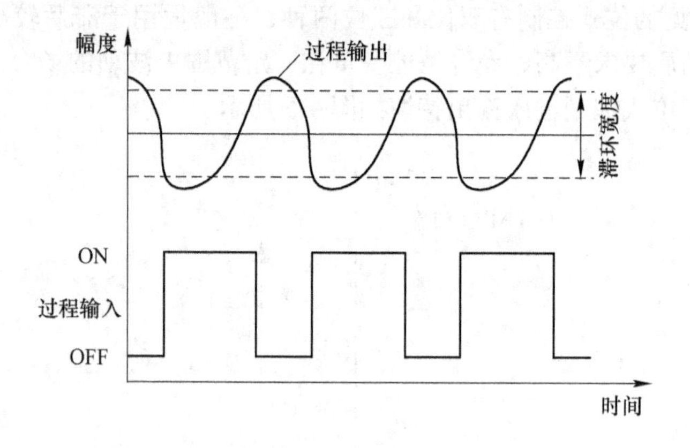

图4-6 位式控制的时间响应性能

B 比例（P）控制

若想提高位式控制的调节质量，就要将“断续”的调节方式改为“连续”的调节方式。最简单的连续控制就是比例控制。比例控制的提出是在20世纪30年代，当时美国Taylor仪器公司在乳品加工（杀菌处理）行业占据统治地位，核心产品是温度检测和记录仪表，在1933年，该公司生产出第一台真正“增益可调整”的比例控制器，Model56R（Fulscope）。

对于比例控制而言，当负荷变化时，比例控制克服扰动能力强，控制作用及时，过渡过程时间短，但过程终了时存在余差，且负荷变化越大余差也越大。比例控制适用于控制通道滞后较小、时间常数不太大、扰动幅度较小，负荷变化不大、控制品质要求不高，允许有余差的场合。如储罐液位、塔釜液位的控制和不太重要的蒸汽压力的控制等。

比例控制的数学表达式为

$$u(t)=\begin{cases}u_{max}, & e(t)>e_{max}\\ u_0+K_c e(t), & e_{min}\leqslant e(t)\leqslant e_{max}\\ u_{min}, & e(t)<e_{min}\end{cases} \tag{4-11}$$

式中，常量 u_0 表示零偏差时控制器的输出，e_{min} 与 e_{max} 反映比例控制器线性区间的大小，在区间［e_{min}，e_{max}］内，控制器输出与偏差成线性关系，比例系数为 K_c，通常称为比例增益，根据式（4-11）可以画出比例控制器输入输出关系特性如图 4-7 所示。

由于比例控制实际上属于连续控制，故不停地检测偏差，并根据偏差大小进行连续调节，以克服各种扰动对被控变量的影响。比例控制器只有一个可调参数，即比例增益 K_c。而在实际工程当中，更多地采用“比例度”这一说法，实际上比例度即为比例增益的倒数，当比例增益 K_c 为无量纲数时，定义比例度为

$$PB = \frac{1}{K_c} \times 100\% \tag{4-12}$$

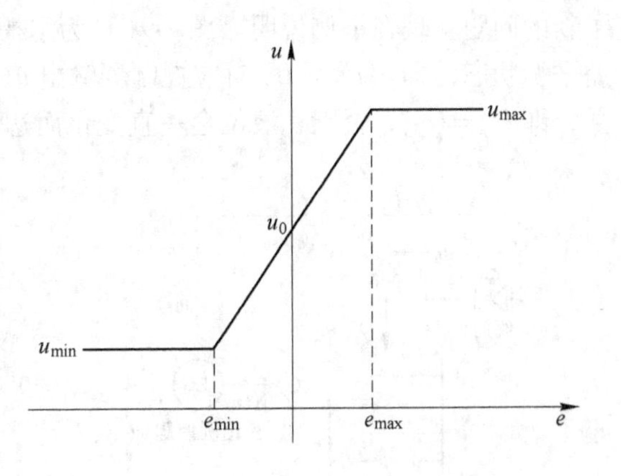

图 4-7　比例控制的输入输出特性

式中，PB(proportional band) 为“比例度”，如图 4-8(a)中实线所示。其物理含义是：在只有比例作用的情况下，能使控制器输出作满量程变化的输入量相对变化的百分数。

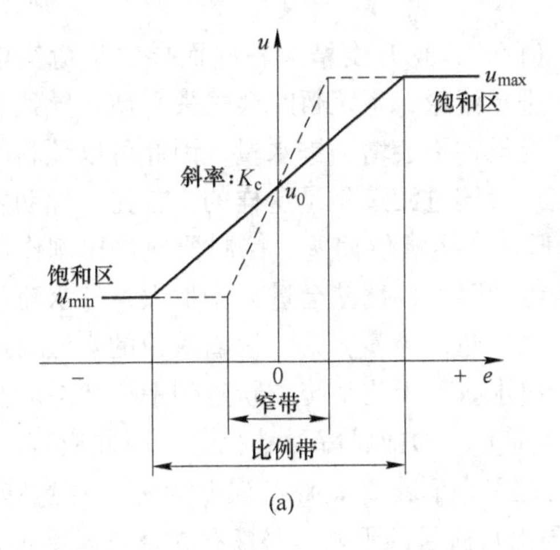

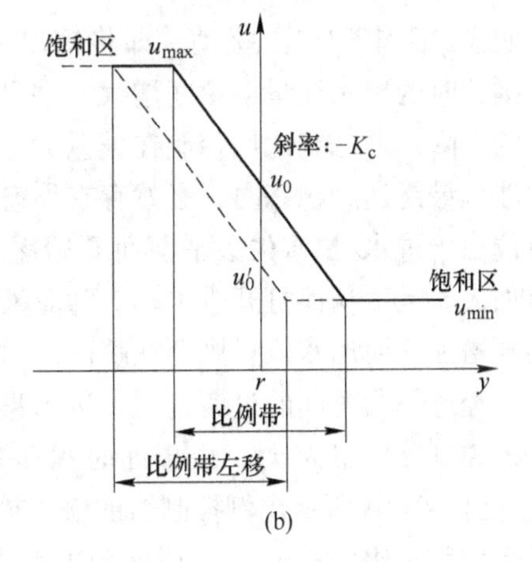

图 4-8　比例度的定义及其意义

有时我们希望直接看到控制器输出与测量值之间的关系曲线，因此可将式（4-10）代入式（4-11），得到控制器输出 $u(t)$ 与测量值 $y(t)$ 之间的关系式，即

$$u(t) = u_0 + K_c(r(t) - y(t)), \quad e_{min} < e(t) < e_{max} \tag{4-13}$$

输入输出之间的曲线关系如图 4-8(b)中实线所示，该图中，比例度反映了“使控制器输出与偏差输入成线性关系的测量值变化区间大小的度量”。由此可见，比例度实际反映了控制器实际输入输出关系中线性区域的宽度，因此有时也称做“比例带宽度”。

由图 4-8 中虚线可以进一步看出，增大比例增益 K_c，则比例带变窄；当比例增益 K_c 为无穷大时，比例控制就蜕变到位式控制。类似地，调整直流偏置量 u_0，则比例带会左右移动。当偏差或测量值超出比例带区间时，就表示控制器输出进入了饱和区，达到饱和状态。

连续比例控制相对于 ON/OFF 位式控制器，可以消除测量信号的震荡现象，但又产生

了新的问题。现在举例说明。图4-9(a)为水槽液位比例控制系统，假设系统处于初始无偏差平衡状态，即 $e(t)=0$，对应控制器输出 $u(t)=u_0$。则此时水槽的进水量一定等于出水量，即 $Q_{in}=Q_{out}$，否则，液位会一直变化而达不到稳定状态。

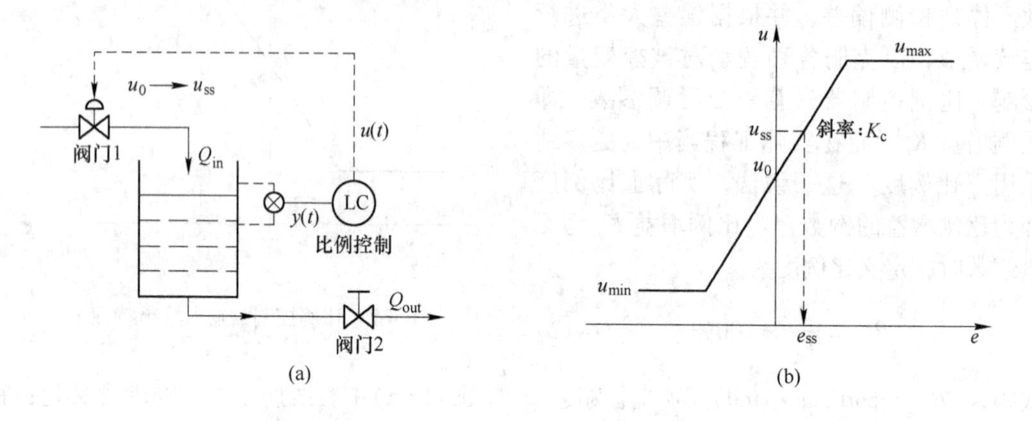

图4-9 水槽液位控制系统的稳态特性分析

假设给系统施加一扰动，即将输出手阀（阀门2）开度增大一些而导致负荷突然增大。则此时的出水流量会瞬间增大，并且大于进水流量，系统暂时会失去平衡而导致水槽液位的下降。考虑到比例控制在偏差为零的情况下，不会增大进水量，因此可以预料，当水槽液位最终达到稳态时，必然存在稳态偏差。具体过渡过程是这样的，首先，扰动发生后液位由于进水/出水失去平衡而开始逐渐降低，产生液位偏差，控制器通过比例作用会逐渐加大 $u(t)$，从而打开进水阀。随着液位的继续降低，偏差会进一步加大，进水流量也会逐渐增加；而出水流量则会在瞬间的增大（大于进水流量）后，随着液位的降低而逐渐减小。经过一段时间的过渡过程，进水量大于出水量，于是系统重新达到平衡状态。假设此时的控制器输出为 u_{ss}，由于此时扰动并没有消除（类似阶跃状扰动），因此应有 $u_{ss}>u_0$。由图4-9(b)所示比例控制器的输入输出特性可以看出，u_{ss} 对应误差为 e_{ss}；这意味着，为了产生稳态比例输出 u_{ss}，以实现进水流量与出水流量的平衡，必然存在稳态误差 e_{ss}。

以上说明，比例控制往往会存在稳态误差（该结论适用0型现象，可通过比例控制下的闭环系统方框图，求取误差信号的闭环传递函数来证明）。由图4-9(b)还可以看出，比例增益越大，则进水与出水就越快达到平衡，并且稳态误差偏小。因此，在保证系统的相对稳定性一定的情况下，总是希望比例增益 K_c 越大越好。

下面来说明如何才能消除系统的稳态误差。根据如下控制器输出

$$u(t)=K_c e(t)+u_0 \tag{4-14}$$

求得

$$e_{ss}=\frac{u_{ss}-u_0}{K_c} \tag{4-15}$$

由式（4-15）可以看出，消除稳态误差主要通过两种方法：

（1）令式（4-15）中的分母足够大，即选取足够大的比例增益 K_c。此时的比例控制接近于ON/OFF位式控制器。

以图4-9(a)所示的单个容积过程为例，由于该过程的相位滞后不可能超过90°，因而采用比例控制时不会出现振荡情况；换句话说，单容过程在比例带逼近零时也不会振荡。这就说明，只要有一个很小的偏差就能通过迅速调整阀门开度实现快速补偿，因而几乎不产生稳态偏差。不过以上所述只是理想情况，它要求系统是完全线性的，并且控制机构（调节阀）具有足够快的响应特性（而不会发生饱和现象，ON/OFF位式控制器中的振荡就是由饱和非线性引起的），并且保证系统稳定。

（2）令式（4-15）中的分子足够小，故可以灵活调整直流分量 u_0。通过取合适的 u_0，即取 $u_0 = u_{ss}$，则可得到稳态误差为零。其中，u_{ss} 是实现无偏差时的控制器稳态输出。

显然，一定的 u_0 并不能够对不同设定值（或干扰大小）同时得到满足。当然，可以考虑根据设定值变化来对 u_0 进行相应调整，此时有必要知道被控过程的稳态增益。但对于未知干扰就不那么方便了。

C 比例积分（PI）控制

在实际生产中，被控过程一般不都是简单的单容过程，并且往往还含有纯滞后，因此比例增益不能取得太大；除此之外，某一具体的直流分量 u_0 只能够保证某一特定的设定值无偏差，但设定值一旦发生变化，或过程负荷发生变化，都会导致被控变量偏离设定值。

为了解决比例控制中的稳态误差问题，并且又不采用过大的控制器增益，可引入积分动作（integral/reset action）。积分动作的特点是低频增益很大，稳态（直流）增益甚至为无穷大，因而可用来消除稳态误差。故比例积分控制是使用最多、应用最广的控制规律，但是加入积分作用后要保持系统原有的稳定性，必须加大比例度（削弱比例作用），以使控制品质有所下降，如最大偏差和振荡周期相应增大、过渡时间加长等。对于控制通道滞后小、负荷变化不太大、工艺上不允许有余差的场合，如流量或压力的控制，采用比例积分控制规律可获得较好的控制品质。

积分控制很少单独采用，一般与比例动作结合在一起，可获取二者的优点，其时域表达式如下

$$u(t) = K_c\left[e(t) + \frac{1}{T_i}\int_0^t e(\tau)\mathrm{d}\tau\right] \tag{4-16}$$

式中，K_c 为控制器的比例增益；T_i 为积分时间常数。由上式可以看出，当偏差为恒值时，每过一个 T_i 时间，积分项产生一个比例控制的量。大多情况下，减小 T_i 会加速系统的响应，但同时也会降低系统的阻尼系数；增大 T_i 会导致响应变慢，但控制更稳定。

另外，对比式（4-14）与式（4-16）可以看出，积分项实际上是对直流分量 u_0 的一种（自动）“重置”（reset）；并且当稳态误差 $e(t)$ 逼近零后，积分项 $u_I(t)$ 就逼近“理想”的直流分量 u_{ss}，如式（4-17）所示。这里的“理想”是指稳态无偏差时所要求的比例控制器输出 u_0，即

$$u_I(t) = \frac{K_c}{T_i}\int e\mathrm{d}t = u_0 \tag{4-17}$$

式中，$u_I(t)$ 表示积分项的输出。

积分动作之所以可以消除稳态误差，我们还可以从时域上进一步认识。如图4-10所示，容易看出，若系统存在稳态误差，则积分项就会不停地累积，控制器输出就会继续加大，进而对象输出也会变大，因而误差不可能恒定。除非误差为零，否则系统也不可能达到稳态。换句话说，只要达到稳态，误差一定为零；而积分项的稳态输出恰好就等于能够消除稳态误差所需要的直流偏置量 u_0。因此，积分项针对任一设定值或阶跃状扰动，能够找出合适的 u_0，而不必知道过程的稳态增益。这样，比例积分控制器同时解决了比例控制器的稳态误差问题以及ON/OFF位式控制器中的振荡问题，是PID类控制器家族中最常采用的控制器结构形式，适合大多数过程。

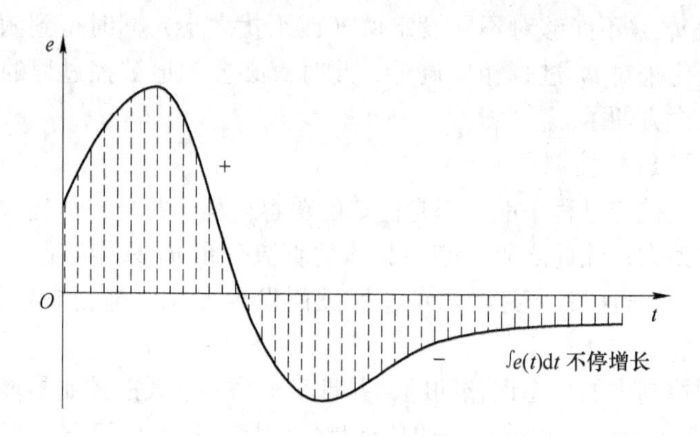

图4-10　积分调节时的稳态误差分析

但是，可以看出，比例与积分动作都是对过去控制误差进行操作，而不是对未来控制误差进行预测，该特征限制了其可实现的控制性能。

举例来说，图4-11所示的是两个不同的被控过程——过程Ⅰ和过程Ⅱ。假设截止到同一当前时刻 t，两过程的误差积分以及在 t 时刻的瞬时误差大小都相同，则PI控制器在 t 时刻只能给出完全相同的控制输出信号。但这显然是不合理的。因为针对过程响应（图4-11a），似乎控制量已经足够大，因为误差有加速减小的趋势，甚至控制输出应当减小，以避免在未来时刻发生大的超调。但是，过程响应（图4-11b）则不同，其误差已经开始变大，似乎原有控制量不够，甚至应要求控制器作用再强烈一些，以便更快地减小误差。显然，针对上述两种不同类型的控制，比例积分控制无法给出不同的控制器输出，为此，有必要引出新的控制器动作方式。

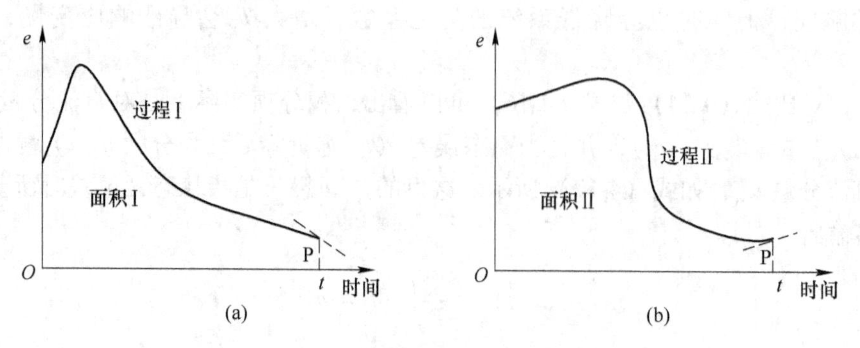

图4-11　比例积分控制的局限性

D 比例微分（PD）控制

比例积分（PI）控制是基于历史偏差以及当前偏差所做出的控制策略，我们会想到，如果能够再把误差的未来变化趋势引入控制器设计，或许会取得更好的控制效果。尤其针对诸如温度等大惯性对象，其输出变化趋势往往非常明显，通过对控制误差进行简单的求导，即可对其未来的误差（变化量）进行比较准确的预估，从而可实现基于未来有限时段的误差变化量的控制动作，即微分动作，其数学描述为

$$u_D(t) = K_c T_d \frac{de(t)}{dt} \tag{4-18}$$

式中，$u_D(t)$ 代表微分环节输出，误差预估时段 T_d 称为微分时间常数。则针对图 4-11 所示两类不同过程，在同一时刻 t，由于图 4-11(a)中 $u_D(t) < 0$，而在图 4-11（b）中 $u_D(t) > 0$；因而上述微分环节可以采取截然不同（增大/减小）的控制动作。所以将式（4-18）微分动作加入到前述比例（P）或比例积分（PI）控制器当中，即可弥补比例积分（PI）控制的不足。

由于在稳态条件下，即使误差再大，单纯的微分环节不会产生任何调节作用。因此微分从不单独使用。微分与比例合用，成为如下所示的比例微分（PD）控制算法

$$u(t) = K_c\left[e(t) + T_d \frac{de(t)}{dt}\right] \tag{4-19}$$

引入了微分，会有超前控制作用，能使系统的稳定性增加，最大偏差和余差减小，加快了控制过程，改善了控制品质，故比例微分控制适用于过程容量滞后较大的场合，但对于克服纯滞后是无能为力的，因此，对于滞后很小和扰动作用频繁的系统，应尽可能避免使用微分作用。

如果控制偏差趋势变化比较平缓，如图 4-12 所示，则有

$$e(t + T_d) \approx e(t) + T_d \frac{de(t)}{dt} \tag{4-20}$$

从而有

$$u(t) \approx K_c e(t + T_d) \tag{4-21}$$

对比式（4-20）与式（4-21）可以看出，比例微分（PD）控制器输出正比于 $t + T_d$ 时刻的误差估值，微分时间常数 T_d 则反映了预估时域的大小。显然，微分时间常数越大，误差估值与实际误差的偏离可能越大，并且对不同的对象特性，偏离程度是不同的；偏离越小，微分动作的控制效果越理想，越适合采用微分动作。预估值与实际值偏离越大，只能说明对象可能并不合适采用微分环节。

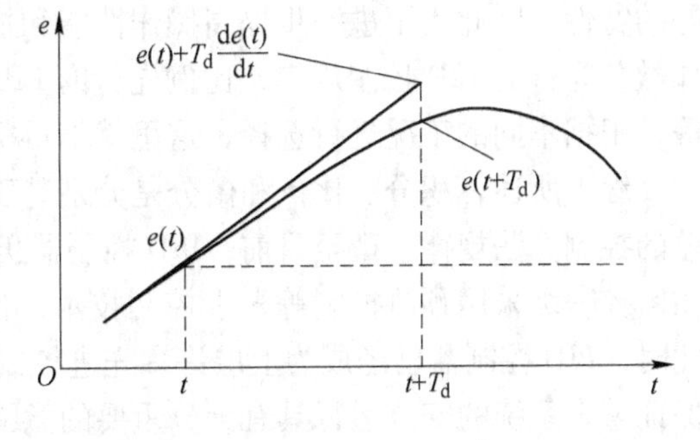

图 4-12 微分项是基于 $t + T_d$ 时刻的误差预估值进行调节

事实上，无论从时域上看，还是从频域上看，在稳态条件下，比例微分控制就等于比例控制，因此与比例控制器一样，PD 调节依然存在稳态误差，但可以改善系统的动

态调节品质，即能够提高系统的稳定性，而积分作用能够消除余差。

E 比例积分微分（PID）控制

比例积分控制与比例微分控制律都有一定的优缺点，因此可将三个动作结合到一起，可以实现如式（4-22）所示的并联形式的PID控制规律

$$u(t) = u_0 + K_c\left[e(t) + \frac{1}{T_i}\int_0^t e(\tau)\mathrm{d}\tau + T_d\frac{\mathrm{d}e(t)}{\mathrm{d}t}\right] \tag{4-22}$$

式中，u_0 为直流分量，由于具有积分动作，因而可以省略；K_c 为比例增益；T_i 表示积分时间常数；T_d 为微分时间常数。因而PID控制器有 δ（比例度）、T_i、T_d 三个可以调整的参数，可以使系统获得较高的控制品质。它适用于容量滞后大、负荷变化大、控制品质要求较高的场合，如反应器、聚合釜的温度控制。

下面再对直流分量 u_0 的取值补充说明如下：

（1）一般来说，在含有积分的PID控制器中，积分项消除静差在本质上就相当于积分项通过不断地“试凑”，最终总能够找到适合的 u_0 值（除非系统不稳定）。这也意味着，在含有积分项的PID控制算法中，可以不必考虑直流分量。

（2）在实际工程上，经常会遇到某些过程控制系统不宜采用积分项，但又要求稳态误差足够得小，此时，工程上有两种处理方法：

1）通过手动调整调节器设定值（可能不同于实际期望值），来实现被控变量与期望实际值保持一致。这需要操作工干预控制过程，而且新的设定值通常需要反复尝试才能得到。

2）试着用手动调整偏置量 u_0 到合适的数值，即在PD控制器中引入一手动调整变量，常称作MR（manual reset），如式（4-23）所示

$$u(t) = K_c\left[e(t) + T_d\frac{\mathrm{d}e(t)}{\mathrm{d}t}\right] + MR \tag{4-23}$$

在稳态条件下，通过细调MR（相当于手动调节 u_0）来改善稳态特性。

以上两种操作均称作手动重置；相对地，采用积分动作的调整方式称作自动重置（automatic reset）。

（3）在比例带分析当中，无论是通过积分还是手动调节 u_0，都会导致比例带的（左右）漂移。

此外，采用同一组PID控制器参数难以保证针对过程扰动以及设定值扰动都能保持良好的特性，因此为了进一步提高操作性能和控制品质，还有多种变形的PID控制规律，例如微分先行的PID控制规律、比例先行的PID控制规律以及带设定值滤波的PID控制规律等，根据不同的工况进行选择，这里就不再赘述。

综上所述，积分、比例和微分是分别基于过去（I）、现在（P）和将来（D）控制偏差的控制算法规律。截至目前，PID控制器仍然是最具主导地位的反馈控制形式。即使是在监控一级采用预测控制等先进控制技术，但底层基础一级回路上也大都采用PID控制，此时，PID控制器已经成为上层许多先进控制器的基础级控制器或备份级控制器，其对于保证整个系统的安全运行具有十分重要的意义。

4.2.7.2 控制器正反作用的选择

控制系统各环节增益有正、负之别。各环节增益的正或负可根据在稳态条件下该环节

输出增量与输入增量之比确定。当该环节的输入增加时，其输出增加，则该环节的增益为正，反之，如果输出减小则增益为负。

同样，控制器也有正、反作用之分，正作用控制器的增益是负的；反作用控制器的增益是正的。这是因为在控制系统的偏差是设定值减测量值（$R-Y$），而控制器中的偏差是测量值减设定值（$Y-R$）。气开控制阀的增益一般是正的；气关控制阀的增益是负的。检测元件和变送器的增益一般为正。

确定控制器正、反作用次序一般为：首先根据生产工艺安全等原则确定控制阀的作用方式，以确定 K_v 的符号。最后根据上述三个环节构成的开环系统各环节静态放大系数极性（符号）相乘必须为负的原则来确定控制器的正、反作用方式。

下面通过一个例子加以说明。在图 4-13 所示液位控制系统中，如果操纵变量是进料量并选择气开阀，确定控制器正、反作用。进料阀开度增加，液位升高，因此对象增益 K_p 为正；液位升液位计输出升高，因此对象增益 K_m 为正；而气开阀 K_v 为正；为保证负反馈，$K_{开}=K_cK_vK_pK_m>0$，因此应选择控制器增益 K_c 正，即为反作用控制器，如图 4-13(a)所示。

如果操纵变量是出料量同样选择气开阀，此时出料阀开度增加，液位降低，因此对象增益 K_p 为负；应选择控制器增益 K_c 为负，即为正作用控制器，如图 4-13(b)所示。

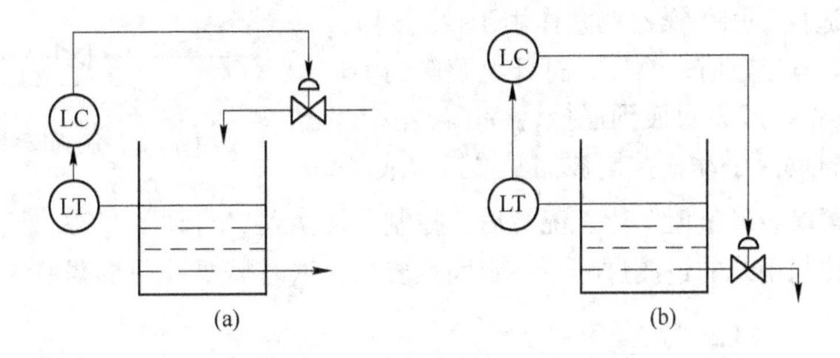

图 4-13 液位控制系统控制器正反作用的确定

4.3 控制系统的投运

经过控制系统设计、仪表调校、安装，接下去的工作是控制系统投运，也就是将工艺生产从手操状态切入自动控制状态。

4.3.1 投运前的准备工作

（1）详细了解工艺，即了解主要的工艺流程、设备的功能、各工艺参数间的关系、控制要求、工艺介质的性质等，同样需要对投运中可能出现的问题有所估计。

（2）吃透控制系统的设计意图，即掌握设计意图、明确控制指标、了解整个控制系统的布局和具体内容，熟悉测量元件、变送器、执行器的规格及安装位置，熟悉有关管线的布局及走向。

（3）熟悉各种控制装置，即在现场能通过简单的操作，对有关仪表（包括控制阀）的功能做出是否可靠且性能是否基本良好的判断。

（4）综合检查，即检查电源电路有无短路、断路、漏电等现象，供电及供气是否安全可靠；检查各种管路和线路等的连接；检查引压和气动导管是否畅通，有无中间堵塞；检查控制阀气开、气关型是否正确，阀杆运动是否灵活、能否全行程工作，旁路阀及上下游截止阀是否按要求关闭或打开；检查控制器的正反作用、内外设定开关是否设置在正确位置。

（5）现场校验，即现场校验测量元件、测量仪表、显示仪表和控制仪表的精度、灵敏度及量程，以保证各种仪表能正确工作。

4.3.2　控制系统的投运次序

（1）根据经验或估算，设置 δ、T_i 和 T_d，或者先将控制器设置为纯比例作用，比例度放较大的位置。

（2）确认控制阀的气开、气关作用后确认控制器的正、反作用。

（3）现场的人工操作。控制阀安装示意图如图4-14所示，将控制阀前后的阀门1和2关闭，打开阀门3，观察测量仪表能否正常工作，待工况稳定。

（4）手动遥控。用手操器调整作用于控制阀上的信号 p 至一个适当数值，然后，打开上游阀门1，再逐步打开下游阀门2，过渡到遥控，待工况稳定。

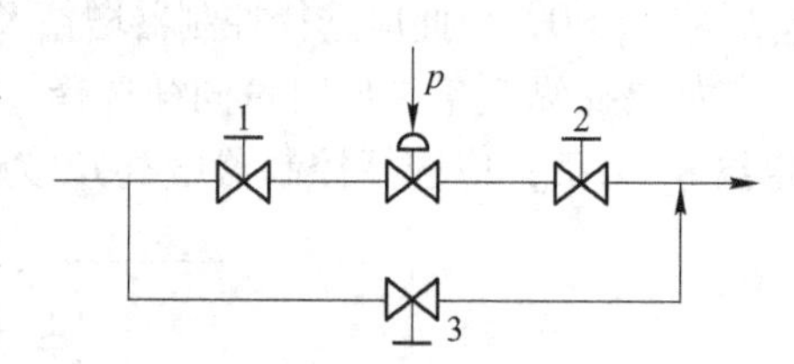

图4-14　控制阀安装示意图

（5）投入自动。手动遥控使被控变量接近或等于设定值，观察仪表测量值，待工况稳后，控制器切换到“自动”状态。至此，初步投运过程结束，但控制系统的过渡过程不一定满足要求，这时需要进一步调整 δ、T_i 和 T_d 这3个参数。

4.4　控制系统参数整定

当简单控制系统安装好以后，系统能否在最佳状态下工作，则主要取决于控制器各参数的设置是否得当。过程控制采用的控制器多是工业成批生产的，并且类型往往不同，但这些控制器都有一个或者几个整定控制器参数或调整这些参数的旋钮、开关。控制系统参数整定的实质，就是通过调整控制器的这些参数使其特性与被控对象特性相匹配，以达到最佳的控制效果。人们常把这种整定称作“最佳整定”，这时的控制器参数叫做“最佳整定参数”。

控制器参数整定的任务，是对已定的控制系统求取保证控制过程质量为最好的参数。目前整定参数的方法有两大类。一类是理论计算整定的方法，如频率特性法、根轨迹法等，这些方法都是要获取对象的动态特性，而且比较费时，因而在工程上多不采用。另一类是工程整定的方法，如经验法、临界比例度法和衰减曲线法以及响应曲线法等，它们是在理论基础上通过实践总结出来的。这类方法并不需要获得对象的动态特性，而是通过并不复杂的试验，直接在闭合的控制回路中进行整定，迅速获得控制器的近似最佳整定参数，因而简单、方便，适合在工程上实际应用。

4.4.1　经验法

经验法是根据经验先将控制器参数放在某些数值上，直接在闭合的控制系统中通过改变给定值以施加干扰，看输出曲线的形状，以 δ、T_i、T_d 对控制过程的规律为指导，调整相应的参数进行凑试，直到合适为止。

由于比例作用是最基本的控制作用，经验整定法主要通过调整比例度 δ 的大小来满足品质指标。整定途径有以下两条：

(1) 先用单纯的比例（P）作用，即寻找合适的比例度 δ，将人为加入干扰后的过渡过程调整为4∶1的衰减振荡过程。然后再加入积分（作用），一般先取积分时间 t 为衰减振荡周期的一半左右。由于积分作用将使振荡加剧，在加入积分作用之前，要先减弱比例作用，通常将比例度增大10%～20%。调整积分时间的大小，直到出现4∶1的衰减振荡。

需要时加入微分（D）作用，即从零开始，逐渐加大微分时间 T_d。由于微分作用能抑制振荡，在加入微分作用之前，可以把比例度调整到比纯比例作用时更小些，还可把积分时间也缩短一些。通过微分时间的试凑，使过渡时间最短、超调量最小。

(2) 先根据表4-3选取积分时间 T_i 和微分时间 T_d，通常取 $T_d=(1/3\sim1/4)T_i$，然后对比例度 δ 进行反复凑试，直至得到满意的结果。如果开始时 T_i 和 T_d 设置得不合适，则有可能得不到要求的理想曲线。这时应适当调整 T_i 和 T_d，再重新凑试，使曲线最终符合控制要求。

表4-3　控制器参数经验数据

被控变量	规律的选择	比例度	积分时间/min	微分时间/min
流　量	对象时间常数小，参数有波动，δ 要大；T_i 要短，不用微分	40～100	0.3～1	
温　度	对象容量滞后较大，即参数受干扰后变化迟缓，δ 应小；T_i 要长，一般需加微分	20～60	3～10	0.5～3
压　力	对象的容量滞后不算大，一般不加微分	30～70	0.4～3	
液　位	对象时间常数范围较大，要求不高，δ 可以在一定范围内选取，一般不用微分	20～80		

经验整定法适用于各种控制系统，特别适用对象干扰频繁、过渡过程曲线不规则的控制系统。但是，使用此法主要靠经验，对于缺乏经验的操作人员来说，整定所花费的时间较多。

4.4.2　临界比例度法

临界比例度法也称为“稳定边界法”，是在系统闭环的情况下，用纯比例控制的方法获得临界振荡数据，即临界比例度 δ 和临界振荡周期 T，然后利用一些经验公式，求取满足4∶1衰减振荡过渡过程的控制器参数。其整定参数计算表如表4-4所示。具体整定步骤如下：

(1) 将控制器的积分时间放在最大值（$T_i=\infty$），微分时间放在最小值（$T_d=0$），比例度 δ 放在较大值后，让系统投入运行。

（2）逐渐减小比例度，且每改变一次 δ 值时，都通过改变设定值给系统施加一个阶跃干扰，同时观察系统的输出，直到过渡过程出现等幅振荡为止，如图4-15所示。此时的过渡过程称为临界振荡过程，δ_k 为临界比例度，T_k 为临界振荡周期。

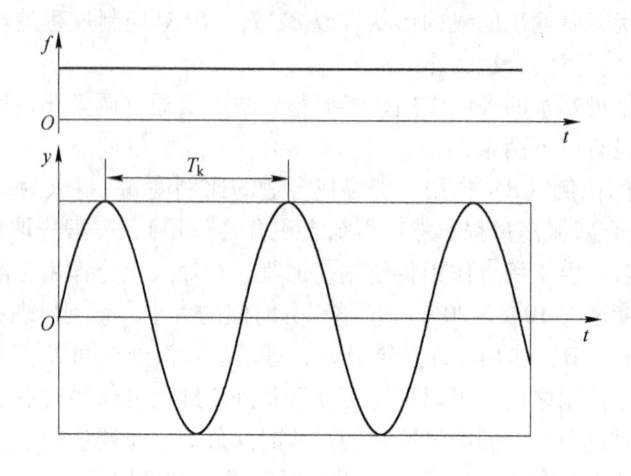

图4-15 临界比例度法

（3）利用 δ_k 和 T_k 这两个试验数据，按表4-4中的相应公式，求出控制器的各整定参数。

表4-4 临界比例度法控制器参数计算表

控制规律	比例度 δ/%	积分时间 T_i/min	微分时间 T_d/min
P	$2\delta_k$		
PI	$2.2\delta_k$	$0.85T_k$	
PD	$1.8\delta_k$		$0.1T_k$
PID	$1.7\delta_k$	$0.5T_k$	$0.125T_k$

（4）将控制器的比例度换成整定后的值，然后依次放上积分时间和微分时间的整定值。如果加入干扰后，过渡过程与4∶1衰减还有一定差距，可适当调整 δ 值，直到过渡过程满足要求。

临界比例度法应用时简单方便，但必须注意的是：

（1）由于被控对象特性的不同，按上述公式求得的控制器的整定参数不一定都能获得满意的结果。对于无自平衡特性的对象，用该临界比例度法求得的控制器参数往往使系统响应的衰减率偏大（$\varphi > 0.75$）；而对于有自平衡特性的高阶多容对象，用该方法整定的参数往往使系统响应的衰减率偏小（$\varphi < 0.75$）。因此，上述求得的控制器参数需要针对具体系统在实际运行过程中做在线校正。

（2）此方法在整定过程中必定出现等幅振荡，从而限制了此法的使用场合。对于工艺上不允许出现等幅振荡的系统，如锅炉水位控制系统，就无法使用该方法；对于某时间常数较大的单容量对象，如液位对象或压力对象，在纯比例作用下是不会出现等幅振荡的，因此不能获得临界振荡的数据，从而也无法使用该方法。

（3）使用该方法时，控制系统必须工作在线性区，否则得到的持续振荡曲线可能是极限环，不能依据此时的数据来计算整定参数。

4.4.3　衰减曲线法

衰减曲线法与临界比例度法的整定过程有些相似，即也是在闭环系统中，先将积分时间置于最大值，微分时间置于最小值，比例时间置于较大值，然后让设定值的变化作为干扰输入，逐渐减小比例度 δ 值，观察系统的输出响应曲线。按照过渡过程的衰减情况改变 δ 值，直到系统出现 4∶1 的衰减振荡，如图 4-16 所示。记下此时的比例度 δ_s 和衰减振荡周期 T_s，然后根据表 4-5 所示的相应的经验公式，求出控制器的整定参数 δ、T_i 和 T_d 数值。

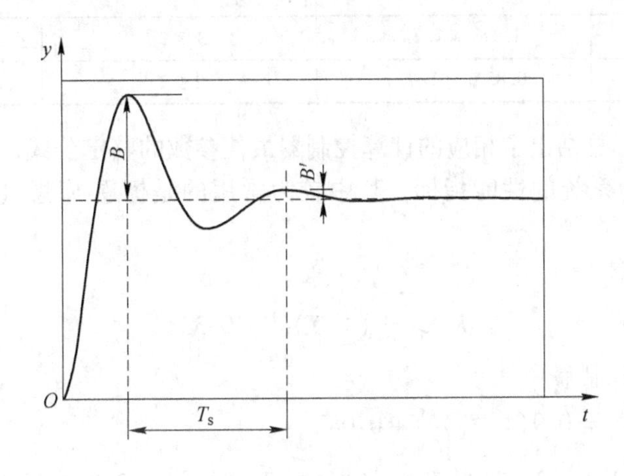

图 4-16　衰减曲线法

表 4-5　衰减曲线控制器参数计算表（4∶1 衰减比）

控制规律	比例度 δ/%	积分时间 T_i/min	微分时间 T_d/min
P	δ_s		
PI	$1.2\delta_s$	$0.5T_s$	
PID	$0.8\delta_s$	$0.3T_s$	$0.1T_s$

衰减曲线法对大多数系统均可适用，且由于实验过渡过程振荡的时间较短，又都是衰减振荡，已为工艺人员接受，故这种整定方法应用较为广泛。

对于扰动频繁，过程进行较快的控制系统，要准确地确定系统响应的衰减程度比较困难，往往只能根据控制器输出摆动的次数加以确定。对于 4∶1 衰减过程，控制器的输出应来回摆动两次后稳定，而摆动一次所用的时间即为 T_s。显然这样测得的 T_s 和 δ_s 会给控制器参数整定带来误差。

4.4.4　响应曲线法

响应曲线法是一种根据广义对象的时间特性，通过经验公式来整定参数的开环方法，由齐格勒（Ziegler）和尼科尔斯（Nichols）在 1942 年首先提出，也称为“特性参数法”。

当操纵变量作阶跃变化时，被控变量随时间的变化曲线称为响应曲线。对自衡的非振荡过程，广义对象的传递函数常用 $G_0(s)=\dfrac{K_0}{T_0s+1}e^{-\tau s}$ 来近似，K_0、τ和 T_0 则可由反应曲线用图解法得出。控制器参数整定的响应曲线法是根据广义对象的 K_0、τ和 T_0 确定控制器参数的方法。

有了 K_0、τ和 T_0 参数，就可以根据表4-6所示的经验公式，计算出满足4∶1衰减振荡的控制器整定参数。

表4-6 反应曲线控制器参数计算表

控制规律	比例度 δ/%	积分时间 T_i/min	微分时间 T_d/min
P	$K_0\ (\tau/T_0)$		
PI	$1.1K_0\ (\tau/T_0)$	3.3τ	
PID	$0.85K_0\ (\tau/T_0)$	2.2τ	0.5τ

后来经过改进，总结出了相应的计算控制器最佳参数的整定公式，这些公式均以衰减率（$\varphi=0.75$）为系统的性能指标，其中较为常用的是柯恩-库恩（Cohen-Coon）整定公式：

（1）比例控制器

$$K_cK_0=(\tau/T)^{-1}+0.333 \tag{4-24}$$

（2）比例积分控制器

$$\left.\begin{aligned}K_cK_0&=0.9(\tau/T_0)^{+1}+0.082\\T_i/T_0&=[3.33(\tau/T_0)+0.3(\tau/T_0)^2]/[1+2.2(\tau/T_0)]\end{aligned}\right\} \tag{4-25}$$

（3）比例积分微分控制器

$$\left.\begin{aligned}K_cK_0&=1.35(\tau/T_0)^{-1}+0.27\\T_i/T_0&=[2.5(\tau/T_0)+0.5(\tau/T_0)^2]/[1+0.6(\tau/T_0)]\\T_d/T_0&=0.37(\tau/T_0)/[1+0.2(\tau/T_0)]\end{aligned}\right\} \tag{4-26}$$

其中，K_0、T_0、τ是对象动态特性参数。

以上介绍的几种系统参数工程整定法有各自的优缺点和适用范围，要善于针对具体系统的特点和生产要求，选择适当的整定方法。不管用哪种方法，所得控制器整定参数都需要通过现场试验，反复调整，直到取得满意的效果为止。

思考题与习题

1. 简单控制系统由几个环节组成？方案设计的基本要求以及主要步骤是什么？
2. 选择被控参数应遵循哪些基本原则？什么是直接参数？什么是间接参数？二者具有什么关系？
3. 选择被控变量时，为什么要分析被控过程的特性？为什么希望控制通道放大系数 K_0 要大、时间常数 T_0 要小、纯滞后时间 τ_0 越小越好？而干扰通道的放大系数 K_f 尽可能小、时间常数 T_f 尽可能大？
4. 当被控过程存在多个时间常数时，为什么应尽量使时间常数错开？
5. 选择检测变送装置时要注意哪些问题？怎样克服或减小纯滞后？
6. 调节阀口径选择不当，过大或过小会带来什么问题？正常工况下，调节阀的开度在什么范围比较合适？

7. 选择调节阀气开、气关方式的主要原则是什么？
8. 在蒸汽锅炉运行过程中，必须满足汽-水平衡关系，汽包水位是一个十分重要的指标。当液位过低时，汽包中的水易被烧干引发生产事故，甚至会发生爆炸，为此设计如图 4-17 所示的液位控制系统。试确定调节阀的气开、气关方式和调节器 LC 正、反作用，并画出该控制系统的框图。

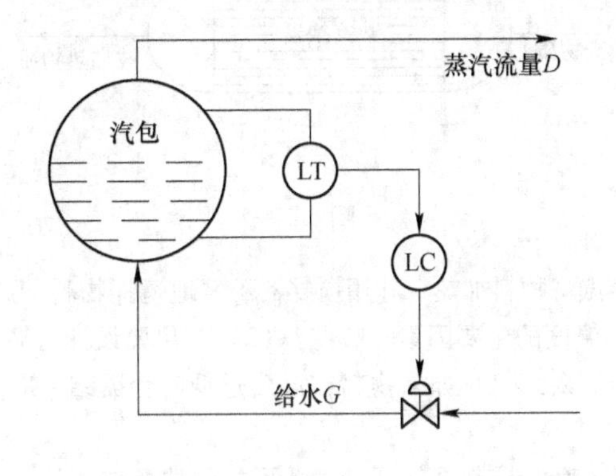

图 4-17

9. 在图 4-18 所示的化工过程中，化学反应为吸热反应。为使化学反应持续进行，必须用热水通过加热套加热反应物料，以保证化学反应在规定的温度下进行。如果温度太低，不但会导致反应停止，还会使物料产生聚合凝固导致设备堵塞，为生产过程再次运行造成麻烦甚至损坏设备，因此设计了图 4-18 温度控制系统。试确定调节阀的气开、气关方式和调节器 TC 正、反作用，并画出该控制系统的框图。

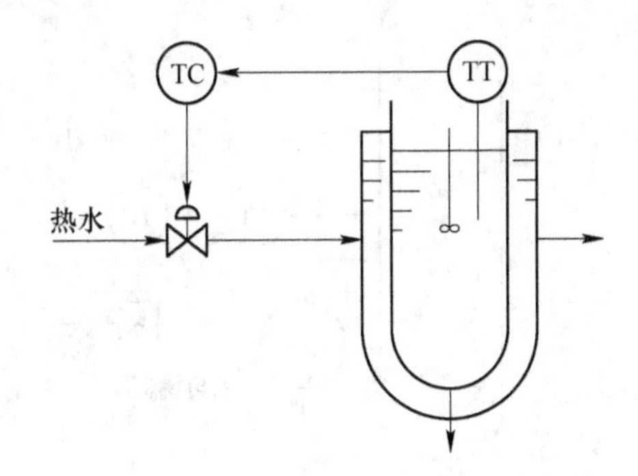

图 4-18

10. 简述比例、积分、微分控制规律各自的特点。为什么积分和微分控制规律很少单独使用？
11. 一个采用比例调节的控制系统中，现在比例调节的基础上：（1）适当增加积分作用；（2）适当增加微分作用。请说明：
    （1）这两种情况系统的最大动态偏差、静差、过渡过程时间和衰减比有什么影响？
    （2）为了得到相同的衰减比，应如何调整调节器的比例度 P？为什么？
12. 已知被控过程的传递函数 $G(s) = \dfrac{10}{(5s+1)(s+2)(2s+1)}$，试用临界比例度法整定 PI 调节器参数。
13. 对某对象采用衰减曲线法进行试验时测得 $P_s = 30\%$，$t_r = 5\text{s}$。试用衰减曲线法按衰减比 $n = 10:1$ 确定 PID 调节器的整定参数。
14. 试简单比较临界比例度法、衰减曲线法、响应曲线法及经验法的特点。
15. 如图 4-19 所示的热交换器，将进入其中的冷物料加热到设定温度。工艺要求热物料温度的偏差 $\Delta T \leqslant \pm 1℃$，而且不能发生过热情况，以免造成生产事故。试设计一个简单控制系统，实现热物料的温度控制，并确定调节阀的气开、气关方式，调节器的正反作用方式，以及调节器的调节规律。

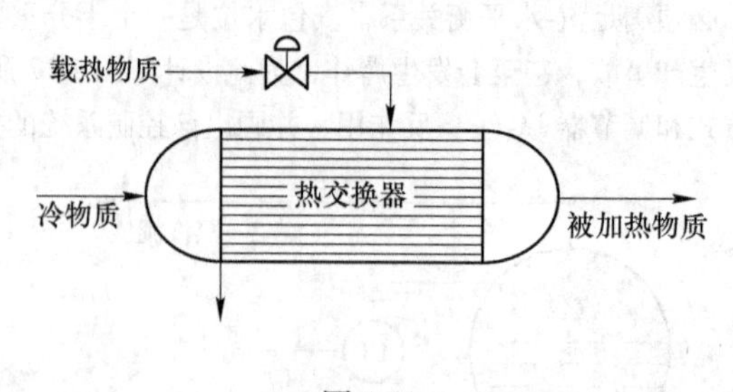

图 4-19

16. 有一蒸汽加热设备利用蒸汽将物料加热，并用搅拌器不停地搅拌物料，到物料达到所需温度后排出，试问：(1) 影响物料出口温度的主要因素有哪些？(2) 如果要设计一温度控制系统，你认为被控变量与操纵变量应选谁，为什么？(3) 如果物料在温度过低时会凝结，应如何选择控制阀的开、闭形式及控制器的正反作用？
17. 什么是气开阀、什么是气关阀？控制阀气开、气关形式的选择应从什么角度出发？被控对象、执行器以及控制器的正反作用是如何规定的？
18. 图 4-20 所示为精馏塔温度控制系统，它通过调节进入再沸器的蒸汽量实现被控变量的稳定。画出该控制系统的框图，确定控制阀的气开、气关形式和控制器的正反作用，并简述由于外界干扰使精馏塔温度升高时，该系统的控制过程（此处假定精馏塔的温度不能太高）。

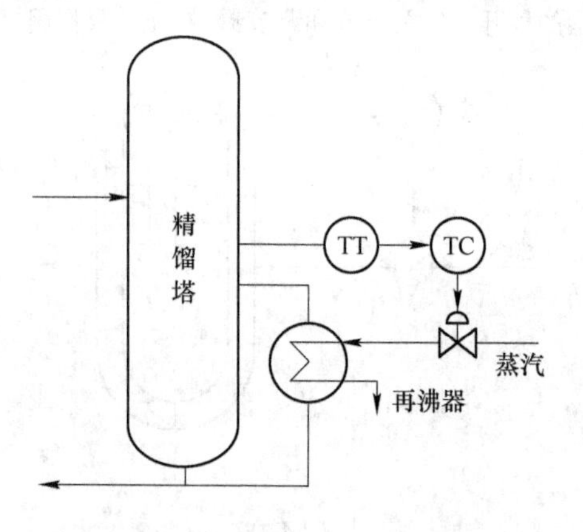

图 4-20　精馏塔温度控制系统

19. 某控制系统用临界比例度法整定参数，已知 $\delta_k = 25\%$ ，$t_k = 5\text{min}$。试分别确定 PI、PID 作用时的控制器参数。

第5章 常用复杂控制系统

教学要求：掌握串级控制系统的结构、特点、工作原理和参数整定；
熟悉串级控制系统的设计方法、应用场合；
了解大滞后控制系统的常用解决方案，掌握预估补偿控制；
掌握前馈控制原理、静态前馈控制和常用的动态前馈补偿模型；
掌握比值控制系统的基本概念、基本类型，了解比值系统的控制方案和设计；
掌握选择性控制的基本概念、原理、类型和设计，熟悉积分饱和及其防止方法；
掌握分程控制的基本概念、原理，了解分程控制的类型和工业应用；
熟悉双重控制系统基本原理及应用；
熟悉差拍控制系统基本原理和设计原则，掌握常用差拍控制算法；
熟悉均匀控制系统的特点及应用场合；
了解常见非线性环节，掌握常用的非线性控制算法。

重　　点：串级控制系统的结构特点、参数整定及应用场合，主、副控制器正反作用的选择；
大滞后控制系统中史密斯预估控制的原理及实现；
动态前馈补偿模型；
比值控制系统几种形式的特点、比例系数的计算；
选择性控制的应用；
分程控制的基本概念；
最小拍控制和大林控制算法的实现。

难　　点：串级控制系统的设计与分析；
选择性控制系统的设计与分析；
前馈控制系统的设计与分析。

前面一章对简单控制系统单回路控制系统进行了讨论。由于简单控制系统所需自动化装置少，投运、整定和维护比较简单，成为控制系统中最基本和使用最广泛的一种形式。实践证明它能够满足生产过程的基本控制要求，能解决大量的生产控制问题。但是，随着科学技术不断进步和生产工艺不断革新，对产品产量、质量、节能降耗、提高经济效益以及环境保护等提出了更高要求，对生产条件要求愈来愈严格，过程工艺参数限制更为苛刻，对系统控制精度和功能提出许多新的要求，而简单控制系统难以满足这些要求。为此，需要在简单控制系统的基础上，增加计算环节、控制环节或其他环节，以满足这些复杂过程的控制需要，这样就出现了一些与简单控制系统不同的各种控制系统，这些控制系统统称为复杂控制系统。

复杂控制系统种类繁多，常见的复杂控制系统有：串级控制、大滞后控制、前馈控制、比值控制、选择性控制、分程控制、均匀控制、差拍控制等过程控制系统。其中串级控制、前馈控制、大时延预估控制的特点是提高控制系统的性能，而比值控制、均匀控制、分程控制、选择控制主要是满足特殊的控制要求。

5.1　串级控制系统

串级控制系统是在简单控制系统的基础上发展起来的。当过程控制的滞后较大，干扰比较剧烈、频繁时，这种情况下可以考虑采用串级控制系统。

5.1.1　串级控制系统的基本结构和工作原理

采用不止一个控制器，而且控制器间相互串接，一个控制器的输出作为另一个控制器的设定值的系统，成为串级控制系统。串级控制系统是按其结构命名的。例如，锅炉锅筒液位是一个重要的工艺参数。液位过低，影响产气量，且易烧干而发生事故；液位过高，影响蒸汽质量，因此对锅筒液位应严加控制。锅筒液位有多种控制方案：

（1）图5-1(a)所示是给水流量定值控制。该控制方案保持给水流量为定值，对于克服给水流量或压力的波动有效，但由于锅筒液位是开环，因此，锅筒液位不能保持恒定。

（2）图5-1(b)所示是锅筒液位定值控制。该控制方案选择锅筒液位作为被控变量，选择给水流量作为操纵变量。由于被控过程的滞后大，时间常数大，因此，锅筒液位控制系统的控制品质不佳。尤其当给水流量和压力波动时影响更大。

（3）锅筒液位为主被控变量，给水流量为副被控变量，给水流量为操纵变量组成串级控制，如图5-1(c)所示。该控制方案以锅筒液位作为主被控变量，抓住了生产过程的主要矛盾；通过副被控变量组成的副回路，能够及时克服给水流量或压力的波动，大大削弱了它们的波动对锅筒液位的影响。该控制系统投运后，取得了良好的控制效果。

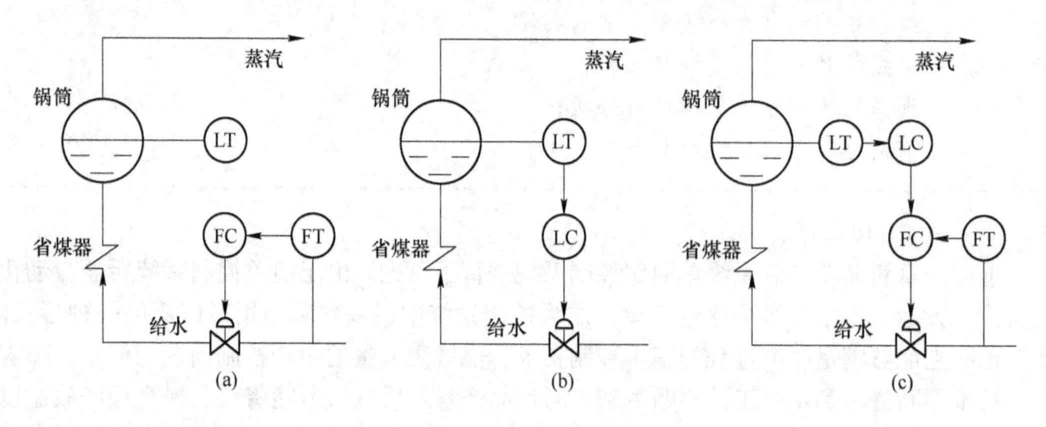

图5-1　锅筒液位控制系统

图5-1中，LT、FT分别为液位、给水流量变送器，LC、FC分别为液位、给水流量控制器。

一般通用的串级控制系统如图 5-2 所示。从图中可以看到，串级系统和简单系统有一个显著的区别，即其在结构上形成了两个闭环。一个闭环在里面，被称为副环或副回路，在控制过程中起着“粗调”的作用；一个闭环在外面，被称为主环或主回路，用来完“细调”任务，以最终保证被控量满足工艺要求。无论主环还是副环都有各自的被控对象、测量变送元件和控制器。在主环内的被控对象，被测参数和控制器被称为主被控对象，主参数和主控制器。在副环内则相应地被称为副被控对象，副参数和副控制器。应该指出，系统中尽管有两个控制器，它们的作用各不相同。主控制器具有自己独立的设定值，它的输出作为副控制器的设定值，而副控制器的输出信号则是送到调节阀去控制生产过程。串级系统和简单系统相比，前者只比后者多了一个测量变送元件和一个控制器，增加的仪表投资并不多，但控制效果却有显著的提高。串级控制系统的传递函数框图如图 5-3 所示。

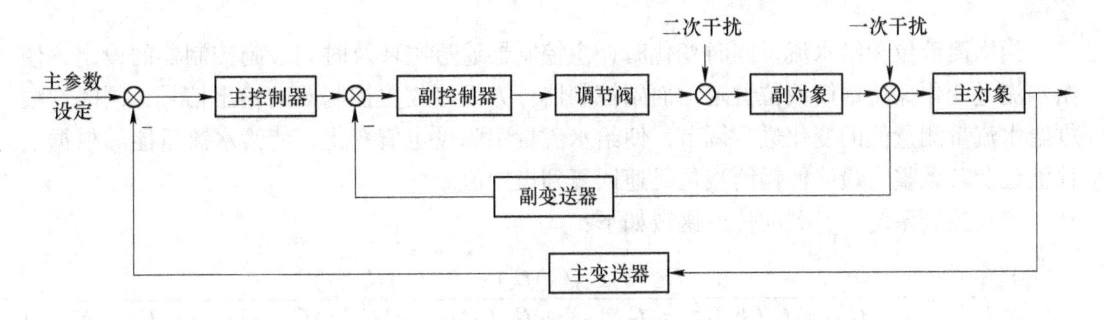

图 5-2 一般串级控制系统

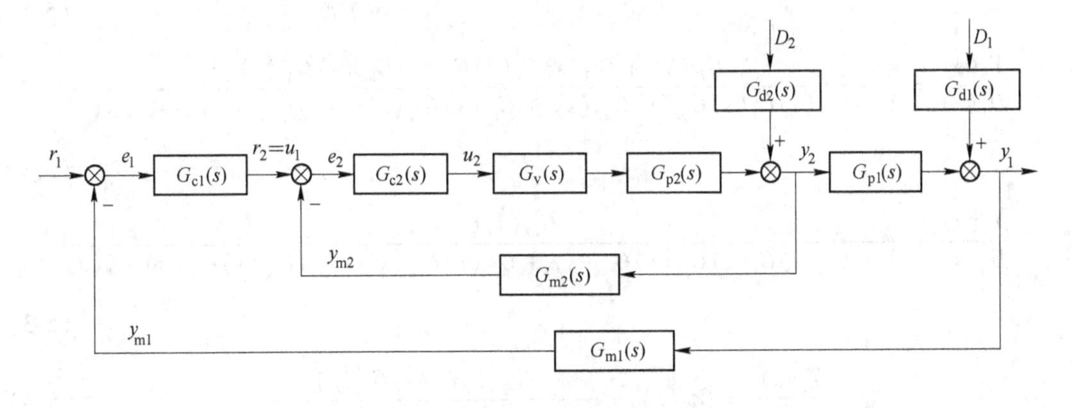

图 5-3 串级控制系统传递函数框图

图 5-3 中，主被控变量 y_1 是串级控制系统中要保持平稳控制的主要被控变量，例如示例中的锅筒液位。副被控变量 y_2 是串级控制系统的辅助被控变量，例如示例中的给水流量。通常，控制系统中的主要扰动影响首先反应在副被控变量上。$G_{c1}(s)$ 和 $G_{c2}(s)$ 分别是主、副控制器的传递函数。主控制器的输出作为副控制器的设定值，组成串联连接的结构。因此，主控制器输出的 u_1 等于副控制器的设定 r_2。由于主控制器的输出随偏差 e_1 而变化，即副控制器是在外部设定情况下工作，此时是随动控制。主控制器在内部设定情况下工作，因此是定值控制。示例中的液位控制器是主控制器，给水流量控制器是副控制器。r_1 和 r_2 是主、副控制器的设定。$G_{p1}(s)$ 和 $G_{p2}(s)$ 分别是主、副被控对象传递函数。

$G_{m1}(s)$ 和 $G_{m2}(s)$ 分别是主、副被控变量的检测变送环节传递函数。y_{m1} 和 y_{m2} 分别是主、副被控变量的测量值。D_1 和 D_2 分别是进入主、副被控对象的扰动。扰动通道传递函数分别为 $G_{d1}(s)$ 和 $G_{d2}(s)$。把 $G_{c2}(s)$、$G_v(s)$、$G_{p2}(s)$ 和 $G_{m2}(s)$ 组成的控制回路称为副（控制）回路或副环。把由 $G_{c1}(s)$ 和副回路、$G_{p1}(s)$ 和 $G_{m1}(s)$ 组成的控制回路称为主（控制）回路或主环。

控制系统的调节过程如下：当给水压力或流量波动时，锅筒液位还没有变化，因此，主控制器输出不变，给水流量控制器因扰动的影响，使给水流量测量值变化，按定值控制系统的调节过程，副控制器改变控制阀开度，使给水流量稳定。与此同时，给水流量的变化也影响锅筒液位，使主控制器输出，即副控制器的设定变化，副控制器的设定和测量的同时变化，进一步加速了控制系统克服扰动的调节过程，使主被控变量锅筒液位回复到设定值。

当锅筒液位和给水流量同时变化时，主控制器通过主环及时调节副控制器的设定，使给水流量变化保持锅筒液位恒定，而副控制器一方面接收主控制器的输出信号，同时，根据给水流量测量值的变化进行调节，使给水流量跟踪设定值变化，使给水流量能够根据锅筒液位及时调整，最终使锅筒液位迅速回复到设定值。

串级控制系统中有关的传递函数如下：

$$\frac{Y_1(s)}{R_1(s)}=\frac{G_{c1}(s)G_{c2}(s)G_v(s)G_{p2}(s)G_{p1}(s)}{1+G_{c2}(s)G_v(s)G_{p2}(s)G_{m2}(s)+G_{c1}(s)G_{c2}(s)G_v(s)G_{p2}(s)G_{p1}(s)G_{m1}(s)} \tag{5-1}$$

$$\frac{Y_1(s)}{D_1(s)}=\frac{G_{f1}(s)+G_{c2}(s)G_v(s)G_{p2}(s)G_{m2}(s)G_{d1}(s)}{1+G_{c2}(s)G_v(s)G_{p2}(s)G_{m2}(s)+G_{c1}(s)G_{c2}(s)G_v(s)G_{p2}(s)G_{p1}(s)G_{m1}(s)} \tag{5-2}$$

$$\frac{Y_1(s)}{D_2(s)}=\frac{G_{d2}(s)G_{p1}(s)}{1+G_{c2}(s)G_v(s)G_{p2}(s)G_{m2}(s)+G_{c1}(s)G_{c2}(s)G_v(s)G_{p2}(s)G_{p1}(s)G_{m1}(s)} \tag{5-3}$$

$$\frac{Y_2(s)}{R_2(s)}=G_{副}(s)=\frac{G_{c2}(s)G_v(s)G_{p2}(s)}{1+G_{c2}(s)G_v(s)G_{p2}(s)G_{m2}(s)} \tag{5-4}$$

串级控制系统是由两个或两个以上的控制器串联连接，一个控制器输出是另一个控制器设定。主控制回路是定值控制系统。对主控制器的输出而言，副控制回路是随动控制系统，对于进入副回路的扰动而言，副回路是定值控制系统。

5.1.2　串级控制系统的特点和效果分析

（1）迅速克服进入副回路的扰动。可以说，串级控制系统主要是用来快速克服进入副回路的二次扰动的，其大多数应用都是属于此目的。因此，设计时应设法让主要扰动的进入点位于副回路之内，使该扰动在影响主被调量之前，副调节器就可对其进行及时校正。副环对于扰动具有更加有效的抑制作用，可以用图5-3来说明。在引入副回路之前，二次

扰动 D_2 到输出 y_2 之间的传递函数为

$$\frac{Y_2(s)}{D_2(s)} = G_{d2}(s) \tag{5-5}$$

引入中间变量 y_2 的内部反馈之后，扰动 D_2 到输出 y_2 之间的传递函数变为

$$\frac{Y_2(s)}{D_2(s)} = \frac{G_{d2}}{1 + G_{c2}G_vG_{p2}G_{m2}} \tag{5-6}$$

对于动态滞后较小的副回路，在通频带内一般有

$$|G_{c2}G_vG_{p2}G_{m2}| << 1 \tag{5-7}$$

对比式（5-5）和式（5-6），可以明显看出，二次扰动 D_2 对输出 y_2（进而对 y_1）引起的动差和静差都可以大大降低。

有时，也可以认为，副回路起迅速的“粗调”作用，主回路起进一步的“细调”作用。人们经常采用流量作为中间变量引入副回路，也有采用压力、液位和温度作为副回路的。

（2）副对象的相位滞后由于引入副回路而显著减小，进而改善主回路的调节性能。串级调节系统作为双闭环系统，其中的副对象由开环转换为闭环结构，从而导致主回路的等效对象特性发生改变。以图5-3所示为例，假设 $G_{c2} = K_{c2}$，$G_{m2} = 1$，$G_v = K_v$，并假设副对象为一阶惯性环节，即

$$G_{p2} = \frac{K_{p2}}{T_{p2}s + 1} \tag{5-8}$$

则等效广义对象（整个内环）的传递函数为

$$G'_{p2}(s) = \frac{K'_{p2}}{T'_{p2}s + 1} \tag{5-9}$$

其中

$$T'_{p2} = \frac{T_{p2}}{1 + K_{c2}K_vK_{p2}} < T_{p2} \tag{5-10}$$

$$K'_{p2} = \frac{K_{c2}K_vK_{p2}}{1 + K_{c2}K_vK_{p2}} \tag{5-11}$$

由式（5-8）可以看出，串级调节系统由于副回路的存在，使得主调节器的广义被控对象中式（5-9）所示的副对象等效时间常数明显减小，并且随着副调节器的增益越大，效果越发显著，这可引起整个系统调节过程波动频率的提高，改善调节质量。尤其对于不包含在副环范围内的扰动，主调节器发出的调节作用经过 $G'_{p2}G_{p1}$ 去影响被调量，由于 G'_{p2} 比 G_{p2} 的惯性小，所以调节作用能够更快地克服偏差，从而使被调量的动态偏差也将减小。

（3）对副对象内各环节的特性变化具有一定自适应能力，并能自动地克服副对象增益或调节阀特性的非线性对控制性能的影响。总体来说，副对象由于引入闭环结构，使得副

回路的闭环传递函数的稳态增益趋近于1，实现跟随特性。例如，由式（5-11）可以看出，对于内环等效对象的增益，当满足时 $K_{c2}K_{v}K_{p2} >> 1$，$K'_{p2} \approx 1$，即当副回路开环稳态增益足够大时，使副回路等效对象的增益基本上和副对象、调节阀的增益变化无关了。因而，当副对象或调节阀的增益存在非线性或时变特性时，内环闭环结构的引入必然增强了系统的鲁棒性。

此外，当副对象的增益与单位增益相比较大时，通过闭环结构可使等效对象的增益大大降低，从而可以提高主回路等效广义对象的可控性，使在相同衰减比的条件下，主调节器的增益显著提高。

然而，事物常常具有两面性。在简单控制系统中，人们常常考虑用阀门的非线性特性去补偿对象的非线性特性，但在串级控制系统中却不能利用阀门特性来校正主对象的非线性特性。

（4）副回路可按主回路的需要对质量流量或能量流量实施精确的控制。这一特点体现在副回路为流量控制回路的场合。在未引入流量副回路时，像阀门的回差和阀前压力扰动等因素，都会影响操作变量的流量，使其不能与控制器输出信号保持严格的对应关系。采用串级控制系统后，引入流量副回路，会使实际流量测量值与控制器的输出基本保持一致，从而可以更精确地控制流量。

例如，在前馈控制系统中，前馈补偿总是基于物料或能量平衡来进行的，因此精确地控制流量是十分重要的。一般说来，前馈系统的输出最好用作流量串级回路的设定值，而不是直接控制阀门，因为阀门的位置不能足够准确地代表流量。

（5）可以实现更为灵活的控制方式，主或副调节器可在必要时切除。串级控制系统可以实现串级控制、主控或副控等多种控制方式。其中主控方式是切除副回路，由主控制器直接驱动调节阀，以主被控变量作为被控变量的单回路控制；副控方式是切除主回路，由副回路单独工作的单回路控制方式。

例如，有些变量的检测变送装置在性能上不够可靠，这在成分和物性测量上更属常见，直接构成简单控制系统，人们有些顾虑和担心。如果采用串级控制方式，以这些变量作为主被控变量，则在必要时可将主控制器断开，让副回路独立工作，实现由串级到副控方式的切换，十分灵活。

综合以上分析，可以将串级系统具有较好的控制性能的原因归纳如下：

（1）对二次干扰有很强的克服能力，这正是串级系统最突出的特点。

（2）改善了对象的动态特性，提高了系统的动态特性。

（3）对负荷或操作条件的变化有一定自适应能力。

5.1.3 串级控制系统的设计

与单回路控制系统相比，串级控制系统的控制质量显著提高。但串级控制系统结构复杂，使用仪表较多，费用较高，参数整定也比较麻烦，因此必须合理地进行设计，才能充分发挥其优越性。其设计原则主要有以下几方面。

5.1.3.1 主回路的选择

主回路的选择就是确定主变量。一般情况下，主变量的选择原则与单回路控制系统被控量的选择是一致的，即凡能够直接或间接地反应生产过程产量、质量、经济性或者安全性能的参数都可被选为主变量。由于串级控制系统副回路的超前作用，使得工艺过程比较稳定，因此，在一定程度上，允许主变量有一定的滞后，这就为直接以质量指标为主变量提供了一定的方便。具体选择原则主要有：用质量指标作为主变量最直接也最有效，在条件许可时尽量选它作主变量；当不能选用质量指标作主变量时，应选择一个与产品质量有某种单值对应关系的参数作为主变量；所选的主变量必须具有足够的变化灵敏度；应考虑到工艺过程的合理性和实现的可能性。

5.1.3.2　副回路的选择

A　主、副变量有对应关系

副回路的设计由前面分析可知，串级控制系统副回路具有调节速度快、抑制扰动能力强等特点。所以在设计时，副回路应尽量包含生产过程中的主要的、变化剧烈、频繁的和幅度大的扰动，并力求包含尽可能多的扰动。这样可以充分发挥副回路的长处，将影响主被控变量最严重、频繁、激烈的干扰因素抑制在副回路中，确保主被控变量的控制品质。

B　副回路应包括主要的和更多的干扰

前面分析已经指出，串级控制系统的副回路具有动作速度快，抗干扰能力强的特点。在设计串级控制系统时，应尽可能地把生产过程中的各种干扰纳入副回路，特别是把那些变化最剧烈、幅值最大、最频繁的主要干扰包括到副回路中。由副回路先把它们克服到最低程度，那么对主变量的影响就很小了，从而提高了控制质量。否则采用串级控制系统的意义就不大。为此，在串级控制系统设计之前，先研究工艺生产中各种干扰的来源是十分必要和重要的。

C　主、副对象的时间常数应匹配

在选择副被控变量进行副回路设计时，必须注意主、副对象时间常数的匹配。因为它是串级控制系统正常运行的首要条件，是保证安全生产、防止系统“共振”的基础。设计时，为防止系统“共振”现象发生，应使主、副对象的时间常数和时滞时间错开，副对象的时间常数和时滞应该比主对象小一些，一般选择 $T_{01}/T_{02}=3\sim10$ 为好。在投运时，若发生“共振”现象，应使主、副回路工作频率拉开，如可以增加主控制器的比例度，这样虽然降低了控制系统的品质，但可以消除“共振”。

D　应考虑工艺上的合理性和可能性

设计副回路应注意工艺上的合理性。过程控制系统是为工业生产服务的，设计串级控制系统时，应考虑和满足生产工艺的要求。由串级控制系统的框图可以看到，系统的操纵变量是先影响副被控变量，然后再去影响主被控变量的。所以，应选择工艺上切实可行，容易实现，对主被控变量有直接影响且影响显著的变量为副被控变量来构成副回路。

E　设计副回路应考虑经济性

在副回路的设计中，若出现几个可供选择的方案时，应把经济原则和控制品质要求有机地结合在一起，能节省的就尽力节省，不少人往往对此注意不够。

必须指出，以上选择副回路时应考虑的一些问题，并不是在所有情况下都能适用，更不是每一个控制系统都必须全面符合这些原则。应针对不同的情况作具体分析，以解决主要矛盾为上策。

5.1.3.3 串级控制系统中主、副控制器的选择

A 控制作用的选择

在串级控制系统中，由于主、副控制器的任务不同，生产工艺对主、副变量的控制要求不同，因而主、副控制器的控制作用选择也就不同，一般有下列四种情况：

（1）主变量是生产工艺的重要指标，控制品质要求高，超出规定范围就要出次品或发生事故。副变量的引入主要是通过闭合的副回路来保证和提高主变量的控制精度。

因生产工艺主变量的控制品质要求高，因而主控制器宜选 PI 控制作用。有时为了克服对象的容量滞后，进一步提高主变量的控制质量，则应加进微分作用，即选择 PID 作用。对于副控制器，因对副变量的控制品质要求不高，一般选 P 作用就行了。此时引进积分作用反而减弱了副回路的快速性。但这也不是绝对的，当对象的时间常数较小、比例度又放得较大时，为了加强控制作用，也可适当引入积分作用，即此时主控制器选择 PI 作用，副控制器也选择 PI 作用。

（2）生产工艺对主变量的控制要求比较高，对副变量的控制要求也不低。这时为使主变量在外界干扰作用下不致产生余差，主控制器需选择 PI 作用，同时，为了克服进入副环干扰的影响，保证副变量也达到一定的控制品质要求，副控制器也应选择 PI 作用。需要指出，因副控制器的设定值是由主控制器输出提供的，假如主控制器的输出变化太剧烈，即使副控制器具有积分作用，副变量也难稳定在工艺要求的数值上。因此，在参数整定时应考虑到这一点。

（3）对主变量的控制要求不高，甚至允许在一定范围内波动，但要求副变量能快速、准确地跟随主控制器的输出而变化。显然，此时主控制器可选择 P 作用，而副控制器应选择 PI 作用。

（4）对主变量的控制要求不十分严格，对副变量的控制品质要求也不高。此时采用串级控制的目的仅在于互相兼顾，例如将在后面介绍的串级均匀控制系统。因此，主、副控制器均可选择 P 作用。有时为了防止主变量在同向干扰作用下偏离设定值太远，主控制器也可适当引入积分作用。

总之，对主、副控制器控制作用的选择，应根据生产工艺的要求，通过具体分析来妥善地选择。

B 正、反作用方式的选择

同单回路控制系统一样，正、反作用方式确定的基本原则是保证系统为负反馈。首先根据工艺生产安全等原则选定控制阀的气开、气关型式；然后根据生产工艺条件和控制阀的型式决定副控制器的正、反作用方式，最后再根据主、副参数的关系，决定主控制器的正、反作用方式。

在单回路控制系统中，控制器正、反作用方式的选择可用“乘积为负”判别式进行。这一判别式同样适用于串级控制系统副控制器正、反作用方式的选择，即

$$(\text{副控制器}\ \pm)(\text{控制阀}\ \pm)(\text{副对象}\ \pm) = (-)$$

对于主控制器正、反作用的选择，其判别式为

$$(\text{主控制器}\ \pm)(\text{副对象}\ \pm)(\text{主对象}\ \pm) = (-)$$

因此，当主、副变量同向变化时，主控制器应选反作用方式，反向变化则应选正作用方式。

5.1.3.4 串级控制系统的实施

在主、副变量和主、副控制器选择确定之后，我们就可以考虑串级控制系统的具体构成方案了。由于仪表种类繁多，人们对系统的功能要求也各不相同，因此对于一个具体的串级控制系统就有若干不同的实施方案。究竟采用哪种方案为好，这就要看具体的情况和条件而定。

一般来说应满足下列要求：

(1) 所选择的方案应能满足指定的操作要求。这里指的操作要求是除串级运行方式外，还有无需要主回路、副回路单独进行自控的考虑。对于一个具体的系统而言，要求它的功能越多，方案就越复杂，所用的仪表也越多，这不仅增加了投资费用，而且维修工作量也增大，出故障的可能性也多。因此，如非十分必要，应采用串级控制和遥控操作的简易方案。这种方案在运行时，先进行遥控操作，而后切入串级运行。当运行中出现故障时，又可方便地转入遥控进行故障处理。

(2) 系统力求简单可靠。在保证主、副变量满足工艺指标的前提下，要力求系统用的自动化仪表少，结构简单、使用可靠。这就要求选择合适的副回路，可靠的自动化仪表，把可用可不用的仪表设备省掉，以便节省投资。

(3) 系统维修力求方便。串级控制系统的构成还应从维修方便这一角度去考虑。特别是当某些单元出现故障时，应能立即切入遥控操作，以保证生产的正常进行和查找故障点。同时各单元的连接和安装应方便日常维修工作的进行。

(4) 有无积分饱和问题。控制器具有I作用并且系统长期存在偏差时，将出现积分饱和现象。这一现象将造成控制品质严重下降甚至系统失控，因此必须采取抗积分饱和措施。

在串级控制系统中，如果副控制器是P作用而主控制器是PI或PID作用时，出现积分饱和的条件与单回路控制系统相同，因此，只要在主控制器的反馈回路中加一个间歇单元就可以有效地防止积分饱和。

如果主、副控制器均具有I作用，积分饱和的情况就比单回路控制系统要严重得多，存在着两个控制器输出分别达到极限的可能。虽然使用间歇单元可以防止副控制器的积分饱和，但对主控制器却无能为力。如果由于某种原因使副控制器不能对主控制器的输出变化产生响应，那么主控制器将出现积分饱和，同样，当副控制器逐渐地达到饱和时，那么主控制器的输出无需达到饱和，于开路状态。在这种情况下，有效的办法是采用外反馈法，即用副变量 y_2 作为主控器的外部反馈信号。其防止积分饱和的原理可用图5-4来说明。

在动态过程中，主控制器的输出为

$$R_2(s) = K_{c1}E_1(s) + \frac{1}{T_{I1}s + 1}Y_2(s) \tag{5-12}$$

在系统正常工作时，y_2 应不断跟踪 R_2，即有 $Y_2(s) = R_2(s)$，此时主控制器的输出可以写成

$$R_2(s) = K_{c1}\left(1 + \frac{1}{T_{I1}s}\right)E_1(s) \tag{5-13}$$

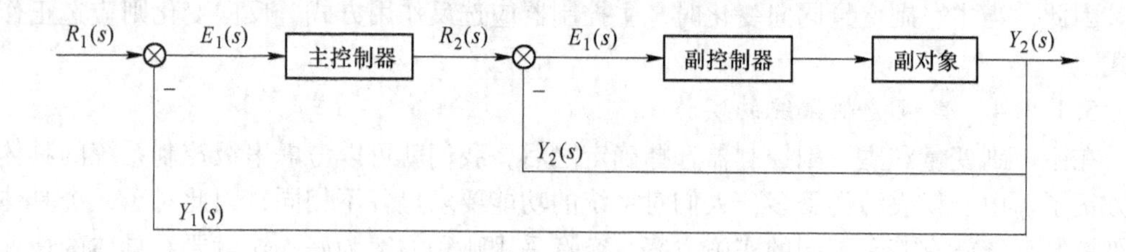

图 5-4　串级控制系统抗积分饱和原理

由式（5-13）可见，此时主控制器仍具有 PI 作用，与通常采用 R_2 作为正反馈信号时一致。但是，当副回路由于某种原因而出现长期偏差，即 $Y_2(s) \neq R_2(s)$，则主控制器的输出 R_2 与输入 E_1 之间存在比例关系，而由 Y_2 决定其偏置值。在稳态时有：

$$R_2(s) = K_{c1}E_1 + Y_2 \tag{5-14}$$

这就是说，R_2 不会因副回路偏差的长期存在而发生积分饱和。

5.1.4　控制器的选型和参数整定

5.1.4.1　控制器的选型

在串级控制系统中，主控制器和副控制器的任务不同，对于它们的选型即控制动作规律的选择也有不同考虑。副控制器的任务是要快动作以迅速抵消落在副环内的二次扰动，而副参数则并不要求无差，所以一般都选 P 控制器，也可以采用 PD 控制器，但这增加了系统的复杂性，而效果并不很大。一般情况下，采用 P 控制器就足够了。如主、副环的频率相差很大，也可以考虑采 PI 控制器。

主控制器的任务是准确保持被控量符合生产要求。凡是需要采用串级控制的场合，工艺上对控制品质的要求总是很高的，不允许被控量存在偏差，因此，主控制器都必须具有积分作用，一般都采用 PI 控制器。如果副环外面的容积数目较多，同时有主要扰动落在副环外面的话，就可以考虑采用 PID 控制器。

5.1.4.2　参数整定的方法

串级控制系统从整体上来看是定值控制系统，要求主参数有较高的控制精度。但副回路是随动系统，要求副参数能准确、快速地跟随主调节器输出的变化。串级控制系统主、副回路的原理不同，对主、副参数的要求也不同。通过正确的参数整定，可取得理想的控制效果。

串级系统的整定方法比较多，有逐步逼近法、两步法和一步法等。整定的顺序都是先整副环后整主环，这是它们的共同点。

A　逐步逼近法

逐步逼近法是一种依次整定主回路、副回路，然后循环进行，逐步接近主、副回路最佳整定的一种方法，其具体步骤如下：

（1）整定副回路。此时断开主回路，按照单回路整定方法，取得副调节器的整定参数，得到第一次整定值，记作 G_{c2}^1。

（2）整定主回路。把刚整定好的副回路作为主回路中的一个环节，仍按单回路整定方法，求取主调节器的整定参数，记作 G_{c1}^1。

(3) 再次整定副回路，注意此时副回路、主回路都已闭合。在取调节器的整定参数为 G_{c1}^1 的条件下，按单回路整定方法，重新求取副调节器的整定参数 G_{c2}^2。至此已完成一个循环的整定。

(4) 重新整定主回路。同样是在两个回路闭合、副调节器整定参数为 G_{c2}^2 的情况下，重新整定主调节器，得到 G_{c1}^2。

(5) 如果调节过程仍未达到品质要求，按上面（3）、（4）步继续进行，直到控制效果满意为止。一般情况下，完成第（3）步甚至只要完成第（2）步就已满足品质要求，无需继续进行。这种方法费时较多。

B 两步整定法

所谓两步法就是整定分两步进行，先整定副环，再整定主环，其具体步骤如下：

(1) 在主、副环路闭合的情况下，将主控制器比例度 δ 放在100%处，积分时间放最大，微分时间放最小，然后按4∶1 整定方法直接整定副环，找出副变量出现4∶1 振荡过程的比例度 δ_{2s} 及振荡周期 T_{2s}。

(2) 将副控制器比例度放于 δ_{2s} 值，积分时间放最小，用同样的方法整定主控制器参数，找出主变量出现4∶1 衰减振荡过程时的比例度 δ_{1s} 及振荡周期 T_{1s}。

(3) 依据所得的 δ_{1s}、T_{1s}、δ_{2s}、T_{2s} 值，结合主、副控制器的选型，按前面单回路控制系统整定时所给出的公式，可以计算出主、副控制器的参数 δ、T_i、T_D。

(4) 将上述计算所得控制器参数，按先副环后主环、先比例后积分最后微分的顺序，在主、副控制器上放好，观察控制过程曲线。如不够满意，可适当地进行一些微小的调整。

两步整定方法的参数结果比较准确，因而在工程上得到了广泛应用。

C 一步整定法

两步法需要寻求两个4∶1 的衰减过程，较为费时。通过实践，出现了更为简便的一步整定法。

所谓一步整定法，就是根据经验先将副控制器参数一次放好，不再变动，然后按一般单回路系统的整定方法，直接整定主控制器参数。

由于串级系统对主参数的控制质量要求高，对副参数的要求低。因此在整定时不必把过多的精力放在副回路上。只要把副调节器的参数置于一定数值后，集中精力整定主回路，使主参数达到规定指标就行了。按照经验一次设置的副调节器参数可能不一定合适，但可以通过调整主调节器的放大倍数来进行补偿，使最终结果仍能满足主参数呈现4∶1（或10∶1）的衰减振荡过程。

经验证明，这种整定方法对于主变量精度要求较高，而对副变量没有什么要求或要求不严，允许它在一定范围内变化的串级控制系统来说，是很有效的。

一步整定法的具体步骤如下：

(1) 根据副变量的类型，按照表5-1 的经验值选好副控制器参数，并将其放于副控制器上（副控制器只用比例式）。

表5-1　副控制参数经验设置值

副变量类型	副控制器比例度 δ_2/%	副控制器比例放大倍数 K_{c2}
温　度	20～60	5.0～1.7
压　力	30～70	3.0～1.4
流　量	40～80	2.5～1.25
液　位	20～80	5.0～1.25

（2）将串级系统投运后，按单回路系统整定方法直接整定主控制器参数。

（3）观察控制过程，根据K值匹配的原理，适当调整主控制器的参数，使主变量的品质指标达到规定的质量要求。

（4）如果系统出现振荡，只要加大主、副控制器的任一参数值，就可消除。如果“共振”剧烈，可先转手动，待生产稳定后，再在产生“共振”时略大的控制器的参数下重新投运和整定，直至达到满意为止。

5.1.5　串级控制系统的应用实例

图5-5所示是某大型氨厂引入弛放气作为辅助冲量的一段转化炉出口温度与燃料量串级控制系统。

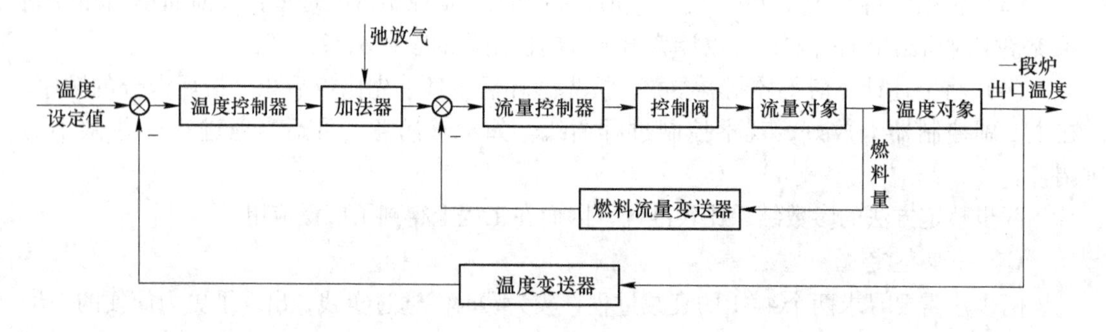

图5-5　一段转化炉出口温度与燃料量串级控制系统

不考虑弛放气辅助冲量，该串级控制系统为一典型的加热炉燃料量与加热炉出口被加热物料温度的串级控制系统。

由于合成氨过程产生一定的惰性气体，而惰性气体对合成反应不利，所以要将其排出，排出惰性气体同时也排出了大量的可燃气体，这就是弛放气。为了减少污染，回收能量，弛放气通常送入一段炉作为燃料燃烧。弛放气量的多少是由合成氨过程中的惰性气体含量所决定的，经常变化。因此，它对一段炉出口温度有较大的影响并且若将其作为控制通道，通道滞后很大，此时基本串级控制系统的控制品质无法达到满意的要求。为此，考虑引入弛放气流量信号——辅助冲量，经加法器与温度控制器的输出合成后作为流量控制器的给定输入，根据弛放气的流量的变化及时增减燃料气的流量。引入辅助冲量后系统结构并没有太大的改变，依然是串级控制系统，但它却可以较好地克服弛放气量变化所产生的扰动，保证控制品质。

5.2 大滞后控制系统

5.2.1 概述

在化工、炼油、冶金等一些复杂的工业过程中，广泛存在着较大的纯滞后。纯滞后往往是由于物料或能量需要经过一个传输过程而形成的，这类时间滞后系统的控制是世界公认的控制难题。

由于纯滞后的存在，使得被控制量不能及时地反映系统所受的扰动，从而产生明显的超调，使得控制系统的稳定性变差，调节时间延长。过程扰动通道中的纯滞后对闭环系统的动态性能没有影响，仅使得系统的输出对扰动的反应延迟一个纯滞后时间；但当纯滞后发生在过程的控制通道或测量变送元件上时，系统动态性能将受到严重的不利影响。纯滞后时间的存在将使过程的相角滞后增加，因而引起闭环控制系统稳定性明显降低，过渡过程时间加长。在大多数被控过程的动态特性中，既包含纯滞后τ，又包含惯性常数T，一般当纯滞后时间与惯性常数比值大于0.3（$\tau/T\geqslant0.3$）时，就被认为是具有较大纯滞后的工艺过程。需要注意的是，不考虑惯性常数T，单纯讨论纯滞后时间τ的大小是没有任何意义的。

大滞后过程被公认为较难控制的过程。难以控制的主要原因分析如下：

（1）由测量信号提供不及时而产生的纯滞后，会导致调节器发出的调节作用不及时，影响调节质量。

（2）由控制介质的传输而产生的纯滞后，会导致执行器的调节动作不能及时影响调节效果。

（3）纯滞后的存在使系统的开环相频特性的相角滞后随频率的增大而增大，从而使开环频率特性的中频段与（-1，j0）点的距离减小，结果导致闭环系统的稳定裕度下降。若要保证其稳定裕度不变，只能减小调节器的放大系数，同样导致调节质量的下降。

为了克服大滞后的不利影响，保证控制质量，一直是科学工作者研究的课题。目前已有一些解决方案如：微分先行控制、中间反馈控制、史密斯预估控制和内模控制等。本节讲述纯滞后补偿原理及其史密斯预估控制的实现。

5.2.2 纯滞后补偿原理

纯滞后现象通常是传输问题所引起的。如果纯滞后环节处在控制系统内，则控制质量会急剧变差。如果能够采取某些方法，将纯滞后环节排除在控制系统之外，则会提高控制系统的控制质量。

假定广义对象的传递函数为

$$G_{\mathrm{o}}(s) = G_{\mathrm{p}}(s)\mathrm{e}^{-\tau s} \tag{5-15}$$

式中，$G_{\mathrm{p}}(s)$为对象传递函数中不包含纯滞后的那一部分。这种补偿办法是在这个广义对象上并联一个分路，设这一个分路的传递函数为$G_{\tau}(s)$，如图5-6所示。

令并联后的等效传递函数为 $G_{\mathrm{p}}(s)$，即

$$G(s)=G_{\mathrm{p}}(s)\mathrm{e}^{-\tau s}+G_{\tau}(s)$$

$$=G_{\mathrm{p}}(s) \tag{5-16}$$

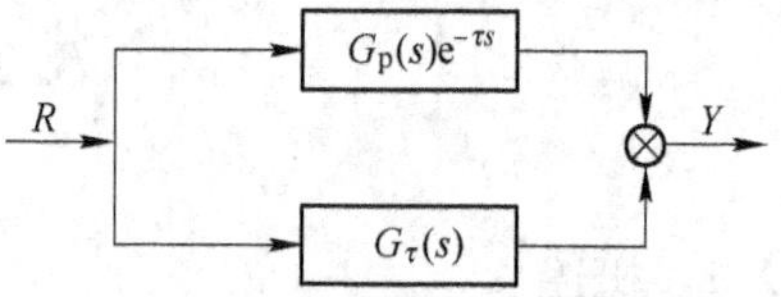

因此，由上式可以得到

$$G_{\tau}(s)=G_{\mathrm{p}}(s)(1-\mathrm{e}^{-\tau s}) \tag{5-17}$$

图5-6　纯滞后补偿原理图

式（5-17）即是为了消除纯滞后的影响所采用的补偿器模型，这种方法称为史密斯补偿法，这种补偿器又称为史密斯预估器。

现在给具有纯滞后的对象加上史密斯预估器，并构成单回路系统，其方块图如图5-7所示，图中史密斯补偿器的传递函数前已导出为式（5-17）。

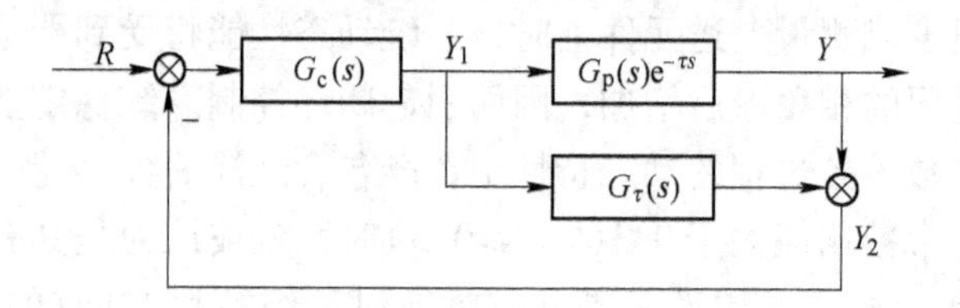

图5-7　具有补偿器的单回路系统

将史密斯补偿器传递函数代入后，方块图5-7可画成图5-8形式，而图5-8又可进一步简化为图5-9形式。显然在图5-9中 $Y_2 \equiv 0$，因此，可简化为图5-10的形式。

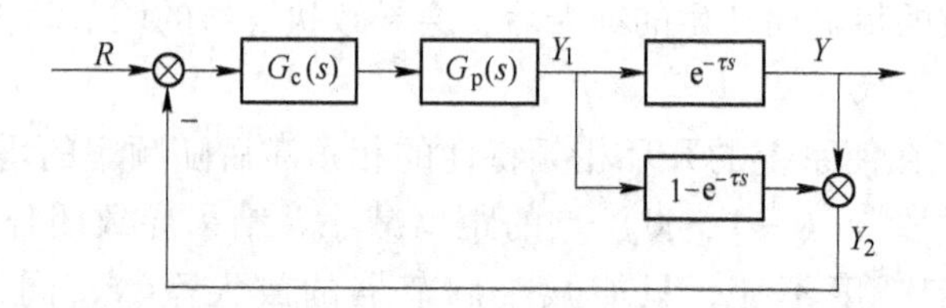

图5-8　史密斯补偿方框图

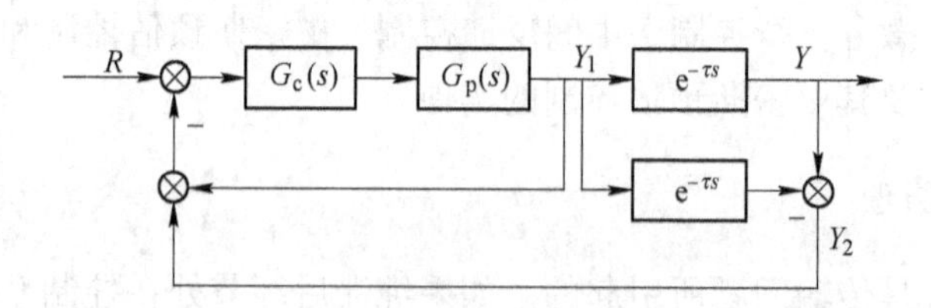

图5-9　史密斯补偿转化方框图

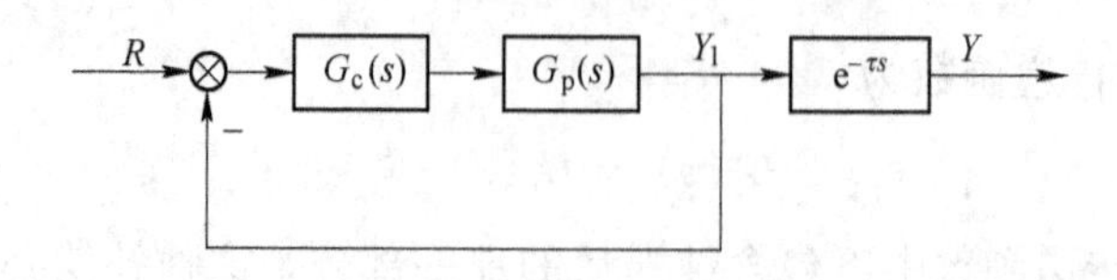

图5-10　史密斯补偿等效方框图

图 5-10 是具有纯滞后对象加上史密斯补偿后构成的单回路系统的等效方块图。从图中不难看出 Y 与 Y_1 的变化相同，只是在时间上相差一个时间τ，因此，在给定值 R 作阶跃变化时，Y 与 Y_1 在过渡过程形状和系统品质指标方面都完全相同。再从系统本身来考虑，Y 对系统响应的过渡过程与 Y_1 也是完全相同的，所不同的只是响应时间比 Y_1 向后推迟了一个纯滞后时间τ。

由控制原理可知，系统中没有纯滞后的输出变化比系统中有纯滞后的输出的变化要小，控制质量要高。而图 5-10 中 Y 的变化与系统中没有纯滞后的 Y 的变化相同，只是在响应时间上向后推迟了一个时间τ，这就是说在具有纯滞后对象上加入史密斯预估补偿环节后，控制质量会获得提高。

5.2.3 史密斯预估控制的实现

对纯滞后系统进行史密斯预估控制，关键在于史密斯补偿器的实现。由式（5-17）可以看出，只要知道了对象的数学模型，史密斯补偿器就可计算出来。然而史密斯补偿器包含有纯滞后环节，而纯滞后环节又难以用模拟式仪表直接实现，这就给史密斯补偿控制的实现增加了难度。

为了实现史密斯补偿，一般可用近似的数学模型来模拟纯滞后环节。常用的有帕德一阶和二阶近似式。

帕德一阶近似式为

$$e^{-\tau s}=\frac{1-\frac{\tau}{2}s}{1+\frac{\tau}{2}s}=\frac{2}{1+\frac{\tau}{2}s}-1 \tag{5-18}$$

这样

$$1-e^{-\tau s}=2\left(1-\frac{1}{1+\frac{\tau}{2}s}\right) \tag{5-19}$$

帕德二阶近似式为

$$e^{-\tau s}=\frac{1-\frac{\tau}{2}s+\frac{\tau^2}{12}s^2}{1+\frac{\tau}{2}s+\frac{\tau^2}{12}s^2}=1-\frac{\tau s}{1+\frac{\tau}{2}s+\frac{\tau^2}{12}s^2} \tag{5-20}$$

这样

$$1-e^{-\tau s}=\frac{\tau s}{1+\frac{\tau}{2}s+\frac{\tau^2}{12}s^2} \tag{5-21}$$

对于式（5-19）和式（5-21）可分别用图 5-11 及图 5-12 来实现。

显然图 5-11 及图 5-12 是可通过一些物理装置来实现的，因此史密斯控制的实现就成

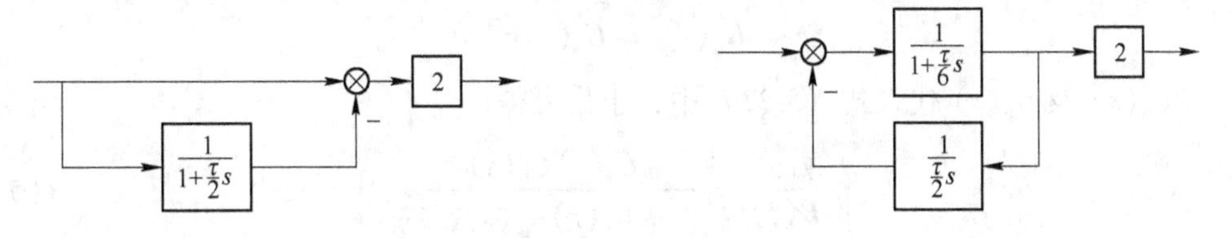

图 5-11　一阶近似方框图　　　图 5-12　二阶近似方框图

为可能了。利用帕德二阶近似式所构成的史密斯补偿控制系统如图5-13所示。

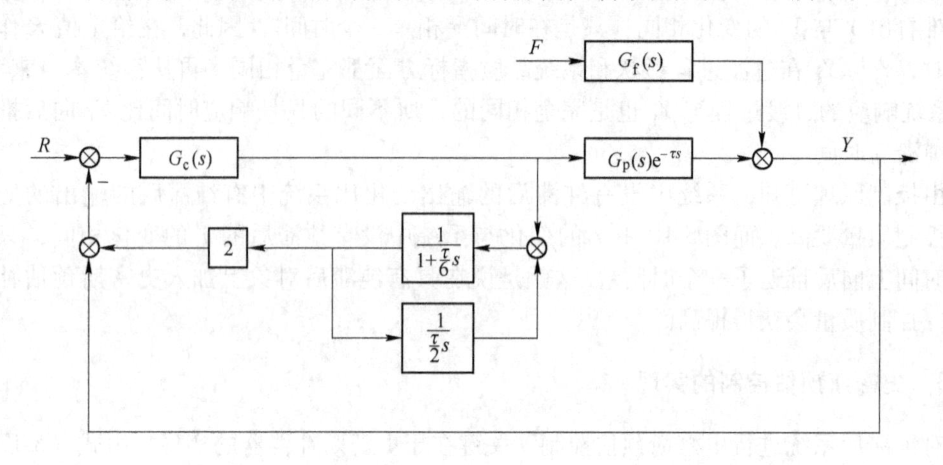

图5-13 史密斯补偿控制系统方框图

需要指出的是，在实际应用中为了便于实施，史密斯补偿器 $G_\tau(s)$ 是被反向并联于控制器 $G_c(s)$ 上的。

由图5-13可以求得该系统在给定作用下闭环传递函数为

$$\frac{Y(s)}{R(s)}=\frac{G_c(s)G_p(s)e^{-\tau s}}{1+G_c(s)G_\tau(s)+G_c(s)G_p(s)e^{-\tau s}}$$

由式（5-17）可得

$$\frac{Y(s)}{R(s)}=\frac{G_c(s)G_p(s)e^{-\tau s}}{1+G_c(s)G_p(s)}=G_1(s)e^{-\tau s} \tag{5-22}$$

式中，$G_1(s)$ 表示没有纯滞后环节时的随动控制的闭环传递函数。

$$G_1(s)=\frac{G_c(s)G_p(s)}{1+G_c(s)G_p(s)}$$

同样，从图中可得定值控制的闭环传递函数为

$$\frac{Y(s)}{F(s)}=\frac{G_f(s)[1+G_c(s)G_p(s)(1-e^{-\tau s})]}{1+G_c(s)G_p(s)}=G_f(s)[1-G_1(s)e^{-\tau s}] \tag{5-23}$$

由式（5-22）及式（5-23）可以看出，无论是定值系统还是随动系统，它们的特征方程是相同的，而且都不包含纯滞后环节，这样可以提高控制器的比例放大倍数，从而提高系统的品质。

为了进一步理解纯滞后补偿的作用，令 $G_o(s)=G_p(s)e^{-\tau s}$，并由此可得

$$G_p(s)=G_o(s)e^{\tau s}$$

将 $G_o(s)$ 及 $G_p(s)$ 代入式（5-22）中，于是可得

$$\frac{Y(s)}{R(s)}=\frac{G_c(s)G_o(s)}{1+G_c(s)G_o(s)e^{-\tau s}} \tag{5-24}$$

由式（5-24）可以看出，纯滞后补偿控制系统可视为一个控制器 $G_c(s)$、被控对象为

$G_o(s)$、反馈回路有一个 $e^{\tau s}$ 环节的单回路反馈控制系统。

$e^{\tau s}$ 是一个在反馈回路上的超前环节，这就意味着被控变量 $Y(s)$ 经检测之后要经过一个超前环节 $e^{\tau s}$ 才被送到控制器。而这个送往控制器的信号 $y_\tau(t)$ 要比实测的被控信号 $y(t)$ 提早一个时间 τ ［因为 $y_\tau(t) = y(t+\tau)$］。这就是说经过 $e^{\tau s}$ 这样一个环节，可以提前预知被控变量的信号。因此，史密斯补偿器又称之为预估补偿器（简称史密斯预估器）就是这个道理。应该指出，这里的超前作用同一般 PID 的微分作用的超前概念是不同的。因为 PID 中的微分是一阶微分超前，而且在纯滞后时间 τ 内是不起作用的，而纯滞后补偿超前是多阶微分超前。这只要将 $e^{\tau s}$ 进行展开就可以看出

$$e^{\tau s} = 1 + \tau s + \frac{(\tau s)^2}{2!} + \frac{(\tau s)^3}{3!} + \cdots$$

上式表明，纯滞后补偿器的相位超前角是随纯滞后时间 τ 的增加而增加的，而且恰好补偿由纯滞后时间 τ 所产生的相位滞后。因此，从理论上讲，它完全可以克服纯滞后时间所产生的影响。

需要指出的是：尽管史密斯补偿控制对于大滞后过程可以提供很好的控制质量，但前提是必须提供精确的数学模型。因为史密斯补偿器的性能对模型误差很敏感，当参数变化不大时，可近似作为常数处理，采用史密斯预估补偿方案有一定的效果。对于非线性严重或时变增益过程，通常采用增益自适应纯滞后补偿代替线性史密斯补偿控制。

5.3 前馈控制系统

5.3.1 前馈控制的原理及特点

5.3.1.1 前馈的原理

不变性原理或称扰动补偿原理是前馈控制的理论基础。“不变性”是指控制系统的被控变量不受扰动变量变化的影响。进入控制系统中的扰动会通过被控对象的内部关联，使被控变量发生偏离其设定值的变化。不变性原理是通过前馈控制器的校正作用，消除扰动对被控变量的这种影响。图 5-14 表示了这种全补偿过程。

在 $f(t)$ 阶跃变化下，前馈作用与扰动作用的响应曲线方向相反，幅值相同。所以它们的叠加效果使被控变量达到理想的控制效果——连续地维持在恒定的设定值上。显然，这种理想的控制性能是反馈控制做不到的，因为反馈控制系统是按被控变量与设定值之间的偏差动作的。在干扰作用下，被控变量总要经历一个偏离设定值的过渡过程。前馈控制的另一突出优点是本身不形成闭合回路，不存在闭环稳定性问题，因而也就不存在控制精度与稳定性的矛盾。

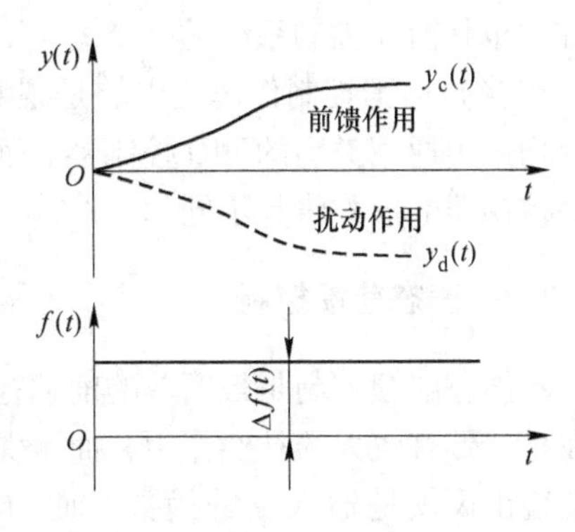

图 5-14 前馈控制系统的全补偿过程

前馈控制系统，它实际上是根据不变性原理对干扰进行补偿的一种开环控制系统。根据控制系统输出

变量和输入变量的不变性程度，可分为以下几种：

（1）绝对不变性：指在扰动作用下被控变量在整个过渡过程中始终保持不变。

（2）误差不变性：指准确度有一定限制的不变性，由于它允许存在一定的误差，工程上容易实现，因此得到广泛应用。

（3）稳态不变性：指在扰动作用下，被控变量的动态偏差不等于零，而稳态偏差为零。在控制要求不高的场合，稳态不变性就能满足要求。

（4）选择不变性：指在被控变量受到若干个扰动的作用时，系统采用被控变量对其中几个主要干扰实现不变性。

5.3.1.2 前馈与反馈的比较

通常认为，前馈控制系统有如下几个特点：

（1）对所测干扰反应快，控制及时。

（2）是开环控制系统。

（3）只能克服系统中能被测量的干扰。

（4）采用专用调节器。

下面就从这几个方面比较前馈控制与反馈控制。

（1）前馈控制克服干扰更及时。当干扰出现，前馈控制器就直接根据检测到的干扰，按一定规律去进行控制。这样，干扰发生后，被控变量还未发生变化，前馈控制器就产生了控制作用，在理论上可以把偏差彻底消除。显然，前馈控制对于干扰的克服要比反馈及时的多。这个特点也是前馈控制的一个主要优点。

（2）前馈是“开环”，反馈是“闭环”控制系统。反馈控制系统是一个闭环控制系统，而前馈控制是一个“开环”控制系统，前馈控制器按扰动量产生作用后，对被控变量的影响并不反馈回来影响控制系统的输入信号——扰动量。

前馈控制系统是一个开环控制系统，这一点从某种意义上来说是前馈控制的不足之处。反馈控制由于是闭环系统，控制结果能够通过反馈获得检验，而前馈控制的效果并不通过反馈加以检验，因此前馈控制对被控对象的特性掌握必须比反馈控制清楚，才能得到一个较合适的前馈控制作用。

（3）前馈只能克服所测量的干扰。由于前馈控制作用是按干扰进行工作的，若干扰量不可测量，前馈就不能加以克服，且通常根据一种干扰设置的前馈控制只能克服这一干扰。而反馈控制作用对于影响到被控变量的任何干扰，都能在一定程度上加以克服。所以说这也是前馈控制系统的一个弱点。

（4）前馈控制作用使用的是视对象特性而定的“专用”控制器。一般的反馈控制系统均采用通用类型的PID控制器，而前馈控制器是专用控制器，对于不同的对象特性，前馈控制器的形式将是不同的。

5.3.2 静态前馈控制

静态前馈控制是最简单的前馈控制结构。所谓静态前馈，就是只保证扰动引起的偏差在稳态下有较大的补偿作用，而不保证其动态偏差也得到补偿的一种前馈控制，即调节器的输出仅仅是输入量的函数，而与时间因子 t 无关，即静态前馈调节器具有比例调节规律。

在图5-15所示的换热器前馈控制器中，当冷物料流量 q 发生变化时，热物料的出口温度 T 就会产生偏差。若采用反馈控制（图中虚线所示），调节器只能等到 T 变化后才能动作，使蒸汽流量调节阀的开度产生变化以体现出调节效果。由此可见，从干扰出现到实现调节需要较长时间，而较长时间的调节过程必然会导致出口温度产生较大的动态偏差。如果采用前馈控制，可直接根据冷物料流量的变化，通过前馈补偿器FC使调节阀产生控制动作，这样即可在出口温度未变化时就对流量 q 的变化进行预先的补偿，以便将出口的温度变化消灭在萌芽状态，实现理想控制。

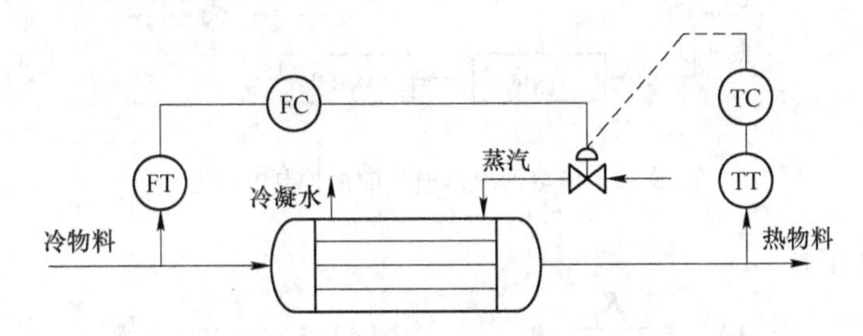

图5-15 换热器物料出口温度前馈控制流程图

当扰动变化不大或对补偿（控制）要求不高及干扰通道与控制通道的动态响应相近的过程均可采用静态前馈控制结构形式。一般不需要专用调节器，用常比例调节器即可，十分方便。

在图5-15所示前馈控制中，冷物料流量 q 为主要干扰。要实现静态前馈控制，可按稳态时能量平衡关系写出其平衡式，即

$$q_0 H_0 = q_f c_p (T_2 - T_1) \tag{5-25}$$

式中，q_0 为加热蒸汽的流量；H_0 为蒸汽汽化潜热；q_f 为冷物料的流量；c_p 为冷物料的比热容；T_1、T_2 分别为冷、热物料的温度。

由上式可得

$$T_2 = T_1 + \frac{q_0 H_0}{q_f c_p} \tag{5-26}$$

如果冷物料的温度 T_1 不变，则由式（5-26）可求可控制通道的静态放大系数为

$$K_0 = \frac{dT_2}{dq_0} = \frac{H_0}{q_f c_p}$$

则干扰通道的静态放大系数为

$$K_f = \frac{dT_2}{dq_f} = -\frac{q_0 H_0}{c_p} q_f^{-2} = -\frac{T_2 - T_1}{q_f}$$

所以有

$$K_{ff} = -\frac{K_f}{K_0} = \frac{c_p (T_2 - T_1)}{H_0} \tag{5-27}$$

式（5-27）就是换热器静态前馈控制方案中前馈补偿器的静态特性。可见，该补偿器用比例调节器即可实现。

5.3.3 动态前馈控制

静态前馈系统虽然结构简单、易于实现、在一定程度上可以改善过程质量，但在扰动作用下控制过程的动态偏差依然存在。对于扰动变化频率和动态精度要求比较高的生产过程，此种静态前馈控制往往不能满足工艺上的要求。图5-16为换热器出口温度前馈控制方框图。

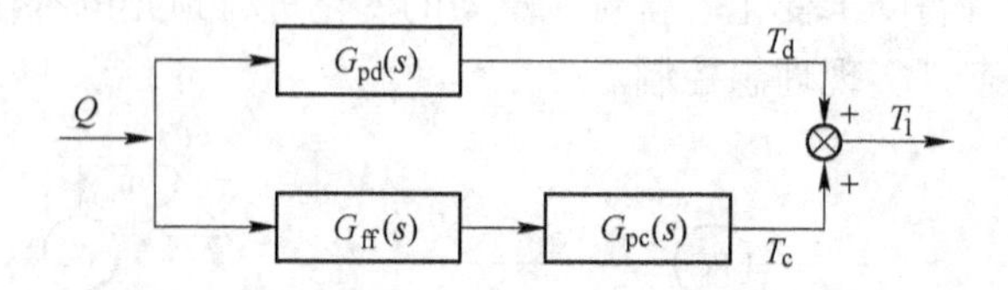

图5-16 换热器出口温度前馈控制方框图

假设图5-16中有

$$G_{pc}(s)=\frac{K_{pc}}{T_{pc}s+1}e^{-\tau_{pc}s},\quad G_{pd}(s)=\frac{K_{pd}}{T_{pd}s+1}e^{-\tau_{pd}s}$$

$$G_{ff}(s)=-\frac{G_{pd}(s)}{G_{pc}(s)}=-K_{ff}\frac{T_{pc}s+1}{T_{pd}s+1}e^{-\tau s}\tag{5-28}$$

其中

$$K_{ff}=\frac{K_{pd}}{K_{pc}},\tau=\tau_{pd}-\tau_{pc}$$

则静态前馈：$K_{ff}=\frac{K_{pd}}{K_{pc}}$；动态前馈：$\frac{T_{pc}s+1}{T_{pd}s+1}e^{-\tau s}$。

如果延迟时间忽略不计，则动态前馈可用图5-17加以说明。

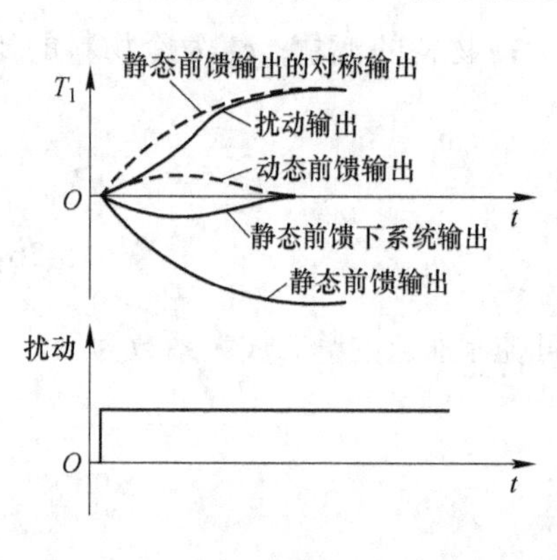

图5-17 动态前馈输出示意图

由于静态前馈是动态前馈的一种特殊情况，从图中可见仅采用静态前馈时，扰动输出曲线与静态前馈输出曲线存在一定的偏差（静态前馈输出的对称输出曲线和扰动输出曲线间的面积），故系统的实际输出如图中的静态前馈下系统输出曲线所示，是存在动态偏差的。如果增加动态前馈部分，且图中的动态前馈输出曲线则可实现完全补偿，而不存在动态偏差。

采用动态前馈控制后，由于它时刻都在补偿扰动对被控变量的影响，故能极大地提高控制过程的动态质量，是改善控制系统质量的有效手段。

动态前馈控制方案虽能显著地提高系统的控制质量，但是动态前馈调节器的结构比较复杂，如式（5-28）所示，需要专门的控制装置，甚至使用计算机才能实现，且系统运行、参数整定比较复杂。因此，只有当工艺上对控制精度要求极高、其他控制方案难以满足时，才考虑动态前馈方案。

5.3.4 前馈-反馈控制

前馈控制系统虽然有很突出的优点，但是它也有不足之处。首先是静态准确性问题。要达到高度的静态准确性，既要求有准确的数学模型，也要求测量仪表和计算装置非常准确。这在实际系统中是难以满足的。其次，前馈控制是针对具体的扰动进行补偿的。在实际的工业生产中，扰动的因素有很多，其中有一些甚至是无法测量的，例如换热器中的散热损失。人们也不可能针对所有扰动加以补偿，因此一个固定的前馈模型通常难以获得良好的控制质量。

为了克服单纯前馈控制系统的局限性以获取良好的控制质量，实际应用中，通常是结合前馈与反馈构成前馈-反馈控制系统（FFC-FBC）。这样，既充分发挥了前馈可及时克服主要扰动对被控变量影响的优点，又保持了反馈能克服多个扰动影响的特点，同时也降低系统对前馈补偿器的要求，使其在使用中更易于实现。前馈-反馈控制系统有两种结构：其一是前馈控制与反馈控制作用相乘；其二是前馈控制作用与反馈控制作用相加，这是前馈-反馈控制系统中最典型的结构。

图 5-18 是一典型的前馈-反馈控制系统方框图，系统的校正作用是反馈控制器 $G_c(s)$ 的输出和前馈补偿器的输出叠加，因此实质上是以一种偏差控制和扰动控制的结合，有时也称为复合控制系统。

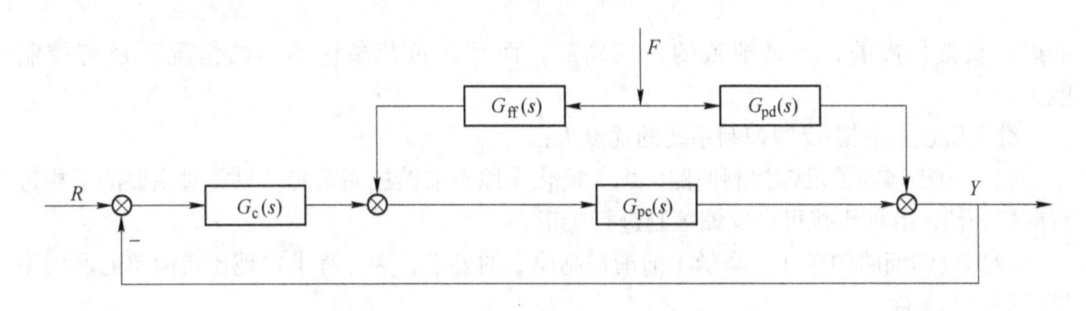

图 5-18 换热器的前馈-反馈控制系统

由图可得，输出 Y 对干扰 F 的传递函数为

$$\frac{Y(s)}{F(s)} = \frac{G_{pd}(s)}{1 + G_c(s)G_{pc}(s)} + \frac{G_{ff}(s)G_{pc}(s)}{1 + G_c(s)G_{pc}(s)} \tag{5-29}$$

应用不变性条件 $F(s) \neq 0$，$Y(s) \equiv 0$ 代入上式，即可推导出前馈控制器的传递函数

$$G_{pd}(s) + G_{ff}(s)G_{pc}(s) = 0 \tag{5-30}$$

可见 FFC-FBC 系统对于干扰 $F(s)$ 实现完全补偿的条件与开环前馈控制相同。而反馈回路中加进了前馈控制也不会对反馈控制器所需要整定的参数带来多大的变化，只是反馈控制器所需完成的工作量显著的减少了。

图 5-19 表示在换热器中实现前馈-反馈控制。当负荷干扰 Q 或入口温度 t_1 变化时，则由前馈通道改变蒸汽量 D 进行控制，除此之外的其他各种干扰的影响以及前馈通道补偿的不准确带来的偏差，均由反馈控制器来校正。例如，它可以用来校正热损失，也就是要求在所有负荷下都给过程增添一些热量，这好像对前馈控制起了调零的作用；又例如反馈控制器可以校正和控制诸如加热蒸汽压力的变化等其他扰动的作用。因此可以说，在前馈-反馈控制系统中，前馈回路和反馈回路在控制过程中起着相辅相成、取长补短的作用。应当指出，图所示方案并不是引入反馈控制的唯一方案。

由上例所知，前馈和反馈回路之间，前馈是快的，有智能的和敏感的，但是它不

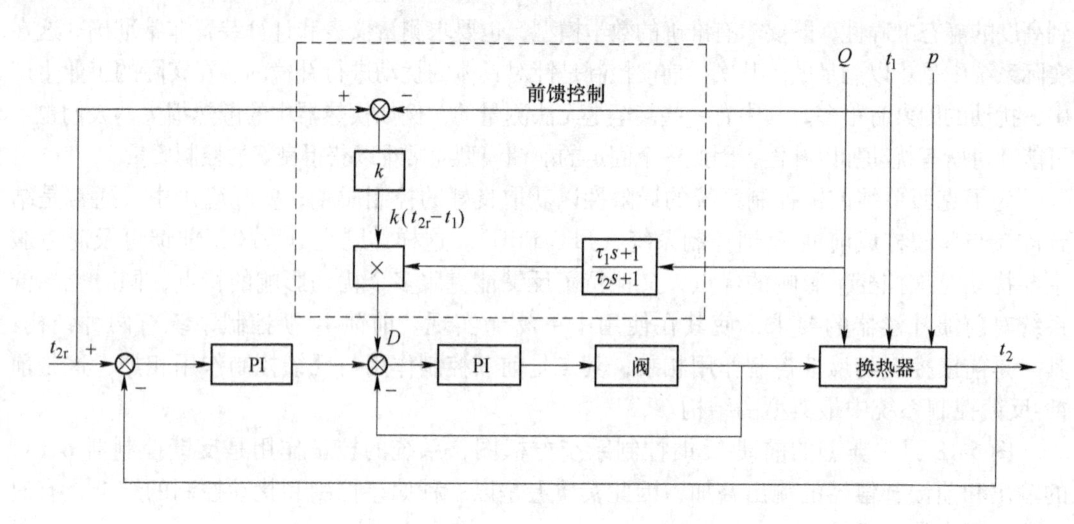

图5-19 换热器前馈-反馈控制系统

准确；反馈是慢的，但是细致的、准确的，而且在负荷条件不明的情况下还有控制能力。

综上所述，前馈-反馈控制系统的优点为：

（1）由于增加了反馈控制回路，大大简化了原有前馈控制系统。只需对主要的干扰进行前馈补偿，其他干扰可由反馈控制进行校正。

（2）反馈回路的存在，降低了前馈控制模型的要求，为工程上实现比较简单的通用型模型创造了条件。

（3）负荷或工况变化时，模型特性也要变化，可由反馈控制加以补偿，因此具有一定的自适应能力。

5.3.5 前馈控制的应用

如何正确选用前馈控制是设计中首先碰到的问题。原则上讲，在下列情况下可考虑选用前馈控制系统：

（1）对象的滞后或纯滞后较大（控制通道），反馈控制难以满足工艺要求时，可以采用前馈控制，把主要干扰引入前馈控制，构成前馈-反馈控制系统。

（2）系统中存在着可测、不可控、变化频繁、幅值大且对被控变量影响显著的干扰，在这种情况下，采用前馈控制可大大提高控制品质。所谓可测，是指干扰量可以使用检测变送装置在线转化为标准的电或气的信号。因为目前对某些参数，尤其是成分量还无法实现上述转换，也就无法设计相应的前馈控制系统。所谓不可控，有两层含义：其一，指这些干扰难以通过设置单独的控制系统予以稳定，这类干扰在连续生产过程中是经常遇到的；其次，在某些场合，虽然设置了专门的控制系统来稳定干扰，但由于操作上的需要，往往经常要改变其给定值，也属于不可控的干扰。

（3）当工艺上要求实现变量间的某种特殊关系时，需要通过建立数学模型来实现控制。这实质上是把干扰量代入已建立的数学模型中去，从模型中求解控制变量，从而消除干扰对被控变量的影响。

当决定选用前馈控制方案后，还需考虑静态前馈与动态前馈的选择问题。由于动态前馈的设备投资高于静态前馈，而且整定也比较麻烦，因此，当静态前馈能满足工艺要求时，不必选择动态前馈。如前所述，对象的干扰通道和控制通道的时间常数相当时，用静态前馈即可获得满意的控制品质。

在实际生产过程中，有时会出现前馈-反馈控制与串级控制混淆不清的情况，这将给设计与运行带来困难。下面简要介绍两者的关系与区别，指明在实际应用中需要注意的问题。

由于前馈-反馈控制系统与串级控制系统都是测取对象的两个信息，采用两个控制装置，在结构上又具有一定的共性，容易混淆。串级控制是由内、外两个反馈回路组成，而前馈-反馈控制则是由一个反馈回路和另一个开环的补偿回路叠加而成。

如果作进一步分析将会发现，串级控制中的副参数与前馈-反馈控制中的前馈输入量是两个截然不同的概念。前者是串级控制系统中反映主被控变量的中间变量，控制作用对它产生明显的调节效果；而后者是对主被控变量有显著影响的干扰量，是完全不受控制作用约束的独立变量。此外，前馈控制器与串级控制中的副控制器担负着不同的功能。

5.4 比值控制系统

在化工、炼油及其他工业生产过程中，工艺上常常需要两种或两种以上的物料保持一定的比例关系，比例一旦失调，将影响生产或造成事故。例如，在造纸生产过程中，使浓纸浆和水以一定的比例混合，才能制造出一定浓度的纸浆，显然这个流量比和产品质量有密切关系。在重油气化的造气生产过程中，进入气化炉的氧气和重油流量应保持一定的比例，若氧油比过高，会因炉温过高而使喷嘴和耐火砖烧坏，严重时甚至会引起炉子爆炸；如果氧量过低，则因生成的炭黑增多，会发生堵塞现象。这种保持两个或多个参数之间的比例关系的控制系统就是比值控制所要完成的任务。

5.4.1 比值系统的基本原理和类型

5.4.1.1 基本原理

凡是用来实现两个或两个以上的物料按一定比例关系存在以达到某种控制目的的控制系统，称为比值控制系统。比值控制系统是以功能来命名的。

比值控制系统中，需要保持比值关系的两种或多种物料，必有一种处于主导地位，我们称此物质为主动量，通常用 Q_1 表示，如燃烧比值系统中的燃烧料；其他一种或几种物料处于从属地位，称为从动量，通常用 Q_2 表示，如燃烧比值系统中的空气量（氧含量）。比值控制系统就是要实现从动量 Q_2 与主动量 Q_1 的对应比值控制关系，即满足关系式：$\frac{Q_2}{Q_1}=k$，k 为从动量与主动量的比值。一般来说，要保持两个物料间的流量成比例关系，常常是工艺要求的，但这不是工艺要求的最终目的，而只是一种手段，通过它以达到工艺要求的最终目的，即混合物或反应生成物的质量指标或工艺要求的其他间接质量指标。可以看出，在比值控制系统中，从动量总是跟随主动量按一定比例关系变化的，因此，比值控制系统实际上是一种随动控制系统。

在实际的生产过程控制中，比值控制系统除了实现一定比例的混合外，还能起到在扰动量影响到被控过程质量指标之前及时控制的作用。而且最终质量指标难以测量、变送时，可以采用比值控制系统，使生产过程在最终质量达到预期指标下安全正常地进行，因为比值控制具有前馈控制的实质。

5.4.1.2 常见基本类型

A 开环比值控制系统

开环比值控制系统是最简单的比值控制方案，它的系统组成如图5-20所示，整个系统是一个开环控制系统。在这个系统中，随着 Q_1 的变化，Q_2 将跟着变化，以满足 $Q_2 = kQ_1$ 的要求。其实质乃是满足控制阀的阀门开度与 Q_1 之间成一定的比例关系。因此，当 Q_2 因管线两端压力波动发生变化时，系统不起控制作用，此时难以保证 Q_2 与 Q_1 之间的比值关系。也就是说这种比值控制方案对副流量 Q_2 本身没有抗干扰能力，只能适用于副流量较平稳且比值要求不高的场合。实际生产过程中，Q_2 的干扰常常是不可避免的，因此生产上很少采用开环比值控制方案。

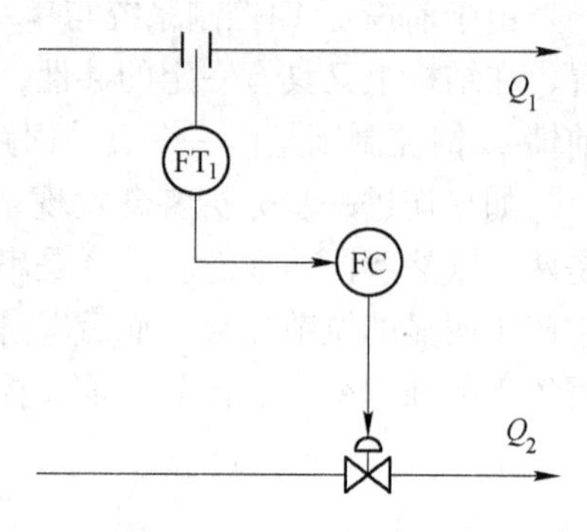

图5-20 开环比值控制系统

B 单闭环比值控制系统

单闭环比值控制系统是为了克服开环比值方案的不足，在开环比值控制系统的基础上，增加一个副流量的闭环控制方案。单闭环比值控制系统的优点是：它不但能实现副流量跟随主流量的变化而变化，而且可以克服副流量本身干扰对比值的影响，因此主副流量的比值较为精确。

单闭环比值控制系统在结构上与单回路控制系统一样。常用的控制方案有两种形式：一种是把主参数的测量值乘以某一系数后为副参数控制器的设定值，这种方案称为相乘的方案，是一种典型的随动控制系统，如图5-21(a)所示；另一种是把流量的比值作为定值控制系统的被控变量，这种方案称为相除方案，如图5-21(b)所示。

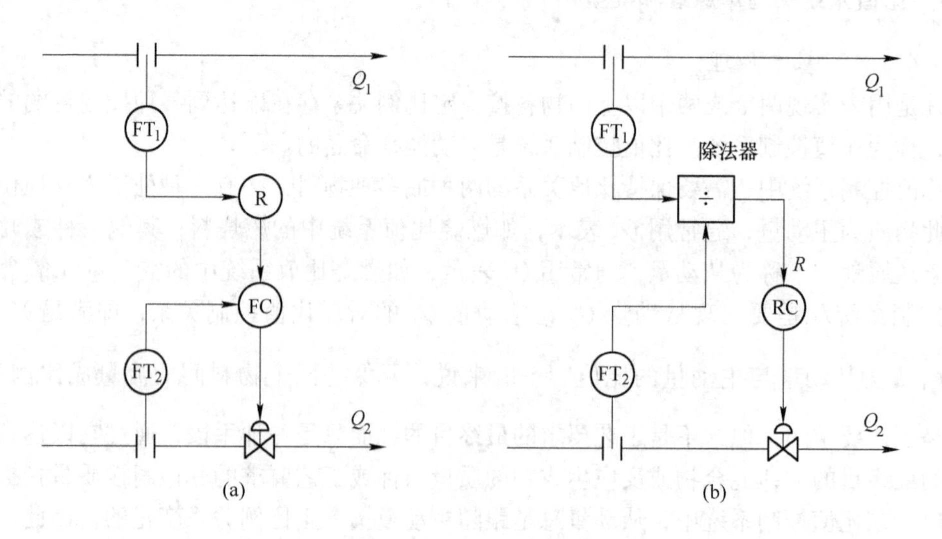

图5-21 单闭环比值控制系统

C　双闭环比值控制系统

双闭环比值控制系统是为了克服单闭环比值控制系统主流量不受控，生产负荷在较大范围内波动的不足而设计的。它是在单闭环比值控制的基础上，增设了主流量控制回路而构成的，双闭环比值控制系统如图5-22所示。其中，（a）为相乘方案，（b）为相除方案。

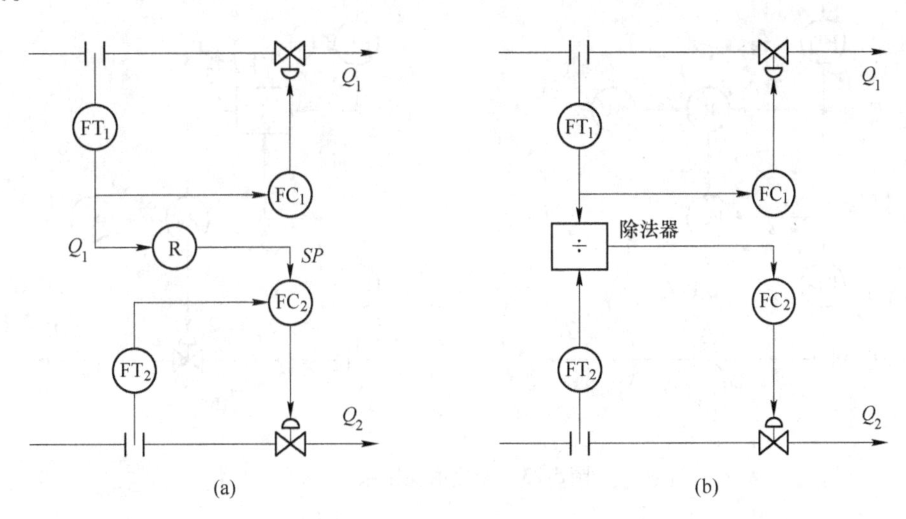

图5-22　双闭环比值控制系统

这种控制方案与单闭环控制系统相比，是主参数也可控，在保证比值的情况下，还能够使主流量基本恒定。双闭环控制系统与采用两个独立的流量控制系统相比，似乎后者更简单，但主要不同点在于，在正常工况（指主动量和从动量都能充分供应）时，二者都能起到相同的比值控制作用；然而，当由于供应的限制而使主动量达不到设定值时，或因特大扰动而使主动量偏离设定值甚远时，采用双闭环比值控制系统则仍能使两者的流量比例保持一致。

此外，这类比值调节系统，虽然主参数也形成闭合回路，但是由结构图可以看出，主、副调节器回路是两个单回路系统。由于是两个闭环系统，副回路的过渡过程不影响主回路，所以，主、副调节器都可选PI型调节器，并按单回路系统来整定。

D　变比值控制系统

前面提到的各种比值控制方案都是为实现两种物料比值固定的定比值控制方案。但是，生产上维持流量比恒定往往不是控制的最终目的，仅仅是保证产品质量的一种手段。定比值控制方案只能克服流量干扰对比值的影响，当系统中存在着除流量干扰外的其他干扰，如温度、压力、成分以及反应器中触媒活性变化等干扰时，为了保证产品质量，必须适当修正两物料的比值，即重新设置比值系数。由于这些干扰往往是随机的，干扰幅值又各不相同，显然无法用人工方法经常去修正比值系数，定比值控制系统也就无能为力了。因此，出现了按照一定工艺指标自行修正比值系数的变比值控制系统。

变比值控制系统的比值是变化的，比值由另一个控制器（图5-23中AC）设定。例如，在燃烧控制中，最终的控制目标是烟道气中的氧含量，而燃料与空气的比值实质上是控制手段，因此，比值的设定值由氧含量控制器给出。图5-23所示分别是相乘与相除方案。从结构上看，这种方案是以比值控制系统为副回路的串级控制系统，而控制器AC为主控制器。

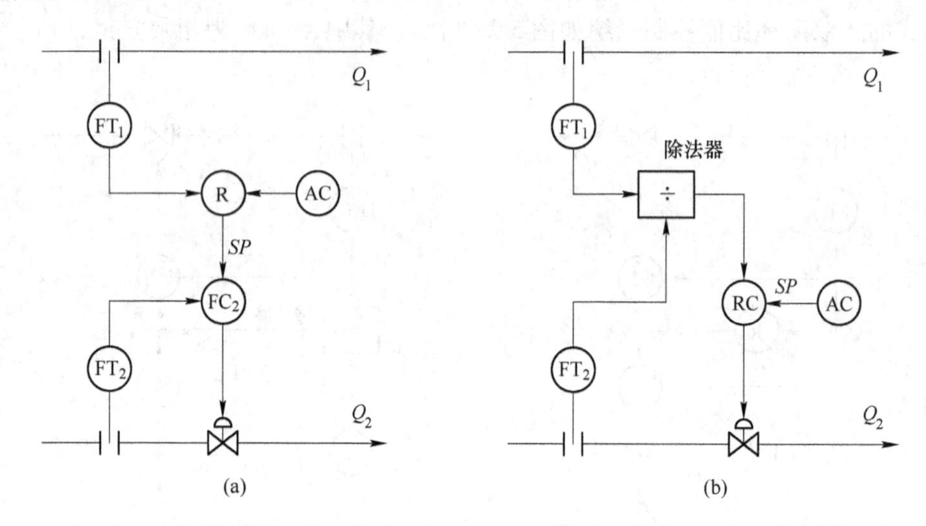

图5-23　变比值控制系统

5.4.2　比值系数的计算

比值系数计算是比值控制系统设计中的一个重要环节，在控制方案确定之后，必须把工艺规定的流量（或质量）比 K，转换成仪表信号之间的比例系数 K'后才能进行比值设定。下面根据变送器的不同情况，对比值系数 K'的计算进行讨论。

5.4.2.1　流量与测量信号之间呈线性关系

当选用转子流量计、涡轮流量计、椭圆齿轮流量计或带开方的差压变送器测量流量时，流量计的输出信号与流量呈线性关系。下面以仪表输出4～20mA DC标准信号为例，说明流量与测量信号之间呈线性关系时，比值系数 K'的计算。

如果 Q_1 的流量计测量范围为 $0 \sim Q_{1\max}$、Q_2 的流量计测量范围为 $0 \sim Q_{2\max}$，则变送器输出电流信号和流量之间的关系如下：

$$I_1 = \frac{Q_1}{Q_{1\max}} \times (20 - 4) + 4 = \frac{Q_1}{Q_{1\max}} \times 16 + 4 \tag{5-31}$$

同理可得

$$I_2 = \frac{Q_2}{Q_{2\max}} \times 16 + 4 \tag{5-32}$$

从以上两式可得

$$K = \frac{Q_2}{Q_1} = \frac{Q_{2\max}(I_2 - 4)}{Q_{1\max}(I_1 - 4)} = K' \frac{Q_{2\max}}{Q_{1\max}} \tag{5-33}$$

$$K' = K \frac{Q_{1\max}}{Q_{2\max}} \tag{5-34}$$

5.4.2.2 流量与测量信号之间呈非线性关系

对于节流元件来说，压差与流量的平方成正比，即

$$\Delta p = CQ^2 \tag{5-35}$$

设差压变送器输出为4～20mA DC标准信号，对应的流量变化范围为$0 \sim Q_{max}$。

如果Q_1的流量计测量范围为$0 \sim Q_{1max}$、Q_2的流量计测量范围为$0 \sim Q_{2max}$，则变送器输出电流信号和流量之间的关系如下

$$I_1 = \frac{Q_1^2}{Q_{1max}^2} \times (20 - 4) + 4 = \frac{Q_1^2}{Q_{1max}^2} \times 16 + 4 \tag{5-36}$$

$$I_2 = \frac{Q_2^2}{Q_{2max}^2} \times 16 + 4 \tag{5-37}$$

从以上两式可得

$$K^2 = \frac{Q_2^2}{Q_1^2} = \frac{Q_{2max}^2(I_2 - 4)}{Q_{1max}^2(I_1 - 4)} = K' \frac{Q_{2max}^2}{Q_{1max}^2} \tag{5-38}$$

$$K' = K^2 \frac{Q_{1max}^2}{Q_{2max}^2} \tag{5-39}$$

5.4.3 比值控制系统的设计

5.4.3.1 主副物料流量的确定

工艺生产过程中维持两流量比值不变，有时不一定是生产上的最终目的，而仅是保证产品产量、质量或安全的一种手段。在设计比值控制系统时，需要先确定主、副物料流量，其原则是：

（1）在生产中起主导作用的物料流量，一般选为主流量，其余的物料流量以它为准，跟随其变化而变化，则为副流量。

（2）在生产中不可控的物料流量，一般选为主流量，而可控物料流量作为副流量。

（3）在可能的情况下，选择流量较小的物料作为副流量，这样，控制阀可以选得小一些，控制较灵活。

（4）在生产过程中较昂贵的物料流量可选为主流量，或者工艺上不允许控制的物料流量作为主流量，这样不会造成浪费，或者可以提高产量。

（5）当生产工艺有特殊要求时，主副物料流量的确定应服从工艺需要。

5.4.3.2 控制方案的选择

由前所述，比值控制有单闭环比值控制、双闭环比值控制、变比值控制等多种方案。在具体选用时应分析各种方案的特点，根据不同的生产工艺情况、负荷变化、扰动性质、控制要求等选择合适的比值控制方案。

例如，单闭环比值控制能使两种物料间的比值较精确，方案实现起来方便，仅用一个比值器或比例控制器即可。但是，主流量变化会导致副流量的变化。如果工艺上仅要求两物料之比一定，负荷变化不大，而对总流量变化无要求，则可选用此控制方案。又如在生产过程中，主副流量的扰动频繁，负荷变化较大，同时要保证主、副物料总量恒定，则可选用双闭环比值控制方案。再如，当生产要求两种物料流量的比值能灵活地随第三参数的

需要进行控制时，则可选用变比值控制方案。总之，控制方案的选择应根据不同的生产要求进行具体分析而定，同时还需考虑经济性原则。

5.4.3.3　控制器控制规律的确定

比值控制系统控制器的控制规律是由不同的控制方案和控制要求而定的。

（1）单闭环比值控制系统：比值器仅接收主流量的测量信号，仅起比值计算作用，故选P控制规律；控制器起比值控制作用并使副流量相对稳定，故应选PI控制规律。

（2）双闭环比值控制系统：两流量不仅要保持恒定的比值，而且主流量要实现定值控制，其结果副流量的设定值也是恒定的，所以两个控制器均应选PI控制规律。

（3）变比值控制系统：又称为串级比值控制系统，它具有串级控制系统的一些特点，仿效串级控制系统控制器控制规律的选择原则，主控制器选PI或PID控制规律，比值控制器选用P控制规律。

5.4.3.4　正确的选择流量计或变送器及其量程

流量测量是比值控制的基础。各种流量计都是有一定的使用范围的（一般正常流量选在满量程的70%左右），必须正确地选择和使用。变送器的零点及量程的调整都是十分重要的，具体选用时可参考有关设计资料手册。

5.4.4　比值控制系统的参数整定

比值控制系统在设计、安装完成以后，即可以进行系统的投运。投运前的准备工作和投运步骤与单回路控制系统相同。对于比值控制系统，首先根据工艺规定的流量比按照实际组成的方案进行比值系数的计算。比值系数计算为系统设计、仪表量程选择和现场比值系数的设置提供了理论基础。但是由于采用差压法测量流量时，想要做到精确计量有一定的困难，尽管对测量元件进行了精确计算，在实际使用中尚有不少误差，想通过比值系数一次精确设置来保证流量比值是不可能的。因此，系统在投运前，比值系数不一定要精确设置，可以在投运过程中逐渐校正，直至工艺认为合格为止。

比值控制系统的参数整定，关键是要明确整定要求。双闭环比值系统的主流量回路为一般定值系统，可按照常规的单回路系统进行整定。变比值控制系统因为结构上是串级控制系统，故主控制器也按照串级控制系统整定。而单闭环比值控制系统、双闭环的副流量回路、变比值回路均为随动控制系统。对于随动系统，往往希望副流量能迅速地跟随主流量变化，而且不宜有过调，也就是说，要使随动控制系统达到振荡与不振荡的临界过程，这与一般定值控制系统的整定要求是不一样的。

按照随动控制系统的整定要求，整定的方法步骤如下：

（1）进行比值系数计算及现场整定。

（2）积分时间置于最大，由大到小调整比例度，直到找到系统处于振荡与不振荡的临界过程为止。

（3）适当放宽比例度，一般放宽20%左右，然后把积分时间慢慢减少，直到找到系统处于振荡与不振荡的临界过程或微振荡的过程为止。

5.4.5　比值控制系统的应用实例

比值控制系统在工业生产过程中应用很广泛，由于篇幅有限，本节将介绍两个较为典型的比值控制系统应用实例。

5.4.5.1 自来水消毒比值控制

来自江河湖泊的水，虽然经过净化，但往往还含有大量的微生物，这些微生物对人体健康是有害的。因此，自来水厂将自来水供给用户之前。还必须进行消毒处理。氯气是常用的消毒剂，氯气具有很强的杀菌能力，但如果用量太少，则达不到灭菌的作用，而用量太多，会给人们饮用带来副作用，同时过多的氯气注入水中，不仅造成浪费，而且使水的气味难闻，另外对餐具也会产生强烈的腐蚀作用。为了使氯气注入自来水中的量合适，必须使氯气注入量与自来水量成一定的比值关系，故采用图 5-24 所示的比值控制系统。

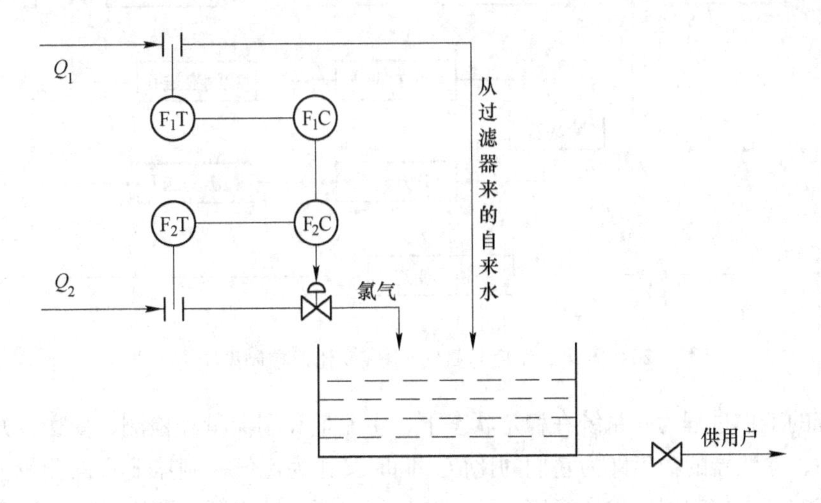

图 5-24 自来水消毒比值控制系统

5.4.5.2 氧化炉温度与氨气/空气变比值控制

图 5-25 所示为采用除法器组成的氧化炉温度与氨/空气变比值控制系统。主流量空气 Q_1 和副流量氨气 Q_2 在混合器中混合后，经过滤器过滤后进入氧化炉反应并生成一氧化

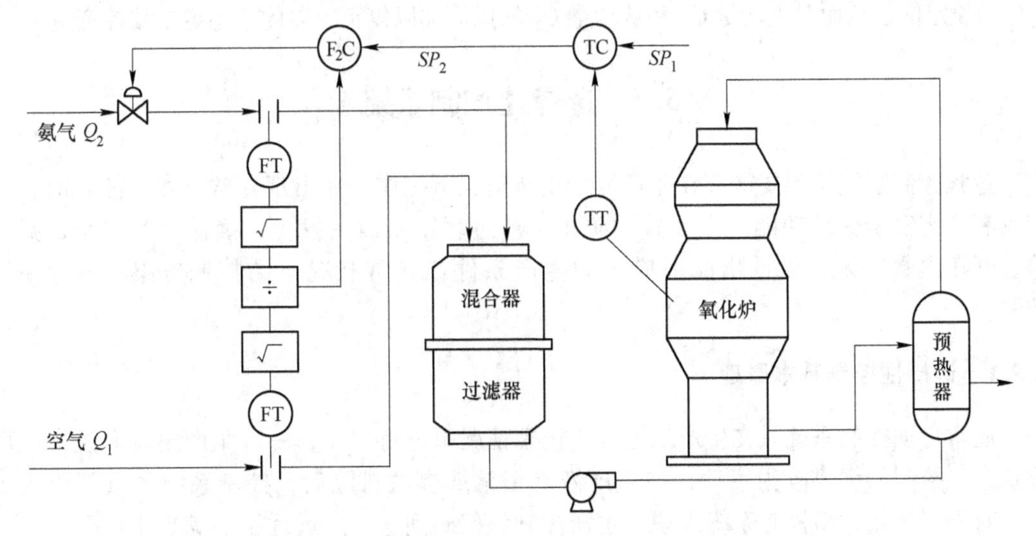

图 5-25 氧化炉温度与氨气/空气变比值控制系统

氮。稳定氧化炉的操作是保证生产过程优质、高产、低耗、无事故的首要条件，而稳定氧化炉的操作的关键条件是反应温度。因此，氧化炉温度可以间接表征氧化生产的质量指标，必须根据氧化炉温度的变化，适当改变氨气和空气的流量比，以维持氧化炉温度不变。根据上述工艺要求，设计出了图5-25所示的以氧化炉温度为主被控变量、以氨气和空气的比值为副被控变量的变比值控制系统，系统方框图如图5-26所示。

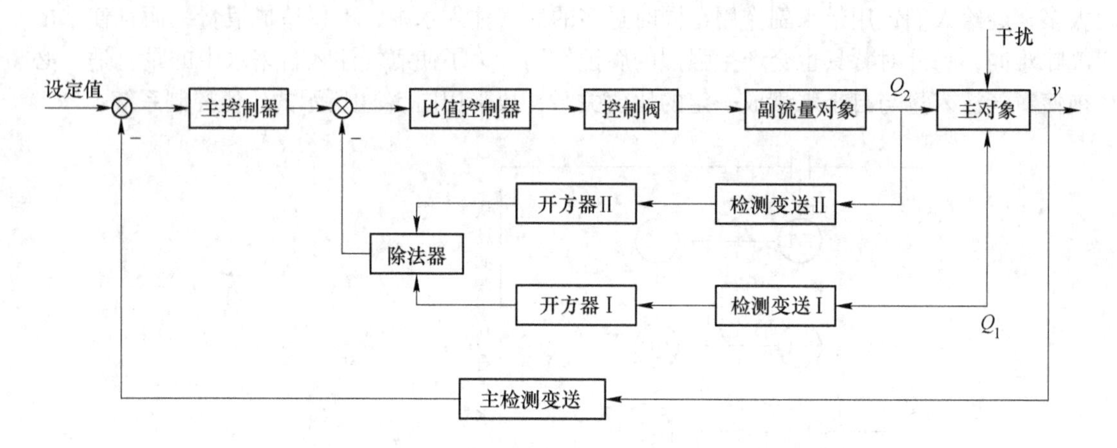

图5-26 氧化炉温度与氨气/空气变比值控制系统方框图

该系统的工作过程为：系统在稳定状态下，主流量和副流量经检测、变送、开方后送入除法器相除，除法器的输出即为它们的比值，同时又作为比值控制器 F_2C 的测量值，主被控变量是稳定的，主控制器的输出稳定不变，并且和比值信号相等，副流量阀门稳定于某一开度；当主流量 Q_1 受到干扰发生波动时，除法器输出要发生改变，比值控制器 F_2C 的测量值改变，产生偏差，F_2C 根据控制规律产生控制作用，改变阀门开度，使副流量 Q_2 也发生变化，保证 Q_1 与 Q_2 的比值不变。当主对象受到干扰引起被控变量氧化炉温度 y 发生变化时，主控制器TC的测量值将发生变化，TC的输出将发生相应改变，也就是改变了比值控制器 F_2C 的设定值，从而对主动量 Q_1 和从动量 Q_2 的比值加以修正，以此来稳定主被控变量 y。

5.5 选择性控制系统

过程控制系统不但要能够在生产处于正常情况下工作，在出现异常或发生故障时，还应具有一定安全保护功能。为了有效防止生产过程中事故的发生，确保生产安全，减少停、开车次数，人们设计出能适应不同生产条件或异常状况下的控制方案——选择性控制。

5.5.1 选择性控制基本原理

通常自动控制系统只在生产工艺处于正常情况下进行工作，一旦生产出现非正常或事故状态，控制器就要改为手动，待生产恢复正常或事故排除后，控制系统再重新投入工作。对于现代化大型控制系统来说，生产控制仅仅做到这一点远远不能满足生产要求。在大型生产工艺过程中，除了要求控制系统在正常运行过程中克服外界的干扰，维持生产的平稳运行，当生产操作达到安全生产极限时，控制系统应有一种应变能力，能够采取一些相应的保护措施，促使生产操作离开安全生产极限，返回正常情况；或使得生产暂时停下来，以防事故的发生或者进一步的扩大。

属于保护性措施的有两类：一类是硬保护措施，一类是软保护措施。由于硬保护措施动辄需要设备停车，这必然会影响到生产并造成巨大的经济损失，因此并不为人们所欢迎。所谓软保护措施，就是进行选择性控制系统的设计在生产短期内处于不正常情况时，无需设备停车即可起到生产自我保护的作用。

在控制系统中含有选择单元的系统，通常称为选择性控制系统。常用的选择器是低选器和高选器，它们各有两个或更多个输入，低选器把低信号作为输出，高选器把高信号作为输出，即分别是

$$u_o = \begin{cases} \min(u_{i1}, u_{i2}, \cdots, u_{ij}) & \text{低选器} \\ \max(u_{i1}, u_{i2}, \cdots, u_{ij}) & \text{高选器} \end{cases} \tag{5-40}$$

式中，u_{ij}是第j个输入，u_o是输出。选择性控制系统将逻辑控制与常规控制结合起来，增强了系统的控制能力，可以完成非线性控制、安全控制和自动开停车控制功能。选择性控制又称为取代控制、超驰控制和保护控制等。

选择性控制系统是为使控制系统既能在正常工况下工作，又能在一些特定的工况下工作而设计的，因此，选择性控制系统应该具备：

（1）生产操作上有一定的选择性规律；

（2）组成控制系统的各个环节中，必须包含具有选择性功能的选择单元。

5.5.2 选择性控制系统的类型

要构成选择性控制，生产操作必须具有一定选择性逻辑关系。而选择性控制的实现则需要靠具有选择功能的自动选择器（高值选择器和低值选择器）或有关的切换装置（切换器、带接点的控制器或测量装置）来完成。

5.5.2.1 按选择器在结构中的位置分类

根据选择器在系统结构中的位置不同，选择性控制系统可分为以下两类：

（1）选择器位于控制器的输出端，对控制器输出信号进行选择的系统。这类系统的选择器在调节器之后，对调节器输出信号进行选择，如图5-27所示，选择性控制系统的主

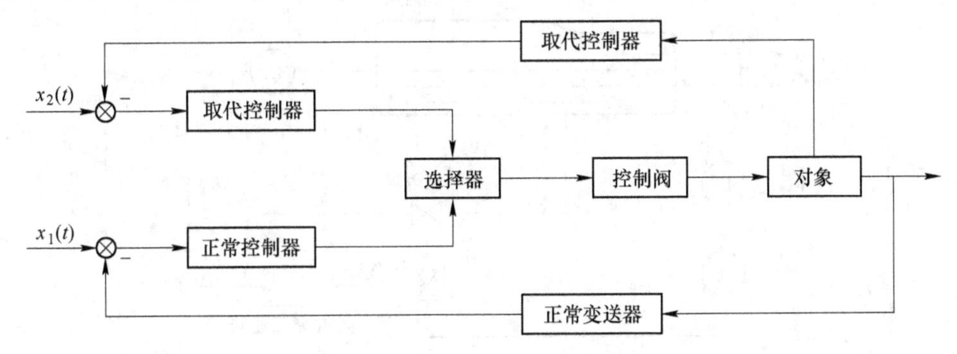

图5-27 第一种选择控制系统框图

要特点是：两个控制器共用一个控制阀。在生产正常的情况下，两个控制器的输出信号同时送至选择器，选出正常控制器输出的控制信号送给控制阀，实现对生产过程的自动控制。当生产不正常时，通过选择器由取代控制器取代正常控制器的工作，直到生产情况恢复正常。由于结构简单，该选择性控制系统在现代工业生产中得到了广泛的应用。

（2）选择器位于控制器之前，对变送器输出信号进行选择的系统。这类系统的选择器在调节器之前、变送器之后，对变送器输出信号进行选择，如图5-28所示，这种选择性控制系统的特点是：几个变送器合用一个控制器。通常选择的目的有两个：一是选出最高或最低测量值；二是选出可靠测量值。

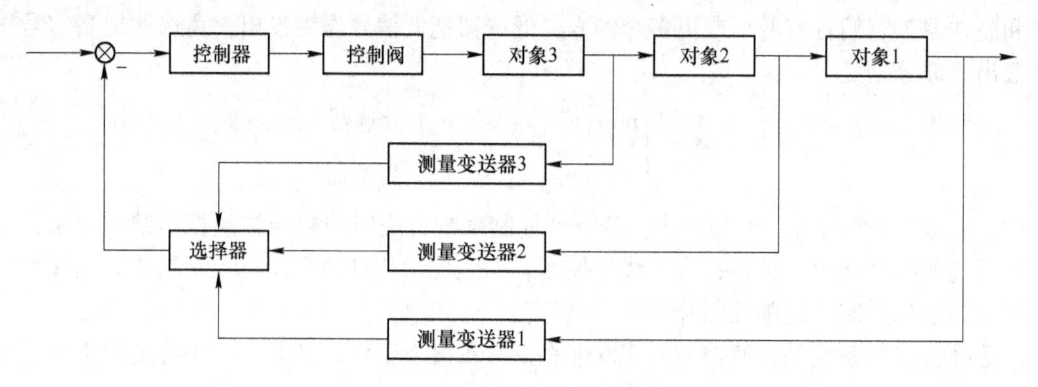

图5-28 第二种选择控制系统框图

5.5.2.2 按切换方式不同分类

根据非正常和正常工况的切换方式不同，选择性控制系统可分为以下三类：

（1）开关型选择性控制系统。根据选择控制思想，设计一个开关型控制系统，如图5-29所示。在简单控制系统中增加了一个液位变送器和电磁三通阀。正常工况下，三通阀将温度控制器的控制信号送到气动控制阀的气室，此时系统与简单控制系统相同。当液位上升到一定位置时，液位变送器的上限接点接通，电磁阀通电，切断控制信号的通路，将气室内的气体排到大气中去，控制阀关闭，液位回降至一定位置时，液位变送器上的上限接点断开，电磁三通阀失电，系统恢复为简单温度控制系统。这个系统的框图如图5-30所示。

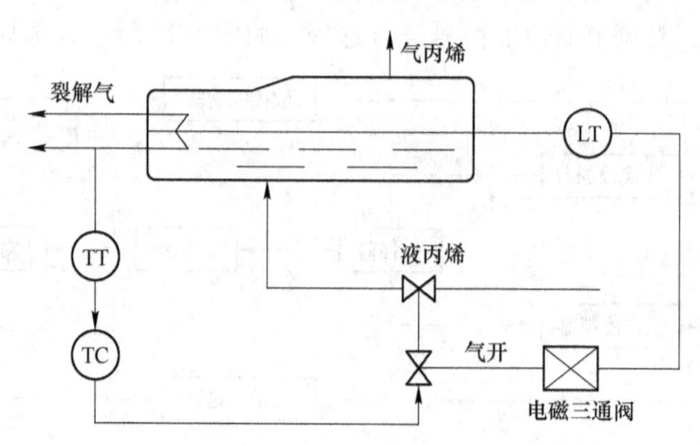

图5-29 开关型控制系统

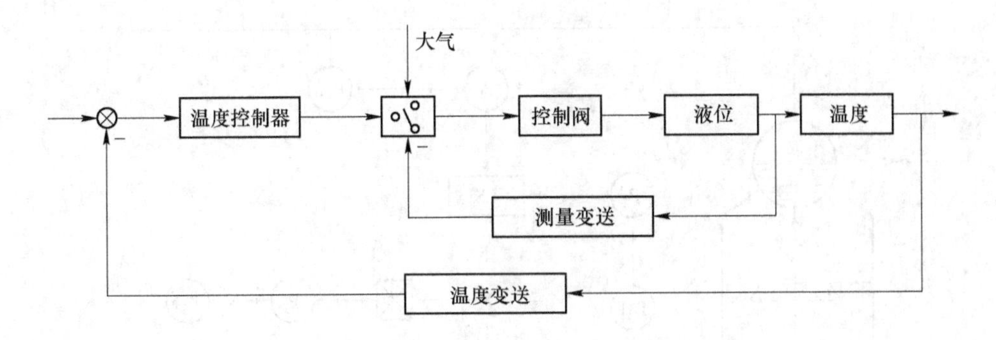

图 5-30 开关型控制系统

(2) 连续型选择性控制系统。开关型选择性控制系统中的控制阀，当控制系统从正常工况向非正常工况切换时不是全开就是全关；而连续型选择性控制系统中的控制阀则是在原来开度基础上继续进行控制，其控制作用是连续的，只是控制阀上的信号已经切换到另一个连续控制系统而已。图 5-31 是压缩机的连续型选择性控制系统。

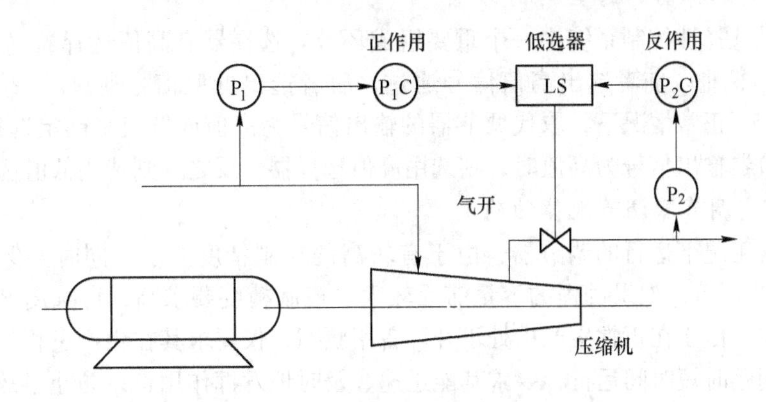

图 5-31 压缩机的连续型选择性控制系统

正常工况下，P_2C 的输出信号小于 P_1C 的输出信号，LS 选 P_2C 的输出信号，系统维持压缩机的出口压力 p_2 稳定不变。当压缩机进口压力 p_1 下降至一定程度时，压缩机会生喘振，这成为主要的问题。由于采用了低选器 LS，当 p_1 降至一定数值时，P_1C 的输出信号会低于 P_2C 的输出信号，LS 选择 P_1C 的输出信号为输出，系统切换成为进口压力控制系统，将控制阀关小，以维持进口压力 p_1 不低于安全限；当进口压力 p_1 回升，P_1C 使控制阀开大，p_2 回升，待 p_2 回升到一定程度时，P_2C 的输出变得小于 P_1C 的输出，低选器工作，系统恢复正常。

(3) 混合型选择性控制系统。在这种混合型选择性控制系统中，既包含有开关型选择的内容，又包含有连续型选择的内容。例如锅炉燃烧系统既考虑“脱火”，又考虑“回火”的保护问题，可以设计一个混合型选择性控制系统来进行解决此问题，如图 5-32 所示。

5.5.3 选择性控制系统的设计问题

选择性控制系统在一定条件下可等效为两个（或多个）常规控制系统的组合。选择性

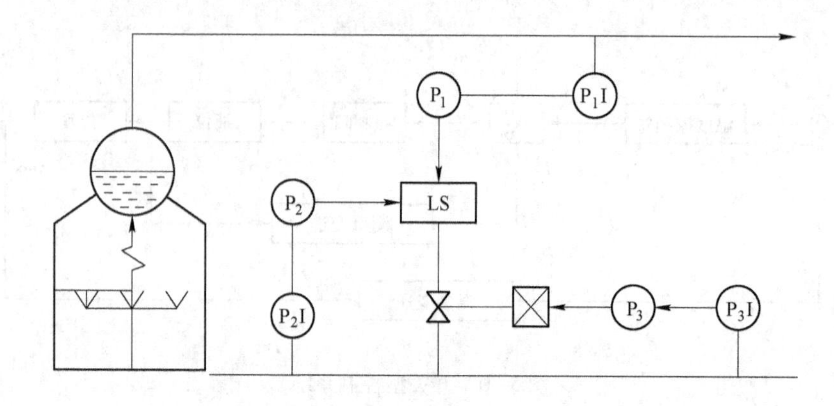

图5-32 锅炉燃烧系统混合型选择性控制系统

控制系统设计的关键是选择器的设计选型和多个调节器调节规律的确定。其他如调节阀气开、气关型式的选择，调节器的正、反作用方式的确定与常规控制系统设计基本相同。

5.5.3.1 选择器的选型

选择器是选择性控制系统中一个重要组成环节。选择器有高值选择器（HS）与低值选择器（LS）两种。前者选出高值信号通过，后者选出低值信号通过。在具体选型时，根据生产处于不正常情况下，取代调节器的输出信号为高值或低值来确定选择器的类型。如果取代调节器输出信号为高值时，则选用高值选择器；反之，则选用低值选择器。

5.5.3.2 调节器调节规律的确定

对于正常工况下运行的调节器，由于有较高的控制精度要求，同时要保证产品的质量，应选用PI调节，如果过程的容量滞后较大、控制精度要求高，可选用PID调节；对于取代调节器，由于在正常生产中处于开环备用状态，仅要求其在生产过程的参数趋近极限、将要出问题时短时间运行，要求其能迅速、及时地发挥作用，以防止事故发生，一般选用P调节。

5.5.3.3 调节器参数整定

选择性控制系统中调节器参数整定时，正常工作调节器的要求与常规控制系统相同，可按常规的整定方法进行整定。对于取代常规调节器工作的取代调节器，其要求不同，希望取代系统投入工作时，取代调节器能输出较强的控制信号，及时产生自动保护动作，其比例度P应调整的小一些。如果有积分作用时，积分作用也应整定的弱一点。

5.5.3.4 选择性控制系统中调节器抗积分饱和

在选择性控制系统中，无论在正常工况下，还是在异常工况下，总是有调节器处于开环待命状态。对于处于开环的调节器，其偏差长时间存在，如果有积分控制作用，其输出将进入深度饱和状态。一旦选择器选中这个调节器工作，调节器因处于饱和状态而失去控制能力，只能等到退出饱和以后才能正常工作。所以在选择性控制系统中，对有积分作用的调节器必须采取抗积分饱和措施。

（1）PI-P法：在电动调节器中，当其输出在某一范围内时，采用PI调节；当超出设定范围，采用P调节，这样就可避免积分饱和现象。

（2）积分切除法：所谓积分切除法就是当调节器被选中时具有PI调节，一旦处于开环状态，自动切除积分功能，只具有比例功能，处于开环备用状态时不会出现积分饱和现象。对于计算机在线运行的控制系统，只要利用计算机的逻辑判断功能进行适时切换即可。

（3）限幅法：限幅法利用高值或低值限幅器，使调节器的输出信号不超过工作信号的最高值或最低值（不进入饱和状态）。根据具体工艺来决定选用高限器还是用低限器，如调节器处于开环状态时，调节器由于积分作用会使输出逐渐增大，则要用高限器；反之，则用低限器。

5.5.4 选择性控制系统应用实例

在工业生产过程中，蒸汽锅炉是非常重要的动力设备，广泛应用于电力、化工等多种行业。为保证蒸汽锅炉的正常运行，必须采取一系列保护性措施，锅炉燃烧系统的压力选择性控制系统就是其中之一。

蒸汽锅炉所用的燃料为煤粉、煤气或天然气等。在正常情况下，根据蒸汽压力来控制燃料量。即当用户所需蒸汽量增加时，蒸汽压力就会下降，此时必须在增加给水量的同时，相应地增加燃料量，以维持蒸汽压力不变。相反，当用户所需蒸汽量减少时，蒸汽压力就会上升，此时则需相应地减少燃料量。另外，研究表明，对于燃气锅炉，进入炉膛燃烧的燃气压力不能过高，因为燃气压力过高会使锅炉产生“脱火”现象，而脱火后不仅会因大量燃气未燃烧而导致冒黑烟现象，更严重的是燃烧室内积存的大量燃气与空气混合，会有爆炸的危险。为此，可在锅炉燃烧系统中采用如图 5-33 所示的蒸汽压力与燃气压力选择性控制系统。

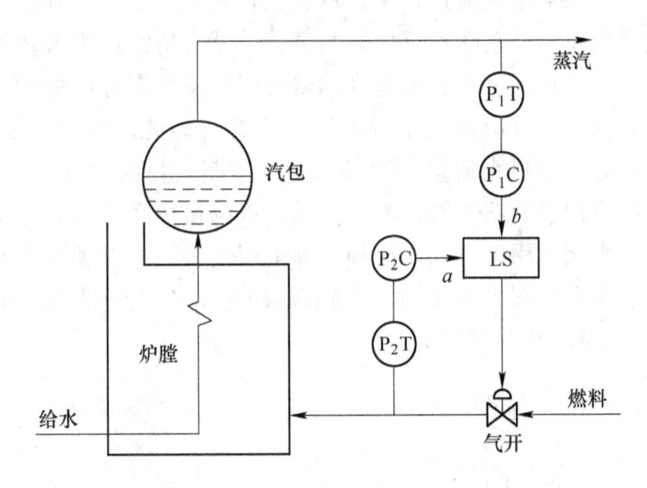

图 5-33 锅炉出口蒸汽压力-燃料压力选择性控制系统

因为要防止压力过高，所以采用一台低选器 LS 始终选中两个输入信号中较小的一个作为输出信号。系统中蒸汽压力控制器 P_1C 为正常控制器，燃料压力控制器 P_2C 为取代控制器。从安全角度出发，控制阀采用气开阀，燃料管路和蒸汽管路对象都是正对象，为保证正常控制回路和取代控制回路构成负反馈，P_1C 和 P_2C 都选反作用方式。系统的控制过程为：正常生产时，要维持蒸汽的压力以满足用户需求，测量值是大于或等于设定值的（当然蒸汽也不能太高），P_1C 是反作用方式，输出信号 b 将是低信号，此时燃料压力是低于设定值的，于是反作用方式的燃料压力控制器 P_2C 其输出信号 a 是高信号，低选器 LS

选中蒸汽压力控制器 P_1C 的信号来控制阀的开度，构成以蒸汽压力为被控变量的简单控制系统，燃料压力控制回路处于开环状态；当燃料压力上升到危险区域超过脱火压力时，燃料压力大于设定值较多，燃料压力控制器 P_2C 的输出信号 a 将是低信号，$a<b$，低选器LS选中 P_2C 的输出信号 a，由 P_2C 接管 P_1C 对控制阀的操纵，使蒸汽压力控制回路处于开环状态，构成以燃料压力为被控变量的简单控制系统，此时因为 a 值比 b 值小很多，气开阀迅速关小，将燃料压力迅速降下来，避免了脱火现象。当燃料压力恢复正常时，蒸汽压力控制器的输出值又低于燃料压力控制器的输出值 a，经低选器LS的自动切换，蒸汽压力控制系统重新恢复控制。

5.6　分程控制系统

在一般的反馈控制系统中，通常是一台调节器只控制一个调节阀。但在某些工业生产中，根据工艺要求，需将调节器的输出信号分段，去控制两个或两个以上的调节阀，以便使每个调节阀在调节器输出的某段位信号范围内作全行程动作，这种控制系统称为分程控制系统。

5.6.1　分程控制的工作原理和类型

5.6.1.1　分程控制系统的工作原理

在某一间歇式生产的化学反应过程中，每次投料完毕后，为使其达到反应温度，需要先对其加热引发化学反应。一旦化学反应开始进行，就会持续产生大量的反应热，如果不及时将这些热量释放，物料温度会越来越高，以至于有发生爆炸的危险。因此，必须用冷却剂对其冷却，以确保化学反应在规定的温度下进行。为此，可设计如图5-34所示以反应器内温度为被控参数、以热水流量和冷却水量为控制变量的分程控制系统，利用A、B两台调节阀分别控制冷却水和热水两种不同介质，以满足生产工艺对冷却和加热的不同需求。为保证安全，热水阀采用气开式，冷却水阀采用气关式，温度调节器为反作用，热水阀和冷却水阀的分程关系如图5-35所示（调节器通过电-气转换器将输出的4～20mA DC信号转换为0.02～0.1MPa气压信号）。

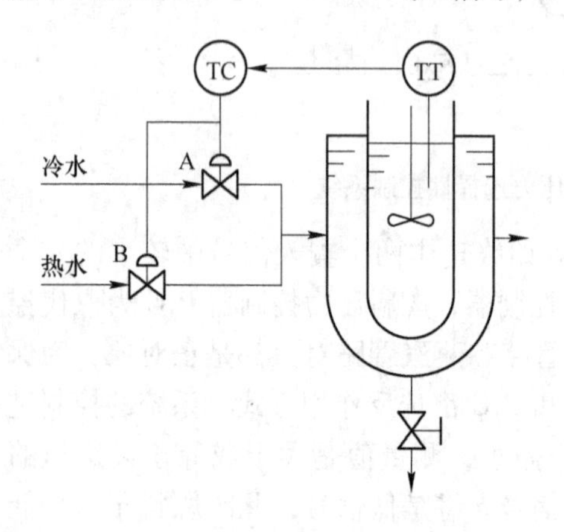

图5-34　反应器温度分程控制系统

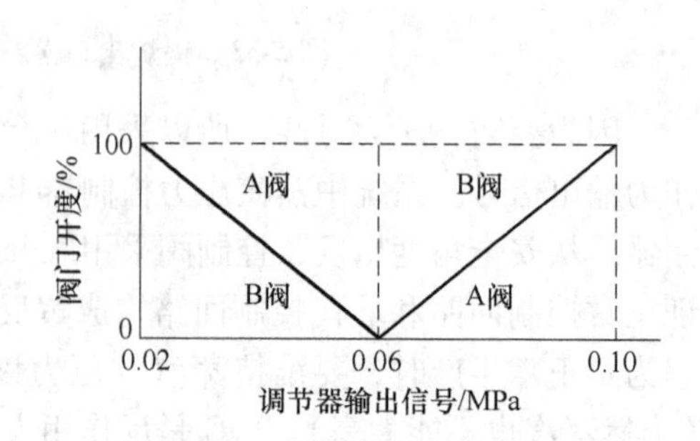

图5-35　调节阀分程关系曲线

图 5-34 所示系统的工作原理为：当装料完成、化学反应开始前，温度测量值小于设定值，调节器 TC 输出气压大于 0.06MPa，A（冷却水）阀关闭，B 热水阀开启，反应器夹套中流进的热水使反应物料温度上升。待化学反应开始以后，反应物料温度逐渐升高。由于调节器 TC 是反作用，随着温度升高，调节器输出下降，B（热水）阀逐渐关小；当反应物料温度达到并高于设定值时，调节器输出气压将小于 0.06MPa，B 阀完全关闭，A（冷却水）阀逐渐打开，反应器夹套中流过的冷水将反应热带走，使反应物料温度保持在设定值。

5.6.1.2　分程控制系统的类型

按照调节阀的气开、气关形式和分程信号区段不同，可分为以下两种类型：

（1）调节阀同向动作的分程控制系统。图 5-36 所示为调节阀同向分程动作示意图。（a）表示两个调节阀均为气开式的分程曲线。当调节器的输出信号从 0.02MPa 增大时，阀 B 完全关闭，阀 A 逐渐打开；当信号达到 0.06MPa 时，阀 A 完全打开，同时阀 B 开始打开；当信号达到 0.10MPa 时，阀 B 也完全打开。（b）表示两个调节阀均为气关式的分程曲线。当调节器的输出信号从 0.02MPa 增大时，阀 B 完全打开，阀 A 由全开状态开始关闭；当信号达到 0.06MPa 时，阀 A 完全关闭，同时阀 B 由全开状态开始关闭；当信号达到 0.10MPa 时，阀 B 也完全关闭。

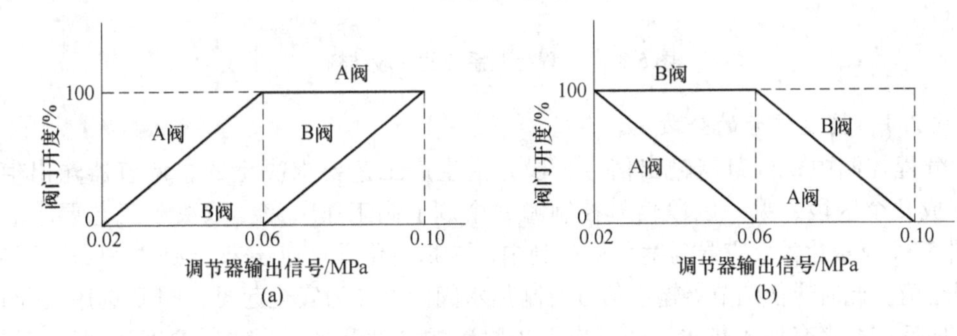

图 5-36　调节阀同向动作分程关系曲线

（a）调节阀气开-气开分程关系曲线示意图；（b）调节阀气关-气关分程关系曲线示意图

（2）调节阀反向动作的分程控制系统。图 5-37 所示为调节阀反向分程动作示意图。（a）表示两个调节阀 A 为气开式、调节阀 B 为气关式的分程曲线。当调节器的输出信号从 0.02MPa 增大时，阀 B 全开，阀 A 逐渐打开；当信号达到 0.06MPa 时，阀 A 完全打开，

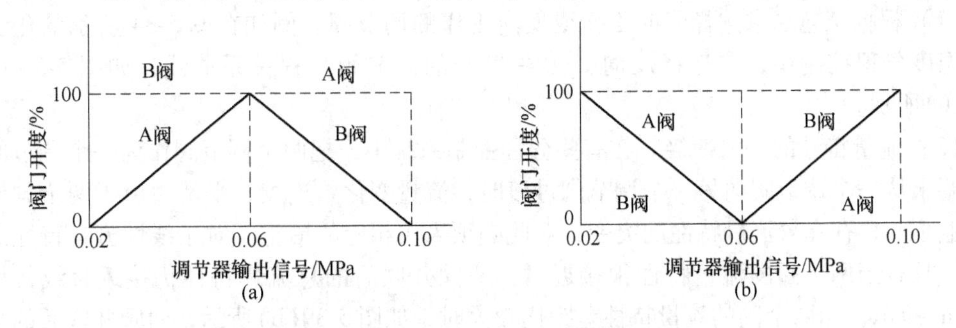

图 5-37　调节阀反向动作分程关系曲线

（a）调节阀气开-气关分程关系曲线示意图；（b）调节阀气关-气开分程关系曲线示意图

同时阀B开始关闭；当信号达到0.10MPa时，阀B完全关闭。(b) 表示调节阀A为气关式、调节阀B为气开式的分程曲线。当调节器的输出信号从0.02MPa增大时，阀B完全关闭，阀A由全闭状态开始打开；当信号增大到0.06MPa时，阀A完全关闭，同时阀B由全闭状态开始打开；当信号达到0.10MPa时，阀B完全打开。

5.6.2 分程控制系统的设计

分程控制系统本质上属于单回路控制系统，其典型结构如图5-38所示。单回路控制系统的设计原则基本也适用于分程控制系统。二者主要区别是调节器输出信号需要分程且调节阀多，在系统设计上有些不同之处。

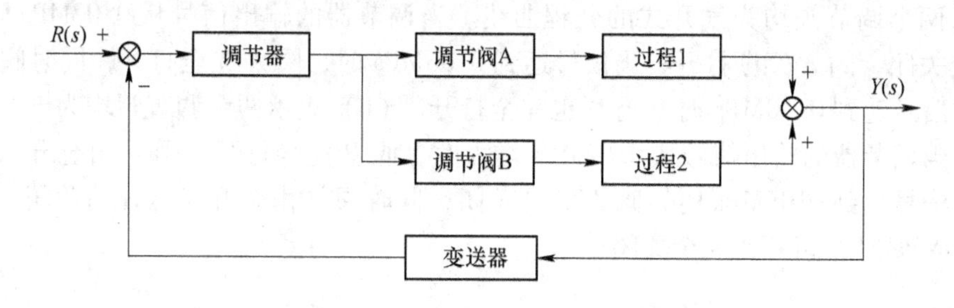

图5-38 分程控制系统的一般结构

5.6.2.1 控制信号的分段

在分程控制中，调节器输出信号分段是由生产工艺要求决定的，调节器输出信号需要分成几个区段，哪一区段信号控制哪一个调节阀工作，完全取决于工艺要求。例如在图5-34所示化学反应器温度分程控制中，在物料化学反应还未开始时，反应器温度低于设定值，此时应使调节器输出信号控制热水阀门B（为安全起见，阀B选用气开式）打开，向反应器夹套加入热水，使反应器中物料的温度升高；当物料温度达到反应温度时，化学反应开始，并不断有反应热产生；为了防止物料温度过高引发事故，此时应使调节器输出信号关闭热水阀门B，同时控制冷却水阀门A（阀A为气关式）打开，向反应器夹套加入冷却水，使反应器温度保持在生产工艺要求的范围内。通过以上分析，可知该分程控制系统的调节器输出应分为两段。

5.6.2.2 调节阀特性的选择与应注意的问题

(1) 根据工艺要求选择同向工作或反向工作的调节阀。例如在图5-34所示的化学反应器温度分程控制中，应选择反向、气关-气开的调节阀分程关系曲线，如图5-35或图5-37(b)所示。

(2) 流量特性的平滑衔接。在有些分程控制系统中，把两个调节阀作为一个调节阀使用，要求从一个调节阀向另一个调节阀过渡时，流量变化要连续、平滑，由于两个调节阀的增益不同，存在着流量特性的突变，对此必须采用相应的措施。对于线性流量特性的调节阀，只有当两个阀的流量特性很接近时，两阀并联后的总流量特性仍接近直线，如图5-39(a)所示；当两个阀的流量特性差距比较大时，如图5-39(b)所示，两阀并联后的总特性与直线的差距较大，若用于分程控制，控制效果不好。

两个对数流量特性的调节阀并联，其总流量特性如图5-40(a)中实线所示，衔接处不

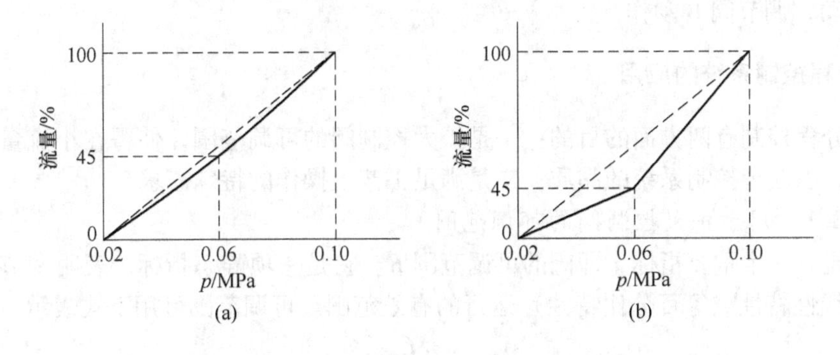

图 5-39 两个线性阀并联时的总特性

（a）两阀特性比较接近；（b）两阀特性差距较大

平滑。需通过两个调节阀分程信号部分重叠的办法，使调节阀流量特性实现平滑过渡。其具体做法是将两个调节阀工作范围扩大，使两个阀的调节工作区（在 0.06MPa 两边）有一段重叠区，即在增大流量时，小阀还没有完全打开时，大阀已开始打开；在减小流量时，大阀还没有完全关闭时，小阀已开始关闭。通过调节器输出信号重叠区域实现小、大调节阀流量特性的平滑过渡，如图 5-40(b)所示。

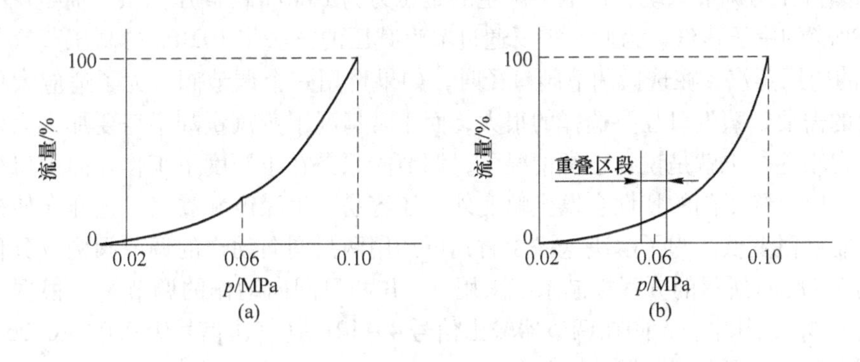

图 5-40 对数阀并联时的总特性

（a）分程信号不重叠；（b）分程信号重叠

（3）调节阀的泄漏量。调节阀的泄漏量大小是实现分程控制的一个关键因素。在分程控制系统调节阀全关时，要求不泄漏或泄漏量极小。尤其是在大小并联工作时，若大阀的泄漏量接近或大于小阀正常工作的调节量，则小阀就不能发挥其应有的控制作用，甚至起不到控制作用。

5.6.2.3 分程控制的实现

分程控制是通过阀门定位器来实现的，它根据调节器输出的不同区段信号，通过迁移阀门定位器的输入信号零点，改变输入信号量程，调整调节阀作全行程动作所对应的信号区段。例如，调节阀 A 的阀门定位器输入信号范围 0.02 ~ 0.06MPa，使调节阀 A 作全行程动作；调节阀 B 的阀门定位器输入信号范围 0.06 ~ 0.10MPa，使调节阀 B 作全行程动作。当调节器输出 0.02 ~ 0.06MPa 的气压时，调节阀 A 动作但调节阀 B 不动作（保持在全开或全闭位置）；当调节器输出 0.06 ~ 0.10MPa 的气压时，调节阀 A 已达极限位置（全开或全闭）不动，调节阀 B 动作。

5.6.3 分程控制系统的应用

设计分程控制有两方面的目的：一是扩大控制阀的可调范围，使得在小流量时有更精确的控制，以改善控制系统的品质；二是满足工艺上操作的特殊需求。

5.6.3.1 用于扩大控制阀的可调范围

调节阀有一个重要指标，即阀的可调范围 R。它是一项静态指标，表明调节阀执行规定特性（线性特性或等百分比特性）运行的有效范围。可调范围可用下式表示

$$R = \frac{C_{max}}{C_{min}} \tag{5-41}$$

式中，C_{max}为阀的最大流通能力；C_{min}为阀的最小流通能力。

国产柱塞型阀固有可调范围比 $R=30$，所以 $C_{min}=0.033C_{max}$。需指出的是，阀的最小流通能力不等于阀关闭时的泄漏量。一般柱塞型阀的泄漏量 C_s 仅为最大流通能力的 0.01% ~0.1%。对于过程控制的绝大部分场合，采用 $R=30$ 的控制阀已足够满足生产要求了。但在极少数场合中，可调范围要求特别大，如果不能提供足够的可调范围，其结果将是在高负荷下供应不足，或在低负荷下低于可调范围时产生极限环。

例如蒸汽压力调节系统，设锅炉产生的是压力为10MPa 的高压蒸汽，而生产上需要的是4MPa 平稳的中压蒸汽。为此，需要通过节流减压的方法将 10MPa 的高压蒸汽节流减压成4MPa 的中压蒸汽。在选择调节阀口径时，如果选用一个调节阀，为了适应大负荷下蒸汽供应量的需要，蒸汽口径要选择的很大，而正常情况下蒸汽量却不需要那么大，这就需要将阀关得小些。也就是说，正常情况下，调节阀只是在小开度下工作。而大口径阀在小开度下工作时，除了阀的特性会发生畸变外，还容易产生噪声和震荡，这样会使控制效果变差，控制质量变低。为了解决这一矛盾，可选用两只同向动作的调节阀构成分程控制系统，如图 5-41(a)所示的分程控制系统采用 A、B 两只同向动作的调节阀（根据工艺要求均选为气开式），其中，A 阀在调节器输出信号 4 ~12mA(气压信号为 0.02 ~0.06MPa）时由全闭到全开，B 阀在调节器输出信号为 12 ~20mA(气压信号为 0.06 ~0.1MPa）时由全闭到全开。这样，在正常情况下，即小负荷时，B 阀处于全关，只通过 A 阀开度的变化来进行控制；当负荷增大时，若 A 阀全开也满足不了蒸汽量的需求，则开始打开 B 阀，以补充 A 阀全开时蒸汽供应量的不足。

假定系统中所采用的 A、B 两只调节阀的最大流通能力 C_{max} 均为 100，可调范围 $R=$

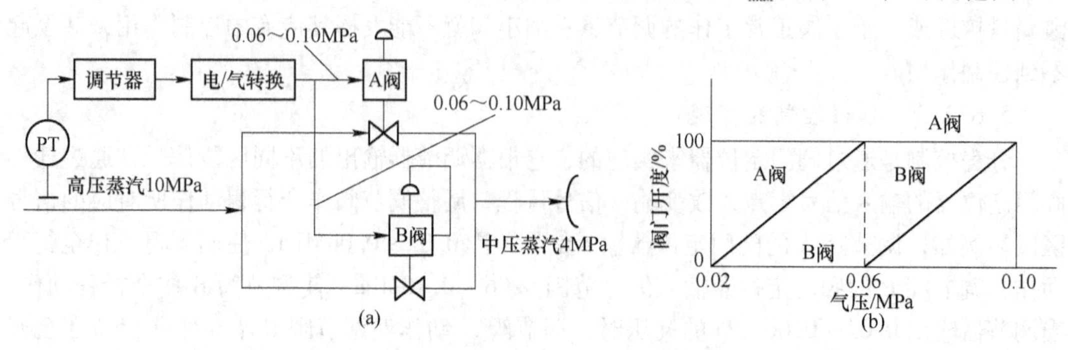

图 5-41 蒸汽减压分程控制系统原理图

30。因此可求得

$$C_{min} = \frac{C_{max}}{30} = \frac{100}{30} = 3.33 \tag{5-42}$$

当采用两只阀构成分程控制系统时，最小流通能力不变，而最大流通能力为两阀最大流通能力之和，即 $C'_{min} = 2C_{max} = 200$，因此 A、B 两阀组合后的可调范围应是

$$R' = \frac{C'_{max}}{C_{min}} = \frac{200}{3.33} \approx 60 \tag{5-43}$$

这就是说，采用两只流通能力相同的调节阀构成分程控制系统后，其调节阀的可调范围比单只调节阀增大一倍。

5.6.3.2 用于控制满足工艺上操作的特殊要求

在某些间歇性生产化学反应过程中，当反应物投入设备后，为了使其达到反应温度，往往在反应开始前给它提供一定的热量。达到反应温度后，随着化学反应的进行，反应会不断释放热量，这些热量如不及时移走，反应就会越来越激烈，甚至会有爆炸的危险。对于这种间歇性化学反应器，既要考虑反应前的预热问题，又要考虑反应过程中及时移走反应热的问题，为此设计了图 5-34 所示的分程控制系统。

在图 5-34 中，温度调节器选择反作用，冷水调节阀（A 阀）选择气关式，热水调节阀（B 阀）选择气开式。该系统工作过程如下：在进行化学反应前的升温阶段，由于温度测量值小于给定值，因此调节器输出增大，B 阀开大，A 阀关闭，即蒸汽阀开，冷水阀关，以便使反应器温度升高。当温度达到反应温度时，化学反应发生，于是就有热量放出，反应物的温度逐渐提高。当温升使测量值大于给定值时，调节器输出将减小（由于调节器是反作用），随着调节器输出的减小，B 阀将逐渐关小乃至完全关闭，而 A 阀则逐渐打开。这时反应器夹套中流过的将不再是热水，而是冷水。这样一来，反应所产生的热量就被冷水带走，从而达到控制反应温度的目的。

5.7 双重控制系统

5.7.1 基本原理

一个被控变量采用两个或者两个以上的操纵变量进行控制的控制系统称为双重或多重控制系统。这类控制系统采用的不止一个控制器，其中，一个控制器的输出作为另一个控制器的测量信号。

系统操纵变量的选择需从操作优化的要求综合考虑。它既要要求工艺的合理和经济，又要考虑控制性能的快速性。而两者又常常在一个生产过程中同时存在。双重控制系统是综合这些操纵变量的各自优点，克服各自的弱点进行优化控制的。

图 5-42 是换热器出口温度的双重控制系统实例。被控变量是换热器的出口温度 t_0，操纵变量有旁路流量和载热体流量，前者动态响应较快，但工艺上不够合理，而后者动态响应较缓慢，工艺上却更为合理。双重控制就是用两个操纵变量来同时控制出口温度。在温度出现偏差的初始阶段，主要依靠动态响应快的旁路流量来消除偏差，逐渐过渡到用工

艺比较合理的载热体流量来控制，并使动态效应快的操纵变量平缓地回复到规定的合适数值上来，这个数值由阀位调节器（VPC）的设定值 SP 来设定。这样的控制，在动态和静态性能上都有提高。

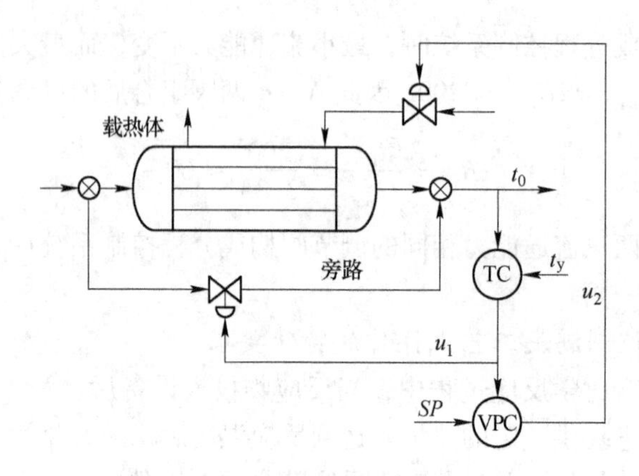

图 5-42 换热器出口温度的双重控制系统

具体的控制过程是，温度控制器 TC 的输出 u_1，直接送往旁路调节阀，控制旁路流量来迅速克服温度的初始偏差。与此同时，u_1 阀位信号又送往阀位控制器 VPC 作为其测量信号，VPC 的设定值 SP 由人工设定，两者的偏差通过 VPC 来逐渐改变载热体调节阀开度 u_2，VPC 的作用通常设计得较缓慢。达到稳定后，出口温度 t_0 保持在设定值上，旁路阀开度 u_1 也保持在原设定的 SP 值上，最后的控制手段是完全由载热体流量的变化 u_2 来克服扰动的影响而使出口温度保持在设定温度。这就是说“急则治标，缓则治本”。

双重控制系统框图如图 5-43 所示，与串级控制系统相比，双重控制系统主控制器的输出作为副控制器的测量，而串级控制系统中主控制器的输出作为副控制器的设定。因此，串级控制系统中两个控制回路是串联的，双重控制系统中两个控制系统回路是并联的，因此被称为双重控制系统。它们都具有“急则治标，缓则治本”的控制功能，但解决的问题不同。

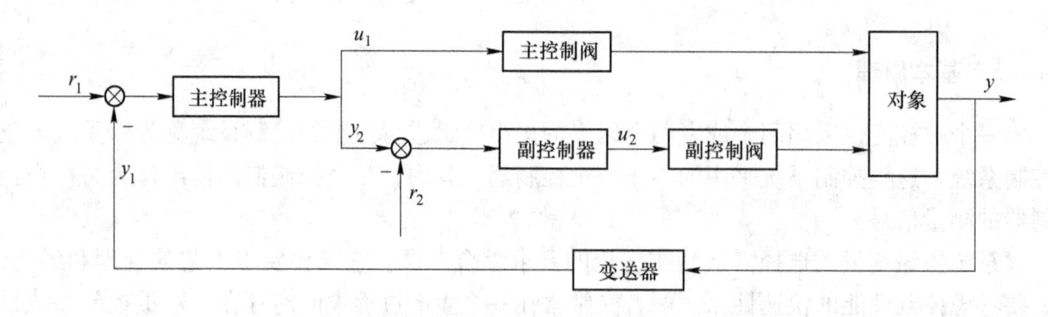

图 5-43 双重控制系统框图

这里的“快”指的是动态性能好，“慢”指的是静态性能好。由于双重控制系统回路的存在，使得双重控制系统能先用主控制器的调节作用，将主被控变量 y_1 快速的恢复到设定值 r_1，保证系统有良好的动态响应，达到“急则治标”的功效。在偏差减小的同时，双重控制系统又充分发挥副控制器的调节作用，从根本上消除偏差，使副被控变量 y_2 恢复到 r_2，使控制系统具有良好的静态性能，达到“缓则治本”的目的。双重控制系统较好的解决了动和静的矛盾，达到了操作优化的目的。

5.7.2 双重控制系统性能分析

图 5-44 为双重控制系统方框图，图 5-45 为双重控制系统等效方框图。

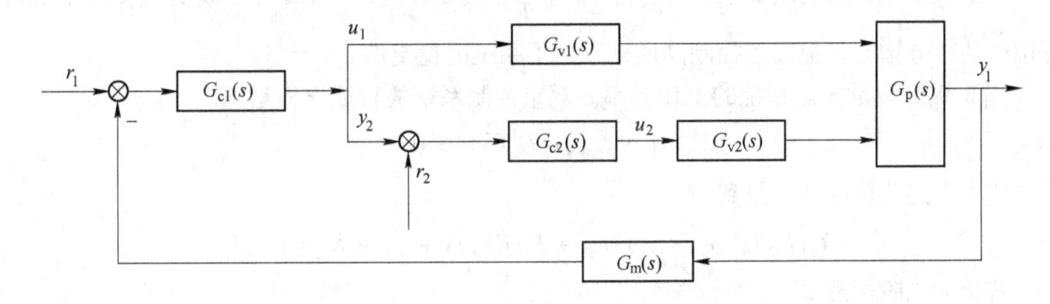

图 5-44 双重控制系统方框图

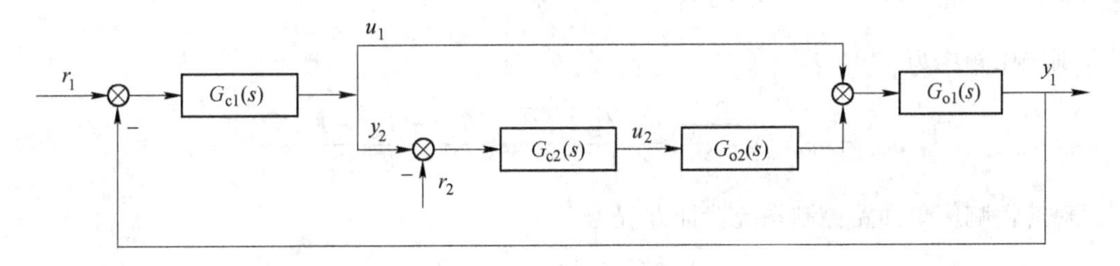

图 5-45 双重控制系统等效方框图

图 5-45 中，$G_{o1}(s)$ 是快响应广义对象传递函数，$G_{o1}(s)=G_{v1}(s)G_{p1}(s)G_{m}(s)$；$G_{o2}(s)$ 是慢响应广义对象传递函数 $G_{o2}(s)=\dfrac{G_{p1}(s)G_{m}(s)}{G_{v1}(s)}G_{v2}(s)G_{p2}(s)$；$G_{c1}(s)$ 和 $G_{c2}(s)$ 是主、副控制器传递函数。稳态时，控制阀 V_1 的开度等于副控制器的设定，因此，副控制器又称为阀位控制器。

双重控制系统增加了副回路，与由主控制器、副控制器和慢对象组成的慢响应的单回路控制系统比较，有下列特点：

(1) 增加开环零点，改善控制品质，提高系统稳定性。相比于慢响应单回路控制系统，双重控制系统增加了副回路，因此增加了零点个数。零点的位置可通过副控制器 $G_{c2}(s)$ 参数的改变而得到调整，所以控制品质得到改善。

假设 $G_{c1}(s)=K_{c1}$；$G_{o1}(s)=\dfrac{K_{o1}}{T_{o1}s+1}$；$G_{o2}(s)=\dfrac{K_{o2}}{T_{o2}s+1}$；$G_{c2}(s)=K_{c2}$，则双重控制系统开环零点可增加一个，其等效传递函数 $G'_{o}(s)$ 为

$$G'_{o}(s)=[1+G_{c2}(s)G_{o2}(s)]G_{o1}(s)=\frac{(T_{o}s+1)K}{(T_{o1}s+1)(T_{o2}s+1)}$$

式中，$T_o = \frac{T_{o2}}{1 + K_{c2}K_{o2}}$；$K = (1 + K_{c2}K_{o2})K_{o1}$。

慢响应单回路控制系统等效传递函数 $G_o(s)$ 为

$$G_o(s) = \frac{K_{o1}K_{o2}}{(T_{o1}s + 1)(T_{o2}s + 1)}$$

与上式比较，可见增加了开环零点 $s = -\frac{1}{T_o}$，改变 $G_{c2}(s) = K_{c2}$ 可以改变 T_o，等于引入可调整的微分增益，提高了控制品质，改善了系统的稳定性。

（2）提高双重控制系统的工作频率。双重控制系统的特征方程是

$$1 + G_{c1}(s)G'_o(s) = 0$$

代入上述假设条件，得到

$$(T_{o1}T_{o2})s^2 + (T_{o1} + T_{o2} + K_{c1}KT_o)s + (1 + K_{c1}K) = 0$$

若化为二阶标准式，

$$2\xi'\omega'_0 = \frac{T_{o1} + T_{o2} + K_{c1}KT_o}{T_{o1}T_{o2}}$$

则工作频率为

$$\omega_{ds} = \omega'_0\sqrt{1 - \xi'^2} = \frac{\sqrt{1 - \xi'^2}}{2\xi'} \cdot \frac{(T_{o1} + T_{o2} + K_{c1}KT_o)}{T_{o1}T_{o2}}$$

对应慢响应单回路控制系统特征方程为

$$1 + G_{c1}(s)G_o(s) = 0$$

代入上述假设条件，得到

$$(T_{o1}T_{o2})s^2 + (T_{o1} + T_{o2})s + (1 + K_{o1}K_{o2}K_{c1}) = 0$$

则工作频率为

$$\omega_s = \omega_0\sqrt{1 - \xi^2} = \frac{\sqrt{1 - \xi^2}}{2\xi} \cdot \frac{(T_{o1} + T_{o2})}{T_{o1}T_{o2}}$$

假设控制系统有相同的衰减比，即 $\xi' = \xi$，因此

$$\frac{\omega_{ds}}{\omega_s} = 1 + \frac{K_{c1}K_{o1}}{1 + \frac{T_{o1}}{T_{o2}}}$$

根据负反馈控制准则，$K_{c1}K_{o1} > 0$，因此，$\frac{\omega_{ds}}{\omega_s} > 1$。这表明双重控制系统的工作频率提高，并随 $K_{c1}K_{o1}$ 的增大而增大，随 T_{o2} 增大与 T_{o1} 的减小而增大。当 $T_{o2} >> T_{o1}$ 时，有

$$\omega_{ds} \approx (1 + K_{c1}K_{o1})\omega_s = (1 + K_{c1}K_{o1})\frac{\sqrt{1 - \xi^2}}{2\xi}\frac{1}{T_{o1}}$$

即在一定的衰减比条件下，随着快响应对象时间常数 T_{o1} 的减小，双重控制系统的工作频率提高极快，控制品质因此得到明显改善。

5.7.3 系统设计和实施中的问题

5.7.3.1 主、副操纵变量的选择

双重控制系统通常有两个或两个以上的操纵变量，其中，一个操纵变量具有较好的静态特性，工艺合理，另一个操纵变量则具有快速的动态响应特性。因此，主操纵变量应选择具有较快动态响应的操纵变量，副操纵变量则选择具有较好静态特性的操纵变量。

5.7.3.2 主、副控制器的选择

双重控制系统的主、副控制器均起定值控制作用，为了消除余差，主、副控制器均应选择具有积分控制作用的控制器，通常不加入微分控制作用，当快速响应被控制对象的时间常数大时，为加速主对象的响应，可适当加入微分。对于副控制器，由于起缓慢的调节作用，因此，也可选用纯积分的控制器。

5.7.3.3 主、副控制器正反作用的选择

双重控制系统的主、副控制回路是并联的单回路，主、副控制器正反作用的选择与单回路控制系统中控制器正反作用的选择方法相同。一般先确定控制阀的气开、气关型式，然后根据快响应被控对象的特性确定主控制器的正反作用方式，最后根据慢响应被控对象的特性确定副控制器的正反作用方式。

5.7.3.4 双重控制系统的投运和参数整定

与简单控制系统投运相同，在手动切换时应该无扰动切换；投运方式是先主后副，即先使快速响应过程切入自动，然后再切入慢响应控制回路。

主控制器参数整定与快速响应控制系统的参数整定相似；副控制器参数整定以缓慢变化，不造成对系统的扰动为目标，因此，可采用宽比例度和大积分时间，甚至可采用纯积分作用。

5.7.4 双重控制系统应用实例

在食品加工、化工等行业中应用的喷雾干燥过程如图 5-46 所示。浆料经阀 V 后从喷

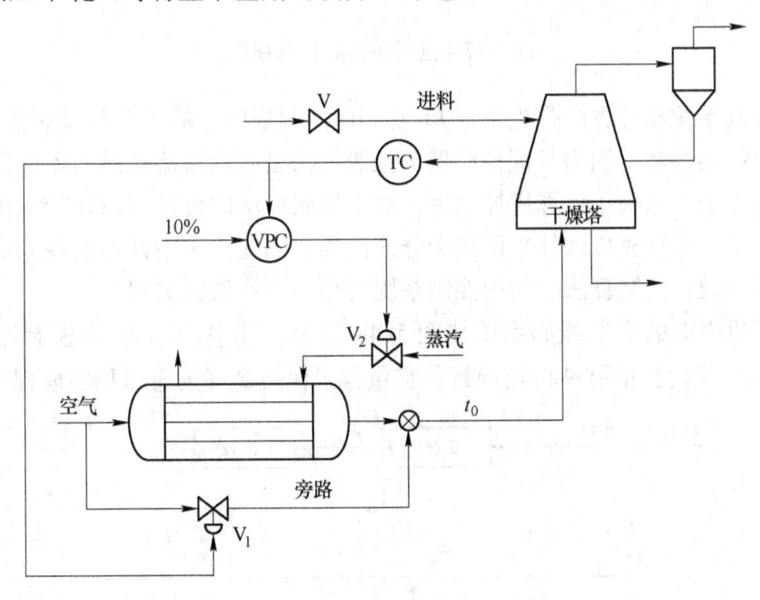

图 5-46 喷雾干燥过程的双重控制系统

头喷淋下来，与热风接触换热，进料被干燥并从干燥塔底部排出，干燥的程度由间接指标温度控制。为了获得高精度的温度控制及尽可能节省蒸汽的消耗量，采用图示的双重控制系统取得良好的控制效果。

喷雾干燥过程中操纵变量的选择非常重要。图5-46中进料量由于受前工序来料的影响，一般不能控制；V_1 是旁路冷风量控制阀，它具有快速响应特性，但经济性较差，V_2 是蒸汽量控制阀，它具有工艺合理的优点，但动态响应慢。图中，将调节阀 V_1 和 V_2 的优点结合起来，当温度有偏差时，先改变旁路风量，使温度快速恢复到设定值，同时，代表阀的信号作为VPC的测量，直接说明蒸汽量是否合适，在VPC的调节作用下，蒸汽量逐渐改变，以适应热量平衡的需要，因此，扰动的影响最终通过改变载热体流量来克服。

5.8　差拍控制系统

5.8.1　差拍控制系统概述

5.8.1.1　差拍控制系统基本原理

设连续单回路控制系统如图5-47所示，闭环传递函数可写成

$$\frac{Y(s)}{R(s)}=\frac{G_c(s)G_p(s)}{1+G_c(s)G_p(s)}=G(s)$$

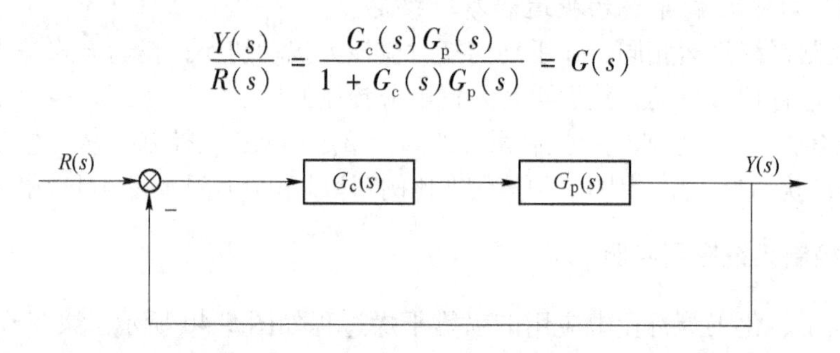

图5-47　连续单回路控制系统

常规的控制系统设计方法是先选定PI或PID控制规律，然后分析是否满足品质要求，再调整PID控制器参数。因为常规控制器的控制算法已固定形成产品，不能任意设计，只能采用选型的方法。但采用计算机控制后，对于控制算法的设计可以比较自由，因为要实现各种控制算法，对计算机软件来说是十分简便的。因此，采用计算机控制后，可采用按闭环品质指标来设计控制算法。差拍控制系统就是一个典型的实例。

数字计算机组成的离散控制系统如图5-48所示。其中，$G_c(z)$ 为控制器脉冲传递函数，$HG_p(z)$ 是广义对象的脉冲传递函数，它包含了保持器（通常采用零阶保持器）。

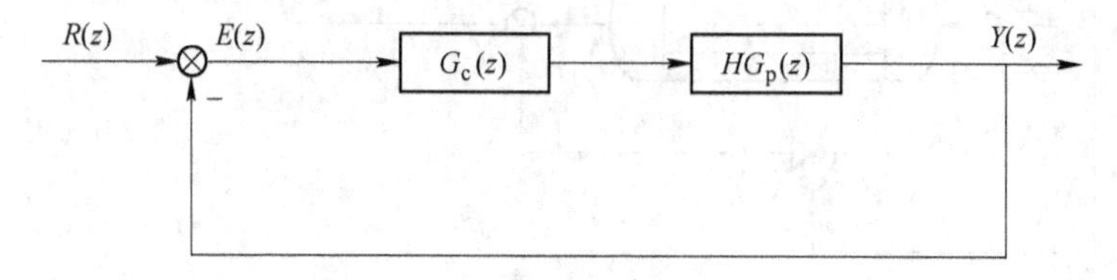

图5-48　计算机离散控制系统

设 $HG_p(z)$ 含时滞项 z^{-d}，那么不管 $HG_p(z)$ 的输入是什么，在 dT_s 的时间内系统将不能响应（T_s 是采样周期），至少需要在（$d+1$）拍（即时间$(d+1)T_s$）才能响应。因此，$\frac{Y(z)}{R(z)}$ 必须含有时滞项，即 $Y(z)$ 与 $R(z)$ 之间至少有（$d+1$）拍的时滞。这种控制称为差拍控制。

若设零阶保持器的传递函数为

$$H(s) = \frac{1 - e^{-T_s s}}{s}$$

由图 5-48 得

$$\frac{Y(z)}{R(z)} = \frac{G_c(z)HG_p(z)}{1 + G_c(z)HG_p(z)} = G(z)$$

当 $HG_p(z)$ 已知时，控制器 $G_c(z)$ 可以按如下求得

$$G_c(z) = \frac{1}{HG_p(z)} \frac{\frac{Y(z)}{R(z)}}{1 - \frac{Y(z)}{R(z)}} = \frac{1}{HG_p(z)} \frac{G(z)}{1 - G(z)} \tag{5-44}$$

其中，$HG_p(z) = \mathscr{Z}\left\{\frac{1 - e^{-T_s s}}{s} \cdot G_p(s)\right\}$。

因此，只要广义对象传递函数 $G_p(s)$ 已知，则可求得 $HG_p(z)$，进而只需将对闭环品质的要求表达为 $\frac{Y(z)}{R(z)}$ 形式。但对于某些系统，闭环性能品质的要求是与过程类型有关的，超过某种程度的太高要求是不可行的。

闭环响应特性的要求可用下式描述

$$\frac{Y(z)}{R(z)} = F_1(z)G_+(z) \tag{5-45}$$

式中，$F_1(z)$ 是要求的输出响应的期望形式；$G_+(z)$ 包含非最小相位环节。$F_1(z)$ 也能用来提高算法的鲁棒性和减少跳动现象。

5.8.1.2 差拍控制系统设计的原则

差拍控制系统是根据所需的闭环脉冲传递函数 $\frac{Y(z)}{R(z)} = G(z)$ 和对象脉冲传递函数 $HG_p(z)$ 来确定控制器算法 $G_c(z)$ 的。因此，在设计差拍控制时，对 $G(z)$ 的不同选择，就形成了不同的设计方法。常见的设计方法有最小拍控制、大林（Dahlin）算法、卡尔曼（Kalman）算法和 V-E（Vogel and Edgar）控制算法等。

但各种不同类型的差拍控制，设计时有些共同点：

（1）首先应满足可实施的要求。即要求所设计的控制系统中各组成部件在物理上应能实现。如上述的对象 $HG_p(z)$ 含纯滞后项 z^{-d} 时，d 为纯滞后时间，相当于滞后采样周期的拍数。设计中 $G(z)$ 应含有纯滞后项 z^{-d}，否则控制器会出现纯超前项而无法实现。

（2）要闭环系统静态无余差，这相当于连续系统中引入积分作用。不同的 $R(z)$ 对应不同的无余差条件，当设定值为阶跃，斜坡或加速变化时，推导后差拍控制算式应为

$G_c(z)=\frac{1}{HG_p(z)}\frac{1-(1-z^{-1})^mF(z)}{(1-z^{-1})^mF(z)}$，式中分母含有 $(1-z^{-1})$ 因子，相当于连续系统中的积分作用 $\frac{1}{s}$，因此满足无余差的要求。由式（5-44）、式（5-45）可得：$G(z)=1-(1-z^{-1})^mF(z)=F_1(z)$，$F(z)$ 为分母不含 $(1-z^{-1})$ 的 z^{-1} 多项式，不同的差拍控制系统设计，可归纳为对 $F(z)$ 的不同要求。

5.8.2　最小拍控制算法

最小拍控制算法是指闭环响应具有有限的调整时间、最小的上升时间和无稳态余差的差拍控制算法。对于按设定值设计时，最小拍控制是要求输出 $Y(z)$ 以最少的拍数（即最少的采样周期）跟踪上设定值 $R(z)$ 的变化。要求最快，取 $F(z)=1$，这时，$\frac{Y(z)}{R(z)}=G_p(z)=1-(1-z^{-1})^m$。

$R(z)$ 为单位阶跃作用变化时，上式可写为

$$\frac{Y(z)}{R(z)}=G_p(z)=z^{-1},m=1$$

上式表明，要求输出在最小采样周期就达到设定值，即一个采样周期过渡过程就结束。可得最小拍控制算法

$$G_c(z)=\frac{1}{HG_p(z)}\cdot\frac{1-(1-z^{-1})^m}{(1-z^{-1})^m}\longrightarrow G_c(z)=\frac{1}{HG_p(z)}\cdot\frac{z^{-1}}{1-z^{-1}}$$

对于对象特性含有非最小相位环节如纯滞后 z^{-d} 时，则应取

$$G_p(z)=z^{-1}\cdot G_+(z)=z^{-1}\cdot z^{-d}=z^{-(d+1)}$$

这时最小拍控制算法应写为

$$G_c(z)=\frac{1}{HG_p(z)}\cdot\frac{z^{-(d+1)}}{1-z^{-(d+1)}}$$

5.8.3　大林控制算法

在设定值作阶跃变化时，最小拍控制系统要求输出在（$d+1$）拍起就跟上，这对于大多数工业生产过程来说，是相当高的要求。因为工业过程都存在惯性，很难在极短的一个采样周期内就使输出达到设定值。而实际过程中，要求 $Y(t)$ 的变化平缓些，以减少跳动，提高稳定性。基于这些考虑，大林（Dahlin）在1968年提出了一种控制算法。他选取了一个具有纯滞后的一阶非周期特性作为所需的闭环特性，即

$$\frac{Y(s)}{R(s)}=G(s)=\frac{e^{-\tau s}}{\lambda s+1}\longrightarrow Y(s)=\frac{e^{-\tau s}}{\lambda s+1}\cdot\frac{1}{s}$$

这表示在输入设定值 $R(t)$ 作阶跃变化时，输出 $Y(t)$ 先滞后τ时刻，然后按照指数曲线趋近于设定值。

对于离散形式可表示为

$$R(z)=\frac{1}{1-z^{-1}}$$

$$Y(z) = \mathscr{Z}\left\{\frac{e^{-\tau s}}{\lambda s + 1} \cdot \frac{1}{s}\right\} = \frac{(1 - e^{-\frac{T_s}{\lambda}})z^{-(d+1)}}{(1 - z^{-1})(1 - e^{-\frac{T_s}{\lambda}}z^{-1})}$$

则

$$G(z) = \frac{Y(z)}{R(z)} = \frac{(1 - e^{-\frac{T_s}{\lambda}})z^{-(d+1)}}{(1 - e^{-\frac{T_s}{\lambda}}z^{-1})}$$

比较式（5-45）可得大林控制算法为

$$G_c(z) = \frac{1}{HG_p(z)} \cdot \frac{(1 - b)z^{-(d+1)}}{1 - bz^{-1} - (1 - e^{-\frac{T_s}{\lambda}}z^{-1})}, \quad b = e^{-\frac{T_s}{\lambda}}$$

大林控制算法的控制参数是闭环响应时间常数 λ 或等效参数 $b = e^{-\frac{T_s}{\lambda}}$。参数 λ 决定闭环动态系统的快慢，因此 λ 是控制系统中可供调整的整定参数。一般情况下，λ 值大，闭环响应慢，反之，闭环响应快，但有震荡出现。

5.8.4 V. E. 控制算法

对于上述控制算法，采用了控制器与广义对象的零极点相消的方法来实现所需的闭环特性的要求，从而使输出 $Y(t)$ 变化平稳，品质指标有所改善。但是，当被控对象具有跳动特性的零点时，为了进行对消，控制器 $G_c(z)$ 就会含有这类极点，从而使控制器输出出现跳动，影响了使用效果。沃格尔（Vogel）和埃德加（Edgar）提出的 V. E. 控制算法，为了杜绝类似零极点相消的情况，让闭环脉冲传递函数保留这些有跳动特性的对象的零点，从而从根本上消除了跳动现象。

5.9 均匀控制系统

5.9.1 均匀控制原理

均匀控制系统是指对一种控制方案所起的作用而言的，从系统结构上无法看出它与简单控制系统和串级控制系统的区别。其控制思想体现在调节器的参数整定中。

在连续生产过程中，按物料流经各生产环节的先后，分为前工序与后工序。同时，为了节约设备投资和紧凑生产装置，往往设法减少中间贮罐，因此前工序的出料即是后工序的进料，而后者的出料又源源不断地输送给其他后续设备作为进料。大多前工序要求液位稳定，而后工序要求进料平稳。此时，若采用液位定值控制，液位稳定可以得到保证，但流量扰动较大；若采用流量定值控制，流量稳定可以得到保证，但液位会有较大幅度的波动。这就产生了矛盾，而均匀控制就是针对“流程”工业中协调前后工序的物料流量而提出来的。

与前面所论述过的控制系统有所不同，均匀控制系统归纳起来有如下三个特点：

（1）结构上无特殊性。均匀控制系统在结构上无任何特殊性，它可以是一个单回路控制系统，也可以是一个串级控制系统结构形式。且一个单回路控制系统，由于控制作用强弱不一，它可以是一个单回路定值控制系统，也可以是一个简单均匀控制系统。所以，一个普通结构形式的控制系统，能否实现均匀控制的目的，主要在于系统控制器的参数整定如何。事实上，均匀控制是通过降低控制回路灵敏度来获得的，而不是靠结构变化得到的。

（2）表征供求矛盾的两个参数应缓慢变化。因为均匀控制是前后工序物料供求之间的均匀，所以表征这两个物料的参数都不应为某一个固定的数值。那种试图把两个参数都稳定不变的想法是不能实现的。均匀控制在有些场合不是简单地让两个参数平均分摊，而是前后设备的特性及重要性等因素来决定均匀的主次。这就是说：有时以液位参数为主，有时则以流量参数为主。在确定均匀方案及参数整定时要考虑到这一点。

（3）参数应限定在允许范围内变化。均匀控制系统中被控变量是非单一、定值的，允许它在给定值附近一个范围内变化。即根据供求矛盾，两个参数的给定值不是定点而是定范围。

5.9.2　均匀控制的实现方案

5.9.2.1　控制方案的选择

均匀控制通常有多种可供选择的方案，常见的有简单均匀控制系统、串级均匀控制系统等，各自适用于不同的场合和不同的控制要求。

A　简单均匀控制

简单均匀控制系统采用单回路控制系统的结构形式，如图5-49所示。从系统结构形式上看，它与单回路液位定值控制系统是一样的，但由于它们的控制目的不同，因此在控制器的参数整定上有所不同。通常均匀控制系统在调节器参数整定时，不选择微分作用，有时还可能需要选择反微分作用。均匀系统需设置较大的比例度，一般比例度要大于100%，并且积分时间要长一些，这样液位变化不会太激烈。

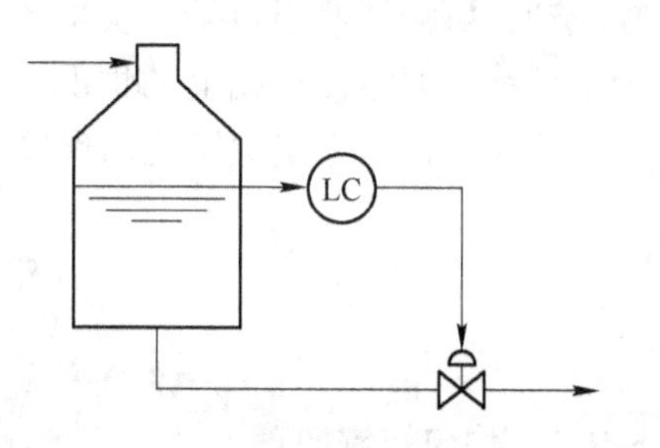

图5-49　简单均匀控制方案

简单均匀控制系统的最大优点是结构简单、投运方便、成本低廉。但当前后工序的压力变化不大时，尽管控制阀的开度不变、输出流量也会发生变化，所以它只适用于干扰不大，要求不高的场所。此外，当被控过程的自平衡能力较强时，均匀控制效果较差。

B　串级均匀控制

图5-50所示为液位与流量的串级均匀控制。从结构上看，它与一般的液位和流量串级控制是一致的，但这里采用串级形式并不是为了提高主参数液位的控制质量，流量副回路的引入主要是为了消除控制阀前后压力及自衡作用对流量的影响，使流量变化平缓。串级均匀控制中的主控制器即液位控制器，与简单均匀控制的处理相同，以达到均匀控制的目的。

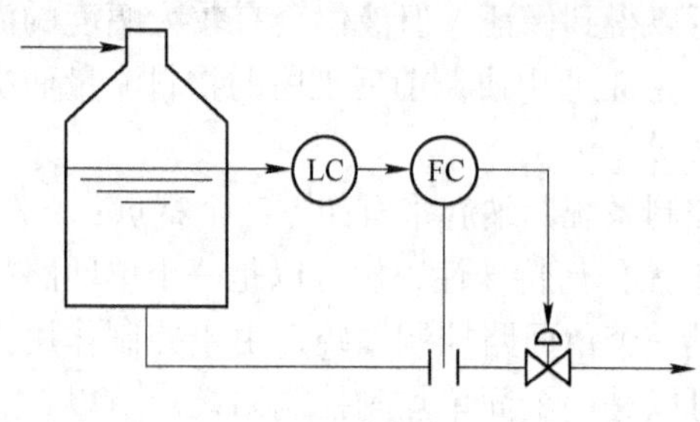

图5-50　串级均匀控制方案

串级均匀控制方案能克服较大的干扰，适用于系统前后压力波动较大的场合。但与简单均匀控制相比，使用仪表较多，投运较复杂，因此在方案选定时要根据系统的特点、干扰情况及控制要求确定。

C　双冲量均匀控制

“冲量”的原来含义是作用强度大、作用时间短的信号或参数，这里引申为连续的信号或参数。双冲量均匀控制就是用一个控制器，以两个测量信号（液位和流量）之差为被控变量的系统。图5-51为双冲量均匀控制系统的原理图。

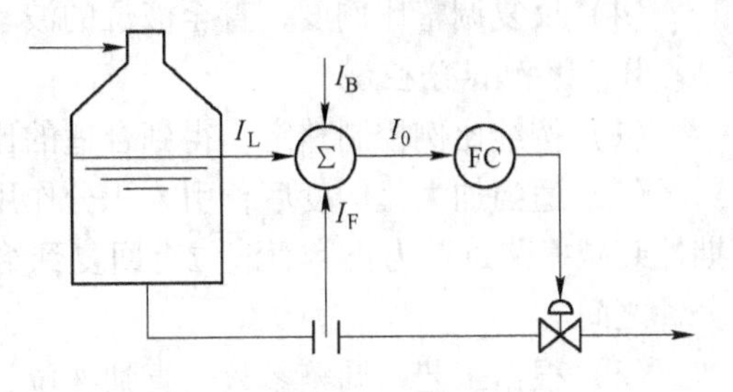

图5-51　双冲量均匀控制系统

图5-51中控制阀安装在出水口，取液位和流量信号之差作为测量值。测量值可正可负或为零，因此在加法器处引入偏置值，用于降低零位，使正常情况下加法器的输出在量程的中间值。为调整两个信号的权重，可对这两个信号进行加权，即

$$I_o = a_1 I_L - a_2 I_F + I_B \tag{5-46}$$

式中，I_o为加法器输出的测量值；I_L为液位变送器输出；I_F为流量变送器输出；I_B为偏置值；a_1、a_2为加权系数，在电子加法器中可方便实现。

由上分析可得，控制阀安装在出水口，液位偏高或流量偏低时，都应开大控制阀。稳态时，I_L和I_F相等，偏置值I_B对应阀门稳态时开度，通常此时的阀门开度应处于适当位置，并保留一定的上下调整范围。

双冲量均匀控制与串级均匀控制系统相比，用一个加法器取代了其中的主控制器。而从结构上看，它相当于一个以两个信号之差为被控变量的单回路系统，参数整定可按简单均匀控制系统来考虑。因此，双冲量均匀控制既具有简单均匀控制的参数整定方便的特点，同时由于加法器综合考虑液位和流量两个信号变化的情况，故又有串级均匀控制的特点。

5.9.2.2　调节规律的选择

对一般的简单均匀控制系统的控制器，都可以选择纯比例控制规律，这是因为均匀控制系统所控制的变量都允许有一定的范围的波动且对余差无要求，而纯比例控制规律简单明了，整定简单便捷，响应迅速。有时为了防止出现连续同方向或急剧变化的扰动使被控参数超限，则应选用比例积分控制规律。这样，在不同的工作负荷情况下，都可以消除余差，保证液位最终稳定在某一特定值。

串级均匀控制主调节器同样采用比例或比例积分调节规律。串级均匀控制的副调节器一般采用比例调节规律。如果为了使副被控变量变化更加平稳，也可采用比例积分调节规律。在所有的均匀控制系统中，都不应采用微分调节，因为微分作用是加速动态过程的，与均匀控制的目的不符。

双冲量均匀控制系统一般采用比例积分控制规律。由于均匀控制系统的目的在于使被控变量和操纵变量缓慢协调变化，在动态中寻求均匀控制，故所有的均匀控制系统中调节器都不需要也不应该加微分控制作用。

5.9.2.3　调节器参数整定

A　纯比例控制

（1）设置调节器参数，将比例度设置在不会引起液位超值但相对较大的数值，如δ =

100% 左右。

（2）观察趋势，若液位的最大波动小于允许的范围，则可增加比例度。

（3）当发现液位的最大波动大于允许范围，则减小比例度。

（4）反复调整比例度，直至液位的波动小于且接近于允许范围时为止。

B 比例积分控制

（1）按纯比例控制整定，得到合适的比例度。

（2）适当加大比例度后，引入积分作用，逐渐减小积分时间，直至流量出现缓慢地周期性衰减振荡过程为止，而液位有回复到给定值的趋势。大多数情况，T_i 在几分钟到十几分钟之间。

（3）根据工艺，调整参数，直到液位、流量符合要求为止。

5.10 非线性过程控制系统

大多数物理过程都在一定程度上呈现出非线性特性，但如果满足如下两个条件之一，则一般还是优先采用简单实用的线性 PID 控制算法，即：

（1）非线性程度比较弱。

（2）虽然过程本身可能是高度非线性的，但其工作区域比较窄，在小范围工作区间内仍可采用线性模型来进行描述。

我们看到，常规 PID 控制在工业现场获得了最广泛的应用，这说明大多数工业过程都满足上述两个条件之一。但是，还是有部分过程，其工作区域比较宽，而过程又在此范围内表现出高度的非线性，则仅仅采用诸如 PID 这样的线性控制策略往往很难满足控制要求，而采用非线性控制策略会显著改善控制效果。

下面我们首先分析过程控制中的典型非线性环节，然后介绍实用的非线性控制算法。

5.10.1 常见非线性环节

在各种过程及其控制系统中经常会出现具有非线性特性的环节。这其中，一部分存在于物理过程本身，例如对象的增益不是常数而是负荷等因素的非线性函数；一部分是用于实现控制的测量仪表或执行机构中包含非线性，例如阀门的等百分比、快开等特性；还有时，为了改善控制性能或者在满足性能的同时降低成本，还经常积极地利用非线性特性，人为地把一些非线性环节引入到控制器或回路中，例如控制器中的限幅器、两位式控制器等。

在构成闭环控制回路的诸环节中，当环节的输入输出静态特性呈现非线性关系时，称为非线性环节。非线性环节的静态增益是变化的，其增益是环节输入的函数。在构成自动控制系统的环节中，有一个或一个以上的环节具有非线性特性时，这样的系统严格地说就是一个非线性控制系统。

我们知道，如果一个控制回路总体表现为线性的，则其对各种幅度的扰动都具有相同的衰减度，即使回路中包含有为补偿实际过程中出现的非线性而有意引入的非线性环节。而非线性控制回路的典型特征是，回路增益是随着振荡幅度变化的。当振荡幅度增加时，回路增益可能增大，也可能减小，如图 5-52 所示。

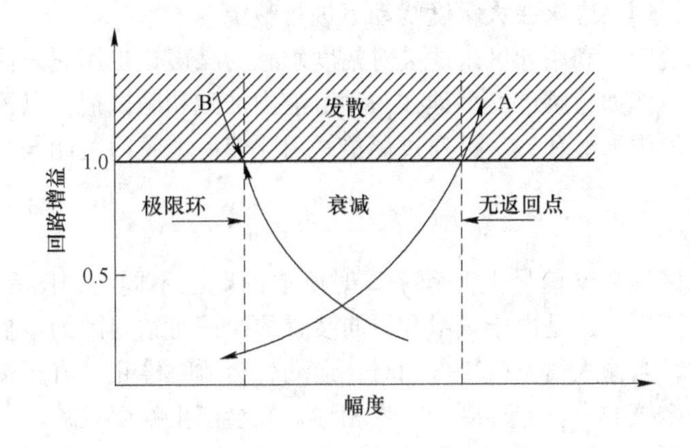

图 5-52　非线性环节的特性曲线

如果回路增益是随着振荡幅度增加而增大，如图 5-52 中曲线 A 所示，则小扰动引起的振荡由于回路增益小于单位增益（1.0）而会很快地被衰减掉；而当扰动充分大时，回路增益就可能超过单位增益，这时振荡幅度只能够越来越大，此时曲线 A 与单位回路增益直线的交点为一临界振荡点，称作“无返回点”，这时，只有外加干预才可能使回路恢复稳定，也就是说必须撤掉调节器的控制作用，直到振荡幅度降低到“无返回点”以下。

如果回路增益与振荡幅度的变化方向相反，如图 5-52 中曲线 B 所示，此时非线性会促使小幅度的偏差不断扩大，大幅度的扰动不断被衰减，两者最终导致等幅振荡，振荡的幅度等于回路增益为 1.0 时的幅度，这种幅度的振荡通常称作极限环。极限环可以存在于诸如阀门上下限位置这样的两种固有的界限之间，但也并不一定都是这样。

降低调节器的增益可以减小极限环的幅度，但极限环不可能消失。降低调节器的增益就是简单地把回路增益穿越 1.0 的点向幅度较低的地方移动（对应非线性环节的增益变大）。如果非线性环节的相位是随着振荡幅度变化的，则调整调节器增益的结果还会改变极限环的振荡周期。极限环往往是非正弦的，常见的有削顶正弦波和锯齿波；后者是前者的积分。

下面介绍一些典型的非线性环节。

5.10.1.1　限幅器

限幅器也称饱和元件，是在输入信号的幅度达到限幅值之前能够让其不失真地通过；如超出限幅值，输出的幅度则保持在限幅值不变，此时会导致限幅器的增益明显下降。因此，限幅器属于能够产生极限环的非线性环节。实际上，任何回路进入发散振荡后，调节量的幅度只能增加到阀门开度的极限位置，因此，当形成大幅度的极限环时，回路增益又会返回到单位增益（1.0）。

考虑到实际阀门存在的饱和特性，在 PID 控制模块中，都设置有输出限幅器，用于对实际阀门饱和特性进行建模，这有助于克服积分饱和现象的发生。

5.10.1.2　死区

死区环节是在小信号范围内增益为零；超出小信号范围，输入输出特性曲线斜率取 1.0 的非线性环节。虽然死区的增益随着幅度的增加而增大，但是，由于其增益绝不会超过单位增益（1.0），因此，其几乎不存在造成发散振荡的危险。为了使有死区的回路对所有的扰动都能稳定，回路应该在大幅度扰动下进行整定。

在有些控制系统中，利用死区来滤去对幅度敏感的噪声，也用它来防止顺序交替动作时出现的重叠现象。例如，顺序交替地往一种溶液中加酸和碱试剂，以控制溶液的 PH 值。为了避免同时往溶液中加酸和碱。可通过调整阀门，使一个阀门关闭与另一个阀门打开之间有一个有限的死区。

5.10.1.3　滞环

滞环与死区的区别在于信号上升和下降时所取的路径不同，如图 5-53 所示，阀门的驱动头通常都具有滞环，这是由于填料和导向装置的摩擦所致。因为摩擦在两个方向上都会阻碍运动，因此，当输入信号改变方向时，运动就会暂时停止，直至输入与输出的偏差产生一个足以克服摩擦的力。滞环既会产生相移，又会产生幅度衰减。

在现实生产过程中的开关式调节器设计、报警处理、带批量开关的 PID 控制器设计等许多场合，会有意识地引入一定宽度的滞环，用来克服测量噪声或扰动对调节器输出动作的不良影响，提高系统的抗干扰性能。

5.10.1.4　速率限制

多数终端执行器操作的速率都是有限的，不管控制信号幅度多大，总存在一个速率上限，超过这个速率，由于所能够提供的能量有限，它们就不能加速动作了。这个速率称作执行器的行程速率。因而，执行器对小信号的响应看起来好像比对大信号的响应要快些，如图 5-54 所示。

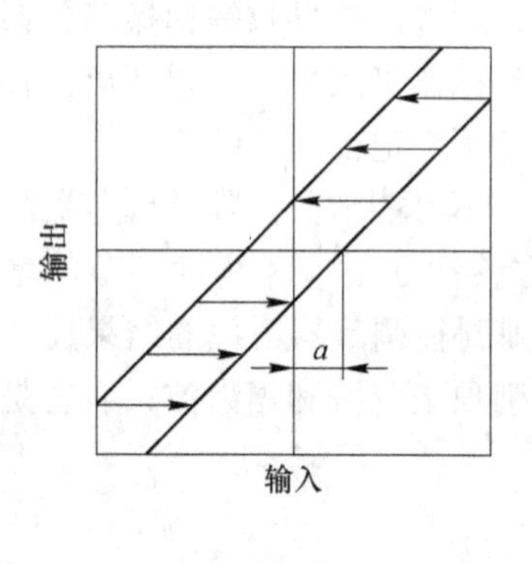

图 5-53　滞环

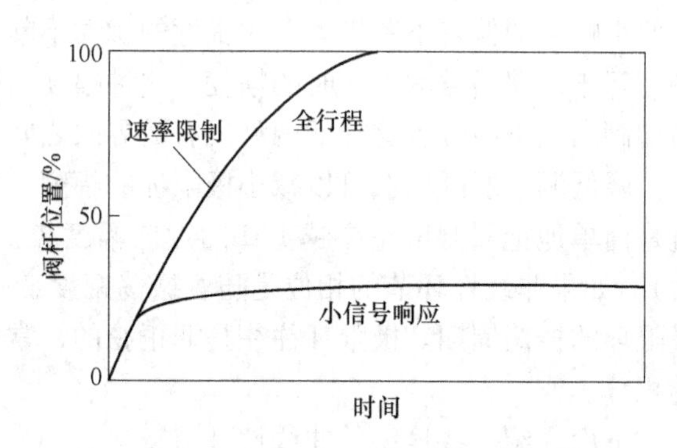

图 5-54　速率限制

因为速率限幅器产生的相位滞后随着幅度增大而增大，所以被调量出现大偏差时的振荡周期往往比出现小偏差时的振荡周期更长些。如果调整调节器使回路在大偏差下是稳定的，那么可以保证振荡一定是衰减的。因为回路的增益和振荡周期是随着幅度下降而减小的，最终幅度将衰减到线性范围内。速率限制带来的主要问题是在矫正大偏差的过程中使振荡周期变长了，这时应该适当增加积分时间，但微分时间不能增加。

5.10.2　非线性增益补偿

上一节中我们分析了系统中的非线性因素，主要存在于两个部分。一部分是用以实现控制的仪表或执行机构中所包含的非线性，它们一般属于典型非线性特性。另一部分是存在于对象本身。本小节中主要是针对变增益对象特性，介绍其解决方法——静态非线性特性补偿法，这也是工业中广泛采用的方法之一。

严格的说，大部分工业过程的静态特性都具有非线性特性。在非线性影响严重的时候，采用固定增益的控制器就很难适应。补偿原理就是设法使系统中的某一环节具有与对象增益相反的非线性特性，使之与原来的非线性特性相补偿，最后使系统的开环增益保持不变，校正成为一个线性系统。

非线性特性的补偿可以用很多方法来实现，例如用阀门特性或用变增益的控制器或采用函数变换器等，下面就几个实例加以说明。

5.10.2.1 采用阀门特性

调节阀门有各种不同的工作特性可供选择，而且在配置阀门定位器后，通过采用不同形状的反馈凸轮片可以得到所需要的阀门特性。因此，对不同对象的静态非线性，选择相应的阀门特性就可以补偿。现以图 5-55 所示换热器为例。

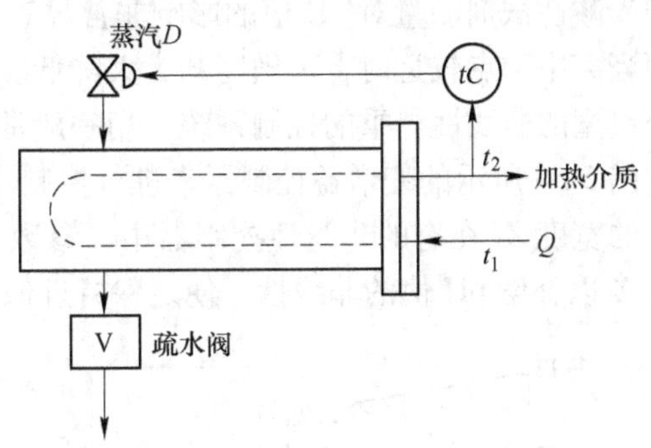

图 5-55 增益随流量变化的换热器

换热器的热平衡方程式可以写成

$$DH_s = Qc_p(t_2 - t_1) \tag{5-47}$$

式中，D 为蒸汽的质量流量；H_s 为蒸汽的汽化潜热；Q 为被加热介质的流量；c_p 为被加热介质的定压比热容；t_1，t_2 为被加热介质的进出口温度。

换热器的增益就是被调量 t_2 对蒸汽流量的导数

$$K_p = \frac{dt_2}{dD} = \frac{H_s}{Qc_p} \tag{5-48}$$

可以看到，换热器的增益是与介质流量成反比的。在温度和成分回路中都有这样的特性。已知对于具有等百分比特性的阀门，其增益 K_v 为

$$K_v = \frac{dQ}{dL} = \ln R \frac{D}{L_{max} D_{max}} \tag{5-49}$$

由式（5-49）可知，等百分比阀的静态增益正好与流过阀门的流量 D 成正比。在换热器中，如采用等百分比阀调节蒸汽，则 K_v 与蒸汽流量 D 成正比。此时系统的开环增益 K 为

$$K = K_c K_v K_p = K_c \left(\ln R \frac{D}{L_{max} D_{max}} \right) \frac{H_s}{Qc_p} \tag{5-50}$$

而 D 与 Q 的静态关系可由式（5-47）推导而得，只是要用介质出口温度的设定值 t_r 代替 t_2，则

$$Q = \frac{H_s}{c_p(t_r - t_1)} D \tag{5-51}$$

代入式（5-50）就可以得到 K 与负荷 D 无关的结论，从而补偿了对象的非线性特性。其中开环增益 K 为

$$K = \frac{K_c \ln R}{L_{max} D_{max}}(t_r - t_1) \tag{5-52}$$

同样，可用阀门定位器来实现补偿，它比用阀门特性补偿更为灵活。

5.10.2.2 利用变增益控制器

在化工生产中，酸碱的反应是常见的，但是要控制反应的酸碱度（pH值）是一件不容易的事，原因就在于此类反应的静态特性。图5-56描述了这种反应的特性曲线。

它是pH值相对于所加的酸性试剂与流入流量之比的关系曲线。首先要注意横坐标是一个比值，它表明过程的增益（即单位酸性流量所引起的pH值的变化）是要随着要处理的流入液体的流量而变化的。从图5-56可以明显地看到，在中和点附近，即pH=7左右，加入酸性试剂的量对pH值的影响非常灵敏，以致极微小的试剂量都会造成pH值的偏差。而当离中和点较远时，灵敏度却大大降低。因此只要提及pH值的控制，就公认为它是一个典型的非线性严重的控制系统。用一般常规的控制方法将得不到稳定的控制回路。这里用图5-57所示的变增益控制器来进行控制。此时，调整参数有两个，即增益K_z和低增益区的宽度Z(在有的非线性控制器中，参数$Z = \pm 30\%$，$K_z = 0.02 \sim 0.2$)。适当地调整K_z和Z以补偿pH值的非线性，使之保持近似不变。

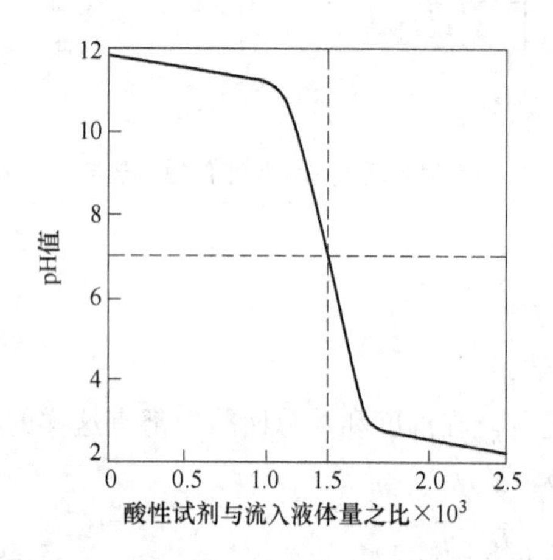

图5-56 酸碱中和反应过程中PH值的过程增益变化曲线

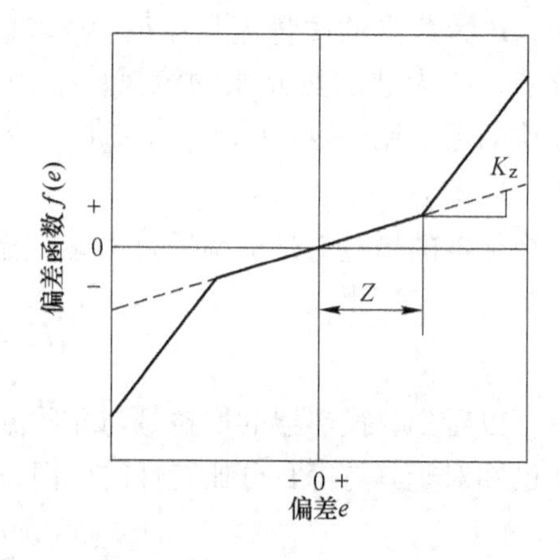

图5-57 具有可调宽度为Z，低增益为K_z的控制器特性曲线

5.10.2.3 利用函数变换器及各种运算单元

对于变化多端的非线性特性，只用图5-57所示的变增益控制器来补偿还是比较粗糙的，因为它只有两个可调参数，对于控制要求较高的系统，恐怕很难得到满意的效果。函数变换器和各种运算单元经过计算，调整和组合可以实现各种复杂形状的曲线，因而能够较为精确的进行补偿。例如一个希望获得高精度pH值的控制系统，如果将函数变换器置于pH值变送器与线性控制器之间，根据过程的静特性曲线（如图5-56所示）计算并调整函数变换器的输出曲线，使之与过程静特性正好抵消，最终如图5-58所示，将非线性系统转化为线性系统。

如果说设计和调整函数变换器十分麻烦，那么单元组合插件式仪表中越来越丰富的运算单元将是十分便于使用和调整的。比如某电厂单元机组的控制系统就多次利用这些运算

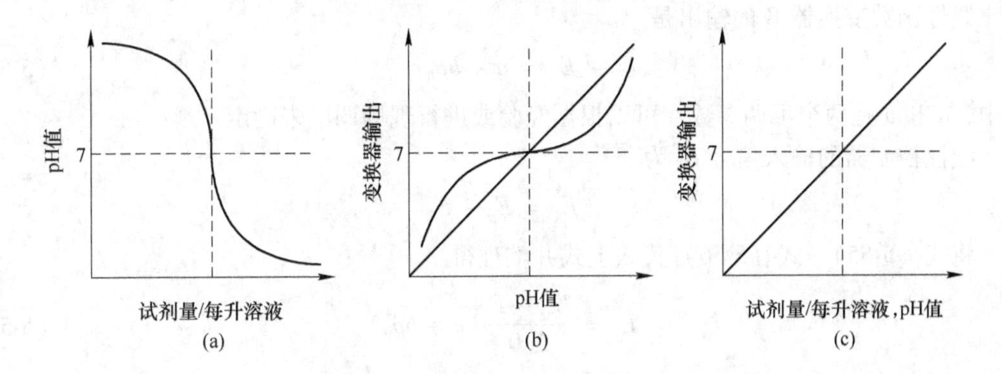

图 5-58　用函数变换器补偿对象非线性特性

（a）过程的静态非线性特性；（b）函数变换器特性；（c）广义对象静态特性

单元进行增益补偿。以它的锅炉给水全程控制系统为例，当锅炉启停或运行在低负荷（小于满负荷的 25%）情况下，采用单冲量控制系统。此时，因汽包压力变化幅度很大，亦即给水调节阀管路两侧的压差 Δp（给水泵和汽包间的压差）变化很大，即使调节阀的开度不变，通过阀门的给水流量却会随着汽包压力而变化。当汽包压力 p_d 升高时，通过调节阀的给水量会自动减少，这相当于阀门的增益与汽包压力 p_d 成反比，也就是说包括阀门在内的广义对象的增益与汽包压力成反比。为了补偿非线性特性，采用了如图 5-59 所示的控制方案。可以看到单冲量控制系统中增加了一个乘除器 A，一个非线性函数变换器 B 和一个加法器 C。此处电压信号用 E 表示。

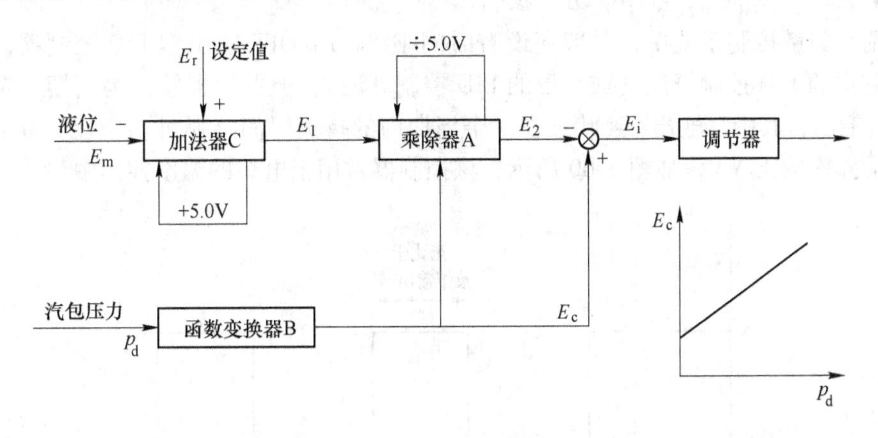

图 5-59　具有增益补偿的给水控制系统

其中加法器 C 的输出为

$$E_1 = E_r - E_m + 5.0 \tag{5-53}$$

乘除器 A 的输出为

$$E_2 = E_1 E_c / 5.0 \tag{5-54}$$

将式（5-53）代入式（5-54）得到

$$E_2 = \frac{(E_r - E_m + 5.0)E_c}{5.0} \tag{5-55}$$

线性函数变换器 B 的输出是

$$E_c = a + bp_d \tag{5-56}$$

其中，a 和 b 是两个可调参数，可以根据经验或进行现场调试来确定。

线性控制器的输入信号 E_i 为

$$E_i = E_c - E_2$$

将式（5-55）、式（5-56）代入上式并整理得

$$E_i = \frac{E_m - E_r}{5.0}(a + bp_d) \tag{5-57}$$

由式（5-57）可以看到，当汽包压力升高时，控制器的输入信号增加，相当于控制器的比例增益增大了，这正好可以抵消汽包压力对阀门增益的影响。只要适当地调节 a 和 b 两个参数就可以使回路总增益近似保持不变，从而提高了系统的控制品质。

虽然上述补偿是近似的，但是它的实现和调整都十分方便，尤其在使用单元组合仪表时，这种补偿既灵活又有效，现已逐步得到广泛的应用。但同时应注意到，为了实现补偿，往往要采用较多的运算单元，诸如加法器、乘法器、函数变换器等，因此给调试和应用带来了一定的困难。随着生产的发展和技术的更新，运算单元、组合仪表中的运算模块等品种增多并逐步配套，这些将有利于复杂控制系统的进一步发展和应用。

5.10.3 非线性 PID 调节器

5.10.3.1 时间-比例 ON/OFF 控制器

目前在集散控制系统中，一般还设有时间-比例 ON/OFF 输出型 PID 控制器，控制器算法为基本的 PID 控制算法（或变形的 PID 控制算法），但控制器输出为周期一定的触点 ON/OFF 输出，其中，输出 ON 状态在一个周期内的持续时间（脉冲占空比）正比于 PID 控制器的操作输出 MV，如图 5-60 所示，该控制器常用于电炉的温度控制中。

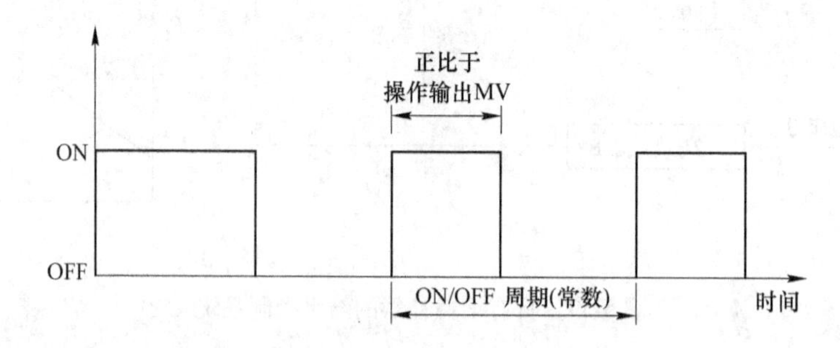

图 5-60 时间-比例 ON/OFF 输出型 PID 控制器

PID-TP 控制器的时间-比例 ON/OFF 输出总是在操作输出 MV 为 0 时，输出 OFF 状态；MV 为 100% 时，输出 ON 状态。具体计算公式为

$$\text{ON 时间(s)} = \text{ON/OFF 周期(s)} \times \text{MV 输出值(\%)}/100(\%) \tag{5-58}$$

5.10.3.2 误差平方调节器

标准的 PID 调节器可以修改为控制器增益作为一个控制误差的函数，例如，控制器增

益可以在大的误差下比较大，在小的误差下比较小，即令控制器增益随误差信号的绝对值变化。误差平方调节器的增益在数学上可以用下式描述

$$K_c = \frac{100}{P}f|e(t)| \tag{5-59}$$

其中

$$f|e(t)| = L + \frac{(1-L)|e(t)|}{100}, \quad 0 < L \leqslant 1 \tag{5-60}$$

PID 控制器的表达式为

$$u(t) = K_c\left[e(t) + \frac{1}{T_i}\int_0^t e(\tau)\mathrm{d}\tau - T_d\frac{\mathrm{d}y(t)}{\mathrm{d}t}\right] \tag{5-61}$$

式中，L 为线性度的一个可调参数；e 为偏差，用百分比表示。如果 $L=1$，则该调节器为线性的；当 L 接近于零时，控制作用变为误差平方控制律。

举例如下，假设 $L=0.2$，则式（5-59）成为

$$K_c = \frac{100}{P}\left[0.2 + 0.8\frac{|e(t)|}{100}\right] \tag{5-62}$$

当误差 $e(t)=0$ 时，$K_c = 0.2\frac{100}{P}$；当 $e(t)=50$，$K_c = 0.6\frac{100}{P}$；当 $e(t)=100$，$K_c = \frac{100}{P}$。当然，L 等于零是不希望的，因为这将使调节器变得对小信号不灵敏，结果会产生残余偏差。L 值在 0.1 附近时，调节器的最小增益为 $10/P$。

误差平方调节器的比例带必须根据预期的最大偏差来进行调整，因为该调节器对大信号的调节作用要比整定到适当衰减的线性调节器所提供的调节作用强，因此，过大的偏差容易造成回路的不稳定。另外，如同其他各种非线性调节器，其设定值响应一般要优于线性控制方式，这是因为设定值变化通常比负荷扰动变化要更大、更快些，这正好利用了非线性调节器在大偏差区域内具有高增益的优点。负荷扰动则以另一种面貌出现，它使被调量缓慢地偏离设定值。因为，线性调节器在设定值附近的区域内具有较高的增益，所以它对小负荷变化的响应往往比较有效。

工程上对中和过程的非线性过程进行补偿时，还经常采用 Shinskey 提出的三段式非线性调节器，这里就不再赘述了。

思考题与习题

1. 什么叫串级控制系统？试画出其典型方框图。
2. 与单回路控制系统相比，串级控制系统有哪些主要特点？
3. 为什么说串级控制系统由于存在一个副回路而具有较强的抑制扰动的能力？
4. 简述串级控制系统的特点，并分析串级控制系统通常可用在哪些场合？即分析在生产过程具有生命特点时，采用串级控制系统最能发挥它的作用。
5. 串级控制系统在副参数的选择和副回路的设计中应遵循哪些主要原则？
6. 串级控制系统主、副控制器正、反作用的选择顺序是什么？怎样确定主、副控制器的正反作用方式？
7. 串级控制系统的参数整定方法有哪些？

8. 对于如图 5-61 所示的蒸汽加热器串级控制系统，要求：
（1）画出控制系统的框图；
（2）如果工艺要求加热器的温度不能过高，试确定调节阀的气开、气关形式；
（3）确定主、副调节器的调节规律以及正反作用方式；
（4）当蒸汽流量或冷物料流量突然增加时，分别简述控制系统的故障过程。

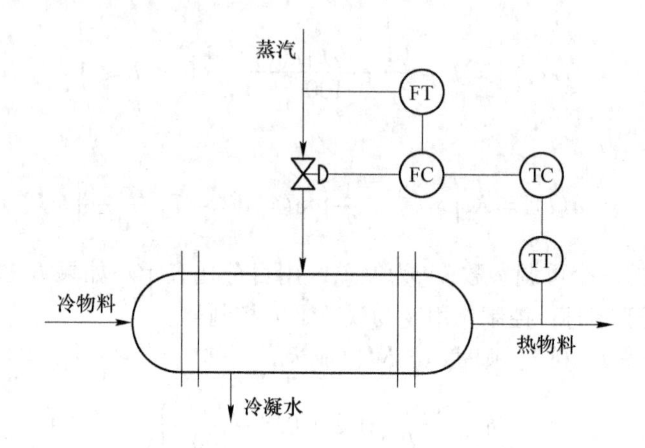

图 5-61

9. 什么是比值控制系统？
10. 常用的比值控制类型有哪些？各有什么特点？
11. 比值与比值系数有何不同？其关系是什么？
12. 设计比值控制系统时需解决哪些主要问题？
13. 比值控制系统参数的整定步骤有哪些？
14. 某化学反应过程要求参与反应的 A、B 物料保持 $F_1 : F_2 = 4 : 2.5$ 的比例，两种物料的最大流量为 $F_{1max} = 625m^3/h$，$F_{2max} = 625m^3/h$，通过观察发现 A、B 两种物料流量因管道压力波动经常发生变化。根据上述情况，要求：
（1）设计一个合适的比值控制系统；
（2）计算比值系数 K'（假定采用 DDZ-Ⅲ型仪表）；
（3）选择调节阀的开、闭形式和调节器的正、反作用方式。
15. 什么是选择性控制系统？其主要特点是什么？试述常用选择性控制方案的基本原理。
16. 试简述选择性控制系统的分类方法。
17. 在选择性控制系统中，选择器的类型是如何确定的？
18. 何谓积分饱和？积分饱和有什么危害？在选择性控制系统的设计过程中有哪些方法可以预防积分饱和现象？
19. 什么是分程控制系统？怎样实现分程控制？在分程控制中需注意哪些主要问题？
20. 分程控制系统主要特点是什么？主要应用于什么场合？
21. 分程控制系统中控制器的正、反作用是如何确定的？
22. 在分程控制系统中，什么情况下需选用同向动作控制阀，什么情况下需选用反向动作的控制阀？
22. 试述复杂控制系统有哪些？它们都是为什么目的而开发的？

第6章　先进过程控制技术

教学要求：掌握简单预测控制以及由其延伸出的模型预测控制、动态矩阵控制和广义预测控制的原理和方法；
掌握简单自适应控制的结构及特点，学会变增益自适应控制、模型参考自适应控制、自校正控制系统的原理及设计方法；
掌握多变量之间的耦合特性，了解常用的解耦方法；
掌握模糊控制的逻辑基础及系统结构；
掌握典型的神经网络模型，了解基于传统控制理论的神经网络控制及基于神经网络的智能控制；
掌握专家系统的结构及特点，了解专家系统的建造；
了解工业过程综合自动化系统的结构、特性及发展趋势。

重　　点：预测控制和自适应控制的原理及结构；
模糊控制和神经网络控制的原型及构造方法。

难　　点：解耦控制系统的设计；
模糊控制的逻辑基础。

6.1　预测控制

6.1.1　简单预测控制

大部分工业生产过程涉及多变量、高维度的复杂运作系统，难以建立精确的数学模型，而且其系统结构、参数以及环境具有不确定性、时变性、非线性，导致最优控制难以实现。预测控制是基于模型的控制，但对模型的要求不高，采用滚动优化策略，以局部优化取代全局最优，利用实测信息反馈校正，增强控制的鲁棒性。这种特性使预测模型从诞生之日起便获得快速发展。

预测控制思想主要是在20世纪70年代形成的，进入80年代后，随着模型算法控制（MAC）的问世，相继出现了动态矩阵控制（DMC）、扩展时域预测自适应控制（EPSAC）等结构各异的预测控制算法，这些算法分别基于有限脉冲响应（FIR）和有限阶跃响应（FSR）模型进行有限时域的滚动优化控制，算法简单，容易实现。1984年，Clarke及其合作者在上述算法的基础上，提出了广义预测控制（GPC）思想及基本方法，GPC基于参数模型，引入了不相等的预测水平和控制水平，使系统设计更灵活。1988年，袁璞提出了基于离散状态空间模型的状态反馈预测控制（State Feedback Predictive Control，SFPC）。近

10年来的美国控制会议（ACC）、IEEE决策与控制会议（CDC）和国际自动控制联合会（IFAC）世界大会几乎每年都有关于预测控制的专题分组及以预测控制为主题的工作讨论会。

预测控制结构如图6-1所示，该系统主要有三个重点研究对象：预测模型、在线（滚动）优化和反馈校正。

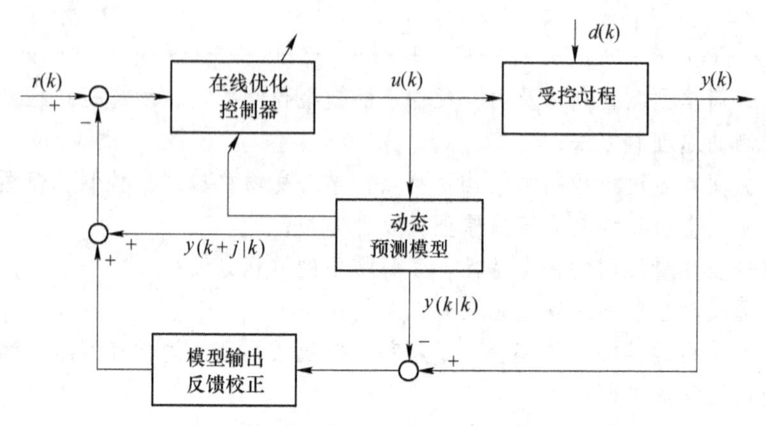

图6-1　预测模型原理图

预测模型形式主要包括参数模型和非参数模型。参数模型如微分方程、差分方程，非参数模型如脉冲响应、阶跃响应。预测模型的功能是根据被控对象的历史信息$\{u(k-j),y(k-j)\mid j\geqslant 1\}$和未来输入$\{u(k+j-1)\mid j=1,\cdots,m\}$，预测系统未来响应$\{y(k+j)\mid j=1,\cdots,p\}$，$j$、$k$分别表示某一时刻。

滚动优化是通过使某一性能指标量最优化来确定其未来的控制作用。预测控制是局部优化控制，不是采用一个不变的全局最优目标，而是采用滚动式的有限时域优化策略。在每一采样时刻，根据该时刻的优化性能指标，求解该时刻起有限时段的最优控制律。预测控制系统实施在线滚动策略，计算得到的控制作用序列也只有当前值是实际执行的，在下一个采样时刻又重新求取最优控制律。

反馈校正用来精确预测控制系统，避免模型失配等问题。实际被控过程存在非线性、时变性、不确定性等问题，使基于模型的预测不可能准确地与实际被控过程相符。反馈校正中，每个采样时刻，都要通过实际测到的输出信息对基本模型的预测输出进行修正，然后再进行新的闭环优化，不断根据系统的实际输出对预测输出作出修正，使滚动优化不但基于模型，而且利用反馈信息，构成闭环优化。

6.1.2　模型预测控制

模型预测控制算法中的模型称为预测模型。系统在预测模型的基础上根据对象的历史信息和未来输入预测其未来输出，并根据被控变量与设定值之间的误差确定当前时刻的控制作用，这比仅由当前误差确定控制作用的常规控制具有更好的控制效果。其采用基于脉冲响应的非参考模型作为内部模型，用过去和未来的输入/输出信息，预测系统未来的输出状态，经过用模型输出误差进行反馈校正后，再与参考输入轨迹进行比较，应用二次型性能指标滚动优化，再计算当前时刻加于系统的控制量，完成整个循环。该算法控制分为单步、多步、增量型、单值等多种模型算法控制。目前已在电厂锅炉、化工精馏塔等许多工业过程中获得成功应用，其原理如图 6-2 所示。

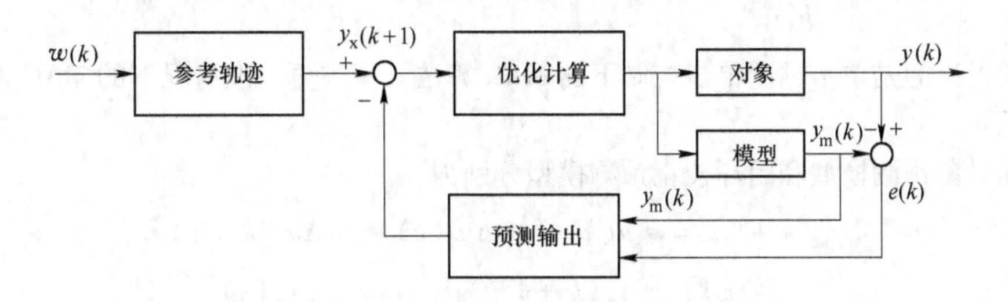

图 6-2 MAC 系统原理图

假设对象实际脉冲响应为 $\boldsymbol{h} = [h_1, h_2, \cdots, h_N]^{\mathrm{T}}$，预测模型脉冲响应为 $\hat{\boldsymbol{h}} = [\hat{h}_1, \hat{h}_2, \cdots, \hat{h}_N]^{\mathrm{T}}$。已知开环预测模型为

$$y_{\mathrm{m}}(k+i) = \sum_{j=1}^{N} \hat{h}_j u(k-j+i) \tag{6-1}$$

为使问题简化，这里假设预测步长 $P = 1$，控制步长 $L = 1$，这就是单步预测，单步控制问题。实现最优时，应有 $y_{\mathrm{r}}(k+1) = y_{\mathrm{m}}(k+1)$，将开环预测模型式（6-1）代入，则有

$$y_{\mathrm{r}}(k+1) = y_{\mathrm{m}}(k+1) = \sum_{j=2}^{N} \hat{h}_j u(k+1-j) + \hat{h}_1 u(k) \tag{6-2}$$

由式（6-2）可得

$$u(k) = \frac{1}{\hat{h}_1}\left[y_{\mathrm{r}}(k+1) - \sum_{j=2}^{N} \hat{h}_j u(k+1-j)\right] \tag{6-3}$$

假设

$$y_{\mathrm{r}}(k+1) = \alpha y(k) + (1-\alpha) y_{\mathrm{sp}} \tag{6-4}$$

$$\boldsymbol{u}(k-1) = [u(k-1), u(k-2), \cdots, u(k+1-N)]^{\mathrm{T}} \tag{6-5}$$

$$\boldsymbol{\phi} = [e_2, e_3, \cdots, e_{N-1}, 0]^{\mathrm{T}} \tag{6-6}$$

其中

$$e_i = [0, 0, \cdots, 1, 0, \cdots, 0]^{\mathrm{T}}$$

（1 为第 i 项）

则单步控制 $u(k)$ 为

$$u(k) = \frac{1}{\hat{h}_1}\left[(1-a) y_{\mathrm{sp}} + (a\boldsymbol{h}^{\mathrm{T}} - \hat{\boldsymbol{h}}^{\mathrm{T}}\boldsymbol{\phi}) u(k-1)\right] \tag{6-7}$$

若考虑闭环预测控制，只要用闭环预测模型代替公式（6-7），就可以导出闭环下的单步控制 $u(k)$ 为

$$u(k) = \frac{1}{\hat{h}_1}\left\{y_{\mathrm{r}}(k+1) - [y(k) - y_{\mathrm{m}}(k)] - \sum_{j=2}^{N} \hat{h}_j u(k+1-j)\right\} \tag{6-8}$$

在作同样的假设后，有

$$u(k) = \frac{1}{\hat{h}_1}\{(1-a)y_{sp} + [\boldsymbol{h}^T(\boldsymbol{I}-\boldsymbol{\phi}) - \boldsymbol{h}^T(1-a)]\boldsymbol{u}(k-1)\} \tag{6-9}$$

上面讨论的是单步预测单步控制下的 MAC 算法。至于更一般情况下的 MAC 控制律可推导如下。

已知对象预测模型和闭环校正预测模型分别为

$$y_m(k+1) = \hat{a}_s u(k) + A_1 \Delta u_1(k) + A_2 \Delta u_2(k+1) \tag{6-10}$$

$$y_p(k+1) = y_m(k+1) + h_0[y(k) - y_m(k)] \tag{6-11}$$

输出参考轨迹为 $y_r(k+1)$，设系统误差方程为

$$e(k+1) = y_r(k+1) - y_p(k+1) \tag{6-12}$$

若选取目标函数 J 为

$$J = e^T Q e + \Delta u_2^T \boldsymbol{R} \Delta u_2 \tag{6-13}$$

式中，Q 为非负定矩阵；$\boldsymbol{R}$ 为正定控制加权对称矩阵。

使上述目标函数最小，可求的最优控制量 Δu_2 为

$$\Delta u_2 = [\boldsymbol{A}_2^T \boldsymbol{Q} \boldsymbol{A}_2 + \boldsymbol{R}]^{-1} A_2^T Q e' \tag{6-14}$$

式中，e' 为参考轨迹与在零输入响应下闭环预测输出之差，记为

$$e'(k+1) = y_r(k+1) - \{\hat{a}_s u(k) + A_1 \Delta u_1(k) + h_0[y(k) - y_m(k)]\} \tag{6-15}$$

6.1.3 动态矩阵控制

动态矩阵控制（dynamic matrix control，简称 DMC）算法也是一种基于被控对象非参数数学模型的控制算法，与模型算法控制不同之处是，它以系统的阶跃响应模型作为内部模型。采用在工程上易于测取的对象阶跃响应做模型，计算量减少，鲁棒性较强。动态矩阵控制也适用于渐近稳定的线性过程，对于弱非线性对象，可在工作点处首先线性化；对于不稳定对象，可先采用常规 PID 控制使其达到渐进稳定，然后再使用 DMC 算法。现已在石油、石油化工、化工等领域的过程控制中成功应用，已有商品化软件出售。

设 DMC 算法中的离散卷积模型为

$$y_p = \boldsymbol{A}\Delta\boldsymbol{u} + h_0 y(k) + P \tag{6-16}$$

通常，预测步长 P 不同于控制步长 L，取 $L < P$，$\boldsymbol{A}\Delta\boldsymbol{u}$ 应表述为

$$\Delta\boldsymbol{u} = [\Delta u(k), \Delta u(k+1), \cdots, \Delta u(k+L-1)]^T \tag{6-17}$$

$$A = \begin{bmatrix} \hat{a}_1 & & & \mathbf{O} \\ \hat{a}_2 & \hat{a}_1 & & \\ \vdots & \vdots & \ddots & \\ \hat{a}_L & \hat{a}_{L-1} & \cdots & \hat{a}_1 \\ \vdots & \vdots & & \vdots \\ \hat{a}_P & \hat{a}_{P-1} & \cdots & \hat{a}_{P-L+1} \end{bmatrix}_{P\times L} \tag{6-18}$$

系统的误差方程为参考轨迹与预测模型之差。参考轨迹采用从现在时刻实际输出值出发的一阶指数形式，它在未来 P 个时刻的值为

$$\begin{cases} y_{\mathrm{r}}(k+i) = \alpha^{i} y(k) + (1-\alpha^{i}) y_{\mathrm{sp}} & (i = 1,2,\cdots,P) \\ y_{\mathrm{r}}(k) = y(k) & (a = \exp(-T/\tau)) \end{cases} \tag{6-19}$$

式中，T 为采样周期；τ 为参考轨迹的时间常数。如果采用式（6-19）的参考轨迹，则有

$$\boldsymbol{e} = \boldsymbol{u}_{\mathrm{r}} - \boldsymbol{y}_{\mathrm{p}} = \begin{bmatrix} 1-a \\ 1-a^{2} \\ \vdots \\ 1-a^{p} \end{bmatrix} [y_{\mathrm{sp}} - y(k)] - A\Delta u - P \tag{6-20}$$

令

$$e' = \begin{bmatrix} (1-a)e_{k} - P_{1} \\ (1-a^{2})e_{k} - P_{2} \\ \vdots \\ (1-a^{p})e_{k} - P_{\mathrm{p}} \end{bmatrix}$$

其中，$e_{k} = y_{\mathrm{sp}} - y(k)$，则上式可改写为

$$e = -\boldsymbol{A}\boldsymbol{\Delta u} + \boldsymbol{e}' \tag{6-21}$$

式中，e 为参考轨迹与闭环预测值之差；e' 为参考轨迹与零输入下闭环预测值之差；e_{k} 则是 k 时刻设定值与实际输出的差值。

取优化目标函数为

$$J = e^{\mathrm{T}} e \tag{6-22}$$

将式（6-21）代入式（6-22），可以得到无约束条件下目标函数最小时的最优控制量 $\boldsymbol{\Delta u}$ 为

$$\boldsymbol{\Delta u} = (\boldsymbol{A}^{\mathrm{T}}\boldsymbol{A})^{-1}\boldsymbol{A}^{\mathrm{T}}\boldsymbol{e}' \tag{6-23}$$

如果预测步长 $\boldsymbol{P}$ 与控制步长 $\boldsymbol{L}$ 相等，则可求得控制向量的精确解为

$$\boldsymbol{\Delta u} = \boldsymbol{A}^{-1}\boldsymbol{e}' \tag{6-24}$$

这里需要说明，通常情况下，虽然计算出最优控制量 $\boldsymbol{\Delta u}$ 序列，但往往只是把第一项 $\Delta u(k)$ 输出到实际系统，到下一采样时刻再重新计算 $\boldsymbol{\Delta u}$ 序列，并输出该序列中的第一个 $\boldsymbol{\Delta u}$ 值，周而复始。有时，为了减少计算量，也可以试试前面几个控制值。此时需要注意，如果模型不正确，将会使系统的动态性能变差。

6.1.4　广义预测控制

6.1.4.1　广义预测控制概述

广义预测控制（generalized predictive control，简称 GPC）是在自适应控制的研究中发展起来的预测控制算法。它的预测模型采用 CARIMA（离散受控自回归积分滑动平均模型）或 CARMA（离散受控自回归滑动平均模型），克服了脉冲响应模型、阶跃响应模型不能描述不稳定过程和难以在线辨识的缺点。

广义预测控制保持最小方差自校正控制器的模型预测，在优化中引入了多步预测的思想，抗负载扰动、随机噪声、延时变化等能力显著提高，具有许多可以改变各种控制性能的调整参数。它不仅能用于开环稳定的最小相位系统，还可用于非最小相位系统、不稳定系统和变纯滞后、变结构系统。它在模型失配情况下仍能获得良好的控制性能。

图 6-3 为广义预测控制的结构图，在 GPC 中，采用最小方差控制中所用的受控自回归积分滑动平均模型（CARIMA ）来描述受到随机干扰的对象，即

$$A(q^{-1})y(k) = B(q^{-1})q^{-d}u(k) + \frac{C(q^{-1})\xi(k)}{\Delta} \tag{6-25}$$

其中

$$A(q^{-1}) = 1 + a_1q^{-1} + \cdots + a_{n_a}q^{-n_a}$$
$$B(q^{-1}) = b_0 + b_1q^{-1} + \cdots + b_{n_b}q^{n_b}$$
$$C(q^{-1}) = c_0 + c_1q^{-1} + \cdots + c_{n_c}q^{n_c}$$

q^{-1}是后移算子，$y(k)q^{-1} = y(k-1)$；$\Delta = 1 - q^{-1}$为差分算子；$\xi(k)$是一个独立的随机噪声序列。为研究方便，若假设 $d = 1$ ，则模型可简化为

$$A(q^{-1})y(k) = B(q^{-1})u(k-1) + \frac{C(q^{-1})\xi(k)}{\Delta} \tag{6-26}$$

则 $k+j$ 时刻系统模型为

$$A(q^{-1})y(k+j) = B(q^{-1})u(k+j-1) + \frac{C(q^{-1})\xi(k+j)}{\Delta} \tag{6-27}$$

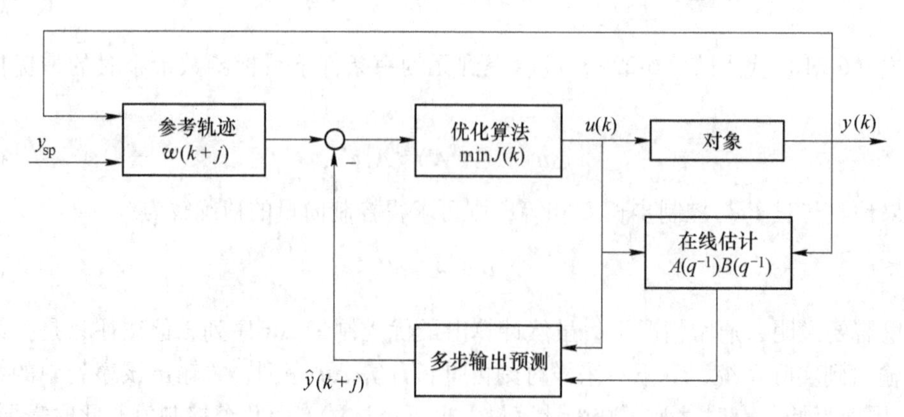

图 6-3　广义预测控制结构图

因为 $y(k+j)$ 中含有未知信息，因此引入 Diophantine 方程获得系统在 $k+j$ 时刻的输出预测值。Diophantine 方程为

$$1 = A(q^{-1})E_j(q^{-1})\Delta + q^{-j}F_j(q^{-1}) \tag{6-28}$$

其中

$$E_j(q^{-1}) = e_{j,0} + e_{j,1}q^{-1} + \cdots + e_{j,j-1}q^{-(j-1)}$$

$$F_j(q^{-1}) = f_{j,0} + f_{j,1}q^{-1} + \cdots + f_{j,n_a}q^{-n_a}$$

E_j 和 F_j 由 $A(q^{-1})$ 和预测长度 j 唯一确定，由式(6-26)～式(6-28)可化简得到如下方程：$y(k+j) = BE_j\Delta u(k+j-1) + F_jy(k) + E_j\xi(k+j)$，从而得到 GPC 预测模型为

$$y_M(k+j) = G_j\Delta u(k+j-1) + F_jy(k) \tag{6-29}$$

其中

$$G_j = BE_j = \frac{B(1-q^{-j}F_j)}{A\Delta} = g_{j,0} + g_{j,1}q^{-1} + \cdots + g_{j,n_b+j-1}q^{-(n_b+j-1)} \tag{6-30}$$

因此，对于未来 $k+j$ 时刻的输出估计只使用 k 时刻之前的输出以及我们根据最优性能指标确定的输入来确定即可。

6.1.4.2　极点配置广义预测控制

预测控制系统的闭环稳定性尚未完全解决，这是由于闭环特征多项式的零点位置与系统中的多个可调参数有关，不易导出稳定性与各参数间的显式联系，使设计者不能将闭环极点配置在所期望的位置上。若能在多步预测控制系统中引入极点配置技术，将极点配置与多步预测结合起来组成广义预测极点配置控制，则将进一步提高预测控制系统的闭环稳定性和鲁棒性。

6.2　自适应控制

6.2.1　简单自适应控制

在反馈控制和最优控制中，都假定被控对象或过程的数学模型是已知的，并且具有线性定常的特性。实际上在许多工程中，被控对象或过程的数学模型事先是难以确定的，即使在某一条件下被确定了的数学模型，在工况和条件改变以后，其动态参数甚至模型的结构仍然经常发生变化。

在发生这些问题时，常规控制器不可能得到很好的控制品质。为此，需要设计一种特殊的控制系统，它能够自动地补偿在模型阶次、参数和输入信号方面非预知的变化，这就是自适应控制。而自适应控制器的特点就是它能修正自己的特性以响应过程和扰动的动力学特性变化。

自适应控制的研究对象是具有一定程度不确定性的系统，这里所谓“不确定”是指描述被控对象及其环境的数学模型不是完全确定的，其中包含一些未知因素和随机因素。

最早的自适应控制方案是在 20 世纪 50 年代末由美国麻省理工学院怀特（Whitaker）首先提出的飞机自动驾驶仪的模型参考自适应控制方案。自适应控制是自动控制领域中的

一个新分支，取得了很大的发展，并得到了广泛的重视。自适应系统主要由控制器、被控对象、自适应器及反馈控制回路和自适应回路组成，其结构系统如图6-4所示。

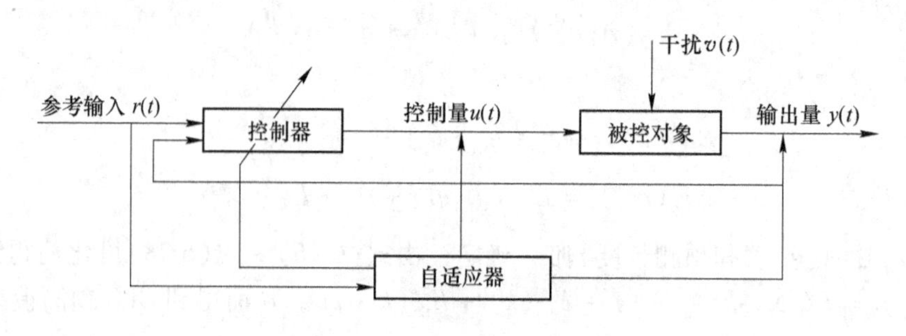

图6-4　自适应控制系统

与常规反馈控制系统比较，自适应控制系统有三个显著特点：控制器可调，相对于常规反馈控制器固定的结构和参数，自适应控制系统在控制的过程中一般是根据一定的自适应规则不断更改或变动其结构和参数；系统中增加了自适应回路（或称自适应外环），它的主要作用就是根据系统运行情况，自动调整控制器，以适应被控对象特性的变化；自适应控制适用于被控对象特性未知或扰动特性变化范围很大，同时又要求经常保持高性能指标的一类系统，设计时不需要完全知道被控对象的数学模型。

到目前为止，在先进的科技领域出现了许多形式不同的自适应控制方案，如增益自适应控制、模型参考自适应控制（MRAC）、自校正控制（STC）、直接优化目标函数自适应控制、模糊自适应控制等，本书主要就变增益自适应控制、模型参考自适应控制和自校正控制系统进行介绍。

6.2.2　变增益自适应控制

变增益自适应控制系统的工作原理是根据检测引起参数变动的环境条件（辅助变量f），直接查找预先设计好的表格选择控制器的增益，以补偿系统受环境等条件变化而造成对象参数变化的影响。

在很多情况下，过程动力学特性随过程的运行条件而变化的关系是已知的，此时我们就可以通过检测过程的运行条件来调整控制器参数，以适应被控过程特性的变化。这种方法的关键是：找出影响对象参数变化的辅助变量，并设计好辅助变量与最佳控制器增益的对应关系。结构如图6-5所示，其结构和原理比较直观，调节器按被控系统的参数已知变化规律进行设计。

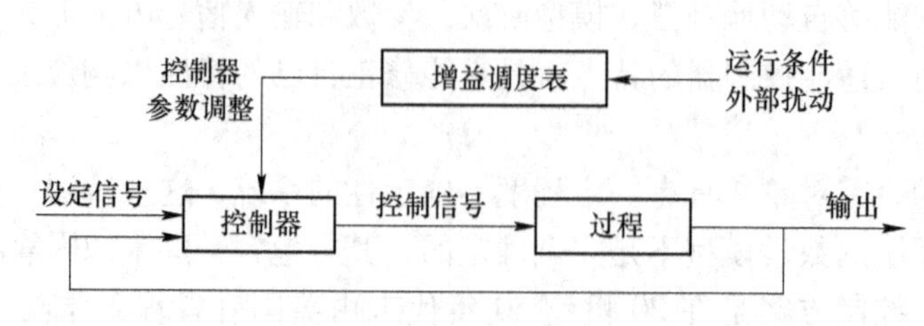

图6-5　变增益自适应系统

当参数因工作情况和环境等变化而变化时，通过测量能反映系统当前状态的系统变量，比照系统的运行要求（或性能指标），经过计算并按规定的程序来改变调节器的增益结构。

这种系统的优点是具有快速的自适应能力，其缺点是它对于不正确的调度没有反馈补偿功能，因此属于一种开环补偿。此外，增益调度控制器的设计需要具备较多的过程机理知识。当然，对于复杂的被控系统，仅仅进行增益的自适应是不够的。因此，研究对更多的参数的变化以及结构的变化的自适应是理论和应用发展的需要。

6.2.3 模型参考自适应控制

模型参考自适应系统的基本思想是使可调系统的运行性能或参数以可以接受的程度接近于参考模型的值，而参考模型是人们按照预期性能设计的系统，因而可调系统总按照预期性能要求运行，从而达到自适应控制的目的。

模型参考自适应控制（model reference adaptive control，MRAC）由以下几个部分组成，即被控对象、反馈控制器、参考模型和调整控制器参数的自适应机构等，如图 6-6 所示。这类系统包括内环和外环两个环路。内环是由被控对象和控制器组成的普通反馈回路；而控制器的参数由外环调整。参考模型的输出 y_m 就是对象输出的期望值。

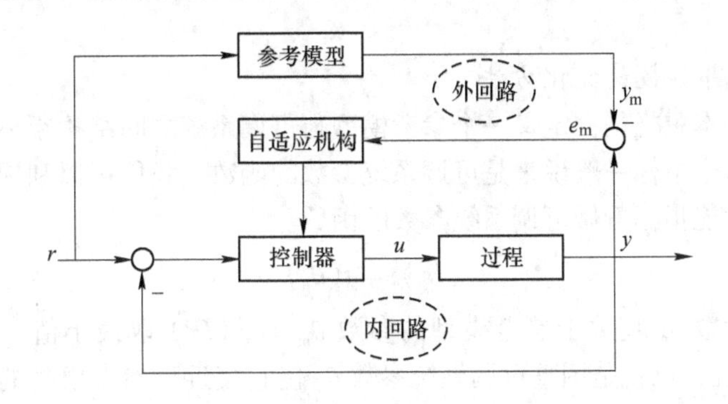

图 6-6 模型参考自适应控制结构图

当参考输入 $r(t)$ 同时加到系统和参考模型的入口时，由于对象的初始参数未知，控制器的初始参数不会调整的很好。因此系统的输出 $y(t)$ 在初始运行时与参考模型的输出 $y_m(t)$ 也不会完全一致，结果产生偏差 $e(t)$ 。由 $e(t)$ 驱动自适应机构，产生适当的调节作用，直接改变控制器的参数，从而使系统输出 $y(t)$ 逐渐逼近 $y_m(t)$ ，直到 $y(t)=y_m(t)$ ，$e(t)=0$ 为止。当 $e(t)=0$ 后，自适应参数调整过程就自动停止了。当对象特性在运行过程中发生了变化，自适应控制器参数的自适应调整过程与上述过程相同。

设参考模型的方程为

$$\dot{X}_m = A_m X_m + Br \tag{6-31}$$

$$y_m = CX_m \tag{6-32}$$

被控系统的方程为

$$\dot{X}_s = A_s X_s + B_s r \tag{6-33}$$

$$y_s = CX_s \tag{6-34}$$

两者动态响应的比较结果称为广义误差，定义输出广义误差为

$$e = y_m - y_s \tag{6-35}$$

状态广义误差为

$$\varepsilon = x_m - x_s \tag{6-36}$$

自适应控制的目标是使得某个与广义误差有关的自适应控制性能指标 J 达到最小。J 可有不同的定义，例如单输出系统的

$$J = \int_0^t e^2(\tau)\mathrm{d}\tau \tag{6-37}$$

或多输出系统的

$$J = \int_0^t e^{\mathrm{T}}(\tau)e(\tau)\mathrm{d}\tau \tag{6-38}$$

设计这类自适应控制系统的核心问题是如何综合自适应调整律（简称自适应律），即自适应机构所遵循的算法，使可调系统的实际行为逼近参考模型的行为。目前主要有三种设计方法：局部参数最优化方法、李雅普诺夫直接法以及基于波波夫超稳定性理论的设计方法等。

6.2.3.1 局部参数最优化方法

这种方法的基本思想是：定义一个参考模型与可调系统之间结构距离以及状态距离的二次性能指标，这个指标一般说来是可调系统参数的函数。我们可以利用多元函数求极值的方法，将系统性能指标看做可调系统参数的函数。

$$(IP) = f(\theta_n) \tag{6-39}$$

当可调系统参数 θ_n 收敛于参考模型的参数 θ_m 时，(IP) 取最小值。反过来说，寻找 (IP) 最小值的过程，也就是调整可调系统参数 θ_n 使它接近于参考模型的参数 θ_m 的过程。这就是参数最优化的含义。实现参数最优化的算法有梯度法、最速下降法和共轭梯度法等。最早的 MIT 自适应律就是利用这种方法求得的。

局部参数最优化方法中“局部”的含义：由于参数最优化方法中都常常要求多元函数为凸函数，这对模型参考自适应系统是十分苛刻的条件，于是只能在初始参数距离 $\|\theta_n - \theta_m\|$ 较小的情况下，近似为凸函数成立，才可以应用这一方法。这种方法的缺点是，不能确保所设计的自适应控制系统的全局渐近稳定性，甚至对简单的受控对象，在某些输入信号的作用下，控制系统也可能丧失稳定性。

6.2.3.2 基于稳定性理论的方法

基于稳定性理论的方法包括两种，即基于李雅普诺夫稳定性理论的设计方法以及基于波波夫（Popov）超稳定性理论的设计方法。李雅普诺夫稳定性理论和波波夫（Popov）超稳定性理论都是设计自适应律的有效工具。其基本思想是保证控制器参数自适应调节过程是稳定的。因此，这种自适应律的设计自然要采用适用于非线性系统的稳定性理论。

按照李雅普诺夫稳定性第二定理（又称直接法），对于采用状态方程：$\dot{x} = f(x,t)$ 描述，且 $f(0,t) = 0$，$\forall t$ 的系统，如果存在一个具有连续偏导数的正定函数 $V(x,t)$（称为能

量函数），而且在沿着上述系统方程的轨迹上，$\dot{V}$是半负定（或负定）的，则称函数V为李雅普诺夫函数，且系统对于状态空间的坐标原点$x=0$为李雅普诺夫意义下稳定（或渐近稳定）。

李雅普诺夫函数的物理意义可以理解为：一个振动着的力学系统，如果振动的蓄能不断衰减，则随着时间增长，系统将稳定于平衡状态，而李雅普诺夫函数实际上可视为一个虚拟的能量函数。

李雅普诺夫函数的几何意义可以理解为：$V(x,t)$ 表示状态空间原点到状态x的距离的度量，如果其原点到瞬间状态$x(t)$间的距离随着时间t的增长而不断减小，则系统稳定，$\forall(x,t)$ 对时间的一阶偏导数相当于$x(t)$接近原点的速度。

采用李雅普诺夫稳定性方法，不需要求解系统特征方程，而是寻求一个李雅普诺夫函数（能量函数）去直接判定动态系统稳定性。

在模型参考自适应系统中，定义一个广义状态误差向量

$$e = x_m - x_s \tag{6-40}$$

从误差方程出发寻找李雅普诺夫函数$V(x,t)$，进而确定自适应律，最终实现

$$\lim_{t\to\infty} e = 0 \tag{6-41}$$

即使可调系统状态x_s收敛于参考模型状态x_m。

6.2.4 自校正控制

自校正控制的思想由 Kalman 在 1958 年最早提出。1970 年 Peterka 把自校正思想引入随机系统。直到 1973 年才获得实质性的突破，这一富有创见的工作是由瑞典隆德工学院的 Astrom 和 Wittenmark 针对参数未知的定常系统正式提出的自校正调节器（STR），他们把系统的在线辨识技术和最小方差相结合，构成了自校正的基本思想。英国牛津大学的 Clark 和 Gawthrop 于 1975 年和 1979 年推广了 Astrom 的思想，在一般最优指标下，给出了广义最小方差自校正控制器、广义预测控制 GPC 等。此外，人们也开始研究既能保持实现简单，又能具有直观性和鲁棒性的新方法，即使这种方法不是最优的，也能为工程界所接受，这就是极点配置自校正控制技术。

自校正控制系统是自适应控制中的一个相当活跃的分支，它基本上有两个方向发展：一个是基于随机控制理论和最优控制理论的发展；另一个是基于极点和零极点配置理论的自校正控制。自校正控制系统将参数估计递推算法与各种不同类型控制算法综合起来，形成一个能自动校正控制器参数的实时计算机控制系统，是“组合型”控制器设计思想的体现。

自校正控制系统的基本结构如图 6-7 所示，自校正控制系统也由两个回路组成。内回路包括被控过程和线性反馈控制器。外回路用来调整控制器参数，它由递推参数估计器和控制器参数调整机构组成。其中参数估计器的功用是根据被控对象的输入$u(t)$及输出$y(t)$信息连续不断地估计控制对象参数$\hat{\theta}$。参数估计的常用算法有随机逼近法、最小二乘法、极大似然法等。

这里简单介绍一下线性定常单输入单输出离散时间系统的最小方差自校正控制，该系

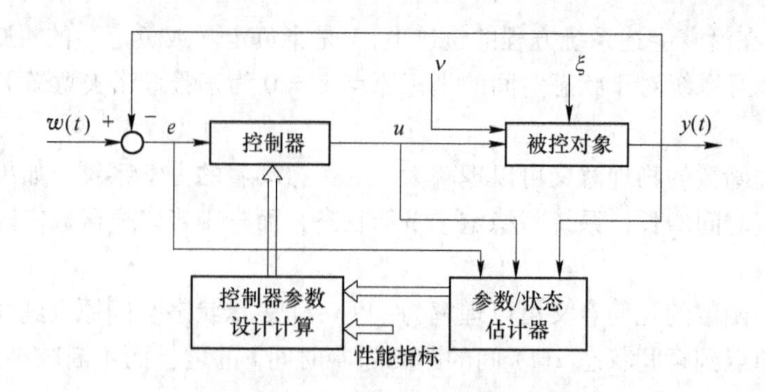

图6-7　自校正控制系统的基本结构

统应用如下输入输出模型

$$y(k)+a'_1y(k-1)+a'_2y(k-2)+\cdots+a'_ry(k-r)$$
$$=b'_0u(k-m)+b'_1u(k-m-1)+\cdots+b'_ru(k-m-r)$$

式中，k 表示采样时刻序列，m 表示控制对输出的传输延时。如引入一步延时算子 q^{-1}，即

$$y(k-1)=q^{-1}y(k) \tag{6-42}$$

$$u(k-1)=q^{-1}u(k) \tag{6-43}$$

则上式可表示为

$$y(k)+a'_1q^{-1}y(k)+a'_2q^{-2}y(k)+\cdots+a'_rq^{-r}y(k)$$
$$=b'_0u(k-m)+b'_1q^{-1}u(k-m)+\cdots+b'_rq^{-r}u(k-m)$$

写成简式为

$$A_1(q^{-1})y(k)=B_1(q^{-1})u(k-m) \tag{6-44}$$

式中

$$A_1(q^{-1})=1+a'_1q^{-1}+\cdots+a'_rq^{-r} \tag{6-45}$$

$$B_1(q^{-1})=b'_0+b'_1q^{-1}+\cdots+b'_rq^{-r} \tag{6-46}$$

$$y(k)=\frac{B_1(q^{-1})}{A_1(q^{-1})}u(k-m)=\frac{B_1(q^{-1})}{A_1(q^{-1})}q^{-m}u(k) \tag{6-47}$$

其中，$\frac{B_1(q^{-1})}{A_1(q^{-1})}q^{-m}$ 为系统脉冲传递函数。

如果系统存在随机干扰，则有

$$y(k)=\frac{B_1(q^{-1})}{A_1(q^{-1})}u(k-m)+v(k) \tag{6-48}$$

式中，$v(k)$可以是有色噪声，设其为平稳随机过程，则可以看成为白噪声通过成形滤波器的输出，成形滤波器的脉冲传递函数 $H(q^{-1})$ 可以由 $v(k)$ 的功率谱密度 $S_r(\omega)$ 进入谱分解求得，即

$$S_r(\omega)=H(e^{j\omega})H(e^{-j\omega}) \tag{6-49}$$

故随机干扰的数学模型可表示为

$$v(k) = H(q^{-1})e(k) \tag{6-50}$$

式中，$e(k)$为白噪声。$H(q^{-1})$一般为分式多项式：

$$H(q^{-1}) = \frac{C_1(q^{-1})}{A_2(q^{-1})} \tag{6-51}$$

代入系统模型，则得

$$y(k) = \frac{B_1(q^{-1})}{A_1(q^{-1})}u(k-m) + \frac{C_1(q^{-1})}{A_2(q^{-1})}e(k) \tag{6-52}$$

等式两边乘 $A_1(q^{-1})A_2(q^{-1})$ 则得

$$A(q^{-1})y(k) = B(q^{-1})u(k-m) + C(q^{-1})e(k) \tag{6-53}$$

这里

$$\begin{aligned} A(q^{-1}) &= A_1(q^{-1})A_2(q^{-1}) = 1 + a_1q^{-1} + \cdots + a_nq^{-n} \\ B(q^{-1}) &= A_2(q^{-1})B_1(q^{-1}) = b_0 + b_1q^{-1} + \cdots + b_nq^{-n} \qquad (b_0 = 0) \\ C(q^{-1}) &= A_1(q^{-1})C_1(q^{-1}) = c_0 + c_1q^{-1} + \cdots + c_nq^{-n} \end{aligned}$$

在辨识中，这类模型称为被控自回归滑动平均模型 CARMA。

对于上述一个线性定常单输入单输出受控系统设计一个最优控制器，使随机输出的稳态方差为

$$J = E\{[y(k+m) - \bar{y}(k+m)]^2\} \tag{6-54}$$

使上式值取最小求控制器参数的方法就是自校正控制系统控制器设计的常用方法——最小方差控制。式中，$\bar{y}(k+m)$ 为确定性输出。

在最小方差控制的基础上，先后又发展了极点配置自校正控制和自校正 PID 控制，弥补了最小方差算法在控制过程中的不足。

自校正控制基于对被控对象数学模型的在线辨识，然后按给定的性能指标在线地综合最优控制规律，是系统模型不确定情况下的最优控制问题的延伸，自诞生以来，一直是控制界的热点，但除了简单自适应控制系统以外，各种复杂的自适应控制系统未能在工业上进一步推广，原因主要有：

（1）自适应控制是辨识与控制的结合，但两者有一个难解决的矛盾，辨识需要有持续不断的激励信号，控制却要求平稳少变，已经有人考虑过一些办法，然而实际上未能解决。

（2）自适应控制中，除了原来的反馈回路外，还增加了调整控制算法的适应作用回路。后者（外回路）常常是非线性的，系统的稳定性有时无法保证。

（3）辨识模型因结构固定，只能反映实际模型参数不确定性，且对时滞及其变化十分敏感，要知道对象模型阶数，这在实际上往往难以做到。有人评价，自适应控制成绩不小，问题不少，总的来说，还需要新的突破。

6.3 解耦控制

现实中，任何一个能够制造或提炼产品的工艺过程都不可能只在一个单回路控制下进

行生产，每一个操作单元至少需要控制两个变量，即产量和质量。但是到目前为止，我们讨论的控制系统范围大部分还限于单一调节量的控制系统，而且也只允许独立规定一个被调量。如果在同一过程中具有多个输入变量和多个输出变量，准备采用多个控制回路，就会产生这样的问题：哪个阀门应该由哪个调节器来操纵？

我们需要一种方法来确定过程中每个被调量对每个调节量的相对响应特性，以便指导设计者去构造控制系统，这就是我们这里要介绍的解耦控制系统。

6.3.1 系统间的关联

在多变量过程控制中，虽然变量间互相关联，然而总有一个控制量对某一被控量的影响是最基本的，对其他被控量的影响是次要的，这就是控制变量与被控变量间的搭配关系，也就是常说的变量配对。

一个系统中可以有不同的变量配对关系，适当地选择变量间的配对关系，有可能削弱各通道间的关联（耦合）程度，以致可以不必再进行解耦。

在多变量系统中，如何合理地选择输出变量（被控量）与输入变量（控制量）间的配对关系，并确定各系统间的耦合程度，是确定多变量系统是否需要进行解耦设计的关键问题。相对增益的概念正是为解决上述问题而提出来的。

如图6-8所示，流量、压力控制方案就是相互耦合、关联严重的控制系统。在这两个控制系统中，单把其中任意一个投运都是不成问题的，生产上亦用得很普遍。然而若把两个控制系统同时投运，问题就出现了。控制阀A和B对系统压力的影响程度同样强烈，对流量的影响程度亦相同。因此当压力偏低而开大控制阀A时，流量亦将增加，如果通过流量控制起作用而关小阀B，结果又使管道的压力上升。阀A和阀B相互间就是这样互相影响着。

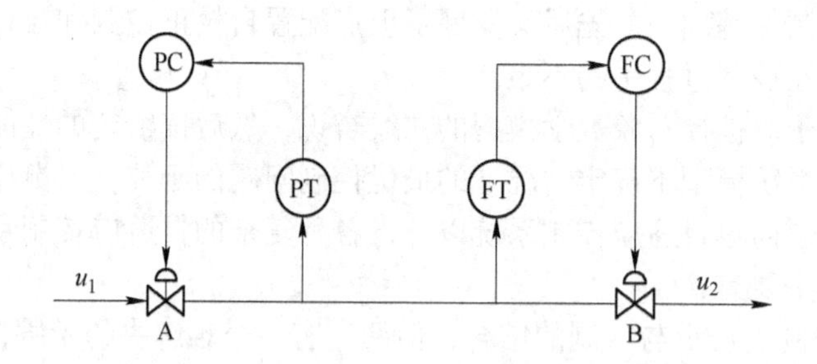

图6-8 关联严重的控制系统

在一个装置或设备上，如果设置多个控制系统，关联现象就可能出现。然而，有些系统间的关联并不显著。系统间的关联程度是不一样的，那么如何来表征系统的关联程度呢？可以采用“相对增益”的方法来分析。

令某一通道 $u_j \to y_i$ 在其他系统均为开环时的放大系数与该通道在其他系统均为闭环时的放大系数之比为 λ_{ij}，称为相对增益，则

$$\lambda_{ij} = \frac{\partial y_i / \partial u_j \mid_u}{\partial y_i / \partial u_j \mid_y} \tag{6-55}$$

式中分子项外的下标 u 表示除了 u_j 以外，其他都保持不变，即都为开环；分母项外的下标

y 表示除了 y_i 以外，其他 y 都保持不变，即其他系统都为闭环系统。

现以图 6-9 所示系统为例，该系统为双输入双输出对象稳态特性框图。

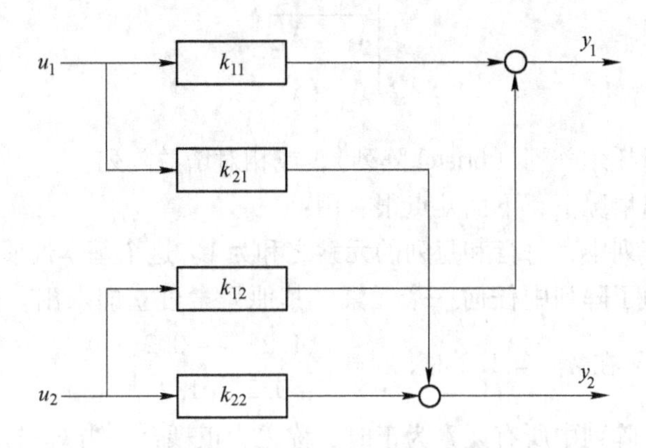

图 6-9 双输入双输出对象稳态特性框图

由图 6-9 可得，该系统稳态方程为

$$y_1 = k_{11}u_1 + k_{12}u_2 \tag{6-56}$$

$$y_2 = k_{21}u_1 + k_{22}u_2 \tag{6-57}$$

式中，k_{ij} 表示第 j 个输入变量作用于第 i 个输出变量的放大系数。

下面来求 λ_{11}，首先求取 λ_{11} 的分子项 $\partial y_i/\partial u_j\big|_u$，除 u_1 外，其他 u 不变，则有

$$\left.\frac{\partial y_1}{\partial u_1}\right|_{u_2=\text{常数}} = k_{11} \tag{6-58}$$

再求 λ_{11} 的分母项 $\partial y_i/\partial u_j\big|_y$，除 y_1 外，其他 y 不变，由式（6-56）和式（6-57）可得

$$y_1 = k_{11}u_1 + k_{12}u_2 \tag{6-59}$$

$$0 = k_{21}u_1 + k_{22}u_2 \tag{6-60}$$

由上两式可得

$$y_1 = k_{11}u_1 - k_{12}\frac{k_{21}}{k_{22}}u_1 \tag{6-61}$$

所以

$$\left.\frac{\partial y_1(s)}{\partial u_1(s)}\right|_{y_2=\text{常数}} = k_{11} - k_{12}\frac{k_{21}}{k_{22}} = \frac{k_{11}k_{22} - k_{12}k_{21}}{k_{22}} \tag{6-62}$$

求得 λ_{11} 的分子项与分母项即可得 λ_{11}

$$\lambda_{11} = \frac{\partial y_i/\partial u_j\big|_u}{\partial y_i/\partial u_j\big|_y} = \frac{k_{11}k_{22}}{k_{11}k_{22} - k_{12}k_{21}} \tag{6-63}$$

同样可推导出

$$\lambda_{22} = \lambda_{11} = \frac{k_{11}k_{22}}{k_{11}k_{22} - k_{12}k_{21}} \tag{6-64}$$

$$\lambda_{12} = \lambda_{21} = \frac{-k_{12}k_{21}}{k_{11}k_{22} - k_{12}k_{21}} \tag{6-65}$$

如果排成数阵形式

$$
\begin{array}{c|cc}
 & u_1 & u_2 \\
\hline
y_1 & \lambda_{11} & \lambda_{12} \\
y_2 & \lambda_{21} & \lambda_{22}
\end{array}
\tag{6-66}
$$

上式称为布里斯托尔阵列（bristol 阵列），或相对增益阵列。

在双输入双输出情况下，下面几点很有用：

（1）相对增益阵列中，每行和每列的元素之和为1。这个基本性质在 2×2 变量系统中特别有用。只要知道了阵列中任何一个元素，其他元素可立即求出。例如，在 $\lambda_{11} = 0.5$ 时，$\lambda = \begin{bmatrix} 0.5 & 0.5 \\ 0.5 & 0.5 \end{bmatrix}$；在 $\lambda_{11} = 1.2$ 时，$\lambda = \begin{bmatrix} 1.2 & -0.2 \\ -0.2 & 1.2 \end{bmatrix}$。

（2）在相对增益阵列中所有元素为正时，称之为正耦合。当 k_{11} 与 k_{22} 同号（都为正或都为负），k_{12} 与 k_{21} 中一正一负时，λ_{ij} 都为正值，且 $\lambda_{ij} \leqslant 1$，属正耦合系统。

（3）在相对增益阵列中只要有一元素为负，称之为负耦合。

（4）当一对 λ_{ij} 为1，则另一对 λ_{ij} 为0，此时系统不存在稳态关联。

（5）当采用两个单一的控制器时，操纵变量 u_j 与被控变量 y_i 间的匹配应使两者间的 λ_{ij} 尽量接近1。

（6）如果匹配的结果是 λ_{ij} 仍小于1，则由于控制间的关联，该通道在其他系统闭环后的放大系数将大于在其他系统开环时的数值，系统的稳定性往往有所下降。

（7）千万不要采用 λ_{ij} 为负值的 u_j 与 y_i 的匹配方式，这时候当其他系统改变其开环或闭环状态时，本系统将丧失稳定性。

把 bristol 阵列作为关联程度的衡量，已为人们所熟悉。但按它做出的结论带有一定的局限性，明显地可以看出，它没有考虑动态项的影响。

6.3.2 解耦控制

6.3.2.1 减少及解除耦合的方法

减少及解除耦合在实际过程中常用如下的几种基本方法：

（1）控制被控变量与操纵变量间的匹配关系。例如，由各个系统之间的关系得到下面一个相对增益矩阵

$$
\lambda_{ij} = \begin{bmatrix} \lambda_{11} & \lambda_{12} \\ \lambda_{21} & \lambda_{22} \end{bmatrix} = \begin{bmatrix} \dfrac{p_0 - p_1}{p_0 - p_2} & \dfrac{p_1 - p_2}{p_0 - p_2} \\ \dfrac{p_1 - p_2}{p_0 - p_2} & \dfrac{p_0 - p_1}{p_0 - p_2} \end{bmatrix} \tag{6-67}
$$

若在上式中 p_1 接近 p_2 时，则相对增益矩阵十分接近单位矩阵，此时，用系统中相应的控制器去控制 p_1 和 p_2 是合适的，相互间的关联与耦合也不会很严重。当 p_1 接近 p_0 时，则应把变量配置颠倒一下。由此可见，同样一个系统，由于情况不同，其变量的配对是不同的。

（2）减少控制回路。去掉次要的控制回路，既可节约投资，又可消除关联，这些都是

可取之处。但是，次要的控制变量不再受控，波动范围可能很大，是否允许还要看具体工艺要求而定。

可以在方法（2）的基础上，将次要控制回路的控制器取无穷大的比例度，此时相当于这个控制回路不再存在，它在主要控制回路的关联作用也就消失。上述的压力和流量控制系统就可以这样做。

（3）控制器的参数整定。在动态上设法通过控制器参数整定，使两个控制回路的工作频率错开，两个控制器作用强弱不同。

如图6-10所示的压力流量控制系统，如果把压力作为主要的被控变量，那么对压力控制系统像通常一样整定，要求响应灵敏；而把流量作为从属的被控变量，那么对流量控制系统整定时比例度要大些，积分时间长些。这样，对压力控制系统来说，控制器输出 u_1 对被控压力变量的作用是显著的，然而 u_1 通过流量变化，经另一个控制器输出 u_2 对压力的效应将是相当微弱的，这样就减少了关联作用。当然，在采用这种方法时，次要被控变量的控制品质往往会较差，这在有些情况下是一个严重的缺点。

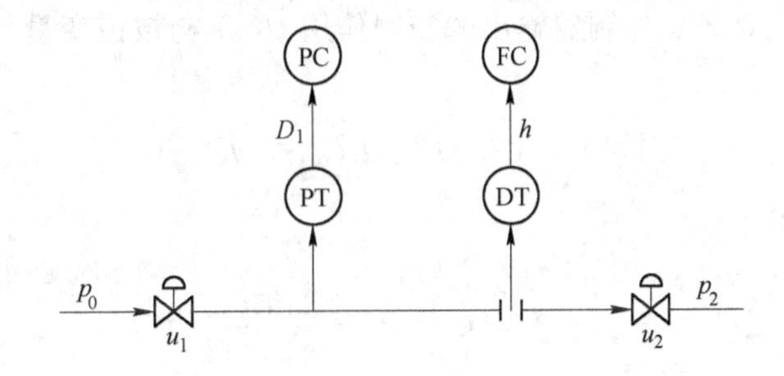

图6-10 关联的压力和流量控制系统

（4）通过串接解耦装置解决。这是最主要的解决方法。在控制器输出端与执行器输入端之间，可以串接入解耦装置。

6.3.2.2 解耦控制系统

A 对角矩阵设计方法

对角矩阵解耦法是通过解耦使耦合对象的传递函数矩阵变为对角矩阵。此时系统间的耦合关联解除，多变量系统演变为相对独立的单变量控制系统。

在相互关联的系统中增加一个解耦矩阵 $F(s)$，使对象的传递函数与解耦矩阵的乘积为对角矩阵。系统输出与控制作用之间的关系必须具有如下形式

$$Y(s) = \mathrm{diag}[W_{ii}(s)]U(s) \tag{6-68}$$

式中，$W_{ii}(s)$ 为对角阵，也就是上面所说的 $G(s)F(s)$ 乘积。

对于两输入、两输出的系统，有

$$\begin{bmatrix} G_{11}(s) & G_{12}(s) \\ G_{21}(s) & G_{22}(s) \end{bmatrix}\begin{bmatrix} F_{11}(s) & F_{12}(s) \\ F_{21}(s) & F_{22}(s) \end{bmatrix} = \begin{bmatrix} W_{11}(s) & 0 \\ 0 & W_{22}(s) \end{bmatrix} \tag{6-69}$$

$$D(s) = G^{-1}(s)\mathrm{diag}[W_{ii}(s)] = \frac{1}{|G(s)|}\mathrm{adj}G(s)\mathrm{diag}[W_{ii}(s)]$$

$$= \frac{\begin{bmatrix} G_{22}(s) & -G_{12}(s) \\ -G_{21}(s) & G_{11}(s) \end{bmatrix}}{\begin{bmatrix} G_{11}(s) & G_{12}(s) \\ G_{21}(s) & G_{22}(s) \end{bmatrix}} \begin{bmatrix} W_{11}(s) & 0 \\ 0 & W_{22}(s) \end{bmatrix}$$

$$= \begin{bmatrix} \dfrac{G_{22}(s)W_{11}(s)}{G_{11}(s)G_{22}(s) - G_{12}(s)G_{21}(s)} & \dfrac{-G_{12}(s)W_{22}(s)}{G_{11}(s)G_{22}(s) - G_{12}(s)G_{21}(s)} \\ \dfrac{-G_{21}(s)W_{11}(s)}{G_{11}(s)G_{22}(s) - G_{12}(s)G_{21}(s)} & \dfrac{G_{11}(s)W_{22}(s)}{G_{11}(s)G_{22}(s) - G_{12}(s)G_{21}(s)} \end{bmatrix} \tag{6-70}$$

式（6-70）就是解耦装置的数学模型，若已知控制过程的传递矩阵，代入式（6-70）即可求得双变量解耦控制系统的解耦装置，通过解耦后，两个控制回路之间互不相关，就成为了两个相互独立的回路了。

B 单位矩阵设计法

如图6-11所示的系统，控制器输出的控制作用$U(s)$与被控变量$Y(s)$的关系具有如下所示的形式：

$$Y(s) = G(s)F(s)U(s) = IU(s) \tag{6-71}$$

当$|W_0(s)| \neq 0$时，有

$$F(s) = G^{-1}(s) = \frac{\mathrm{adj}G(s)}{|G(s)|} \tag{6-72}$$

对于两输入、两输出的控制系统，有

$$\begin{bmatrix} G_{11}(s) & G_{12}(s) \\ G_{21}(s) & G_{22}(s) \end{bmatrix} \begin{bmatrix} F_{11}(s) & F_{12}(s) \\ F_{21}(s) & F_{22}(s) \end{bmatrix} = \begin{bmatrix} 1 & 0 \\ 0 & 1 \end{bmatrix} \tag{6-73}$$

由式（6-70）可计算出

$$D(s) = F(s) \tag{6-74}$$

$$F(s) = \begin{bmatrix} \dfrac{G_{22}(s)}{G_{11}(s)G_{22}(s) - G_{12}(s)G_{21}(s)} & \dfrac{-G_{12}(s)}{G_{11}(s)G_{22}(s) - G_{12}(s)G_{21}(s)} \\ \dfrac{-G_{21}(s)}{G_{11}(s)G_{22}(s) - G_{12}(s)G_{21}(s)} & \dfrac{G_{11}(s)}{G_{11}(s)G_{22}(s) - G_{12}(s)G_{21}(s)} \end{bmatrix} \tag{6-75}$$

单位矩阵设计法改善了过程的动态特性，使其广义过程的特性为1，大大提高了系统的稳定性，减少了系统过渡过程时间和最大偏差，提高了系统的控制质量。

除上述两种方法之外，还有前馈控制补偿法、三角形矩阵设计法等。

这里介绍的虽然只是两输入、两输出系统的解耦问题，但是以上方法是普遍适用的。如果系统是n阶的，那么对象的传递函数矩阵也就是n阶的，这时所采用解耦装置矩阵也应该是n阶的。一般来说，解耦装置的模型都是比较复杂的，用常规仪表来实现是很困难的。如果只考虑静态解耦而不考虑动态解耦的问题，那么解耦装置的模型将简化很多。这

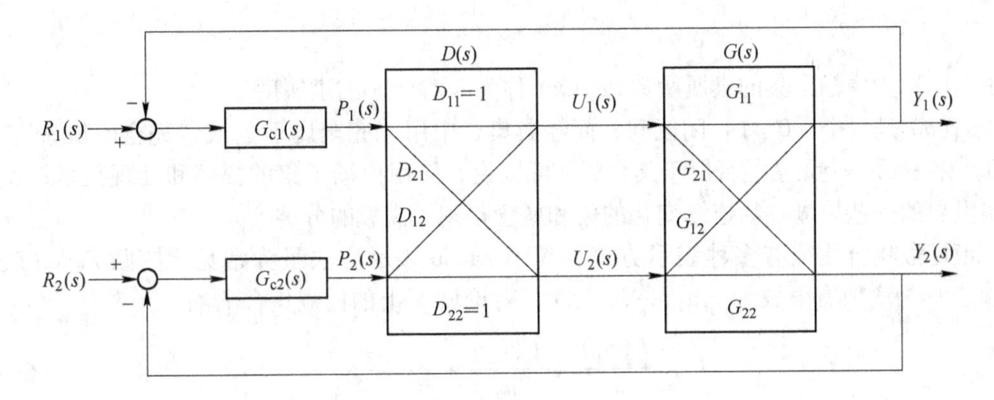

图 6-11 解耦控制系统

也就是静态解耦比动态解耦用得多的原因之一。当然，如果用计算机来实现解耦控制，那么会方便和容易很多。

6.4 模 糊 控 制

经典控制论主要解决线性系统的控制问题。现代控制论可以解决多输入多输出的问题，系统既可以是线性的、定常的，也可以是非线性的、时变的。而对于那些数学方程很难提出但人们却有丰富经验的实际课题，模糊控制技术发挥了奇特的优势。

利用模糊数学的方法描述人类对事物的分析过程，就是将人类的实践经验加以整理，总结出一套拟人化的、定性的工程控制规则而形成的一种智能控制理论和方法。与传统的控制技术相比，具有无须知道被控对象的数学模型、构造容易、鲁棒性好、易于理解等特点。

现代控制领域中的模糊控制技术就是以模糊集合论为数学基础的。模糊集（fuzzy set）理论由美国控制理论专家查德（L. A. Zadeh）教授于 1965 年首次提出，1974 年英国的马丹尼（Mamdani）首先把模糊控制理论用于锅炉和蒸汽机的控制之中，并取得了良好的控制效果。

6.4.1 模糊逻辑基础

模糊控制通过模糊逻辑和近似推理方法，把人的经验形式化、模型化，变成计算机可以接受的控制模型，让计算机代替人来进行有效的实时控制。为实现模糊控制，语言变量的概念可以作为描述手动控制策略的基础，并在此基础上发展为一种新型的控制器——模糊控制器。

下面首先介绍模糊逻辑的几个定义和运算方法。

6.4.1.1 模糊集合及运算

设给定论域 U，U 到［0，1］闭区间的任一映射 μ_A 确定 U 的一个模糊子集 A

$$\mu_A : U \rightarrow [0,\ 1]$$

$$u \rightarrow \mu_A(u)$$

式中，μ_A 称为模糊子集的隶属函数，$\mu_A(u)$ 称为 u 对于 A 的隶属度。

$\mu_A(u)$ 是一个［0，1］闭区间，而经典集合中用“完全属于”或“完全不属于”（1或0）来表示一个元素是否属于集合 A。可以说，应用模糊子集的描述和处理技术，实现现实世界的一些模糊事物连续变化的值和概念得到了满意的分类。

模糊散集合往往有多种表示方式，其中Zadeh表示方法最为常见。按照Zadeh表示法，若 U 为离散有限域 $\{u_1, u_2, \cdots, u_n\}$ 时，对论域 U 上的模糊集合 F 有

$$F = \frac{F(u_1)}{u_1} + \frac{F(u_2)}{u_2} + \cdots + \frac{F(u_n)}{u_n} \tag{6-76}$$

式中，$\frac{F(u_i)}{u_i}$ 不代表“分式”，而是表示元素 u_i 对于集合 F 的隶属度 $\mu_F(u_i)$ 和元素 u_i 的对应关系。同样“+”并不代表“加法”，而是表示具体元素 u_i 间的排序与整体间的关系。

对于模糊集合，元素和集合之间不存在属于和不属于的明确关系，但集合与集合之间还是存在相等、包含以及与经典集合论一样的集合运算，如并、交、补等。

设 A、B 是论域 U 的模糊集，若对任意 $u \in U$ 都有 $B(u) \leqslant A(u)$，则称 B 是 A 的一个子集，记作 $B \subseteq A$。若对任一 $u \in U$ 都有 $B(u) = A(u)$，则称 B 等于 A，记作 $B = A$。

模糊集合的运算与经典集合的运算相似，只是利用集合中的特征函数或隶属函数来定义类似的操作。

设 A、B 为 U 中两个模糊子集，隶属度函数分别为 μ_A 和 μ_B，则模糊集合中的并、交、补等运算可以按如下方式定义。

模糊集合的并（$A \cup B$）的隶属度函数 $\mu_{A \cup B}$ 对所有 $u \in U$ 被逐点定义为取大运算，即

$$\mu_{A \cup B} = \mu_A(u) \vee \mu_B(u) \tag{6-77}$$

式中，符号“$\vee$”为取极大值运算。

模糊集合的交（$A \cap B$）的隶属度函数 $\mu_{A \cap B}$ 对所有 $u \in U$ 被逐点定义为取小运算，即

$$\mu_{A \cap B} = \mu_A(u) \wedge \mu_B(u) \tag{6-78}$$

式中，符号“$\wedge$”为取极小值运算。

模糊集合 A 的补隶属度函数 μ_A 对所有逐点定义为

$$\mu_{\bar{A}} = 1 - \mu_A(u) \tag{6-79}$$

需要注意的是，模糊集合并、交、补运算不满足互补律，即

$$(A \cap \bar{A}) \neq \emptyset, (A \cup \bar{A}) \neq U \tag{6-80}$$

这是因为模糊集合 A 没有明确的外延，因而其补集也没有明确的外延，从而 A 与 $\bar{A}$ 存在重叠的区域，则其交集不为空集 $\emptyset$，并集也不为全集 U。

6.4.1.2 隶属度函数

正确的隶属度函数是运用模糊集合理论解决实际问题的基础。隶属度函数的确定过程本质上说应该是客观的，但每个人对于同一个模糊概念的认识理解又有差异，因此，隶属度函数的确定又带有主观性。隶属度函数的选择没有一个统一的标准，在处理模糊问题时，随着

处理任务、对象性质的不同可以选择不同的隶属度函数形式。在实际控制问题中，根据能够满足一般要求，也可简化计算的原则，常采用的几种隶属度函数如图 6-12 所示。

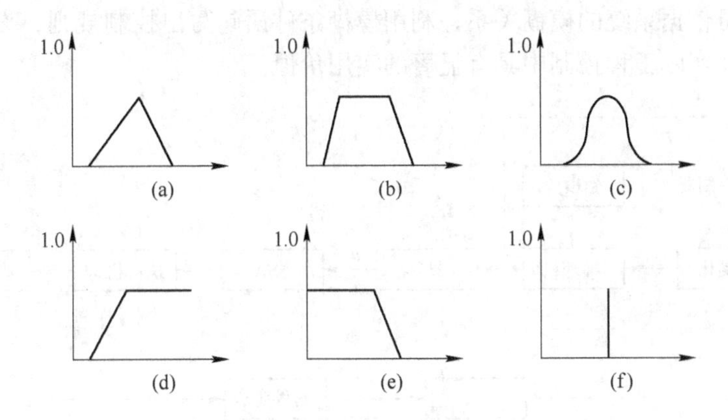

图 6-12　常用的隶属度函数

（a）三角形；（b）梯形；（c）正态分布；（d）S 型；（e）Z 型；（f）单点型

6.4.1.3　模糊关系

模糊关系是模糊数学的重要组成部分。当论域有限时，模糊关系可用模糊矩阵来描述，这给模糊关系的运算带来了极大方便。

设 $A \times B$ 是集合 A 和 B 的直积，以 $A \times B$ 为论域 R 称为 A 和 B 的模糊关系。

当 A、B 皆为有限的离散集合时，A 和 B 的模糊集合关系 R 可用矩阵表示，称为模糊关系矩阵，即

$$R_{A \times B} = (r_{ij})_{m \times n} = (\mu_R(a_i, a_j))_{m \times n} \quad (i = 1,2,\cdots,m;\ j = 1,2,\cdots,n) \tag{6-81}$$

式中，$\mu_R(a_i, a_j)$ 是序偶 (a_i, a_j) 的隶属度，它的大小反映了 (a_i, a_j) 是否存在关系 R 的程度。

对于部分系统，存在着诸如 IF A THEN B，IF B THEN C 这种多重推理关系。为了解决多重模糊推理的输入、输出的关系，引入了模糊关系的合成概念。

设 R_1 是 X 和 Y 的模糊关系，R_2 是 Y 和 Z 的模糊关系，那么，R_1 和 R_2 的合成是 X 到 Z 的一个模糊关系，记作 $R_1 \circ R_2$，其隶属度函数为

$$\mu_{R_1 \circ R_2}(x,z) = \bigvee_{y \in Y} \{\mu_{R_1}(x,y) \wedge \mu_{R_2}(y,z)\}, \forall (x,z) \in X \times Z \tag{6-82}$$

6.4.1.4　模糊推理

推理就是根据已知条件，按照一定的法则、关系推断结果的思维过程。模糊推理是一种依据模糊关系的近似推理，其在具体应用中，根据模糊关系的不同取法有着多种推理方法。

其中较常用的有 Zadeh 法，其基本原理：设 A 是 U 上的模糊集合，B 是 V 上的模糊集合，模糊蕴含关系“若 A 则 B”用 $A \to B$ 表示，则 $A \to B$ 是 $U \times V$ 上的模糊关系，即

$$R = A \to B = (A \wedge B) \vee (1 - A) \tag{6-83}$$

确定了上面的模糊关系后，即可据此进行模糊推理。

6.4.2　模糊控制系统

模糊控制器主要是由模糊化、模糊推理机和精确化三个功能模块和知识库（包括数据

库和规则库）构成的。如图6-13给出了模糊控制系统的一般结构。模糊控制系统的构成与常规的反馈控制系统的主要区别就在于控制器。对于一类缺乏精确数学模型的被控对象的控制问题也可依据系统的模糊关系，利用模糊条件语句写出控制规则，设计出较理想的控制系统，这在实际工程控制中具有显著的实用价值。

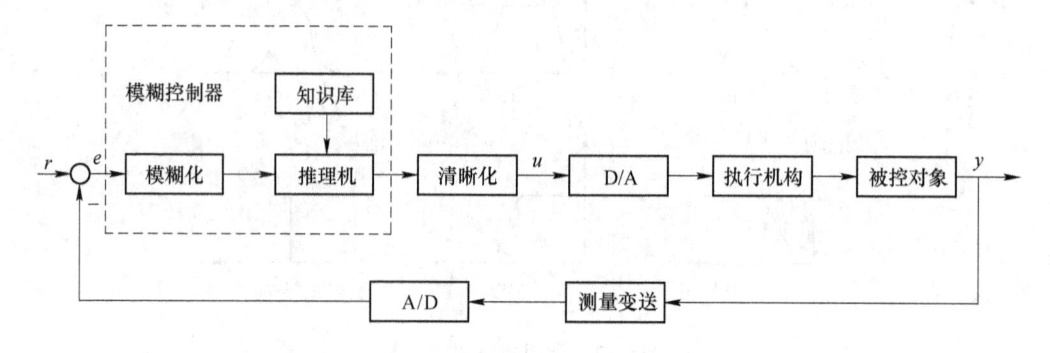

图6-13　模糊控制系统

6.4.2.1　模糊化（fuzzification）

模糊化模块的功能是将输入的精确量转换为模糊量。该模块的输入量包括了系统的参考输入、系统输出或状态等，输入值的模糊化是通过论域的隶属度函数实现的。

6.4.2.2　知识库（knowledge base）

知识库主要由数据库和模糊控制规则库两部分组成。

数据库提供了论域中必要的定义，它主要规定了模糊空间的量化级数、量化方式、比例因子以及各模糊子集的隶属度函数等。

规则库包含着用模糊语言变量表示的一系列控制规则，是由若干条IF A THEN B型的模糊条件语句所构成。实际操作中控制器根据系统状态，查找满足条件的控制规则，按一定的方式计算出控制输出模糊变量，对被控对象施加控制作用。

模糊控制规则是实施模糊推理和控制的重要依据，获得和建立适当的模糊控制规则是十分重要的。规则库的建立主要依靠专家经验、控制工程知识以及操作人员的实际控制过程等，这些经验与知识很容易写成条件式构成模糊控制规则。

6.4.2.3　模糊推理（fuzzy inference）

推理决策是模糊控制器的核心，它利用知识库中的信息和模糊运算方法，模拟人的推理决策的思想方法，在一定的输入条件下激活相应的控制规则给出适当的模糊控制输出。

6.4.2.4　精确化过程（defuzzification）

通过模糊化推理得到的结果是一个模糊量，是一组具有多个隶属度值的模糊向量。而控制系统执行的输出信号应是一个确定的量值。因此，在模糊控制应用中，必须将控制器的模糊输出量转化成一个确定值，即进行精确化过程。常用的精确化方法有两种，即最大隶属度法和重心法。

6.5　神经网络控制

人工神经网络（artificial neural network，简称ANN）是通过大量人工神经元（处理单元）的相互连接而组成的复杂网络。它模拟人脑细胞分布式工作特点和自组织功能，以独特的结构和处理信息的方法，在许多领域得到应用并取得了显著的成效，在自动控制领域取得了突出的理论与应用成果。

基于神经网络的控制（ANN-based control）是一种基本上不依赖于模型的控制方法，适用于难以建模或具有高度非线性的被控过程，具有快速并行处理、自学习的特点。

6.5.1 神经网络概述

6.5.1.1 神经元模型

A 生物神经元模型

神经元如图 6-14 所示由细胞体、树突和轴突构成。细胞体是神经元的中心，它又由细胞核、细胞膜等组成，树突是神经元的主要接受器，用来接受信息。轴突的作用是传导信息，从轴突起点传到轴突末梢，轴突末梢与另一个神经元树突或细胞体构成一种突触的机构，通过突触实现神经元之间的信息传递。

B 人工神经元模型

人工神经元模型如图 6-15 所示，它是利用物理器件来模拟生物神经网络的某些结构和功能。

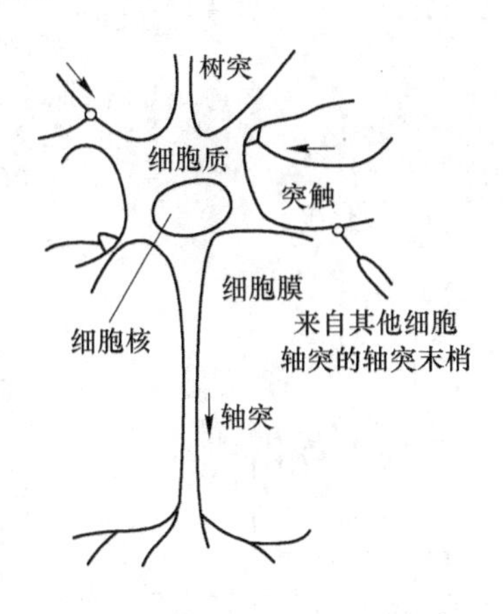

图 6-14 生物神经元模型

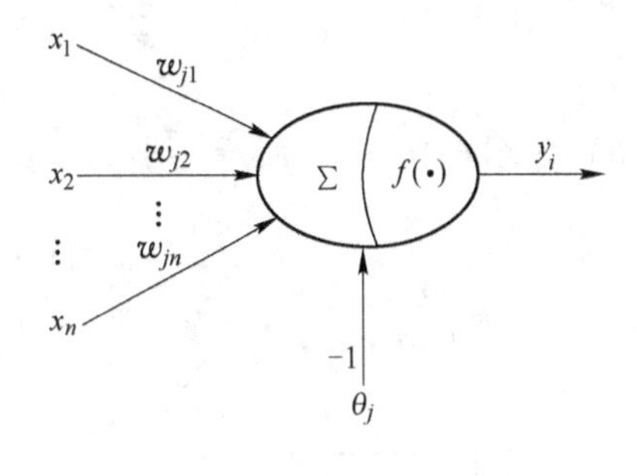

图 6-15 人工神经元模型

神经元模型的输入/输出关系为

$$I_j = \sum_{i=1}^{n} w_{ji}x_i - \theta_j \tag{6-84}$$

$$y_i = f(I_j) \tag{6-85}$$

式中，θ_j 为阈值；w_{ji} 为连接权值；$f(x)$ 为激发函数或变换函数。常见的激发函数如图 6-16 所示，各自对应的解析表达式如下：

（1）如图 6-16（a）所示，阶跃函数的表达式为

$$f(x) = \begin{cases} 1 & (x \geqslant 0) \\ 0 & (x < 0) \end{cases} \tag{6-86}$$

（2）如图6-16（b）所示，符号函数的表达式为

$$f(x)=\begin{cases}1 & (x\geqslant 0)\\ -1 & (x<0)\end{cases} \tag{6-87}$$

（3）如图6-16（c）所示，饱和型函数的表达式为

$$f(x)=\begin{cases}1 & \left(x\geqslant \frac{1}{k}\right)\\ kx & \left(|x|<\frac{1}{k}\quad k>0\right)\\ -1 & \left(x\leqslant -\frac{1}{k}\right)\end{cases} \tag{6-88}$$

（4）如图6-16（d）所示，双曲线函数的表达式为

$$f(x)=\frac{1-e^{-ax}}{1+e^{-ax}}(a>0) \tag{6-89}$$

（5）如图6-16（e）所示，S型函数的表达式为

$$f(x)=\frac{1}{1+e^{-ax}}(a>0) \tag{6-90}$$

（6）如图6-16（f）所示，高斯函数的表达式为

$$f(x)=e^{-x^2/\sigma^2}(\sigma>0) \tag{6-91}$$

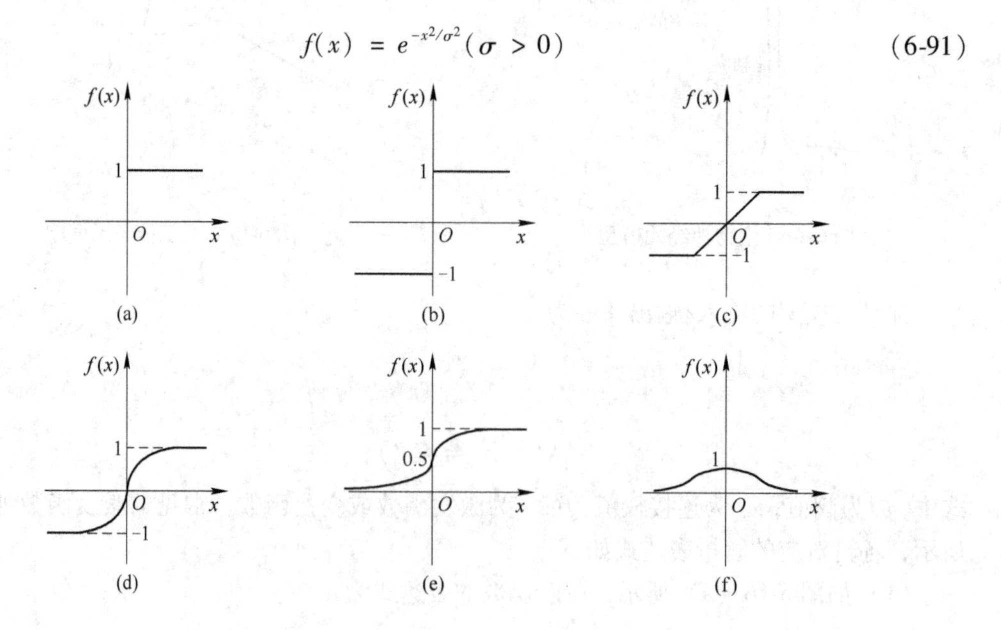

图6-16 常见激发函数

（a）阶跃函数；（b）符号函数；（c）饱和型函数；（d）双曲函数；（e）S型函数；（f）高斯函数

6.5.1.2 人工神经网络模型

神经网络具有并行性、冗余性、容错性、本质非线性及自组织、自学习、自适应能力，已经成功地应用到许多不同的领域。

人工神经网络是将多个人工神经元模型按一定方式连接而成的网络结构，是以技术手段来模拟人脑神经元网络特征的系统，如学习、识别和控制等功能，是生物神经网络的模拟和近似。

人工神经网络有多种结构模型，图 6-17 所示为前向神经网络结构，图 6-18 所示为反馈型神经网络结构。

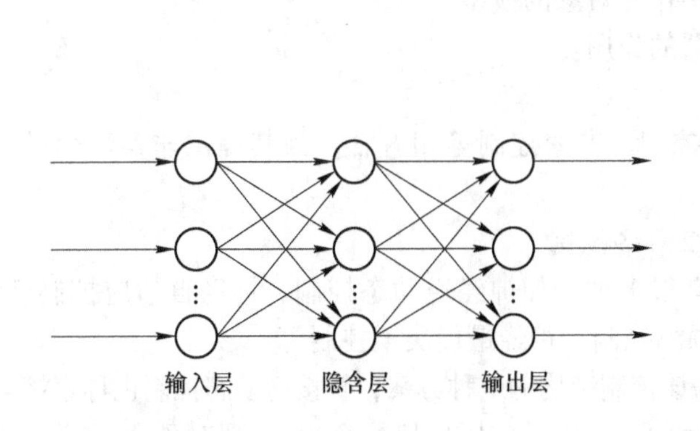

图 6-17 前向神经网络结构

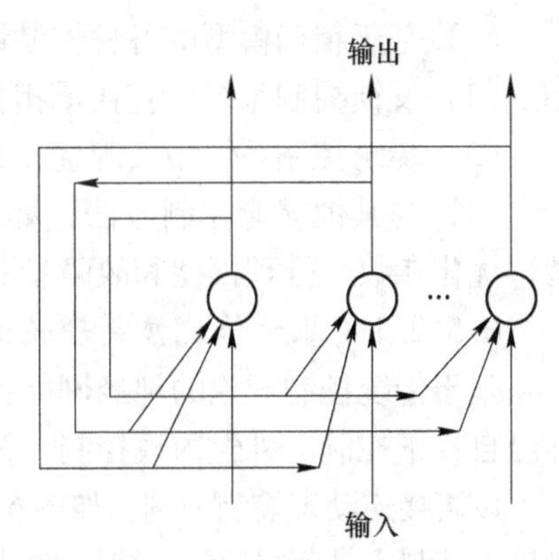

图 6-18 反馈型神经网络结构

神经网络中每个节点（一个人工神经元模型）都有一个输出状态变量 x_j；节点 i 到节点 j 之间有一个连接权系数 w_{ji}；每个节点都有一个阈值 θ_j 和一个非线性激发函数 $f(\sum w_{ji}x_i - \theta_j)$。

6.5.1.3 BP 神经网络模型

误差反向传播网络简称 BP（back propagation）网络，是一种采用误差反向传播学习方法的单向传播的多层前向网络，其模型在模式识别、图像处理、系统辨识、最优预测、自适应控制等领域得到广泛应用。BP 网络由输入层、隐含量（可以有多个隐含层）和输出层构成，可以实现从输入到输出的任意非线性映射。连接权系数 w_{ji} 的调整采用误差修正反向传播的学习算法，也称监督学习。

BP 算法首先需要一批正确的输入、输出数据（称训练样本）。将一组输入数据样本加载到网络输入端后，得到一组网络实际响应的输出数据；将输出数据与正确的输出数据样本相比较，得到误差值；然后根据误差的情况修改各连接权系数 w_{ji}，使网络的输出响应能够朝着输出数据样本的方向不断改进，直到实际的输出响应与已知的输出数据样本之差在允许范围之内。

BP 算法属于全局逼近方法，有较好的泛化能力。当参数适当时，能收敛到较小的均方误差，是当前应用最广泛的一种网络；缺点是训练时间长，易陷入局部极小，隐含层数和隐含节点数使系统控制难以确定的状况。

BP 网络在建模和控制中应用较多。在实际应用中，需选择网络层数、每层的节点数、初始权值、阈值、学习算法、权值修改步长等。一般是先选择一个隐含层，用较少隐节点对网络进行训练，并测试网络的逼近误差，逐渐增加隐节点数，直至测试误差不再有明显下降为止；最后再用一组检验样本测试，如误差太大，还需要重新训练。

6.5.2 神经网络控制

神经网络控制是指在控制系统中采用神经网络，对难以精确描述的复杂非线性对象进行建模、特征识别，或作为优化计算、处理的有效工具。神经网络与其他控制方法结合，构成神经网络控制器或神经网络控制系统等，其在控制领域的应用可简单归纳为以下几个方面：

（1）基于精确模型的各种控制结构中作为对象的模型。

（2）反馈控制系统中直接承担控制器的作用。

（3）传统控制系统中实现优化计算。

（4）与其他智能控制方法，如模糊控制、专家控制等相融合，为其提供非参数化模型、优化参数、推理模型和故障诊断等。

6.5.2.1 基于传统控制理论的神经网络控制

基于传统控制理论的神经网络控制有很多种，如神经逆动态控制、神经自适应控制、神经自校正控制、神经内模控制、神经预测控制、神经最优决策控制等。

以直接逆动态控制为例，如图6-19为该控制结构的一种方案，直接逆动态控制也称直接自校正控制，是前馈控制。神经控制器（NNC）与被控对象串联，NNC实现对象A的逆模型$\hat{A}^{-1}$，且能在线调整，可见，此种控制结构，要求对象动态可逆。由图可知，控制系统的传递函数为$PP^{-1}=1$，实际上，输出y跟踪输入r的精度，取决于逆模型的精度。

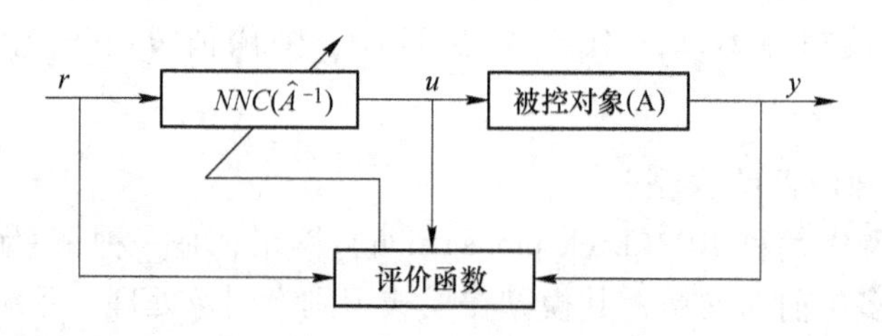

图6-19 神经直接逆动态控制

6.5.2.2 基于神经网络的智能控制

基于神经网络的智能控制有神经网络直接反馈控制、神经网络专家系统控制、神经网络模糊逻辑控制和神经网络滑模控制等。

以模糊神经网络控制为例，图6-20为该控制结构的一种方案。模糊系统（FL）和人工神经网络相结合实现对控制对象进行自动控制，是一个重要研究“热点”。美国学者B. Kosko在这方面进行了开创性的工作，他研究和总结了神经网络和模糊系统的一般原理和方法，对神经网络在模糊系统中应用研究起了很大的推动作用。

模糊系统和神经网络都属于一种数值化和非数学模型的函数估计器和动力学系统。它们都以一种不精确的方式处理不精确的信息。模糊系统引入了“隶属度”的概念，使规则数值化，从而可直接处理结构化知识。神经网络则一般不能直接处理结构化的知识，它需用大量的训练数据，通过自学习过程，并借助并行分布结构来估计输入/输出间的映射关系。

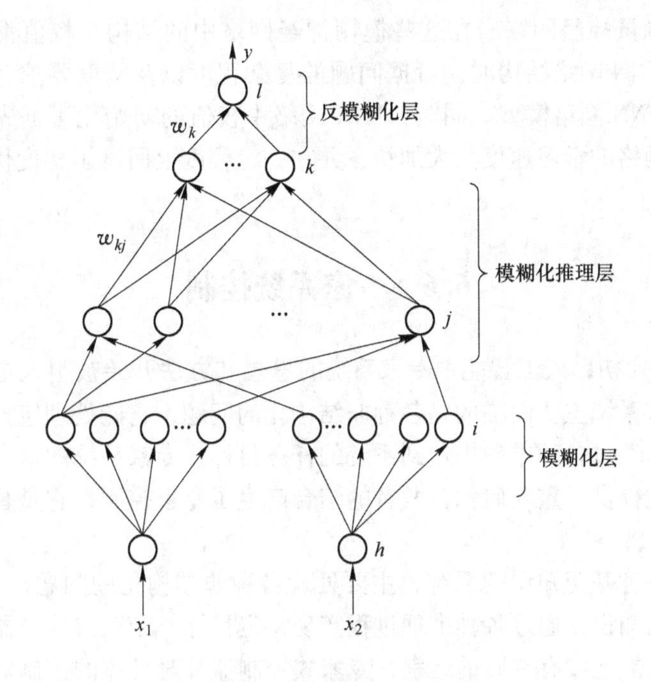

图 6-20 模糊神经网络控制

虽然模糊系统与神经网络处理模糊信息的方式不同，但仍可将二者结合起来，使神经网络借助其大规模并行分布处理结构完成模糊处理过程，这是因为神经网络的 N 个 [0, 1] 区间内的输出值代表了一个 N 维隶属函数矢量，其元素也是输出层各个神经元的输出值，它代表了某一输出模式相应于输出层各神经元所代表的模糊集合的“隶属度”，而“规则”则是由神经网络并行分布结构综合产生的输入与输出的映射关系。在模糊系统中，“规则”是一条条分列地给出的，互不影响，各自为政。而在神经网络中，“规则”之间没有明显的分界线，他们互相综合在一起，既互相制约，又互相激励，既交互干扰，又彼此促进。神经网络直接镶嵌在一个全部模糊的结构中，它在“不知不觉”中向训练数据学习产生修正并高度概括输入/输出之间模糊规则。当难以获得足够的结构化知识（IF-THEN）时，可利用神经网络自适应地产生和精炼这些规则；然后，根据输入模糊集合的几何分布及由过去经验产生的那些模糊规则，便可由此进行推理，得出结论从而解决模糊系统的规则集和隶属函数等设计参数只能靠经验来选择，难以自动设计和调整的不足，实现模糊系统的自学习与自适应功能。

目前，实现神经网络模糊控制系统从结构上看主要有两类：模糊神经元网络和直接利用神经网络的学习功能和映射能力，去等效模糊系统中各个模糊功能块，如模糊化、模糊推理、模糊策略等，下面简单介绍模糊神经元网络原理。

模糊神经元网络，即在神经网络结构中引入模糊逻辑，使其具有直接处理模糊信息的能力。如把普通神经元中的加权求和方法运算变成“并”和“交”等形式的模糊逻辑运算，以构成模糊神经元。在这种结构中，模糊神经元网络其结构一般为多层前向网络，但由于涉及到模糊成分的方式不同，可得到其权值为模糊值的模糊神经元网络、输入为模糊量的模糊神经网络。输入及权值均为模糊量的模糊神经网络以及采用“与”“或”运算取代S型函数的模糊量神经网络。在这些模糊神经网络中的结构与权值都有一定的物理意义。这样在设计FNN网络结构时，可据问题的复杂程度以及精度要求并结合人的先验知识来构造相应的FNN网络模型。同时，FNN网络中权值的初始化可据先验知识人为地加以选择，因此，网络的学习速度大大加快，并在一定程度上回避了梯度优化算法带来的局部极小值问题。

6.6 专家系统控制

20世纪80年代初，人工智能中专家系统的思想和方法开始被引入控制系统的研究和工程应用中。专家系统主要面临的是各种非结构化的问题，它能处理定性的、启发式或不确定的知识信息，经过各种推理来达到系统的任务目标。专家系统的这一特点为解决传统控制理论的局限性提供了重要启示，两者的结合产生了专家控制，它是智能控制的一个重要分支。

专家系统是一种基于知识的系统，主要处理各种非结构化的问题，尤其是处理定性、启发式或不确定的知识，通过各种推理过程实现特定目标。专家式控制器是专家控制系统的简化，二者在功能上没有本质的区别，专家式控制器针对具体的控制对象或过程，专注于启发式控制知识的开发，设计较小的知识库，简单的推理机制，省去了复杂的人-机对话接口环节，其不仅具有全面的专家系统结构、完善的知识处理功能，同时还具有实时控制的可靠性能。

现在专家系统技术广泛地应用于医疗诊断、语音识别、图像处理、金融决策、地质勘探、石油化工、教学、军事、计算机设计等领域。由知识工程师从人类专家那里抽取他们求解问题的过程、决策和经验规则，然后把这些知识建造在专家系统中，人们把建造一个专家系统的过程称为“知识工程”。

专家控制系统知识库庞大、推理机复杂，包括知识获取子系统和学习子系统，对人—机接口要求较高。

6.6.1 专家控制系统概述

6.6.1.1 专家控制系统结构

专家系统由知识库（Knowledge Base）、推理机（Inference Engine）、综合数据库（Global Database）、解释接口（Explanation Interface）和知识获取（Knowledge Acquisition）等五部分组成，如图6-21所示。

专家系统中的知识的组织方式是，把问题领域的知识和系统的其他知识分离开来，后者是关于如何解决问题的一般知识或如何与用户打交道的知识。领域知识的集合称为知识库，而通用的问题求解知识称为推理机。按照这种方式组织知识的程序称为基于知识的系统，专家系统是基于知识的系统。知识库和推理机是专家系统中两个主要的组成要素。

A 知识库

知识库是知识的存储器，用于存储领域专家的经验性知识以及有关的事实、一般常识等。知识库中的知识来源于知识获取机构，同时它又为推理机提供求解问题所需的知识。

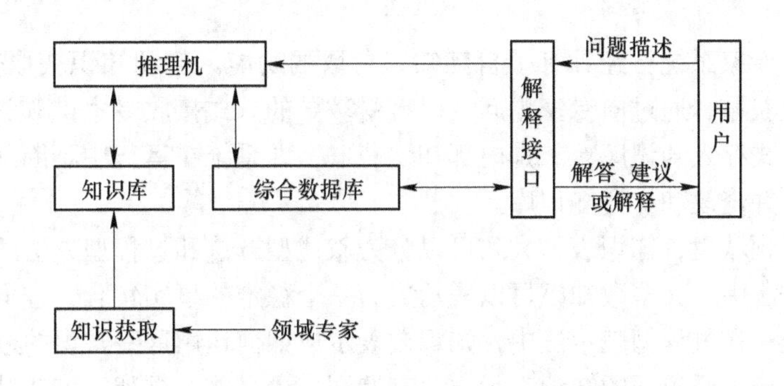

图6-21 专家控制系统典型结构框图

B 推理机

推理机是专家系统的“思维”机构，实际上是求解问题的计算机软件系统。其主要功能是协调、控制系统，决定如何选用知识库中的有关知识，对用户提供的证据进行推理，求得问题的解答或证明某个结论的正确性。

推理机的运行有不同的控制策略。正向推理或数据驱动策略是从原始数据和已知条件推断出结论的方法；而反向推理或目标驱动策略则是先提出结论或假设，然后寻找支持这个结论或假设的条件或证据，如果成功则结论成立，推理成功；双向推理方法为首先运用正向推理帮助系统提出假设，然后运用反向推理寻找支持该假设的证据。

C 综合数据库（全局数据库）

综合数据库又称为“黑板”或“数据库”。它是用于存放推理的初始证据、中间结果以及最终结果等的工作存储器（Working Memory）。综合数据库的内容是在不断变化的。在求解问题的初始，它存放的是用户提供的初始证据。在推理过程中，它存放每一步推理所得的结果。推理机根据数据库的内容从知识库中选择合适的知识进行推理，然后又把推理结果存入数据库中，同时又可记录推理过程中的有关信息，为解释接口提供回答用户咨询的依据。

D 解释接口

解释接口又称人—机界面，它把用户输入的信息转换成系统内规范化的表示形式，然后交给相应模块去处理，把系统输出的信息转换为用户易于理解的外部表示形式显示给用户，回答用户提出的“为什么?”“结论是如何得出的?”等问题。另外，能对自己的行为做出解释，可以帮助系统建造者发现知识库及推理机中的错误，有助于对系统的调试。这是专家系统区别于一般程序的重要特征之一。

E 知识获取

知识获取是指通过人工方法或机器学习的方法，将某个领域内的事实性知识和领域专家所特有的经验性知识转化为计算机程序的过程。

专家系统的性能主要取决于所拥有知识的数量和质量，所以知识的表示和获取是开发和利用专家系统的关键环节。早期的专家系统完全依靠领域专家和知识工程师共同合作，把该领域内的知识总结归纳出来，规范化后送入知识库。对知识库的修改和扩充也是在系统的调试和验证中进行的，是一件很困难的工作。知识获取被认为是专家系统中的一个

“瓶颈”问题。

目前，一些专家系统已经具有了自动知识获取的功能。自动知识获取包括两个方面：一是外部知识的获取，通过向专家提问，以接受教导的方式接收专家的知识，然后把它转换成内部表示形式存入知识库；二是内部知识获取，即系统在运行中不断从错误和失败中归纳总结经验，并修改和扩充知识库。

在人工智能领域里，知识表示大致可以分为叙述型方法和过程型方法两类。

在叙述型方法中，大多数知识可以表示成为一个稳定的事实集合，连同控制这些事实的一组通用过程；在过程型表示法中，知识被表示成如何运用这些知识的过程。

传统专家系统主要应用的知识表示方法有谓词、语义网、框架、产生式系统等。这些方法基本上属于叙述型知识表示法，有些也结合了过程型知识表示法。实际上，在大多数应用领域中专家系统既需要状态方面的知识，如有关事物，事件的事实，它们之间的关系以及周围事物的状态等，也需要如何运用这些知识的知识，所以很多场合都是这两类方法的组合。例如，在过程控制应用中，输入—输出是一个动态关系，而本身又是一个过程。因此在专家系统控制中，知识表示除了使用叙述方法外，还经常使用过程型方法。

传统专家系统的知识主要是人类专家求解某领域问题的专门知识、经验和技巧的形式化、称之为启发式知识，适合于用规则、框架等方法表示。这些知识是专家多年实践经验的总结和概括，是该领域极其宝贵的高层次知识。它具有容易表示、推理简捷、搜索效率高的突出优点，因而被广泛应用于实际，并对专家系统乃至人工智能的发展应用起到了积极的推动作用。然而启发性知识往往是不完备的或不一致的，基于这种知识在某些情况下可能得不出正确解或者无法求得有效解，有时即使得到正确解也不能给出有说服力的解释。因此，单一的启发式知识和基于规则的表示也限制了专家系统的进一步发展。

为了克服传统知识表示方法的局限性，人们提出了基于神经网络模型、定性物理模型、可视化模型等的知识表示法，从而将专家系统研究推到了一个新阶段，出现了新一代专家系统。

6.6.1.2 专家系统的特点

专家系统是基于知识工程的系统，相对于一般人工智能系统而言，专家系统具有如下一些基本特点：

（1）具有专家水平的专门知识。人类专家之所以能称为专家，是由于他掌握了某一领域的专门知识，使其在处理问题时比别人技高一筹。一个专家系统为了能像人类专家那样工作，必须表现专家的技能和高度的技巧以及有足够的鲁棒性。系统的鲁棒性是指不管数据是正确还是病态不正确的，它都能够正确地处理，或者得到正确的结论，或者指出错误。

（2）能进行有效的推理。专家系统具有启发性，能够运用人类专家的经验和知识进行启发式的搜索、试探性推理、不精确推理或不完全推理。

（3）专家系统的透明性和灵活性。透明性是指它能够在求解问题时，不仅能得到正确的解答，还能知道给出该解答的依据；灵活性表现在绝大多数专家系统中都采用了知识库与推理机相分离的构造原则，彼此相互独立，使得知识的更新和扩充比较灵活方便，不会因一部分的变动而牵动全局。系统运行时，推理机可根据具体问题的不同特点选取不同的知识来构成求解序列，具有较强的适应性。

（4）具有一定的复杂性与难度。人类的知识，特别是经验性知识，大多是不精确、不完全或模糊的，这就为知识的表示和利用带来了一定的困难。另外，专家系统所求解的问题都是结构不良且难度较大的问题，不存在确定的求解方法和求解路径，这就从客观上造成了建造专家系统的困难性和复杂性。

6.6.1.3　专家系统的分类

专家系统的类型很多，包括演绎型、经验型、工程型、工具型和咨询型等。按照专家系统所求解问题的性质，可把它分为下列几种类型：

（1）诊断型专家系统。这是根据对症状的观察与分析，推出故障的原因及排除故障方案的一类系统。其应用领域包括医疗、电子、机械、农业、经济等，如诊断细菌感染并提供治疗方案的 MYCIN 专家系统，IBM 公司的计算机故障诊断系统 DART / DASD。

（2）解释型专家系统。根据表层信息解释深层结构或内部可能情况的一类专家系统，如卫星云图分析、地质结构及化学结构分析等。

（3）预测型专家系统。根据过去和现在观测到的数据预测未来情况的系统。其应用领域有气象预报、人口预测、农业产量估计、水文、经济、军事形势的预测等，如台风路径预报专家系统 TYT。

（4）设计型专家系统。这是按给定的要求进行产品设计的一类专家系统，它广泛地应用于线路设计、机械产品设计及建筑设计等领域。

（5）决策型专家系统。这是对各种可能的决策方案进行综合评判和选优的一类专家系统，它包括各种领域的智能决策及咨询。

（6）规划型专家系统。这是用于制订行动规划的一类专家系统，可用于自动程序设计、机器人规划、交通运输调度、军事计划制订及农作物施肥方案规划等。

（7）控制专家系统。控制专家系统的任务是自适应地管理一个受控对象或客体的全部行为，使之满足预定要求。控制专家系统的特点是，能够解释当前情况，预测未来发生的情况、可能发生的问题及其原因，不断修正计划并控制计划的执行。所以说，控制专家系统具有解释、预测、诊断、规划和执行等多种功能。

（8）教学型专家系统。这是能进行辅助教学的一类系统。它不仅能传授知识，而且还能对学生进行教学辅导，具有调试和诊断功能，加上多媒体技术，其具有良好的人机界面。

（9）监视型专家系统。这是用于对某些行为进行监视并在必要时进行干预的专家系统。例如当情况异常时发出警报，可用于核电站的安全监视、机场监视、森林监视、疾病监视、防空监视等。

6.6.2　专家系统建造

6.6.2.1　建立专家系统过程

建造一个专家系统的步骤大致需要确认、概念化、形式化、实现和测试五个步骤，如图 6-22 所示。由于用于问题求解的专门知识的获取过程是建造专家系统的核心，并且与建造系统的每一步都密切相关，因此，从各种知识源获取专家系统可运用的知识是建造专家系统的关键环节。

在确认过程中知识工程师与专家一起工作，确认问题领域并定义其范围，还要确定参

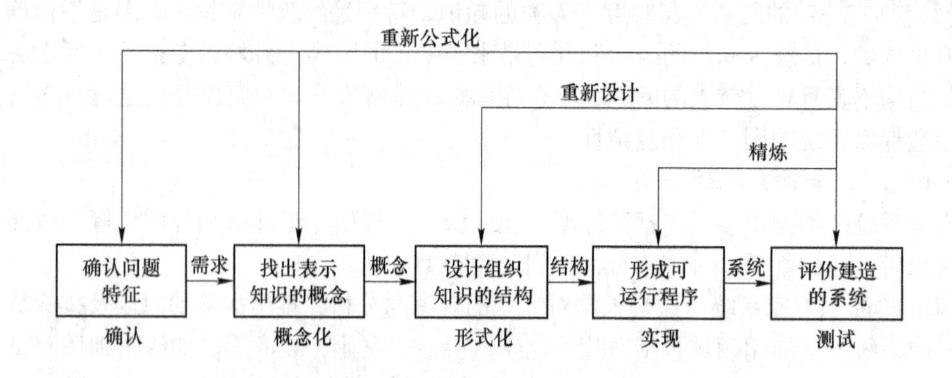

图6-22 专家控制系统建立步骤

加系统开发的人员，决定需要的资源（时间、资金、计算工具等），决定专家系统的目标和任务，同时确定具有典型意义的问题，用以集中解决知识获取过程中的问题。

在概念化过程中，知识工程师与专家密切配合，深入了解给定领域中问题求解过程需要的关键概念，关系和信息流的特点，并加以详细说明，若能用图形描述这些概念和关系，使之成为建造系统的永久性概念库将是非常有用的。概念化要按问题求解行为的具体例子进行抽象，并且修改使之包含行为且与行为一致。

形式化过程中，根据在概念化期间分离的重要概念、问题及信息流特性，选择适当的知识工程工具，把它们映射为以该知识工程工具或语言表示的标准形式。形式化过程有3个要素：假设空间、过程的基础模型和数据特征。为了解假设空间的结构，必须形成概念，确定概念之间的联系并确定它们如何连接成假设。明确领域中用于生成解答过程的基础模型是知识形式化的重要步骤。基础模型包括行为的和数学的两种模式。行为模式分析能产生大批重要概念和关系。数学模式是概念结构的基本部分，它能为专家系统提供足够的附加求解信息。理解问题领域中数据的性质也是形式化的重要内容。如果数据能用某些假设直接说明，将有助于了解这种关系的性质（因果的、定义的或仅仅是相关的），这有助于直接说明数据与问题求解过程中目标结构的关系。

在实现过程中，把前一阶段形式化的知识映射到与该问题选择的工具（或语言）相联系的表达格式中。知识库是通过选择适用的知识获取手段（知识编辑程序、智能编辑程序，或知识获取程序）来实现的。在形式化阶段明确了相关领域知识规定的数据结构，推理机以及控制策略，因此通过编码后与相应的知识库组合在一起形成的将是一个可执行的程序——专家系统的原型系统。

在测试过程中，主要是评价原型系统的性能和实现它的表示形式。一旦原型系统能从头到尾运行二三个实例，就要用各种各样的实例来确定知识库和推理机的缺陷。主要由领域专家和系统用户分别考核系统的准确性和实用性，如是否产生有效的结构，功能扩充是否容易，人机交互是否友好，知识水平及可信程度，运行效率和速度，可靠性等，从而对系统给出客观评价。

建造专家系统应当尽早利用上述步骤建造一个可运行的原型系统，并在运行过程中不断测试、修改、完善，经验表明，这种方案往往很有效。企图在正确的完整的分析问题，并掌握所有知识之后，再去建造可运行的系统是不可取的。

6.6.2.2 专家控制器的设计原则

直接专家控制系统，实际上是将专家系统作为控制器（称为专家控制器）。具有专家控制器的系统称为直接专家控制系统。

在传统控制器设计中，控制器是基于控制理论设计的，对象采用微分方程、差分方程、状态方程、传递函数等定量物理模型描述。这些模型可以用机理分析法或辨识方法获得，所设计的控制器也用数学表达式描述。而在专家控制器设计中，控制器是根据控制工程师和操作人员的启发式知识进行设计，这种知识包括某些定理知识，但基本上属于定性知识的范畴。专家控制器通过对过程变量和控制变量的观测进行分析，根据已具有的知识给出控制信号。对于对象数学模型已知的线性系统，传统控制方法已能很好地解决，没有必要使用专家系统控制。直接专家控制系统一般用于过程具有高度非线性、对象难以用数学解析式描述、传统控制器很难设计的场合。

专家控制器对被控过程或对象进行实时控制，必须在每个采样周期内都给出控制信号，所以对专家系统运算（推理）速度的要求是很高的。专家控制器在设计上应遵循以下两条原则：

（1）提高专家系统的运行速度。其他类型的专家系统（如医疗诊断专家系统）重视的是结果，一般不考虑系统运行速度。而在控制系统中，专家系统的推理速度是至关重要的。系统允许的最大采样周期决定了推理速度的下限。推理速度越快，则最大采样周期可以越短，专家系统适用的范围越广。按照这一原则，设计专家控制器可以从以下几方面采取措施：

1）以满足专家控制系统运行速度要求为前提，配置计算机 CPU 速度、数据总线位数和内存量等，提高硬件的运算速度。

2）选择合适的工具软件。编写专家系统所用工具软件对系统运行速度影响较大。要以提高运行速度为原则，兼顾编程效率，界面友好和使用方便等方面的要求，选择合适的工具软件进行编程。

3）知识库设计。专家系统推理时间大部分用在搜索知识库中可用的知识上，为加速这一搜索过程，应该合理设计知识库的结构。首先可以按知识的层次把知识库划分为几个子库，推理时按知识层次搜索相应的子库，从而可以缩小搜索范围，大大提高搜索效率。其次，利用搜索的某些启发式信息，预先指导知识库的设计。例如，根据验前信息，把成功率最高的知识放在优先搜索的位置上；对结论相同的知识进行合并以缩小搜索空间等。

4）推理机设计。直接专家控制系统中专家系统知识库规模通常不大。采用启发式信息指导构造知识库和划分子库，可以提高综合搜索效率。

（2）确保在每个采样周期内都能提供控制信号。专家系统从推理开始至得到最终结论的推理步数是不固定的，完成一步推理所花的时间也不一样，从不同状态开始求解时过程所用的总时间差异很大。在过程控制系统中，采样周期一般是常数，专家控制器推理开始时的状态由控制系统当前信息决定，通常每个时刻都不同，因此从推理开始到得出结论的时间不同，可能在某些采样周期无正常控制信号输出。为取得好的控制效果，必须确保在每个采样周期都能提供控制信号。为此，首先要解决控制信号的有无问题，然后再考虑其质量优劣问题。

照此原则，可以采用逐步推理方法，逐步改善控制信号的精度。按专家知识的精细程度划分层次，分别建立相应的子库。第一个知识层的知识较粗糙，其余层知识逐层精细。

推理时，首先在第一个子库中搜索，获得一个较粗糙的解。把该知识子库设计得比较小，保证在一个采样周期内可以完成搜索过程，确保在该采样周期内有控制信号产生。若采样周期尚未结束，再逐步运用更高一层子库进一步搜索，逐步获得更精确的解，取代较粗糙的解，直到该采样周期结束。

6.7 工业过程综合自动化系统

6.7.1 综合自动化系统的组成结构

综合自动化系统是工业过程计算机集成控制系统。目的是使企业用最短的周期、最低的成本、最优的质量，生产出适销对路的产品，以获取最大的经济效益，增强在国内外市场的竞争能力。其实质就是将过程控制、计划调度、经营管理和市场销售等信息进行集成，求得全局优化，也就是实现企业中信息的集成和利用，为各级领导、管理和生产部门提供辅助决策与优化的手段，进行经营决策、优化调度和优化操作，并将这些优化和决策与生产控制联系起来，成为一体化的信息集成系统。

计算机集成系统可由信息、优化、控制和对象模型等组成，具体可由5级构成，其功能框图如图6-23所示，即辅助决策和生产经营管理级、计划调度优化级、车间或装置的优化与监控级、单元过程的先进控制（APC）与优化级（APS）和最基础的基本控制级（DCS）。前两级是全厂级，后三级是车间（或装置）和单元过程级。

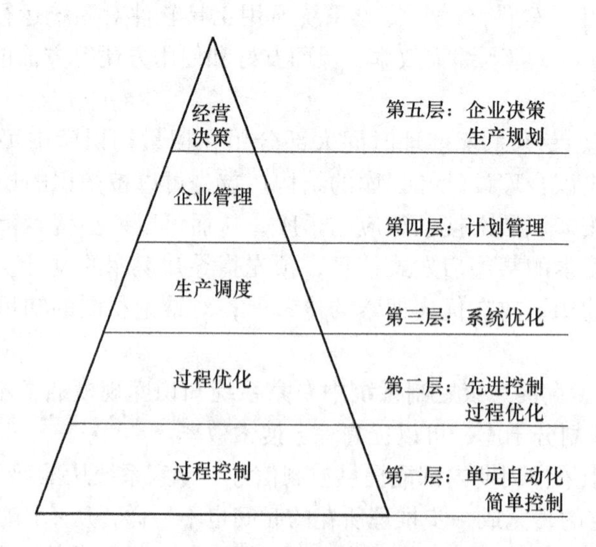

图6-23 计算机集成系统功能框图

（1）基本控制级：也就是直接控制级。它用于实现对控制装置的直接控制，由PID、串级、比值、均匀、分程、选择性和前馈等基本控制算法构成。硬件实现一般由集散控制系统（DCS）或工业PC或STD、单回路和多回路控制器等工业计算机或采用常规电动单元组合仪表。

（2）单元过程的先进控制与优化级：它用于在基本控制级的基础上，实现多变量约束控制、各种预测控制、推断控制、解耦控制、自适应控制、神经网络控制、智能控制和不可测输出变量的估计等先进控制算法。算法一般是基于对象的动态模型。本级通常由上位机来实现。上位机与DCS等基本控制级通过通信实现数据交换。

（3）车间或装置优化与监控级：它用于实现生产装置的最优工况运行，故障的预报与诊断。它是以下面各级控制系统作为广义对象，寻求生产装置的稳定优化。本级的功能也是在上位机实现的，并通过通信与DCS及全厂级管理计算机联系。本级的上位机可与先进控制所用的上位机合用一台。

（4）计划、调度优化级：它主要用于逐月落实生产计划、组织日常的均衡与优化生产。它以各车间或装置作为调度对象，保持全厂的生产平衡与优化。本级的硬件实现一般由全厂调度计算机来完成。

（5）生产经营管理和辅助决策级：生产经营管理主要分为经营管理、生产管理和人文管理。主要任务是按部门落实综合计划。它考虑全厂的资金、物流的运转与存储、供销渠道的畅通、合同的管理和生产调度任务的完成。它由全厂管理计算机来完成。辅助决策以整个工厂作为广义对象，按市场情况制定发展规划和年度综合计划，辅助厂长做出决策，寻求全厂的整体优化。

工业过程计算机集成系统的核心是信息的获取、处理和加工。来自基本控制级的直接测量信息，经过浓缩处理及加工后变成高级控制的不可测变量的估计信息以及车间核算信息和工况信息，经统计、分析和汇总后送到调度级和管理级，再经深度加工后进入决策级作为企业领导决策的依据。决策级除来自企业内部的综合信息外，还要掌握市场信息、同行信息等外部信息。

改革发展和市场经济的发展，必然导致封闭市场的解体和世界市场的形成，把企业推向激烈的国内、国际竞争中。面对这种机遇和危机并存的严峻挑战，采用各种先进的控制技术，有利于提高企业的经济效益，适应市场变化。此时，一定要抓住机遇，迎接挑战，为实现工业过程控制计算机集成系统奠定良好的基础。

6.7.2　综合自动化系统的特性

综合自动化系统得到公认的几个特性如下：

（1）系统主要采用阶梯系统结构的形式。人的介入程度是自上而下逐步增加的，人工智能的应用程度也是自上而下逐步增加的，但是，工作频率的周期却是自上而下逐步减少的，如基层控制层的周期在秒级，操作优化的周期在小时级，调度的周期以天计，计划的周期以月、季、年计。

（2）系统的主线是控制与管理两个方面。综合自动化系统需要选择合适的计算机和网络，实行结构集成。通常由DCS或现场总线系统完成控制任务，由中、小型机或微机完成管理任务。

（3）对于物流储运、劳动工资和财务会计等方面，也可建立相应的计算机系统，或与操作主线平行连接。

（4）系统的信息集成也至关重要。现在，生产控制系统已大量地应用了计算机控制装置，管理方面的管理信息系统（Management Information System，MIS）也纷纷建立。在综合自动化系统中，必须使两个方面的信息能灵活方便地相互传送，合适的网络系统，编程方便的软件平台和良好的数据库都是在设计时必须缜密考虑的关键技术。

（5）除了系统的结构集成和信息集成外，系统的功能集成是取得经济效益的关键一环。可以认为，在系统之内，信息贯通是前提，可靠运行是基础，整体优化是目标。整体优化算法贵在画龙点睛，出奇制胜，从十分复杂的情况中找到关键命题，用力求简单的方法去解决。

（6）综合自动化系统涉及的领域相对宽，工作的进行需要有一个各类专门人才组成的班子，特别是自动化专业、工艺专业和计算机专业的技术专家。

6.7.3 综合自动化系统的工业过程应用与发展趋势

6.7.3.1 综合自动化系统的工业过程应用

（1）可编程序控制器（PLC）：按功能及规模可分为大型PLC，中型PLC及小型PLC。PLC主要是指数字运算操作电子系统的可编程逻辑控制器，用于控制机械的生产过程。它采用一类可编程的存储器，用于其内部存储程序、执行逻辑运算、顺序控制、定时、计数与算术操作等面向用户的指令，并通过数字或模拟式输入/输出控制各种类型的机械或生产过程，是工业控制的核心部分。

（2）分布式控制系统（DCS）：按功能及规模亦可分为多级分层分布式控制系统、中小型分布式控制系统、两级分布式控制系统。DCS在国内自控行业又称之为集散控制系统。它是一个由过程控制级和过程监控级组成的以通信网络为纽带的多级计算机系统，综合了计算机、通信、显示和控制等4C技术，其基本思想是分散控制、集中操作、分级管理、配置灵活以及组态方便。DCS具有高可靠性、灵活性和开放性。DCS的主要特点归结为一句话就是：分散控制集中管理。

（3）工业PC机：适合工业恶劣环境，配有各种过程输入输出接口板组成工控机。工业PC主要包含两种类型：IPC工控机和Compact IPC工控机以及它们的变形机。由于基础自动化和过程自动化对工业PC的运行稳定性、热插拔和冗余配置要求很高，现有的IPC已经不能完全满足要求，将逐渐退出该领域，IPC将占据管理自动化层。多种不同的工业PC机能够兼做服务器和客户机，并形成了按区域划分的工业PC机群，依靠网络形成了集管理和控制为一体的综合系统，实现了企业内部之间的信息交换和沟通。

（4）嵌入式计算机及OEM产品，包括PID调节器及控制器。

6.7.3.2 综合自动化系统的工业过程发展趋势

在工业自动化日臻完善的前提下，由德国联邦教研部与联邦经济技术部联手资助，在德国工程院、弗劳恩霍夫协会、西门子公司等德国学术界和产业界的建议和推动下发起第四次工业革命——“工业4.0”研究项目，并已上升为国家级战略，得到德国科研机构和产业界的广泛认同，弗劳恩霍夫协会将在其下属6~7个生产领域的研究所引入工业4.0概念，西门子公司已经开始将这一概念引入其工业软件开发和生产控制系统。

“工业4.0”概念包含了由集中式控制向分散式增强型控制的基本模式转变，目标是建立一个高度灵活的个性化和数字化的产品与服务的生产模式。在这种模式中，传统的行业界限将消失，并会产生各种新的活动领域和合作形式。创造新价值的过程正在发生改变，产业链分工将被重组。其战略旨在通过充分利用信息通信技术和网络空间虚拟系统—信息物理系统（Cyber-Physical System）相结合的手段，将制造业向智能化转型。

CPS 作为计算进程和物理进程的统一体，是集成计算、通信与控制于一体的下一代智能系统。信息物理系统通过人机交互接口实现和物理进程的交互，使用网络化空间以远程的、可靠的、实时的、安全的、协作的方式操控一个物理实体。

信息物理系统包含了将来无处不在的环境感知、嵌入式计算、网络通信和网络控制等系统工程，使物理系统具有计算、通信、精确控制、远程协作和自治功能。它注重计算资源与物理资源的紧密结合与协调，主要用于一些智能系统上，如机器人、智能导航等。

CPS 是在环境感知的基础上，深度融合计算、通信和控制能力的可控可信可扩展的网络化物理设备系统，它通过计算进程和物理进程相互影响的反馈循环实现深度融合和实时交互来增加或扩展新的功能，以安全、可靠、高效和实时的方式检测或者控制一个物理实体。

海量运算是 CPS 接入设备的普遍特征，因此，接入设备通常具有强大的计算能力。从计算性能的角度出发，把一些高端的 CPS 应用比作胖客户机/服务器架构的话，那么物联网则可视为瘦客户机/服务器，因为物联网中的物品不具备控制和自治能力，通信也大都发生在物品与服务器之间，因此物品之间无法进行协同。从这个角度来说物联网可以看作 CPS 的一种简约应用，或者说，CPS 让物联网的定义和概念明晰起来。在物联网中主要是通过 RFID 与读写器之间的通信，人并没有介入其中。感知在 CPS 中十分重要。众所周知，自然界中各种物理量的变化绝大多数是连续的，或者说是模拟的，而信息空间数据则具有离散性。那么从物理空间到信息空间的信息流动，首先必须通过各种类型的传感器将各种物理量转变成模拟量，再通过模拟/数字转换器变成数字量，从而为信息空间所接受。从这个意义上说，传感器网络也可视为 CPS 的一部分。

从产业角度看，CPS 涵盖了小到智能家庭网络大到工业控制系统乃至智能交通系统等国家级甚至世界级的应用。更为重要的是，这种涵盖并不仅仅是比如说将现有的家电简单地连在一起，而是要催生出众多具有计算、通信、控制、协同和自治性能的设备。

未来综合自动化发展的三大主题：

一是“智能工厂”，重点研究智能化生产系统及过程，以及网络化分布式生产设施的实现；

二是“智能生产”，主要涉及整个企业的生产物流管理、人机互动以及 3D 技术在工业生产过程中的应用等。该计划将特别注重吸引中小企业参与，力图使中小企业成为新一代智能化生产技术的使用者和受益者，同时也成为先进工业生产技术的创造者和供应者；

三是“智能物流”，主要通过互联网、物联网，整合物流资源，充分发挥现有物流资源供应方的效率，而需求方，则能够快速获得服务匹配，得到物流支持。

思考题与习题

1. 预测控制与 PID 控制有什么不同？
2. 模型预测控制具有哪些基本特点？试列举几种具有代表性的预测控制系统。
3. 什么是自适应控制？自适应控制有哪三类？
4. 什么是系统间的关联？简述解除耦合的途径。

5. 什么是模糊控制？它与常规控制方案比较有什么主要特点？
6. 模糊控制器是由哪几个部分组成的？试述模糊控制系统的设计过程。
7. 典型的神经网络模型有哪些？有哪些学习方法？
8. 在工业控制中，有哪些典型的神经网络控制方法？
9. 试述专家控制系统的组成及特点，专家控制系统的结构如何？
10. 什么是分布式控制系统（DCS）？它有什么主要特点？

第7章　典型过程单元控制

教学要求：掌握液压位置控制系统和电机位置控制系统的原理；
掌握离心泵的特性及控制方案，了解其他流体输送设备控制方案及工作原理；
了解传热设备的稳态数学模型，熟悉传热设备的控制方案；
了解工业窑炉的工艺要求和控制系统；
掌握化学反应器的控制要求、热稳定性，了解基本控制方案。

重　　点：液压位置控制、电机位置控制系统的系统原理；
离心泵的特性及控制方案。

难　　点：液压压下位置控制系统原理、电动压下位置控制系统原理；
离心泵的控制。

7.1　过程设备的位置控制

位置控制系统是自动控制系统中的一类，其输出量按照一定精度跟随输入量的变化而变化。作为闭环自动控制系统的随动系统，它在生产过程和运动对象的控制及定位、瞄准、跟踪、信号传递和接收等装置中都占有显著的地位，现已成为各种调节系统的重要组成部分。

随着自动控制理论的发展，近几十年来，在新技术革命的推动下，特别是伴随着微电子技术和计算机技术的飞速进步，位置控制技术更是如虎添翼突飞猛进，它的应用几乎遍及社会的各个领域。

位置控制系统在机械制造行业中用得最多最广，如各种机床运动部分的速度控制、运动轨迹控制、位置控制等。它们不仅能完成转动控制、直线运动控制，而且能依靠多套控制系统的配合，完成复杂的空间曲线运动的控制，其运动控制精度高、速度快，远非一般人工操作所能达到。

在钢铁冶金工业中，轧钢机轧辊压下运动的位置控制，电弧炼钢炉、粉末冶金炉等的电机位置控制，水平连铸机的运动控制等，这些更是无法用人工操作所能代替的。

在军事上，位置控制系统用的更为普遍，雷达天线的自动瞄准的跟踪控制、高射炮、战术导弹的制导控制、鱼雷的自动控制等。

7.1.1　液压位置控制

液压伺服控制系统的经典控制理论是在20世纪50年代由美国麻省理工学院开始研究的，到60年代初形成了其基本类型。经典控制理论采用基于工作点附近的增量线性化模型对系统进行分析与综合，设计过程主要在频域中进行，控制器的形式主要为滞后、超前网络和PID控制等。液压伺服系统是在液压传动和自动控制理论基础上建立起来的一种自动控制系统。它最大限度地发挥了流体动力在大功率动力控制方面的特长和电气系统在信息处理方面的优势。液压伺服系统由于响应速度快、重量轻、尺寸小及抗负载刚性大等优点，是液压技术领域中一个重要的分支。液压伺服系统以其优良的动态性能著称，尤其对于直线运动的控制对象，它的优势更加突出，因此在工业实践中得到了广泛的应用。

液压AGC（Automatic Gauge Control system，自动厚度控制系统）是现代大型板带轧机的核心系统，其性能好坏或工作正常与否是决定带钢产量和质量的关键。其中的执行系统为液压压下位置自动控制系统HAPC，所谓位置自动控制就是在指定的时刻，将被控对象的位置自动地调节到预先给定的目标值上，调节后的位置与目标值之差保持在允许的误差范围内。作为AGC控制系统的内环，它的任务是接受厚控AGC系统的指令，进行压下缸的位置闭环控制，使压下缸实时准确地定位在指令所要求的位置。APC是液压AGC的内环系统，是一个高精度、高响应的电液位置闭环伺服系统，它决定着液压AGC系统的基本性能。

液压压下位置控制系统主要由伺服放大器、伺服阀、液压缸、位移传感器组成，其工作原理如图7-1所示。位移传感器把轧辊实际位置信号反馈回来，通过计算可以得到实测值与设定值之间的差值，然后由系统的电液伺服阀通过控制液压缸的流量实现对液压缸上、下移动，从而完成辊缝调节，当辊缝的给定值与反馈值相等时液压缸停止动作，此时完成辊缝调节。

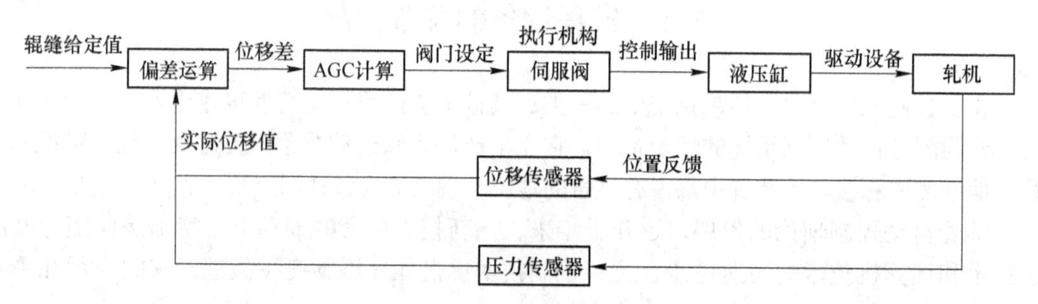

图7-1　液压压下位置控制系统原理图

在轧制过程中，当轧制力发生变化时，压力传感器测量出其波动量，经位移转换环节转换成位移补偿信号，该信号乘以调节系数，然后输出给输入环进行辊缝调节。当液压缸的位移调整量达到补偿值时，位移传感器反馈的信号与通过压头测量的补偿信号相等，这时辊缝调节完成，由轧制压力波动造成的轧机弹跳得到完全补偿。通过位移传感器对轧制状态进行连续测量，将实测值与目标值相比较，得出偏差值，把该偏差值经放大后输出一个控制量，通过调节伺服阀的流量来调整压下，从而把厚度控制在允许的偏差范围。

7.1.2　电机位置控制

位置控制系统的发展经历了由液压到电气的过程。电气控制系统根据所驱动的电机类型分为直流（DC）电机位置控制系统和交流（AC）电机位置控制系统。

随着微处理器技术、半导体功率器件技术和电机材料制造工艺的发展及其性能价格比的日益提高，交流电机控制系统逐渐成为主导产品。交流电机驱动技术已经成为工业领域实现自动化的基础技术之一。

交流电机控制系统按驱动电动机的类型来分，主要有两大类：永磁同步电动机交流控制系统和感应式异步电动机交流控制系统。其中，永磁同步电动机交流控制系统在技术上已趋于完全成熟，具备十分优良的低速性能，拓宽系统的调速范围，适应高性能控制驱动的要求。并且随着永磁材料性能的大幅度提高和价格的降低，其在工业生产自动化领域中的应用将越来越广泛，目前已成为交流控制系统的主流。感应式异步电动机交流控制系统由于感应式异步电动机结构坚固，制造容易，价格低廉，因而具有很好的发展前景，代表了将来控制技术的方向。但由于该系统采用矢量变换控制，相对永磁同步电动机控制系统来说控制比较复杂，而且电机低速运行时还存在着效率低，发热严重等有待克服的技术问题，目前并未得到普遍应用。

以电动压下控制过程为例，在轧机的传动侧和操作侧分别安装一台直流电机，用于空载时粗调轧机辊缝，当接收到粗调辊缝设定值后，将电动辊缝调到目标设定值，此外，通过进行倾斜度的监控，使得传动侧和操作侧的压下位置偏差控制在允许的范围内，即上辊的倾角保持在允许的偏差范围内。电动压下位置控制系统原理如图 7-2 所示。

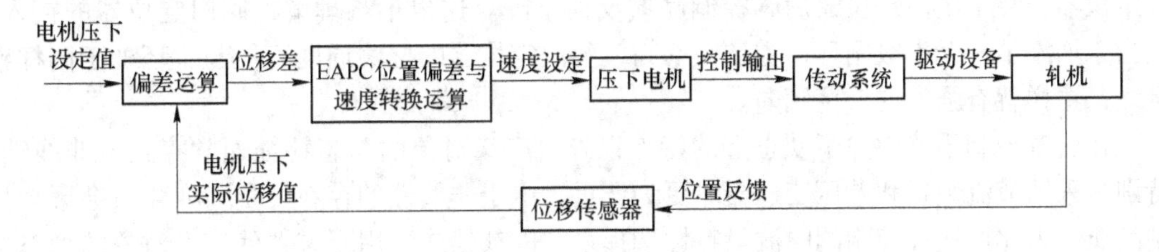

图 7-2　电动压下位置控制系统原理图

电动压下控制方式为电机带动齿轮、蜗杆、涡轮传动，压下传动形式为两台电机带动小齿轮与大齿轮啮合，由于大齿轮联接轴上有蜗杆，通过蜗杆带动轧机两侧蜗轮，蜗轮与压下螺丝传动，蜗轮旋转则压下螺丝作上下运动。两台压下电机之间设有电磁离合器，可以控制两边压下是否同步，当电磁离合器离开时，可以对两侧压下电机进行单独调节。当基础自动化接收到过程机架道次计划的设定值后，就将辊缝调节到目标设定值。另外通过对两侧压下倾斜度进行监控，使传动侧和操作侧的压下位置偏差在允许的范围，即使上辊的倾角在允许的控制范围内。

随着电子技术，特别是电子计算机的高速发展，带来了伺服控制系统向智能化方向的快速发展。从当前情况看，直流电动机能在大范围内实现精密的位置和速度控制，所以，要求系统性能高的场合都在广泛使用直流电机控制系统。由于直流电机容易进行调速，尤其他励直流电机又具有较强的机械特性，所以在数控伺服系统中早有使用。直流电机具有良好的机械特性，使之能在大范围内平滑调速、启动、制动和正反转等，目前在传动领域中仍占重要的地位。

7.2　流体输送设备的控制

在石油、化工等生产过程中，用于输送流体和提高流体压头的机械设备，通称为流体输送设备。其中，输送液体、提高压力的机械称为泵；输送气体并提高压力的机械称为风机和压缩机。

在生产过程中，各个生产装置之间都以输送物料或能量的管道将其连接在一起，物料在各装置中进行化学反应及其他物理、化学过程，按预定的工艺设计要求，生产出所需的产品。因工艺的需要，常需将流体由低处送至高处，由低压设备送到高压设备，或克服管道阻力由某一车间水平地送往其他车间。为了达到这些目的，必须对流体做功，以提高流体的能量，完成输送的任务。输送的物料流和能量流统称为流体，流体通常有液体和气体之分，有时固体物料也通过流态化在管道中输送。

在流量控制系统中，被控变量是流量，操纵变量亦是流量，即被控变量和操纵变量是同一物料的流量，只是处于管路的不同位置，这样的过程接近1∶1的放大环节，时间常数很小，因此广义对象的特性必须考虑测量系统和控制阀。过程、测量系统和控制阀的时间常数在数量级上相同且数值不大，这样组成的闭环系统其可控性较差，且工作频率较高，所以控制器的比例度必须取得较大，而且为消除余差，引入积分作用十分必要。一般来说，积分时间在0.1min到数十分钟的数量级。由于这个特点，流量控制系统一般不装阀门定位器，装了阀门定位器后，控制品质反而下降。这也不难理解，阀门定位器的接入，相当于增添了一个串级副环，主环频率高，阀门定位器的振荡周期可能与主环处于同样数量级，这样就有强烈的振荡倾向。

在流量控制系统中除了动态上的特点以外，广义对象的稳态特征通常存在着非线性，特别是采用节流装置和差压变送器时更为严重。由于非线性的存在，负荷变化时会影响控制品质，为此可通过控制阀的流量特性选择来加以补偿或采用开方器使广义对象的稳态特征近似为线性。这样，控制器参数整定好后，就可适应不同负荷的需要，得到较好的控制品质。

流量控制系统的主要扰动是压力和阻力的变化，特别是同一台泵分送几支并联管道的场合，每一支路的流量变化都会影响控制阀上压力的变动，有时必须采用适当的稳压措施。至于阻力的变化，例如管道积垢的效应等，往往是比较迟缓的。

7.2.1　泵的控制

泵通常分为以下几种类型：

（1）往复泵：活塞泵、柱塞泵、隔膜泵、计量泵和比例泵等。

（2）旋转泵：齿轮泵、螺杆泵、转子泵和叶片泵。

（3）离心泵。

通常根据泵的特性又可分为离心泵和容积式泵两大类。往复泵、旋转泵均属于容积泵，在工业生产中以离心泵的应用最为普遍，所以本书将较详细介绍离心泵的特性及控制方案，对容积式泵、风机、压缩机控制作一般介绍。

7.2.1.1　离心泵的控制

离心泵是使用最广的液体输送机械。主要由叶轮和机壳组成，叶轮在原动机带动下作高速旋转运动。离心泵的出口压头由旋转叶轮作用于液体而产生离心力，转速越高，离心力越大，压头也越高。泵的压头 H 和流量 Q 及转速 n 间的关系，称为泵的特性，如图7-3所示，亦可由下列经验公式来近似：

$$H = k_1 n^2 - k_2 Q^2 \qquad (7\text{-}1)$$

式中，k_1 和 k_2 为比例系数。

当离心泵装在管路系统时，实际的排出量与压头是多少呢？那就需要与管路特性结合起来考虑。管路特性就是管路系统中流体的流量和管路系统阻力的相互关系，如图7-4所示。

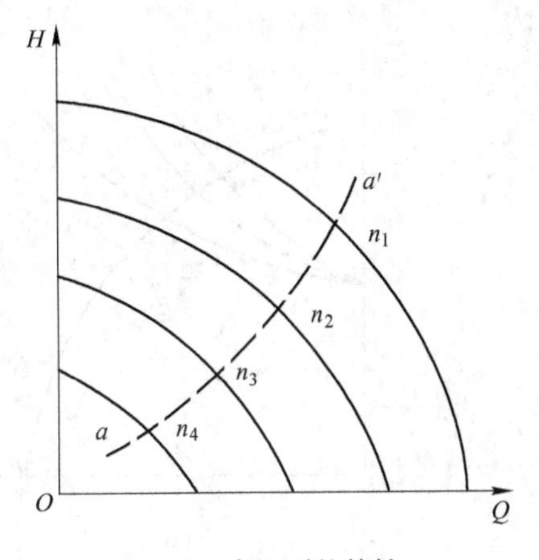

图7-3　离心泵的特性

aa'—相应于最高效率的工作点轨迹，$n_1 > n_2 > n_3 > n_4$

在图7-4中，h_L 表示液体提升一定高度所需的压头，即升扬高度，这项是恒定的；h_p 表示克服管路两端静压差的压头，即为 $(p_2 - p_1)/\gamma$，这项也是比较平稳的；h_f 表示克服管路摩擦损耗的压头，这项与流量的二次方近乎成比例；h_v 是控制阀两端的压头，在阀门的开启度一定时，也与流量的二次方成比例。同时，h_v 还取决于阀门的开启度。

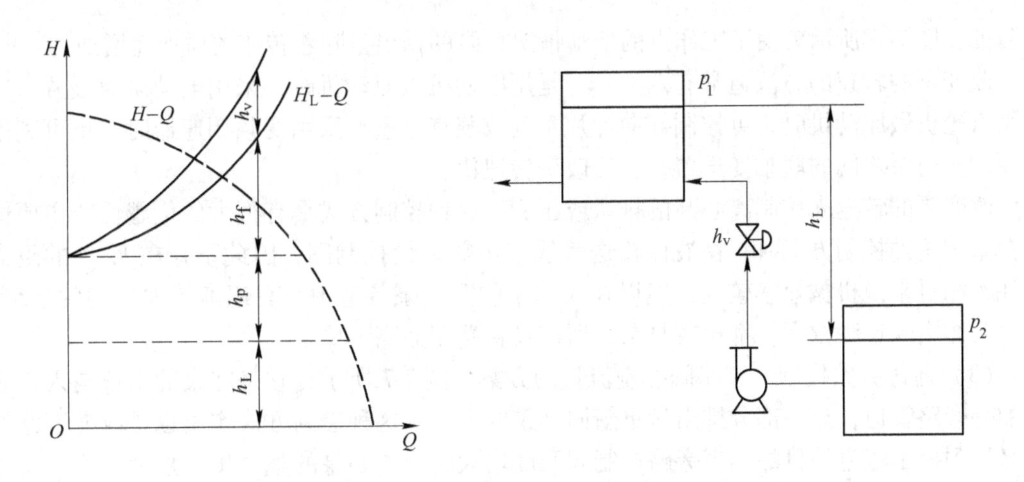

图7-4　管路特性

设

$$H_L = h_L + h_p + h_f + h_v$$

则 H_L 和流量 Q 的关系称为管路特性，图7-4所示为一例。

当系统达到平稳状态时，泵的压头 H 必然等于 H_L，这是建立平衡的条件。从特性曲线上看，工作点 c 必然是泵的特性曲线与管路特性曲线的交点。工作点 c 的流量应符合预定要求，它可以通过以下方案来控制：

(1) 改变阀门开启度，直接节流。改变控制阀的开启度，即改变了管路阻力特性，图7-5所示表明了工作点变动情况。图中所示直接节流的控制方案是用的很广泛的。

这种方案的优点是简便易行，缺点是在流量小的情况下，总的机械效率较低。所以这种方案不宜使用在排出量低于正常值30%的场合。

(2) 改变泵的转速。这种控制方案以改变泵的特性曲线，移动工作点来达到控制流量

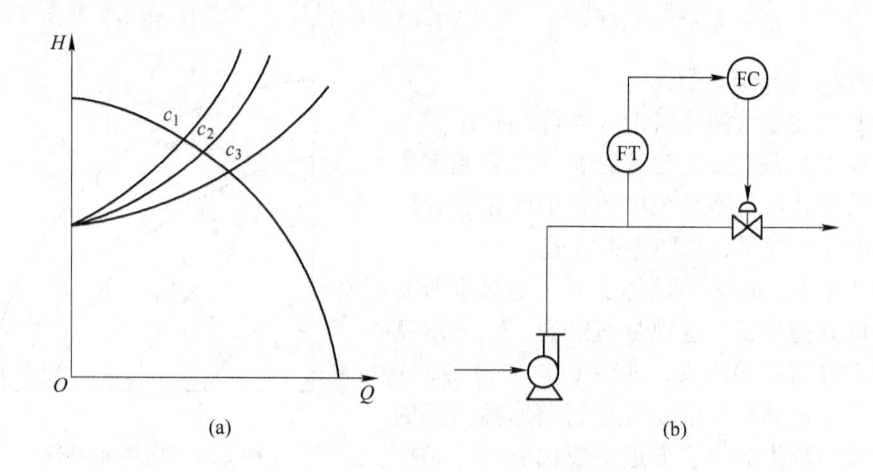

图7-5 直接节流以控制流量

（a）流量特性；（b）控制方案

的目的，图7-6所示表明了工作点的变动情况，泵的排出量随着转速的增加而增加。

改变泵的转速的方法通常有两类：一是用电动机做原动机时，采用电动调速装置；二是用汽轮机做原动机时，可控制导向叶片角度或蒸汽流量，采用变频调速器时，也可利用在原动机与泵之间的联轴变送器，设法改变转速比。

改变泵的转速来控制离心泵的排量或压头，这种控制方式具有很大的优越性。主要体现在采用这种控制方案时，在液体输送管线上不需装设控制阀，因此不存在 h_v 项的阻力损耗，相对来说机械效率较高，所以在大功率的重要泵装置中，有逐渐扩大采用的趋势。但要具体实现这种方案，都比较复杂，所需设备费用亦高一些。

（3）通过旁路控制。旁路阀控制流量的方案如图7-7所示，它是在泵的出口与入口之间加一旁路管道，让一部分排出量重新回到泵的入口。这种控制方式实质也是改变管路特性来达到控制流量的目的。当旁路控制阀开度增大时，离心泵的整个出口阻力下降，排量增加，但与此同时，回流量也随之加大，最终导致送往管路系统的实际排量减少。

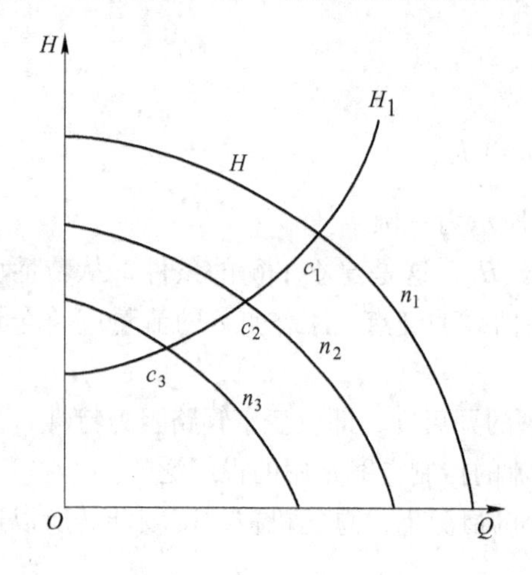

图7-6 改变泵的转速以控制流量

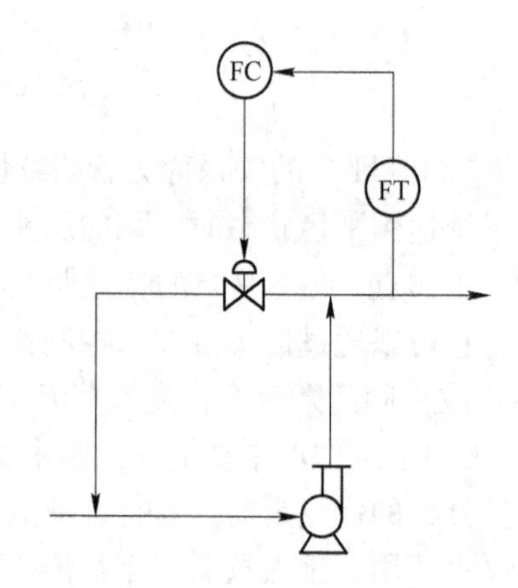

图7-7 旁路阀控制流量的方案

这种方案颇简单，而且控制阀口径较小。但亦不难看出，对旁路的那部分液体来说，由泵供给的能量完全消耗于控制阀，因此总的机械效率较差。

7.2.1.2　容积式泵的控制

容积式泵有两类：一类是往复泵，包括活塞式、柱塞式等；另一类是直接位移旋转式，包括椭圆齿轮泵、螺杆式等。

由于这类泵的共同特点是泵的运动部件与机壳之间的空隙很小，液体不能在缝隙中流动，所以泵的排出量与管路系统无关。往复泵只取决于单位时间内的往复次数及冲程的大小，而旋转泵仅取决于转速。它们的流量特性大体如图7-8所示。

既然它们的排出量与压头 H 的关系很小，因此不能在出口管线上用节流的方法控制流量，一旦将出口阀关死，将产生泵损、机毁的危险。

容积式的控制方案有以下几种：

（1）改变原动机的转速。此法同离心泵的调速法。

（2）改变往复泵的冲程。在多数情况下，这种方法调节冲程结构较复杂，且有一定难度，只有在一些计量泵等特殊往复泵上才考虑采用。

（3）利用旁路阀控制，稳定压力，再利用节流阀来控制流量（如图7-9所示），压力控制器可选用自力式压力控制器。这种方案由于压力和流量两个控制系统之间相互关联，动态上有交互影响，为此有必要把它们的振荡周期错开，压力控制系统应该慢一些，最好整定成非周期的调节过程。

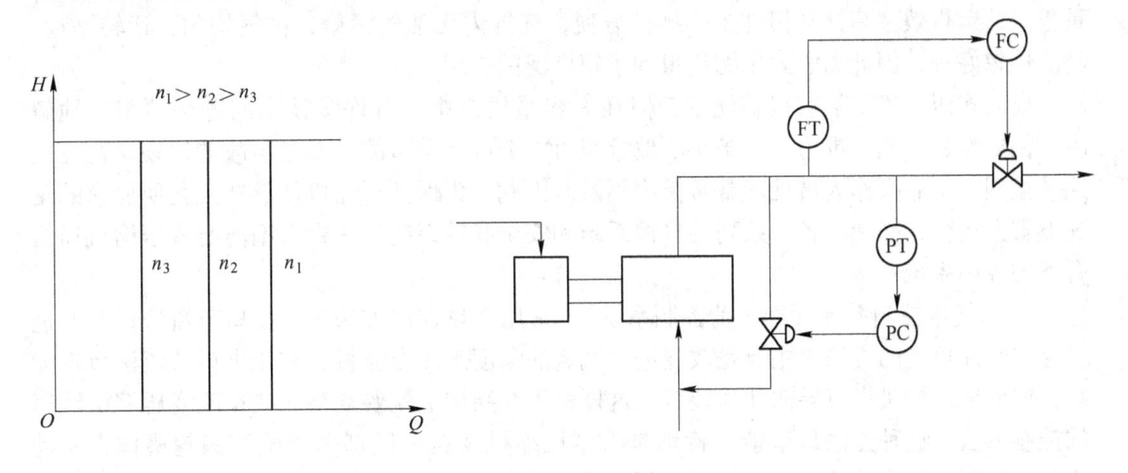

图7-8　往复泵的流量特性　　　图7-9　往复泵出口压力和流量控制

7.2.2　变频调速器的应用

在工业生产装置中，不少泵出口的流量均随工况的改变而频繁波动。在控制系统中执行器一般采用控制阀，但在工艺流程中，由于控制阀的压降（约0.02～2.5MPa左右）占工艺系统压降的比例较大，从而导致泵的能量在调节阀上的损失也随之增大，为此变频调速器替代控制系统中控制阀逐渐增加。

变频调速器是采用正弦波PWM脉宽调制电路，并能接受控制器的输出信号。变频调速器具有大范围平滑无级变速特性，频率变化范围宽达2.4～400Hz，调速精度可达

±0.5%，变频调速器作为执行器，与工艺介质不接触，具有无腐蚀、无冲蚀的优点。因为电机的消耗功率与转速的立方成正比，所以当电机转速降低、泵的出口流量减少时，相应消耗的功率便大幅度下降，从而达到显著节电效果。

目前，在生产装置中有的采用变频调速器与控制阀并存的控制方式，一般情况下采用变频调速，异常情况下采用控制阀控制。其原因有：在变频调速控制效果不佳或出现意外时，可及时切换到控制阀控制，保证安全生产；能够利用控制阀进行流量微调；当管线要求压力一定时，可以通过控制阀实现。

虽然使用变频调速器的一次性投资较大，但由于其高效节能且效果显著，投资回收期为0.5~1年左右，因此值得推广。

7.2.3　压缩机的控制

压缩机是指输送压力较高的气体机械，一般产生高于300kPa的压力。压缩机分为往复式压缩机和离心式压缩机两大类。

往复式压缩机适用于流量小，压缩比高的场合，其常用控制方案有：汽缸余隙控制、顶开阀控制（吸入管线上的控制）、旁路回流量控制、转速控制等。这些控制方案有时是同时使用的。

近年来由于石油及化学工业向大型化发展，离心式压缩机急剧地向高压、高速、大容量、自动化方向发展。离心式压缩机与往复式压缩机比较有下述优点：体积小，流量大，重量轻，运行效率高，易损件少，维护方便，气缸内无油气污染，供气均匀，运转平稳，经济性较好等，因此离心式压缩机得到了很广泛的应用。

离心式压缩机虽然有很多优点，但在大容量机组中，有许多技术问题必须很好地解决，例如喘振、轴向推力等，微小的偏差很可能造成严重事故，而且事故的出现又往往迅速、猛烈，单靠操作人员处理常常措手不及。因此，为保证压缩机能够在工艺所要求的工况下安全运行，必须配备一系列的自控系统和安全联锁系统。一台大型离心式压缩机通常有下列控制系统：

（1）气量控制系统（即负荷控制系统）。常用气量控制方法有：出口节流法；改变进口导向叶片角度的方法，主要是改变进口气流的角度来改变流量，它比出口节流法节省能量，但要求压缩机设有导向叶片装置，这样机组在结构上就要复杂一些；改变压缩机转速的控制方法，这种方法最节能，特别是大型压缩机现在一般都采用蒸汽涡轮机作为原动机，实现调速最为简单，应用较为广泛。除此之外，在压缩机入口管线上设置控制模板，改变阻力亦能实现气量控制，但这种方法过于灵敏，并且压缩机入口压力不能保持恒定，所以较少采用。

压缩机的负荷控制可以用流量控制来实现，有时也可以采用压缩机出口压力控制来实现。

（2）压缩机入口压力控制。入口压力控制方法有：采用吸入管压力控制转速来稳定入口压力；设有缓冲罐的压缩机，缓冲罐压力可以采用旁路控制；采用入口压力与出口流量的选择控制。

（3）防喘振控制系统。离心式压缩机当负荷降低到一定程度时会出现喘振的现象，即当负荷低于某一定值时，气体的正常输送遭到破坏，气体的排出量时多时少，忽进忽出，发生强烈振荡，并发出如同哮喘病人“喘气”的噪声。喘振会损坏机体，产生严重后果，应设置防喘振控制系统防止喘振的产生。

（4）压缩机各段吸入温度以及分离器的液位控制。

（5）压缩机密封油、润滑油、调速油的控制系统。

（6）压缩机振动和轴位移检测、报警、联锁。

7.3 传热设备的控制

许多工业过程，如蒸馏、蒸发、干燥结晶和化学反应等均需要根据具体的工艺要求，对物料进行加热或冷却，即冷热流体进行热量交换。传热设备的类型很多，从热量的传递方式分有三种：热传导、对流和热辐射，在实际进行的传热过程中，很少有以一种传热方式单独进行的，而是两种或三种方式综合而成。冷热流体进行热量交换的形式有两大类：一类是无相变情况下的加热或冷却；另一类是在相变情况下的加热或冷却（即蒸汽冷凝给热或液体汽化吸热）。

传热（热交换）过程是利用各种形式的换热器即传热设备来进行的。不论其目的在于加热、冷却、汽化还是冷凝，从进行热交换的两种流体的接触关系来看，不外乎直接接触式、间壁式及蓄热式三大类，尤以间壁式传热设备应用最广。

7.3.1 传热设备的稳态数学模型

传热过程的稳态数学模型，在化学工程中已得到广泛研究，不论设计和控制，都离不开过程特性的分析。对一个已有的设备，研究稳态特性的意义是为了搞好生产控制，具体来说，有以下三个作用：

（1）作为扰动分析，操纵变量选择及控制方案确定的基础。

（2）求取放大倍数，作为系统分析及控制器参数整定的参考。

（3）分析在各种条件下的放大系数 K_0 与操纵变量（调节介质）流量的关系，作为控制阀选型的依据。

传热过程工艺计算的两个基本方程式是热量衡算式与传热速率方程式，它们是构成传热设备的稳态特性的两个基本方程式。

7.3.1.1 热量衡算式

根据流体在传热过程中发生相变与否，可分为两种情况。

（1）流体在传热过程中发生相的变化（如冷凝或汽化），且该流体温度不变，则

$$q = G\gamma \tag{7-2}$$

式中，q 为传热速率，J/h；G 为流体发生相变的质量流量（冷凝量或汽化量），kg/h；γ 为流体的相变热（冷凝热或汽化热），J/kg。

（2）流体在传热过程中无相的变化，则

$$q = Gc(t_o - t_i) \tag{7-3}$$

式中，G 为流体的质量流量，kg/h；c 为流体在进、出口温度范围内的平均比热容，J/(kg·℃)；t_o 为流体出换热器的温度，℃；t_i 为流体进换热器的温度，℃。

总之，热量衡算式表明，当不考虑热损失时，热流体放出的热量应该等于冷流体吸收的热量，其基本形式有

$$G_1\gamma_1 = G_2\gamma_2(\text{两种流体均发生相变}) \tag{7-4}$$

$$G_1\gamma_1 = G_2C_2(t_{2o} - t_{2i})(\text{仅一种流体发生相变}) \tag{7-5}$$

$$G_1C_1(t_{1i} - t_{1o}) = G_2C_2(t_{2i} - t_{2o})(\text{两种流体均没有发生相变}) \tag{7-6}$$

式中，变量下标1、2表示流体1和流体2，温度 t 的下标中i表示进口，o表示出口。

7.3.1.2 传热速率方程式

热量的传递方向总是由高温物体传向低温物体，两物体之间的温差是传热的推动力，温差越大，传热速率亦越大。

传热速率方程式是

$$q = UA_m\Delta t_m \tag{7-7}$$

式中，q 为传热速率，J/h；U 为传热总系数，J/(m^2·℃·h)，U 是衡量热交换设备传热性能好坏的一个重要指标，U 值越大，设备传热性能越好，U 的数值取决于3个串联热阻（即管壁两侧对流的热阻以及管壁自身的热传导热阻），这3个串联热阻中以管壁两侧对流给热系数 h 为影响 U 的最主要因素，因此，凡能影响 h 的因素均能影响 U 值；A_m 为平均传热面积，m^2；Δt_m 为平均温度差，是换热器各个截面冷、热两流体温度差的平均值，℃。

7.3.1.3 换热器稳态特性的基本方程式

以图7-10所示逆流、单程、列管式换热器为例，用传热过程的两个基本方程式列写静态特性方程式。

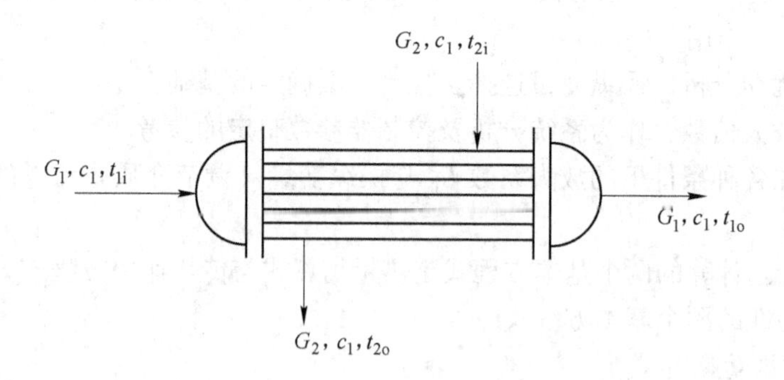

图7-10 逆流、单程、列管式换热器

(1) 热量平衡关系式。为处理方便，弄清主要问题，忽略一些次要因素（如热损失），热流体放出的热量等于冷流体吸收的热量

$$q = G_2c_2(t_{2i} - t_{2o}) = G_1c_1(t_{1o} - t_{1i}) \tag{7-8}$$

式中，q 为传热速率，kJ/h；G 为质量流量，kg/h；c 为平均比热容，kJ/(kg·℃)；t 为温度，℃；下标1为冷流体，2为载热体，i为进口，o为出口。

在进口条件确定以后，式（7-8）中仍有两个未知数 t_{1o} 和 t_{2o}，单凭这一关系，还不能完全规定系统的状态，仍需找出传热速率的关系。

（2）传热速率关系式

$$q = UA_m \Delta t_m$$

式中，Δt_m 为平均温度差，逆流、单程条件下是一个对数平均值

$$\Delta t_m = \frac{(t_{2o} - t_{1i}) - (t_{2i} - t_{1o})}{\ln \dfrac{t_{2o} - t_{1i}}{t_{2i} - t_{1o}}} \tag{7-9}$$

在某些情况下，如果不是用于设备的设计，而只是为了表示变量之间的关系，那么算术平均值就足够精确了。当$(t_{2o} - t_{1i})/(t_{2i} - t_{1o})$在1/3～3之间，其误差小于5%。算术平均值可表示为

$$\Delta t_m = \frac{(t_{2o} - t_{1i}) + (t_{2i} - t_{1o})}{2} \tag{7-10}$$

（3）换热器稳态特性的基本方程

由式（7-8）可得

$$t_{2o} = t_{2i} - \frac{G_1 c_1}{G_2 c_2}(t_{1o} - t_{1i}) \tag{7-11}$$

将式（7-10）和式（7-11）代入式（7-7）可得

$$q = \frac{UA_m}{2}(t_{2i} - t_{1o} - t_{1i}) + \frac{UA_m}{2}\left[t_{2i} - \frac{G_1 c_1}{G_2 c_2}(t_{1o} - t_{1i})\right]$$

由式（7-8）可有

$$\frac{UA_m}{2}(t_{2i} - t_{1o} - t_{1i}) + \frac{UA_m}{2}\left[t_{2i} - \frac{G_1 c_1}{G_2 c_2}(t_{1o} - t_{1i})\right] = G_1 c_1 (t_{1o} - t_{1i})$$

整理上式可得

$$\frac{t_{1o} - t_{1i}}{t_{2i} - t_{1i}} = \frac{1}{\dfrac{G_1 c_1}{UA_m} + \dfrac{1}{2}\left(1 + \dfrac{G_1 c_1}{G_2 c_2}\right)} \tag{7-12}$$

式（7-12）就是逆流、单程列管式换热器的稳态特性基本方程式，由此可得有关通道的稳态放大系数。

换热器的输出变量是冷流体的出口温度 t_{1o}，而输入变量是：载热体流量 G_2，入口温度 t_{2i}，冷流体（生产负荷）流量 G_1，入口温度 t_{1i}。由于式（7-12）是非线性方程，可以通过线性化求得这四条通道的静态放大系数。

例如，载热体 G_2——输出变量 t_{1o}（ΔG_2——Δt_{1o}），对式（7-12）求导可得

$$\frac{dt_{1o}}{dG_2} = \frac{t_{2i} - t_{1i}}{2\left[\dfrac{G_1 c_1}{UA_m} + \dfrac{1}{2}\left(1 + \dfrac{G_1 c_1}{G_2 c_2}\right)\right]^2} \frac{G_1 c_1}{G_2^2 c_2} \tag{7-13}$$

该通道亦是非线性的，以 $\frac{G_2c_2}{UA_m}$ 为横坐标，$\frac{t_{1o}-t_{1i}}{t_{2i}-t_{1i}}$ 为纵坐标作图（图7-11），图中每点斜率反映出放大系数的大小，$\frac{G_1c_1}{UA_m}$ 一定时，$\frac{G_2c_2}{UA_m}$ 较小时，t_{1o} 变化显著，而 $\frac{G_2c_2}{UA_m}$ 较大时，t_{1o} 变化缓慢且出现饱和现象。

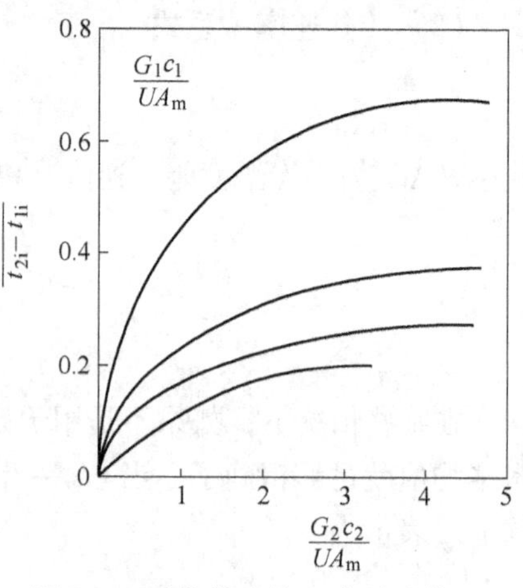

图7-11 载热体流量 G_2 与冷流体出口温度 t_{1o} 的关系

7.3.2 一般传热设备的控制

一般传热设备是指以对流传热为主的传热设备，常见的有换热器、蒸汽加热器、氨冷器、再沸器等间壁式传热设备，在此就它们控制中的一些共性作一些介绍。

一般传热设备的被控变量在大多数情况下是工艺介质的出口温度，至于操纵变量的选择，通常是载热体流量。

然而在控制手段上有多种形式，从传热过程的基本方程式知道，为保证出口温度平稳，满足工艺要求，必须对传热量进行控制，要控制传热量有以下几条途径。

7.3.2.1 载热体流量控制

改变载热体流量的大小，将引起传热系统 U 和平均温差 Δt_m 的变化。对于载热体在传热过程中不起相变化的情况下，如不考虑 U 的变化，从前述热量衡算式和传热速率方程式来看，当传热面积足够大时，热量衡算式可以反映稳态特性的主要方面。改变载热体流量，能有效的改变传热平均温差 Δt_m，亦即改变传热量，因此控制作用能满足要求。而当传热面积受到限制时，要将热量衡算式和传热速率方程式结合起来考虑。

对于载热体有相变时情况要复杂得多，例如对于氨冷器，液氨汽化吸热。传热面积有裕量时，进入多少液氨就汽化多少，即进氨量越多，带走热量越多。不然的话，液氨的液位要升高，如果仍然不平衡，液氨液位越来越高，会淹没蒸发空间，甚至使液氨进至出口管道损坏压缩机。所以采用这种方案时，应设有液位指示、报警或联锁装置，确保安全生产。还可以采用图7-12所示氨冷器出口温度与液位的串级控制系统，其实该系统是改变

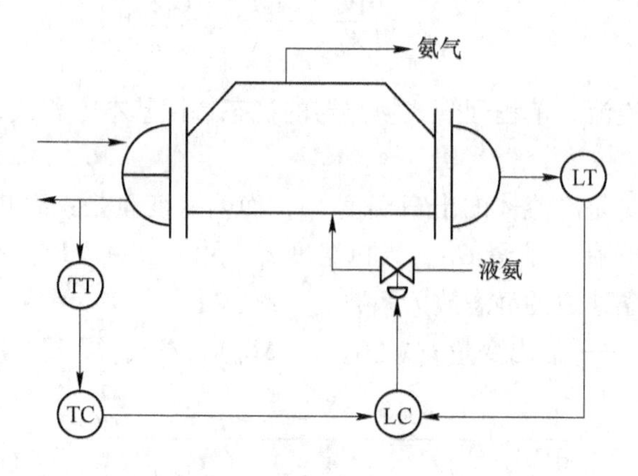

图7-12 氨冷器出口温度与液位的串级控制系统

传热面积的方案，应用这种方案时，可以限制液位的上限，保证有足够的蒸发空间。

图 7-12 所示是控制载热体流量方案之一，这种方案最简单，适用于载热体上游压力比较平稳及生产负荷变化不大的场合。如果载热体上游压力不平稳，则采取稳压措施使其稳定，或采用温度与流量（或压力）的串级控制方案，如图 7-13 所示。

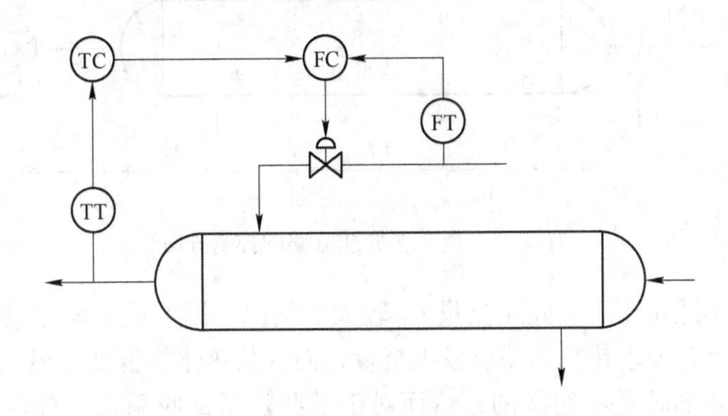

图 7-13 调载热体流量串级控制方案

7.3.2.2 载热体的汽化温度控制

控制载热体的汽化温度亦即改变了传热平均温差 Δt_m，同样可以达到控制传热量的目的。图 7-14 所示就是这类方案的一例。控制阀安装于气氨出口管道上，当阀门开度变化时，气氨的压力将起变化，相应的汽化温度也发生变化，这样也就改变了传热平均温差，从而控制了传热量。除此之外，还要设置一液位控制系统来维持液位，从而保证有足够的蒸发空间。这类方案的动态特点是滞后小，反应迅速，有效，应用也较广泛。但必须用两套控制系统，所需仪表较多；在控制阀两端气氨有压力损失，增大压缩机的功率；另外，要行之有效，液氨需要有较高压力，设备必须耐压。

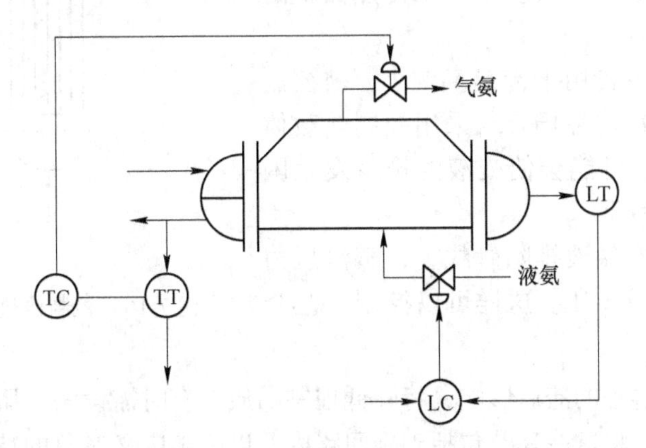

图 7-14 氨冷器控制载热体汽化温度的方案

7.3.2.3 工艺介质分路

可以想到，要使工艺介质加热到一定温度，也可以采用同一介质冷热直接混合的办法。将工艺介质一部分进入换热器，其余部分旁路通过，然后两者混合起来，是很有效的控制手段，图 7-15 所示是采用三通控制阀的流程。

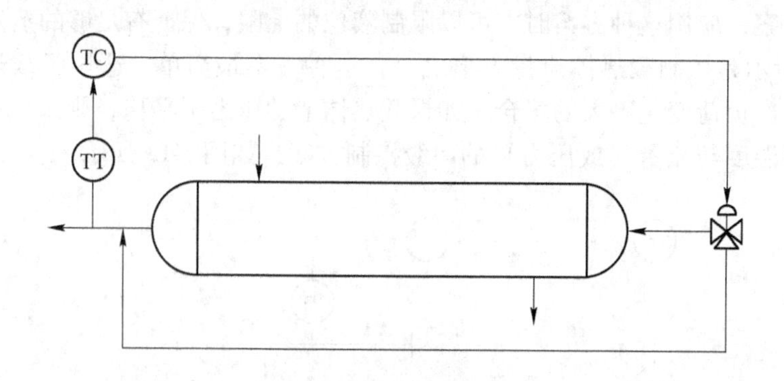

图7-15 将工艺介质分路的控制方案

然而本方案不适用于工艺介质流量 G_1 较大的情况，因为此时静态放大系数较小。该方案还有一个缺点是要求传热面积有较大裕量，而且载热体一直处于最大流量工作，这在专门采用冷剂或热剂时是不经济的，然而对于某些热量回收系统，载热体是某种工艺介质，总流量不好控制，这时便不成为缺点了。

7.3.2.4 传热面积控制

从传热速率方程来看，使传热系数和传热平均温差基本保持不变，控制传热面积 A_m 可以改变传热量，从而达到控制出口温度的目的。图7-16所示是这种控制方案的一例，其控制阀装在冷凝液的排出管线上。控制阀开度的变化，使冷凝液的排出量发生变化，而在冷凝液液位以下都是冷凝液，它在传热过程中不起相变化，其给热系数远较液位上部气相冷凝给热系数小，所以冷凝液位的变化实质上等于传热面积的变化。

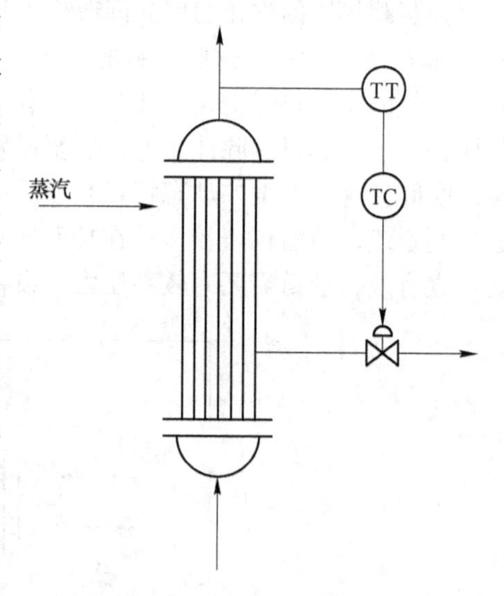

图7-16 控制传热面积的控制方案

这种控制方案主要用于传热量较小，被控制温度较低的场合；在这种场合若采用控制热载体量——蒸汽的方法，可能会使凝液的排除发生困难，从而影响控制品质。

将控制阀装在冷凝液排除管线上，蒸汽压力有了保证，不会形成负压。这样可以控制工艺介质温度达到稳定。

传热面积改变过程的滞后影响，将降低控制品质，有时需设法克服。较有效的办法是采用串级控制方案，将这一环节包括于副回路内，以改善广义对象的特性。例如温度对凝液的液位串级，如图7-17（a）所示；或者温度对蒸汽流量串级，而将控制阀仍装在凝液管路上，如图7-17（b）所示。

总的来说，因为传热设备是分布参数系统，近似地说，是具有时滞的多容过程，所以在检测元件的安装上需加注意，应使测量滞后减到最小程度。正因为过程具有这样的特性，在控制器选型上，适当引入微分作用是有益的，在有些时候是必要的。

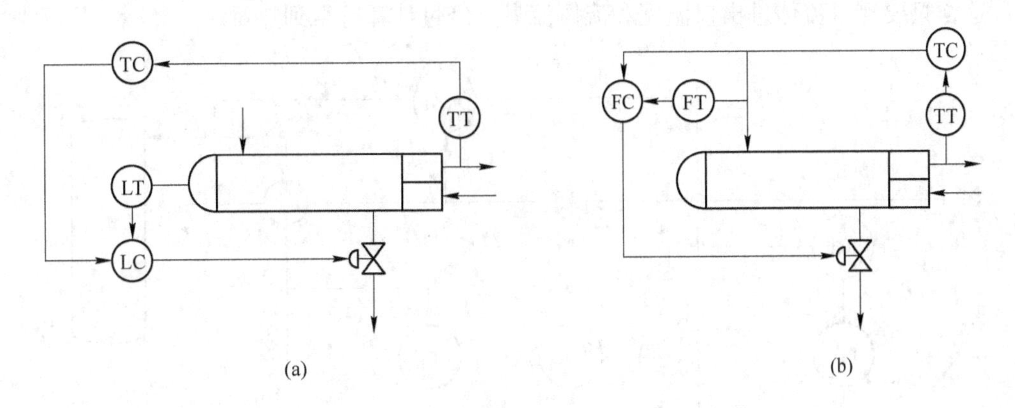

图 7-17 控制阀装在凝液管线上的两种串级控制方案

7.3.3 传热设备的热焓与热量控制方案

7.3.3.1 热焓控制

热焓是指单位质量的物料所积存的热量，热焓控制是保持某物料的热焓为一定值，或按一定规律而变化的操作。

传热设备的被控变量应是热焓，但常采用温度控制方案，这种方案只适用于传热设备出口工艺介质是气相或液相。若工艺介质是气液相混合，则温度与热焓之间没有单值关系，采用温度控制就没有意义了，为此应采用热焓控制。

热焓是通过热量衡算关系间接得到的，计算时需要注意的是正确计算载热体与工艺介质之间的热量交换。从载热体情况来看有 3 种：进入传热设备之前和之后都是气相；进入传热设备之前和之后都是液相；进入传热设备之前是气相、而通过加热后完全被冷凝或液相。在上述 3 种情况中，第三种情况较为复杂，用得也最多。例如蒸汽加热器就是这样，下面以此为例，分析热焓计算方程式。

图 7-18 所示是蒸汽加热器出口工艺介质的进料热焓控制方案。蒸汽加热器的热量衡算式为

$$FH_f - F_{c_f}t = F_s[\lambda + c_s(t_i - t_o)]$$

或

$$H_f = c_f t + \frac{F_s}{F}[\lambda + c_s(t_i - t_o)] \tag{7-14}$$

式（7-14）就是热焓计算式，因为 F_s、F、t、t_i、t_o 可以直接测量，而 λ、c_s、c_f 可查图表资料得到，这样按式（7-14）计算得到的值即为热焓测量值。由图 7-18 可知，热焓控制系统可由若干运算单元组成，并不复杂，在采用计算机时更为方便。

7.3.3.2 热量控制

在某些生产过程中需要控制热量，此时被控变量不再是温度而是热量，但目前还缺乏直接测量热量的仪表，可以通过热量衡算式来求得热量，从而实现热量控制。在热量衡算式中应注意到传热过程中是否发生相的变化，热量衡算式如下：

$$Q = GC(t_i - t_o) \tag{7-15}$$

这样只要测量流体进出口温度和流体流量，经过计算可得到热量。

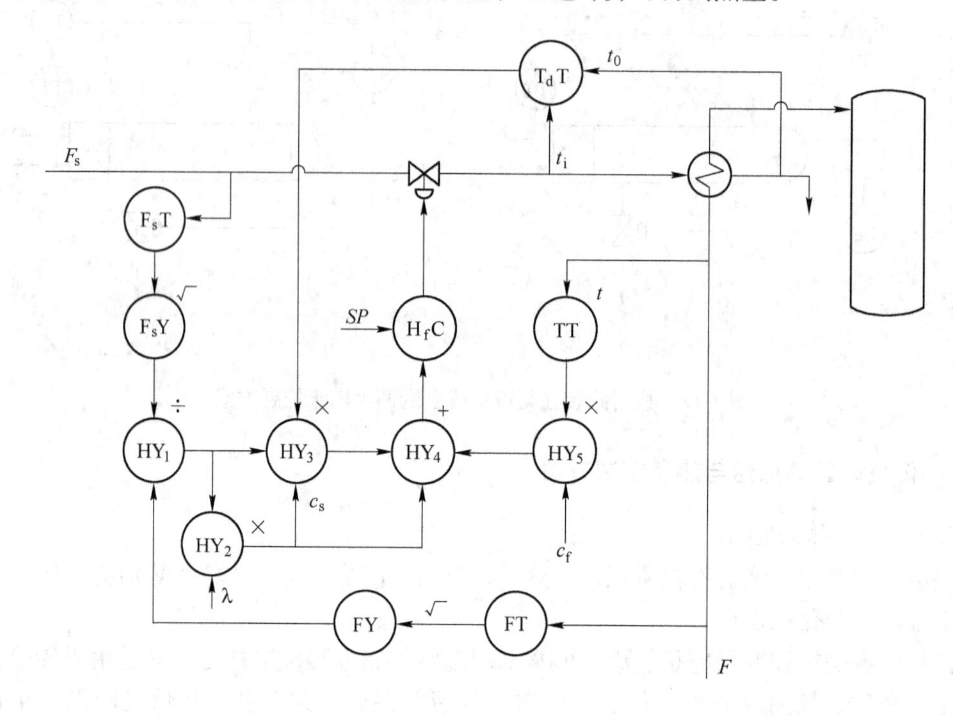

图 7-18　进料热焓控制系统

7.4　工业窑炉的控制

硅酸盐工业是使用能源的大户。窑炉是硅酸盐工厂的主要设备，提高窑炉自动化水平是稳定产品品质、提高产品产量、节省能量、提高设备利用率的可靠保证。本节介绍部分工业窑炉的控制。

7.4.1　玻璃窑炉的控制

玻璃窑炉用于制造烧成高品质的玻璃制品所需的玻璃液。最常见的玻璃窑炉是马蹄焰窑，因其窑形如马蹄而得名。玻璃窑炉的控制任务是控制窑温、窑压和液位等过程变量，获得最佳工艺条件下的玻璃液，供制作玻璃制品；在保证玻璃液品质前提下，维持合理的燃料和空气的比值，使燃烧完全；此外，对蓄热式火焰窑炉需设计合理的控制火焰换向的操作。

7.4.1.1　玻璃窑炉的窑温控制

玻璃窑炉的窑温包括火焰空间温度和玻璃液温度。它们是决定玻璃熔化过程好坏的最主要因素，是设计控制方案最复杂、困难的被控变量。

影响窑温的因素有燃料量、燃料-助燃空气（二次风）比值、燃料-雾化空气比值等。控制要求不仅是窑温，还需达到燃料的完全燃烧。通常采用的控制方案如下：

（1）控制燃料量的窑温单回路控制系统：被控变量是窑温，操纵变量是燃料量。控制方案如图 7-19 所示。

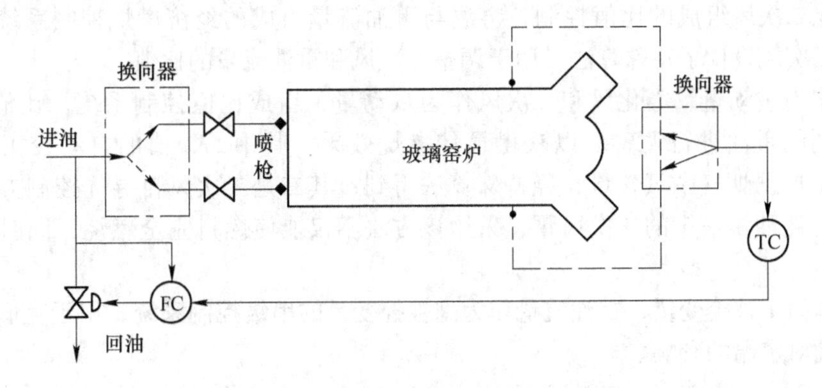

图 7-19 玻璃窑炉温度控制方案

图 7-19 中，玻璃窑炉（马蹄窑炉）有左右两个喷枪，一支喷枪工作时，利用燃料燃烧的废气加热另一侧蓄热室格子砖，火焰换向时，可利用蓄热室格子砖的蓄热预热助燃空气，达到节能目的。两个温度检测元件检测到窑温后，也通过换向器切到窑温控制器 TC，控制回油量。

应用时注意：检测元件可用高温热电偶或辐射温度计，热电偶可插入与窑顶内表面相平或稍深些（<50mm）；辐射温度计是非接触式温度计，测量精度较低，有时还需增加检测信号的滤波环节。在换向操作时，由于需切断燃料，因此，被检测的温度值会因此而下降，为此可设计“快速追温”与非线性 PID 的结合算法，及时进行调整。

（2）串级控制系统：如图 7-19 所示，燃料油流量和原窑温单回路组成了串级控制系统。当燃料油压力变化较大时，可将燃料油的压力或流量作为串级控制系统的副环，主被控变量仍是窑温。但要注意，控制系统在换向时，流量下降到零，使副环不能正常工作。因此，在火焰切换时，需将副控制器切除，使其输出保持不变。

（3）玻璃窑炉的燃烧控制：燃料的燃烧控制是经济性指标。图 7-20 所示是玻璃窑炉

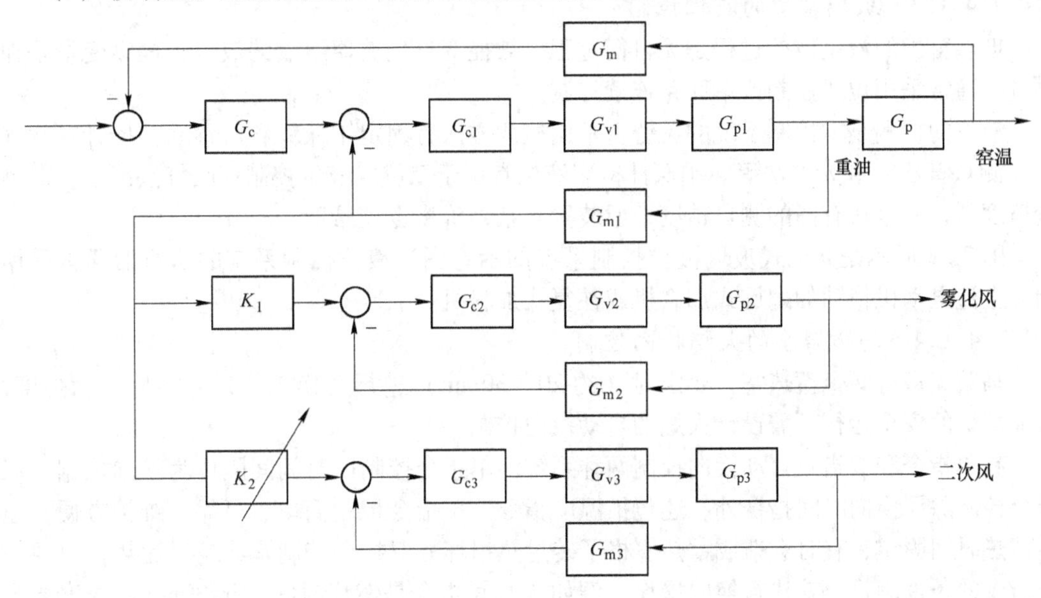

图 7-20 玻璃窑炉燃料经济燃烧控制系统框图

重油、雾化二次风组成的比值控制，窑温与重油流量组成的经济燃烧控制系统框图。图中，还对二次风设计了特殊算法，用于调整二次风和重油流量的比值。

重油作为主动量，雾化风和二次风作为从动量，组成比值控制系统，比值 K_1 和 K_2 需根据不同的重油进行调整，以获得最佳燃烧效果。其中，K_2 值的自动校正有两种方法：其一是根据烟气中氧含量，经特殊算法得到；其二是二次风自寻优控制方法，最优目标函数是耗油量最小的二次风量，采用该方法不仅能使燃料完全燃烧，同时达到节油目的。

窑温作为主被控变量，重油流量作为副被控变量的串级控制系统，用于克服重油流量和压力波动对窑温的影响。

7.4.1.2 玻璃窑炉的窑压控制

玻璃窑炉的窑压控制如图7-21所示，它是将玻璃熔液上方火焰空间某点压力维持在接近于零的微正压。影响窑压的因素有助燃空气流量、环境大气温度和压力、火焰换向造成的扰动等。窑压控制的操纵变量是烟道闸门开度，控制通道时间常数很小，约几秒，因此，采用单回路控制系统即可满足工艺要求。

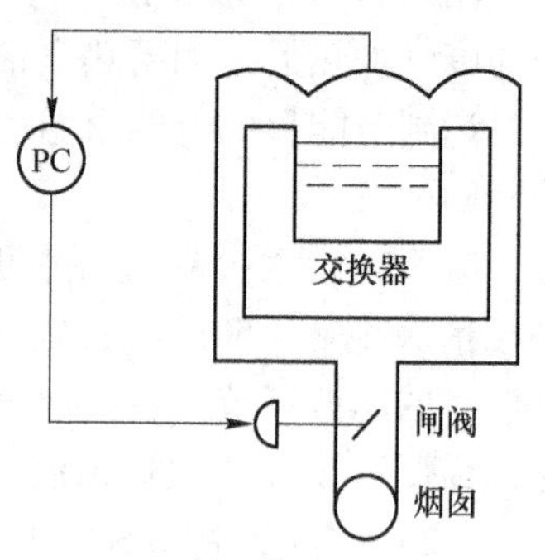

图7-21 玻璃窑炉的窑压控制

由于控制通道时间常数很小，因此检测装置应选小惯性元件，必要时，应对检测信号进行高频和低频滤波。例如，采用气阻气容或RC滤波器。执行器应采用灵活的旋转蝶阀，它具有重量轻、推力小、不易卡阻等优点。通过控制器参数的整定，可以控制窑压在±0.49Pa（约±0.05mmH_2O）的控制精度。

与窑温控制相似，当火焰换向时，应将控制器切到手动，使其输出保持不变，防止造成窑压波动，当火焰换向后操作平稳时才切换到自动模式。

7.4.1.3 玻璃窑炉的液位控制

玻璃窑炉的液位被控过程是无自衡过程。被控变量是玻璃熔液的液位，操纵变量是加料量，通常采用位式控制或单回路连续控制。

液位的检测是本控制系统的关键。常用检测方法有固定铂探针和可移动铂探针、吹气法（测量背压）和光电法等。铂探针检测液位常用于双位式液位控制；吹气法简单，但测量精度低；光电法有高的测量精度，但装置复杂，价格也较昂贵。

图7-22所示是光电式玻璃液位控制系统的示意图。液位控制系统的执行器通常采用调速直流电动机拖动的螺旋式加料机或往复式加料料机。

7.4.1.4 马蹄焰窑的火焰换向控制

马蹄焰窑有两个蓄热室，要定时（约20~30min）进行切换工作，为降低劳动强度，保证窑炉的安全运行，需设计火焰的自动换向控制。

有单指令和双指令自动换向控制两种系统。单指令控制以时间间隔作为换向依据；双指令控制除了换向时间指令外，还包括温度指令。单指令控制简单、可靠、维护方便，但因蓄热时间固定，有时会造成蓄热室格子砖过热损坏。双指令控制是或逻辑运算，只要一个指令的条件满足，就执行换向操作。例如，时间指令是燃烧时间大于30min；温度指令是燃烧时间大于20min及蓄热室温度大于1150℃。

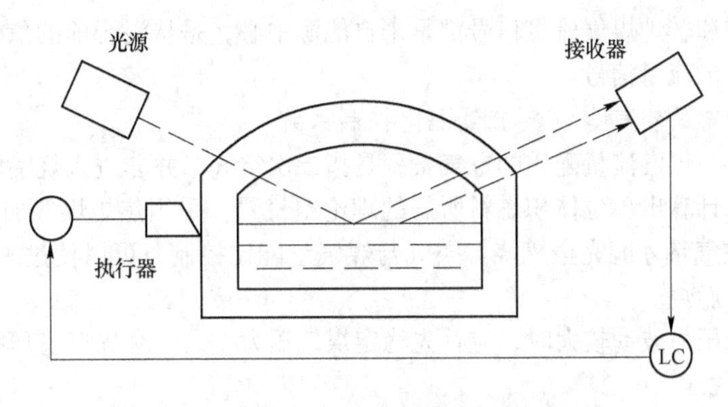

图 7-22　光电式玻璃液位控制系统的示意图

换向操作顺序为：切断左侧喷枪 → 切断左侧雾化风 → 二次风换向 → 开右侧雾化风 → 开右侧喷枪；当右侧换向到左侧时，操作顺序与上述顺序类似。常用的换向装置有机械—接触式控制装置、继电—接触式控制装置、电子式控制装置和微型计算机等。

7.4.2　燃烧式工业窑炉的控制

燃烧式窑炉包括炉温控制和最佳燃烧工况的控制（空/燃比控制，空/燃比闭环修正，窑压控制，燃油压力、温度、雾化器和助燃空气压力、温度等辅助参数控制）。下面介绍转窑和隧道窑控制系统。

7.4.2.1　回转窑控制系统

A　入回转窑煤气总热量控制系统

入回转窑煤气总热量控制，就是对混合煤气的流量进行温度、密度和热值修正后的流量定值控制。回转窑的燃料为焦炉和转炉煤气的混合煤气，两种煤气是在能源中心（混合站）按一定比例（焦炉煤气的混合比为 74% ~100%，转炉煤气的混合比为 0 ~26%）混合的。由于各种原因从能源中心送来的混合煤气热值并不是恒定不变的，为了稳定入窑的总热量，控制产品的烧成品质，通常根据混合煤气密度与热值变化，控制入窑总热量。

在图 7-23 所示入回转窑煤气总热量控制系统中，运算器（MUL）装有微处理器，输

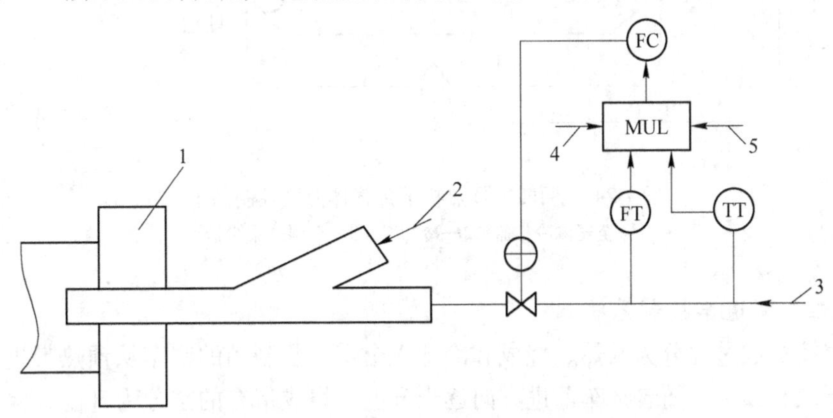

图 7-23　入回转窑煤气总热量控制系统

1—回转窑；2—一次空气；3—混合煤气；4—由能源中心来的混合前焦炉煤气流量信号；
5—由能源中心来的混合前转炉煤气流量信号

入运算器的焦炉和转炉煤气流量信号都是来自能源中心，是从混合前的焦炉和转炉煤气流量检测系统取来的流量信号。

B 入回转窑的空气与煤气流量配比控制系统

入回转窑参与煤气流量配比的空气量，是指二次空气，并非进入烧嘴的一次空气。根据煤气成分可以计算出单位体积燃料所需的理论空气量。采用焦炉煤气加热时，1m³ 焦炉煤气需4.6m³ 空气量才能完全燃烧。空气与煤气量配比控制，可以使过剩空气系数稳定、合理，煤气充分燃烧。

在焦炉煤气压力波动较大时，应首先稳定煤气压力，设一套煤气稳压控制系统，以消除压力波动的干扰。

C 回转窑预热机下部气体温度控制系统

从窑头来的约800℃燃烧烟气，透过预热上料层后，从炉箅子下部经除尘器等，到设备后由烟囱排出。当炉箅子上布料层不均或窑内烟气温度过高时，都会使炉箅子下部烟气温度过高，导致炉箅子被烧坏，甚至烧坏除尘器内的布袋。所以设置了预热机下部气体温度的控制系统。

为了更加可靠，炉箅子下部选取4个测温点，用4支热电偶。其中任一点温度超过规定值就进行报警，同时按预定的角度自动打开旁通阀，直到温度恢复正常时才自动关闭旁通阀。回转窑预热机下部气体温度控制系统如图7-24所示。

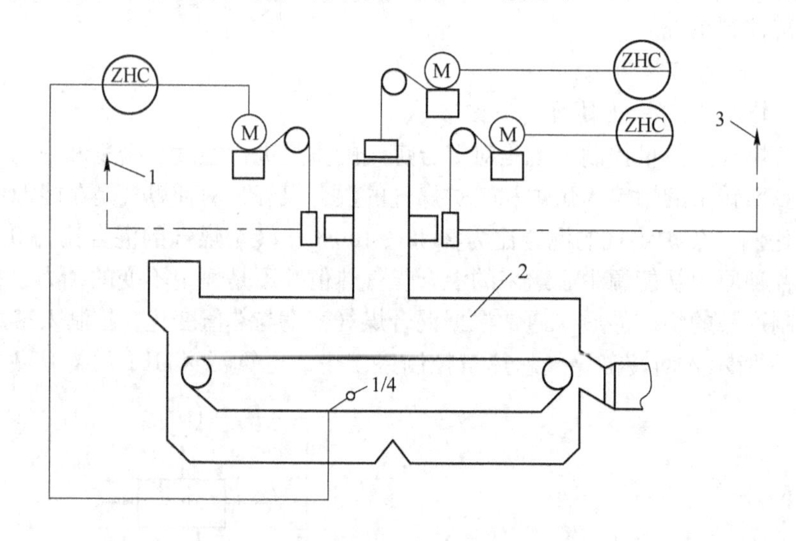

图7-24 回转窑预热机下部气体温度控制系统

1—至气体冷却器；2—冷却机；3—至湿式集尘器

7.4.2.2 隧道窑控制系统

隧道窑按烧成过程分为预热、烧成和冷却3个带。装制品的窑车从预热带进入，对制品进一步干燥和预热，随着窑车前进方向逐步升温。烧成带有的窑分为升温、保温和降温3个区段，也有的窑分为高温和低温两个区段。烧嘴都设在烧成带两侧，烧成带温度就是制品需要的烧成温度。制品进入冷却带后逐步降温，放出的热量被冷却风带出。

窑内压力是稳定隧道窑操作和稳定烧成温度的先决条件，所以对窑内压力的控制很有必要，一般是控制烧成带前、后两点窑压稳定。一点取靠近烧成带的预热带零压车位压力，控制窑的排烟量，另一点取靠近烧成带的冷却带正压车位压力，控制进窑冷风量。

但是，窑压的稳定并不能完全消除烧成带温度干扰因素，所以还需要在烧成带选取一定数量的温度控制点。具体点数可根据不同类型窑来确定，如烧成带分区最好在每个区设一点。控制手段是根据窑内温度控制进入烧嘴的燃料量。

7.4.3 水泥窑炉的控制

水泥生产常用水泥立窑，立窑水泥产量占全国水泥总产量的80%以上。目前，国内绝大多数立窑的自动化水平很低，操作环境差，劳动强度大，经常发生事故。

影响立窑煅烧的主要因素有窑型结构、风机选型、入窑生料和煤粉的流量、配热量、生料化学成分、成球质量、入窑风量、风压、湿料层厚度、料风管和密封性能等。反映立窑煅烧过程的过程参数有烟囱废气温度及成分、出窑熟料温度、熟料卸料量、卸料速度等。

（1）生料计量控制系统：根据煅烧工艺要求，应对生料计量，并满足所需设定值。为此，需对生料称重，并将瞬时流量累积，得到累积量。累积量测量值送生料计量控制器，其输出控制滑差电动机的转速，使生料计量满足工艺要求。

（2）煤粉计量控制系统：根据煅烧工艺要求，除了对生料进行计量外，还需对煤粉计量。应根据煤粉热值确定煤粉的计量设定值，采用调速皮带秤进行称重，并通过调速控制煤粉累积量。

（3）预加水成球控制系统：生料和煤粉混合后，需要配比一定量的水，使混合成球，为此，设计预加水成球控制系统。以冲击式流量计检测入窑混合料（生料和煤粉）量，控制预加水量和预混合料量的比值，经搅拌混合，使干混合料经预加水搅拌后形成球核。

（4）鼓风量控制系统：立窑的鼓风机转速控制入窑风量，通过控制入窑风量可稳定地控制立窑的煅烧情况。因此，根据立窑废气成分控制鼓风机的鼓风量，组成单回路控制系统。

（5）卸料速度控制系统：立窑内物料在重力作用下整体下降，下降速度与煅烧速度和卸料速度有关。根据立窑内窑面物料的料位，控制塔式卸料机滑差电动机的转速或开停布料机，控制窑面料位。

立窑的煅烧操作还包括过程参数的检测等，整个检测和控制系统采用计算机控制装置实施，保证了立窑的稳定操作，实现了闭门煅烧。

7.5 化学反应器的控制

7.5.1 化学反应器的控制要求

反应器是化工生产中一类重要的设备，在化工生产中占有很重要的地位，其重要性体现在两个方面，首先它是整个化工生产中的龙头，可以提高生产率，减少后处理的负荷，从而降低生产成本；其次化学反应器经常处在高温、高压、易燃、易爆条件下进行化学和物理反应，涉及能量、物料平衡，以及物料、动量、热量和物质传递等过程且许多化学反应伴有强烈的热效应，因此化工生产的安全与化学反应器密切相关。反应器的操作一般比较复杂，反应器的自动控制直接关系到产品的质量、产量和安全生产。

在反应器结构、物料流程、反应机理和传热传质情况等方面的差异，使反应器控制的难易程度相差很大，控制方案也差别很大。

化工生产过程通常可以划分为前处理、化学反应及后处理3个工序。前处理工序为化学反应做准备，后处理工序用于分离和精制反应的产物，而化学反应工序通常是整个生产过程的关键操作过程。

设计反应器的控制方案，需从质量指标、物料平衡和能量平衡、约束条件3方面考虑。

7.5.1.1 质量指标

反应器质量指标的选取，即被控变量的选择可分为两类：取出料的成分或反应的转化率等指标作为被控变量；取反应过程的工艺状态参数（间接质量指标）作为被控变量。转化率是直接质量指标，如果转化率不能直接测量，可选取与它相关的变量，经运算间接反映转化率。如聚合釜出口温差与转化率的关系为

$$y = \gamma c(t_o - t_i)/x_i H \tag{7-16}$$

式中，y为转化率；t_i、t_o分别为进料和出料温度；γ为进料重度；c为物料的比热容；x_i为进料浓度；H为单位摩尔进料的反应热。

对于绝热反应器，进料温度一定时，转化率与进料和出料的温度差成正比，即$y = K(t_o - t_i)$，这表明转化率越高，反应生成的热量越多，因此，同样进料温度条件下，物料出口温度也越高。

化学反应过程总伴随有热效应。因此，温度是最能表征反应过程质量的间接质量指标。

7.5.1.2 物料平衡和能量平衡

为使反应正常操作，反应转化率高，需要保持进入反应器各种物料量的恒定，或物料的配比符合要求。为此，对进入反应器的物料常采用流量的定值控制或比值控制。此外，部分物料循环的反应过程中，为保持原料的浓度和物料的平衡，需设置辅助控制系统，例如合成氨生产过程中的惰性气体自动排放系统等。

反应过程有热效应，为此，应设置相应的热量平衡控制系统，例如及时移热、使反应向正方向进行。而一些反应过程的初期要加热，反应进行后要移热，为此，应设置加热和移热的分程控制系统。

7.5.1.3 约束条件

约束条件防止反应器的过程变量进入危险区或不正常工况。例如，一些化学反应中，反应温度过高或进料中某些杂质含量过高，将会损坏催化剂；流化床反应器中，气流速度过高，会将固相催化剂吹走，气流速度过低，又会让固相沉降等。为此，应设置相应的报警、联锁系统。

7.5.2 化学反应器的热稳定性

通常，化学反应伴有热效应。吸热反应过程随反应温度的升高，反应速度加快，但因吸收的热量也相应增加，因此，反应温度会下降。从热稳定性看，吸热反应过程具有自衡

能力，即吸热反应过程的反应温度会稳定到一个新的稳定温度，该过程在开环条件下能够稳定。放热反应过程随反应温度的升高，反应速度加快，放热也增加，使反应温度更加升高，造成正反馈，例如一些高分子聚合反应过程就是这样。如果不能及时除热，反应过程将不稳定，因此，这类过程在开环条件下是不稳定的。

7.5.2.1 放热方程

反应器中，单位时间内放出热量 Q_R 为

$$Q_R = (-\Delta H)v_r = (-\Delta H)VkC \tag{7-17}$$

转化率 y 可表示为

$$y = \frac{C_0 - C}{C_0} = \frac{k\tau_c}{1 + k\tau_c} = \frac{k\dfrac{V}{F}}{1 + k\dfrac{V}{F}} \quad 或 \quad kV = F\frac{y}{1-y} \tag{7-18}$$

$$C = C_0(1-y) \tag{7-19}$$

因此，单位时间内放出热量 Q_R 为

$$Q_R = (-\Delta H)VkC_0(1-y) = (-\Delta H)FC_0 y \tag{7-20}$$

式中，ΔH 为摩尔反应热（吸热为正，放热为负）；V 为反应器内物料容积；v_r 为反应速度；C 为反应物的摩尔浓度；F 为进料量；τ_c 为停留时间。

式（7-20）表明，放热量 Q_R 与进料量 F 成正比，与转化率 y 成正比。因此，放热量 Q_R 与反应温度 t 的关系曲线与转化率 y 与反应温度 t 的关系曲线相似，为S形曲线。在反应温度较低时，反应的放热量较小；反应过程中，反应温度不断升高，放热量也不断增加；反应后期，转化率下降，放热量也随之下降。

7.5.2.2 稳态工作点

当放热量等于除热量时，系统的热量平衡。在热量与温度的关系曲线上表现为放热线与除热线的交点处热量达到平衡。

除热线的影响：图7-25所示就是放热线和除热线。

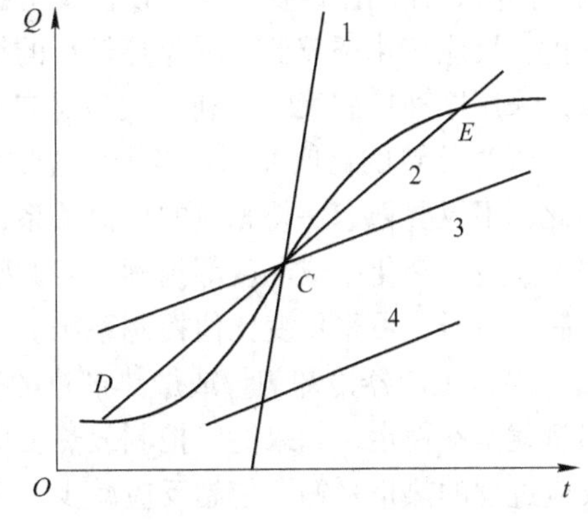

图7-25 放热线和除热线

图7-25中，除热线1与放热线（S形曲线）只有一个交点 C，该点称为稳态工作点。当因扰动使工作点偏离时，例如反应温度上升，则因除热量大于放热量，工作点仍恢复到 C；反之，反应温度降低，则因放热量大于除热量，反应温度会上升，直到回复到原工作点 C。因此，工作点 C 称为热稳定的工作点。这时，系统在开环条件下稳定。

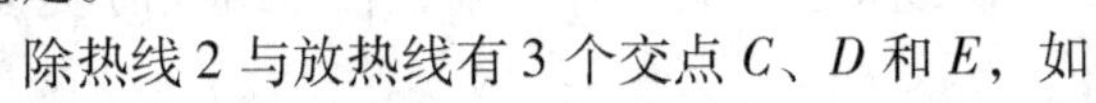

除热线2与放热线有3个交点 C、D 和 E，如果扰动使反应温度升高，则工作点 C 处，放热量大于除热量，反应温度会继续上升，直到工作点 E。反之，如果扰动使反应温度降低，则因除热量大于放热量，反应温度会继续降低，直到工作点 D。因此，工作点 C 是热不稳定的工作点，这时，只有 D 和 E 才是热稳定

工作点。

除热线3与放热线有一个交点C，但扰动影响下，反应温度升高后，因放热量大于除热量，反应温度继续升高，因此，工作点C是热不稳定的工作点。除热线4与放热线没有交点，因此，不存在稳态工作点。

放热线的影响：上面仅讨论除热线方程变化对工作点的影响，放热线方程也会随着停留时间的增加而右移。因此，它们对稳态工作点也有影响，讨论如下：

（1）绝热反应：当停留时间τ_c不变，入口温度t_i变化时，放热线曲线不变，除热线斜率不变，但截距变化，除热线位置左右平移，因此，一般情况下，只影响初始工作点，不影响系统的热稳定性。但当入口温度过低时，反应速度接近于零，这时，几乎不发生反应。当停留时间τ_c变化，入口温度t_i不变时，表示进料量变化，它不仅使放热线位置发生移动，而且使除热线的斜率和截距发生变化，因此，对热稳定性有一定影响。

因此，在绝热状态下进行的放热反应，调整进料量和进料温度对系统的热稳定性影响不大；当进料量变化过大，或入口温度过低时，对系统热稳定性有影响。

（2）非绝热反应：非绝热反应时，需要用载热体进行冷却，则除热量方程为

$$Q_0 = F\rho C_p(t - t_i) + UA(t - t_c) \tag{7-21}$$

式中，U为传热系数；A为传热面积；t_c为冷剂温度。

式（7-21）表明，在停留时间不变时，可以调整U和A来改变除热线斜率，即改变转化率。如果UA越大，则除热能力越强，系统越容易稳定。

7.5.3 化学反应器的基本控制策略

影响化学反应的扰动主要来自外部，因此，控制外围是反应器控制的基本控制策略。采用的基本控制方法如下：

（1）反应物流量控制：为保证进入反应器物料的恒定，可采用参加反应物料的定值控制，同时，控制生成物流量，使由反应物带入反应器的热量和由生成物带走的热量也能够平衡。反应转化率较低、反应热较小的绝热反应器或反应温度较高、反应放热较大的反应器，采用这种控制策略有利于控制反应的平稳进行。

（2）流量的比值控制：多个反应物料之间的配比恒定是保证反应正方向进行所需的，因此，不仅要稳态保持相应的比值关系，还需要在动态保证相应的比值关系，有时，需要根据反应的转化率或温度等指标及时调整相应的比值。为此，可采用单闭环、双闭环比值控制，有时，可采用变比值控制系统。

（3）反应器冷却剂量或加热剂量的控制：当反应物量稳定后，由反应物带入反应器的热量就基本稳定，如果能够控制放热反应器的冷却剂量或吸热反应的加热剂量，就能够使反应过程的热量平衡，使副反应减少，及时的移热或加热，有利于反应向正方向进行。因此，可采用冷却剂量或加热剂量进行定值控制或将反应物量作为前馈信号组成前馈-反馈控制系统。

（4）反应器的质量指标是最主要的控制指标。因此，对反应器的控制，主要被控变量是反应的转化率或反应生成物的浓度等直接质量指标。当直接质量指标较难获得时，可采用间接的质量指标，例如温度或带压力补偿的温度等作为间接质量指标。操纵变量可以采

用进料量、冷却剂量或加热剂量，也可采用进料温度等进行外围控制。

7.5.4　化学反应器的基本控制方案

化学反应器的种类很多，控制上的难易程度也相差很大。较为容易的控制与一个换热器相似。而一些反应速度快，热效应强的反应器，控制难度就比较大。

化学反应器的控制要求，除了保证物料、热量平衡之外，还需进行质量指标的控制，以及设置必要的约束条件控制。关于反应器的质量指标控制，一种是直接的质量指标，常用出料的成分或反应的转化率等作为质量控制的被控变量；另一种以反应过程的工艺状态参数作为被控变量，其中温度是最常用的间接质量指标。

7.5.4.1　反应器的温度控制

反应器的基本控制方案中，温度控制是较为重要的。首先从热稳定性出发，温度的控制可以建立一个稳定的工作点，使反应器的热量平衡。同时，让反应过程工作在一个适宜的温度上，以此温度间接反映质量指标的要求，并满足约束条件。

A　绝热反应器的温度控制

绝热反应器由于与外界没有热量的交换，因此，要对反应器的温度进行控制，只能通过控制物料的进口状态来实现。所谓物料进口状态的控制，即控制物料的进口浓度 x_0 、进料温度 t_f 和负荷量 G。

a　进口浓度的控制

以进口浓度作为控制变量来控制反应器温度，它的机理可从绝热反应器的热量平衡式中得出

$$Gc_p(t - t_f) = \frac{Gx_0y}{\rho}H \tag{7-22}$$

对式（7-22）整理可得

$$t - t_f = \frac{x_0yH}{c_p\rho} \tag{7-23}$$

由式（7-23）可知：当 t_f 不变时，随着 x_0 的增大（放热增大），反应器的反应温度也增大。

当 x_0 变化，除热曲线不变，而放热曲线随 x_0 的增大上移，工作点也上移，反应器的反应温度也随之升高，图 7-26 所示说明了这一机理。

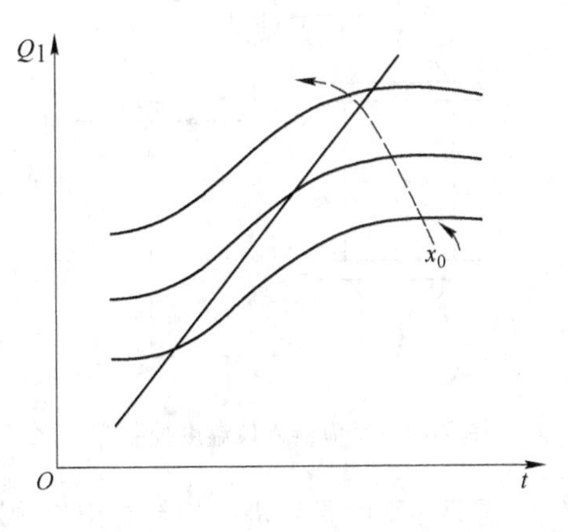

图 7-26　x_0 的变化引起 t 的变化

改变进口浓度的常用方法有以下几种：

（1）改变主要反应物的量。如氨氧化的硝酸生产过程，常用改变主要反应物 NH_3 的量来调节进料浓度，从而控制反应温度。

（2）改变已过量的反应物的量。如在一氧化碳变换的合成氨生产过程中，通过改变已过量的反应物水蒸气的量，达到控制变换炉内反应温度的目的。

（3）循环操作系统中改变循环量。如在氮氢合成的合成氨生产过程中，以改变循环气量来调节进料浓度，从而控制合成塔的反应温度。

（4）在均相催化反应中改变催化剂的量。如在高压聚乙烯的聚合反应中，改变催化剂的量来调整进料浓度，控制聚合釜内反应温度。

b 进料温度的控制

提高进料温度，将使反应温度升高，这个控制机理由式（7-23）变形可得

$$t = t_f + \frac{x_0 \gamma H}{c_p \rho} \tag{7-24}$$

从式（7-24）中可以看出：在其他条件不变的情况下，随着进料温度升高，反应温度也升高。如果用除放热曲线的相对位置来说明，则随着 t_f 的提高，除热曲线右移，工作点上移，反应温度升高，如图7-27所示。

改变进料温度的具体控制方案常用以下几种，分别如图7-28、图7-29和图7-30所示。

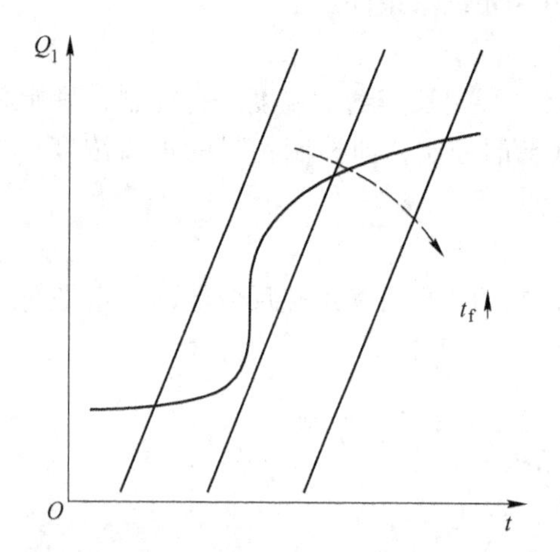

图7-27 t_f 的变化引起 t 的变化

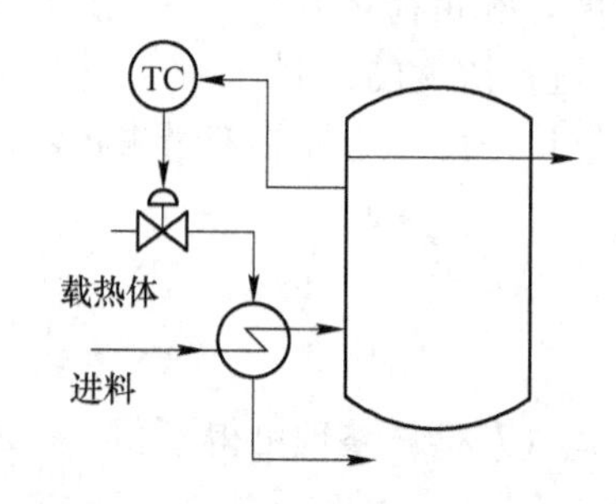

图7-28 反应器入口温度控制方案之一

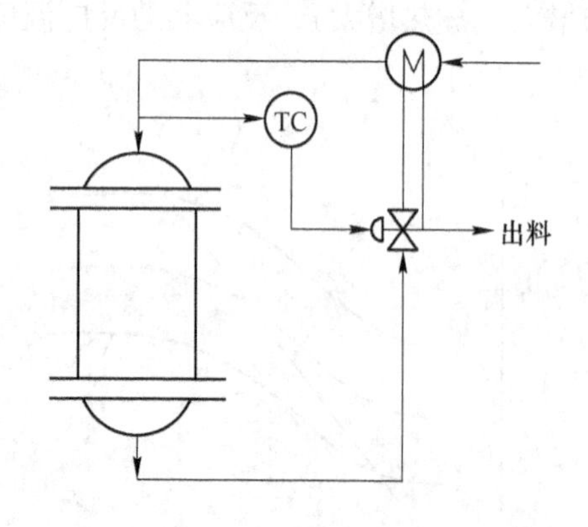

图7-29 反应器入口温度控制方案之二

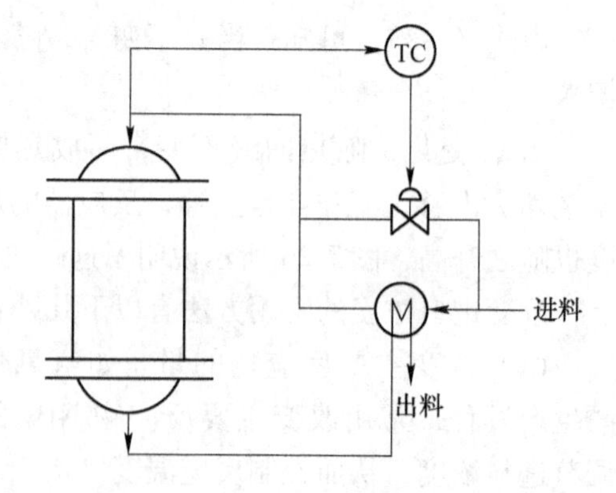

图7-30 反应器入口温度控制方案之三

需要注意的是：进口物料与出口物料进行热交换，是为了尽可能回收热量。对于这种流程，如果对进口温度不进行控制，则在过程中存在着正反馈作用。倘若反应器内温度已

经偏低，那么在热交换后，进料温度亦会降低，而这又进一步使反应温度降低，可能成为恶性循环，最后使反应终止，这也是反应器的热稳定性问题。现采用进口温度的自动控制，就切断了这一正反馈通道。

c　改变负荷 *G*

负荷 *G* 的变化同样能用来控制反应温度。它的机理是：随着负荷 *G* 的增大，物料在反应器内的停留时间减少，导致转化率 *y* 下降，于是反应放热也减少，在除热不变的情况下，反应温度就降低。如图 7-31 所示，采用放、除热曲线来说明这一点。

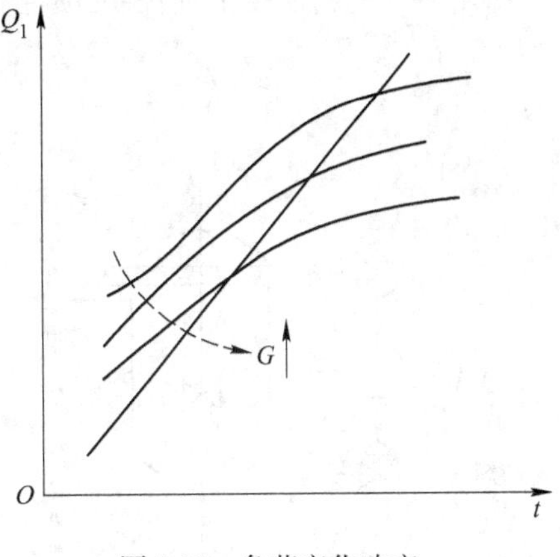

图 7-31　负荷变化改变 *t*

在实际控制方案中，这种方法一般很少采用，其原因是负荷 *G* 经常变动，影响生产过程的平稳，并且用改变转化率 *y* 来控制，经济效益差。

B　非绝热反应器的温度控制

由于非绝热反应器是在反应器上外加传热，因此，可以像传热设备那样来控制反应温度。控制方案中常用分程控制和分段控制。

图 7-32 所示是较为典型的分程控制方案，图 7-33 所示为反应器的分段控制原理图。采用分段控制的主要目的是使反应沿着最佳温度分布曲线进行，这样每段温度可根据工艺要求控制在相应的温度上。

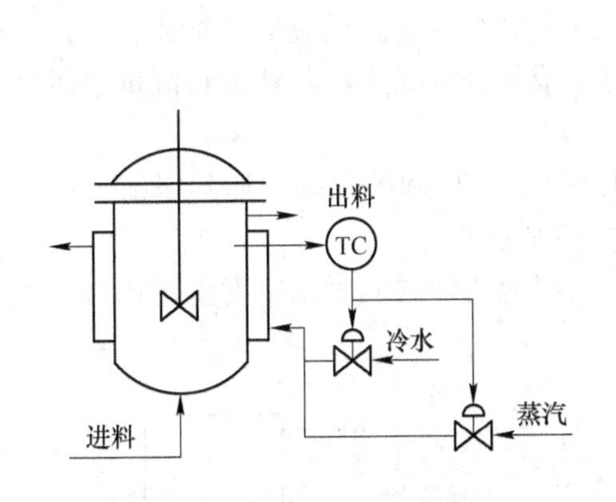

图 7-32　反应器的分程控制

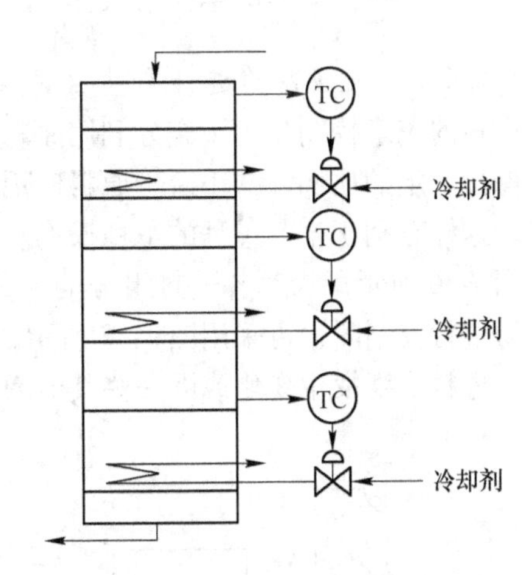

图 7-33　反应器分段控制原理图

例如在丙烯腈生产中，丙烯进行氨氧化的沸腾床反应器就采用分段控制。

在某些反应中，温度稍高反应物会因局部过热造成分解、暴聚等现象。此时若为强放热效应的反应过程，热量不能及时除去，而且不能均匀地除去，则极易产生上述现象。采用分段控制对此问题也是有效的。

以上对反应器控制方案的介绍，主要是提出原则性的基本方案，因此方案中的系统均为单回路系统。在实际控制方案中，可以根据控制的要求，演化出各类复杂控制系统。例如对于采用夹套除热的釜式反应器，经常以载热体流量作为控制变量，因其滞后时间较大，有时温度指标的控制质量难以满足工艺的要求，就引入串级控制方案。可以视扰动情况，分别采用反应温度对载热体流量的串级控制、反应温度对载热体阀后压力的串级控制，或是反应温度对夹套温度的串级控制等等。图 7-34 即为反应温度对夹套温度的串级控制。

如果生产负荷（进料量）变化较大，可以采用以进料流量为前馈信号的控制系统。图 7-35 所示为反应器温度的前馈-反馈控制系统。

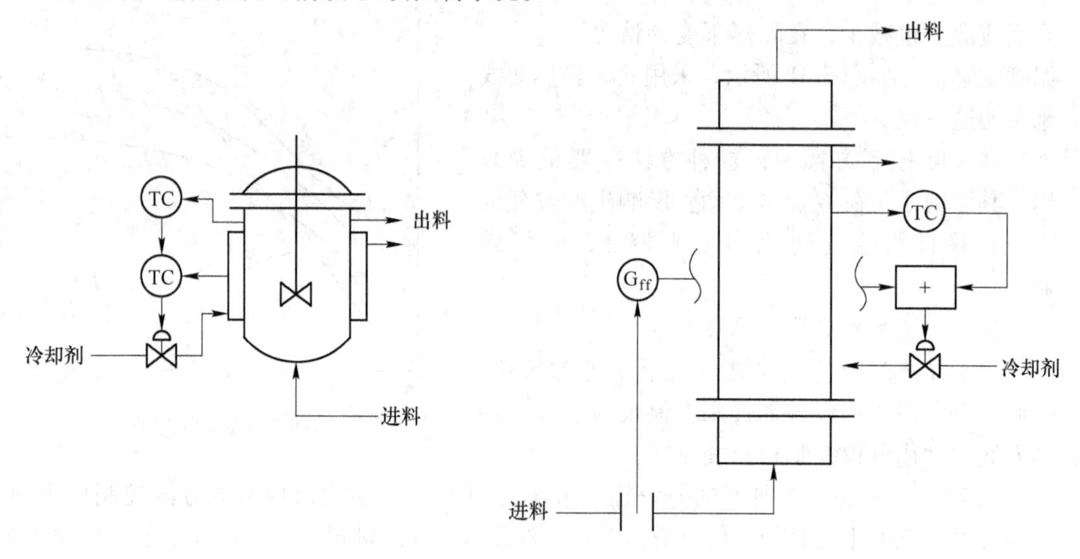

图 7-34　反应器串级控制　　　图 7-35　反应器前馈-反馈控制

7.5.4.2　反应器的进料流量控制

进料的流量控制是为了充分利用原料，保证各进料组分进入反应器的量适宜，且互相之间保持一定的比例，减小由于原料使用不充分造成的经济损失。此外进料流量应尽可能稳定，这样有利于生产过程的平稳操作。

图 7-36 所示即为对各进料组分的流量分别进行定值控制的系统。如其中某一物料流量不易进行控制时，可采用图 7-37 所示的定比值控制系统。

当进料浓度发生变化或因一些其他因素使进料组分之间的实际比率发生变化时，可采

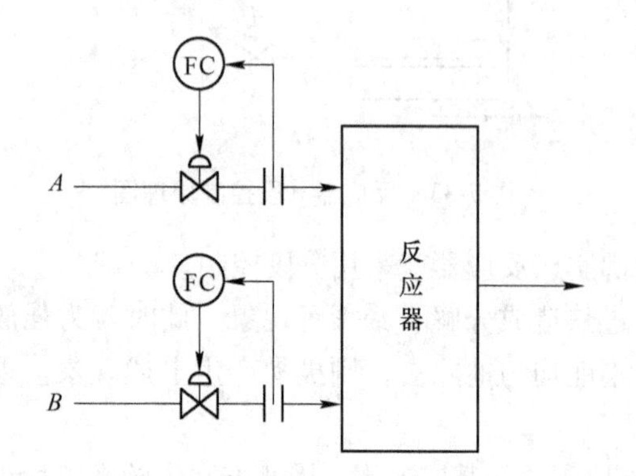

图 7-36　进料流量定值控制系统

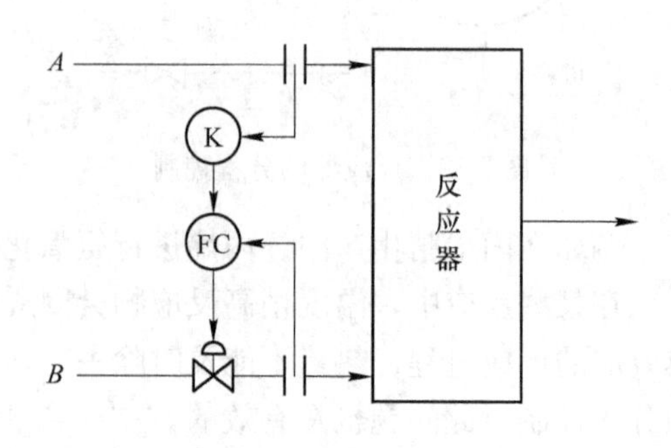

图 7-37　进料流量定比值控制系统

用变比值控制系统，用第三参数（成分信号或温度等间接质量指标）来校正进料组分的比率，如图 7-38 所示。

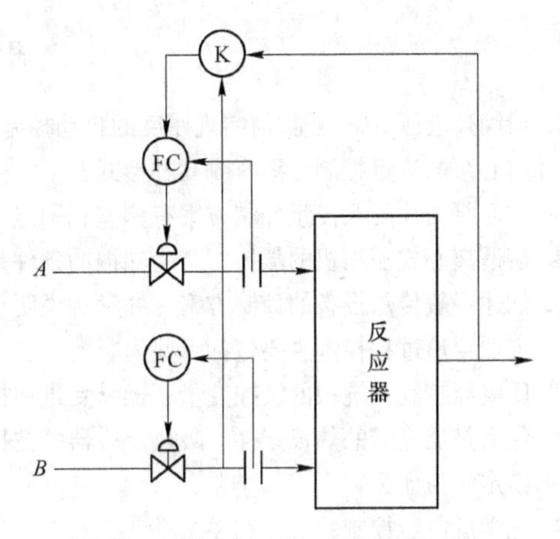

图 7-38　进料流量变比值控制系统

7.5.4.3　反应器的压力控制

当反应器内进行的是气相反应、氧化反应、氢化反应或高压聚合等反应过程时，经常需对反应器内的压力进行控制。此外，反应器内的压力与其温度之间有一定的关系，为得到较好的温度控制，有时也需要对反应器的压力进行控制。

反应器的压力可以通过放空来进行控制，如图 7-39 所示。但这样做一方面会浪费原料，而且也会污染环境。如果反应工程中有气相进料，则可调节这个气相进料来控制反应器的压力，如图 7-40 所示。此外，也可通过对反应气相或液相出料的调节，控制反应器内的压力，如图 7-41 所示。

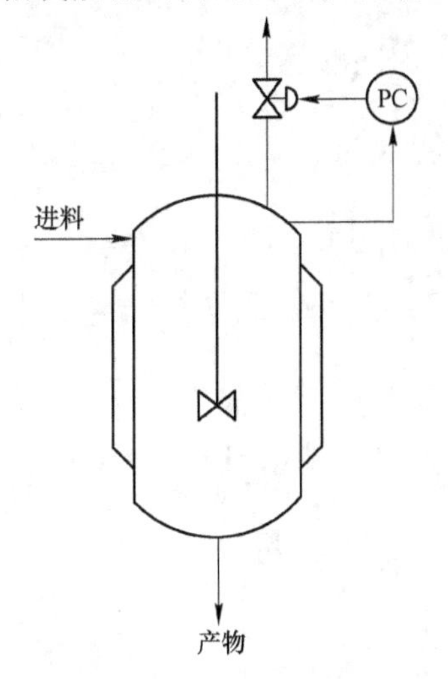

图 7-39　利用放空的压力控制

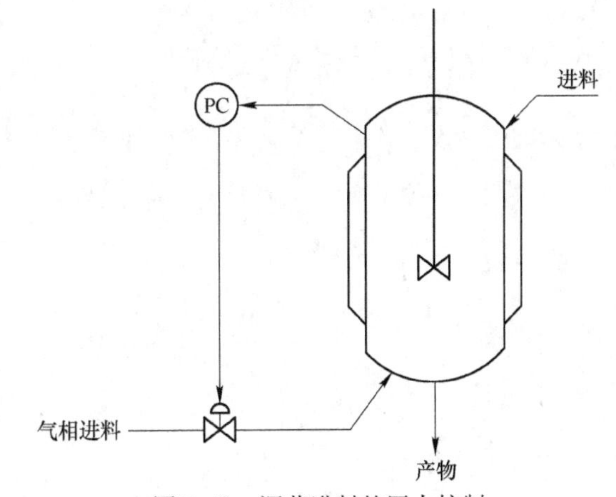

图 7-40　调节进料的压力控制

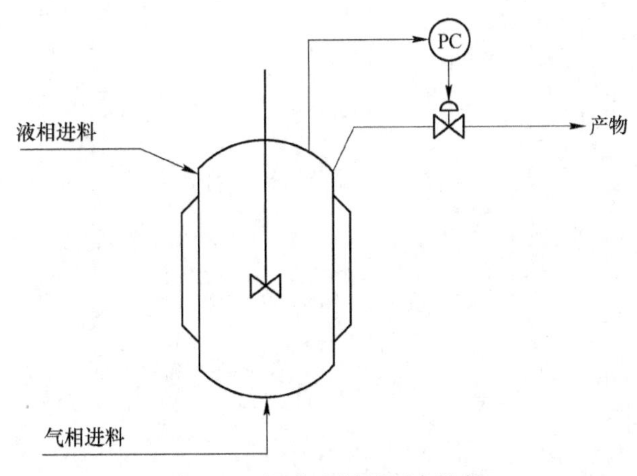

图 7-41　调节出料的压力控制

思考题与习题

1. 请简述液压 AGC 是如何实现厚度的自动控制的？
2. 离心泵的流量控制方案有哪几种形式？
3. 离心泵与往复泵流量控制方案有哪些相同点与不同点？
4. 何谓离心式压缩机的喘振？产生喘振的条件是什么？
5. 试述一般传热设备的控制方案，并举例说明。
6. 工业窑炉过程控制主要包括哪些内容？
7. 反应器控制系统中的被控变量、操纵变量和扰动变量有哪些？
8. 什么是反应器的热稳定性？吸热反应器的被控对象是否一定稳定？放热反应期的被控对象是否一定不稳定？为什么？
9. 化学反应器控制的目标和要求是什么？
10. 化学反应器最常用的控制方案有哪些？
11. 化学反应器以温度作为控制指标的控制方案主要有哪几种形式？

第8章　典型工艺流程转炉炼钢过程控制

教学要求：了解转炉炼钢主要设备与工艺；
熟悉转炉炼钢基本工艺制度；
掌握转炉炼钢工艺静态模型及实现形式；
掌握转炉炼钢工艺动态模型及实现形式；
熟悉转炉炼钢计算机控制系统实现。

重　　点：转炉炼钢工艺静态模型；
转炉炼钢工艺动态模型。

难　　点：终渣方程组的建立；
自动炼钢系统的实现。

本章着重介绍各种转炉炼钢过程控制系统的组成、特点、工作过程与工程设计原则。

8.1　转炉炼钢工艺与设备

8.1.1　转炉炼钢的原材料和设备

8.1.1.1　转炉炼钢原材料

按性质分类，转炉炼钢原材料分为金属料和非金属料两类。金属料包括铁水（生铁）、废钢、铁合金；非金属料包括石灰、萤石、白云石、复合造渣剂和氧气、氩气、氮气等气体，此外还有耐火材料等。按用途分类，原材料分成金属料、造渣剂、化渣剂、氧化剂、冷却剂和增碳剂等。

原材料是转炉炼钢的重要物质基础。实践证明，采用精料（如采用活性石灰、铁水进行脱磷脱硫预处理等）并保证质量稳定是提高炼钢各项技术经济指标的重要措施之一，也是实现冶炼过程自动化的先决条件，同时也要因地制宜利用本地区的原料资源。

8.1.1.2　转炉炼钢设备

转炉炼钢的设备根据其在炼钢生产中的地位，可分为主体设备与辅助设备两类，如图8-1所示。主体设备主要是指转炉炉体设备、倾动装置、氧枪系统、复吹装置、副枪及传动装置、供气设备、副原料加料设备、烟气净化与回收设备等；辅助设备分别为原料运输设备、二次除尘、水处理设备等。下面是一些设备组成和功能的介绍。

转炉氧枪系统包括氧枪的供氧系统、氧枪冷却水系统、氧枪升降位置控制和主备枪换枪的横移控制系统。

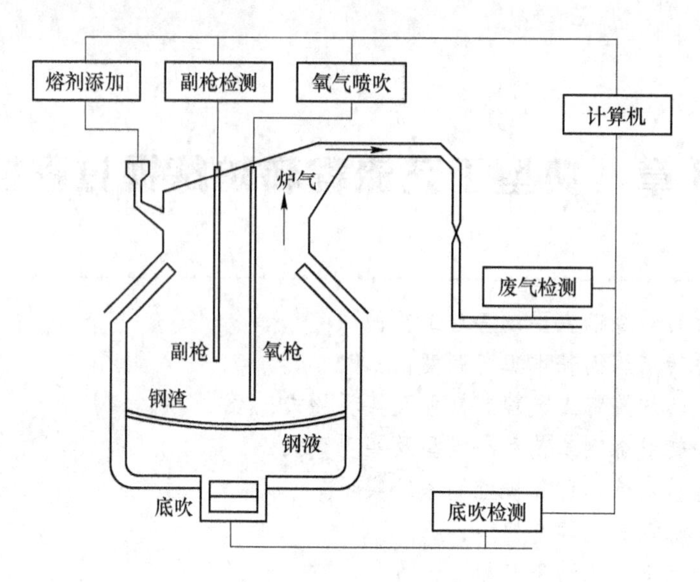

图 8-1　转炉冶炼示意图

炼钢副原料系统包括副原料上料控制和副原料下料控制两部分。副原料的来料分别卸放在不同的低位料仓内，由皮带运输机运送到对应的副原料高位料仓，再根据炼钢生产的实际需要，通过下料振动给料器经称量斗称重并分批经过汇总斗、下料溜槽将副原料加入转炉。

副枪又称检测枪，是氧气顶吹转炉在中断吹炼或者减少氧流量的情况下直接测定钢水温度、碳、氧含量和取样的装置。主要作用是在炼钢过程中，对转炉的熔池深度、钢水的温度、碳氧元素的含量进行测量以及钢水试样的取得。

溅渣补炉系统：转炉采用溅渣补炉技术。在炉役的中后期进行转炉溅渣补炉技术的基本原理是，在转炉出钢以后，在炉内留下冶炼的终渣，并根据炉渣情况进行适当的改质，采用高压氮气喷吹溅渣。将炉渣吹溅到炉壁上，形成溅渣层，在下一炉的炼钢中起到保护炉衬的作用，最终达延长转炉炉龄的目的。

8.1.2　转炉炼钢冶炼过程概述

从装料开始到出钢、倒完渣结束，转炉一炉钢的冶炼过程包括装料、吹炼、脱氧出钢、溅渣护炉和倒渣等几个阶段。一炉钢的吹氧时间通常为 12 ~ 18min，冶炼周期为 40 ~ 50min 左右。

炼一炉钢的典型操作顺序为：把废钢装入空炉内，倒入铁水并将转炉转至吹炼位置；将氧枪下至炉内废钢和铁水以上的预定高度，并开始吹氧；分期分批加入石灰、白云石和萤石等造渣材料；以预定流量和氧枪高度吹炼预定时间之后，进行副枪检测（或倒炉拉碳），根据检测结果进行补吹；达到要求的钢水成分和温度之后出钢，并倒出熔渣。

熔渣成分与钢中元素氧化和炉渣生成情况有关。炉渣中 CaO 含量和炉渣碱度随着冶炼时间延长而逐渐提高，炉渣中氧化铁含量前后期都较高，中期随着脱碳速度提高而降低，炉渣中 SiO_2、MnO、P_2O_5 含量取决于熔液中 Si、Mn、P 氧化的数量和熔渣中其他成分含量的变化。

转炉吹炼过程中熔液升温大致可以分为三个阶段：第一阶段升温速度很快，第二阶段升温速度趋于缓慢，第三阶段升温速度又加快。熔池中炉渣的温度比金属液的温度约高20～100℃。

8.1.3 转炉炼钢的基本工艺制度

转炉炼钢的基本工艺制度包括装入制度、供氧制度、造渣制度、温度制度、终点控制和出钢制度、脱氧和合金化制度。

装入制度：是指向转炉中装入基本金属原料——废钢和铁水的方法或规程，它是决定转炉产量、炉龄及其他技术经济指标的重要因素之一。装入制度可分为三种：第一种是定量装入，就是在整个炉役期中，每炉的装入量保持不变；第二种是定深装入，在整个炉役期中，逐渐增加装入量，使每炉的金属熔池深度保持不变；第三种是分阶段定量装入，在整个炉役期中，根据炉膛扩大程度划分为几个阶段，每个阶段采用定量装入的方法。此外，在确定装入量时还应该考虑炉容比、熔池深度、钢包容量以及浇注吊车起重能力等实际情况。

供氧制度：是转炉炼钢的最重要操作，是控制整个吹炼过程的主导因素，直接影响冶炼效果和钢的质量。它是保证杂质去除速度、熔池升温速度、造渣速度、控制喷溅和去除钢中气体与杂质的关键操作。它还影响终点碳和温度的控制，对转炉强化冶炼、扩大钢材的品种和提高质量都有重要影响。供氧操作是指调节氧气压力或者氧枪枪位，达到调节氧气流量、喷头出口气流压力及射流与熔池的相互作用程度，以控制化学反应进程的操作。主要工艺参数包括：供氧压力、氧气流量、供氧强度，其中尽量作到低-高-低的恒枪位、恒压操作是原则。

造渣制度：主要是通过加入适量的石灰、白云石等熔剂，合理地控制炉渣碱度、黏度以及成分，以提高炉渣的冶炼性能，提高炉衬寿命。吹炼初期，要保持炉渣具有较高的氧化性，以促进石灰熔化，迅速提高炉渣碱度，尽量提高前期脱磷、脱硫速度，避免酸性炉渣侵蚀炉衬；吹炼中期，炉渣氧化性不得过低，以避免炉渣返干；吹炼末期，同样要求炉渣保证脱磷、脱硫所需的高碱度，并合理控制炉渣的氧化性。在生产实践中，一般根据铁水成分和所炼钢种来确定造渣方法。常用的造渣方法有单渣法、双渣法和双渣留渣法。

温度制度：是指转炉吹炼过程中温度和终点温度的控制制度。温度制度的目标是希望吹炼过程均衡升温，终点时钢水温度和化学成分同时命中钢种要求的范围。温度控制的办法主要是适时加入所需数量的冷却剂，以便控制过程温度，并为直接命中终点温度提供保证。冷却剂的加入时间因条件不同而异。主要的冷却剂有废钢、氧化铁皮和石灰石。

终点控制和出钢制度：终点控制是转炉吹炼末期的重要操作。主要目标是指控制终点时刻钢水成分和温度，因此终点控制又称为终点成分和温度的控制。转炉的终点控制包括经验控制和自动控制方式两种。经验控制只根据操作者的炼钢经验，对终点时刻进行判断，因而终点命中率较低；自动控制应用计算机技术，对炼钢过程信息进行计算和处理，所以自动控制可以比较准确地控制吹炼过程和终点，达到较高的终点命中率。

脱氧和合金化制度：转炉炼钢是氧化精炼过程，冶炼终点的钢水中氧含量较高，为了保证钢的质量和顺利浇铸，钢水必须进行脱氧和合金化操作。脱氧方法有三种：沉淀脱氧、扩散脱氧和真空脱氧。合金化操作是指向钢种加入一种或几种合金元素，使其达到成品钢成分要求，脱氧和合金化大多同时进行。

8.1.4 转炉炼钢的控制技术

转炉炼钢过程是一个复杂的多元多相高温反应过程，其不确定性因素很多。转炉炼钢的优点是速度快，吹炼时间短，热效率高，升温速度快，但同时也会存在炉渣或金属喷溅、中期炉渣容易返干、后期脱碳反应偏离平衡以及熔池容易过氧化等缺点。传统上对炼钢吹炼终点的控制采用人工经验，但是由于工况条件复杂、检测手段受到限制，这种方法很难保证终点含碳量、钢水温度的一次命中率。特别是随着用户对钢材质量及成本的要求越来越高，传统方法已经无法满足洁净钢或高品质钢生产的质量要求，也无法满足低成本生产的需要。因此提高炼钢过程的自动化水平，特别是提高终点的控制精度和命中率成为炼钢生产中的重要技术问题。

计算机可以在很短的时间内对冶炼过程的各种参数进行快速、高效的测量、计算和处理，准确控制冶炼过程和钢水终点。工业实践表明，应用电子计算机控制冶炼过程和终点、对终点进行预报，可以显著改善和稳定钢水的质量，实现特种钢的冶炼要求，可以提高生产效率，降低原材料消耗以及节省劳动力和改善劳动条件、从而降低劳动强度。计算机技术在钢铁生产过程中的应用程度已经成为衡量钢铁冶金企业现代化生产水平的重要指标之一。

转炉控制技术经历了三个阶段：静态控制、动态控制和转炉全自动控制。转炉的计算机控制系统通常应具有如下功能：能够自动收集冶炼数据并处理记录；能根据数学模型计算出各种主副原料的使用量；能根据出钢计划确定吹炼方案。转炉吹炼控制模型应具有容错性，能够校正初始条件发生波动而产生的误差，并能对炉况做出正确的判断，及时给出预报和校正方案。

随着电子技术的发展，计算机神经网络、现场总线技术、全数字直流传动装置、变频装置等先进技术和设备被引入到转炉的自动控制系统中，转炉的自动控制水平将会进一步提高。

8.1.5 转炉炼钢的静态控制

静态控制是吹炼前的初始条件（如铁水、废钢、造渣材料等的成分和铁水温度等）以及吹炼目标（如来自出钢计划的出钢量、钢水成分和温度等），对操作条件（铁水、废钢、氧气量和造渣材料的使用量）的计算，并按其进行吹炼。在吹炼过程中不进行取样测温，不根据任何新的信息修正操作条件。静态模型建立的主要依据是物料平衡和热平衡原理，同时还要参考操作经验和统计分析数据。

8.1.6 转炉炼钢的动态控制

静态控制只考虑初始状态与终点状态的变量关系，而不考虑变量随时间的变化，因而静态控制的命中率较低，很难适应吹炼过程中转炉冶炼状态不断变化的要求。即使设计的静态模型比较完善，也很难达到较高的控制精度。为了进一步提高转炉的控制精度，在冶炼过程中必须根据获得的新的信息，对操作条件进行不断修正，这就是动态控制解决的问题。

动态控制是在静态控制的基础上，根据吹炼过程中检测的熔液成分和温度、含碳量、炉气中的 CO、CO_2、O_2等成分以及氧枪高度等信息对吹炼过程进行修正，实现对熔液成分和温度等过程信息进行计算机控制。动态控制的关键在于快速、准确的获得吹炼过程中的信息，如果检测的精度得不到保证或者检测不及时，建立的动态模型是没有实际应用价值的。因此，人们设计了各种检测方法对转炉的过程信息进行检测，如以碳平衡法为基础的炉气定碳法、氧枪冷却水热量法、声学化渣法等，归结起来可以分为炉气成分分析法和副枪法两种类型。

副枪法已成为目前最成熟的方法，在大型转炉上应用取得了明显的经济效益。它是在吹炼末期（供氧量85%左右）时，降下副枪插入熔池中，测定熔池中的温度和含碳量，通过动态模型计算到达终点所需要的供氧量和冷却剂加入量，校正静态模型计算误差的方法。

炉气成分分析法是指通过连续检测炉口逸出炉气的成分（CO、CO_2、O_2等），经过计算来判断熔池瞬时脱碳速率和锰、硅、磷的氧化速率，从而进行动态连续校正以提高控制精度，提高命中率的方法。

目前，转炉炼钢的动态控制主要是对转炉冶炼终点进行控制。转炉的终点控制主要是指控制炼钢过程的终点含碳量和出钢温度。终点控制多采用副枪测试和静态、动态相结合的控制方法。静态控制主要用于吹炼的前期，此时熔池中的碳、硅的含量较高，吹入的氧气几乎全部用于这些元素氧化。到吹炼的后期，由于非金属元素浓度很低，铁元素就会被氧化。此时不掌握好氧的分配，熔池中的含碳量和温度就会偏离静态模型的预测轨道。因此需要采用动态控制方法来控制终点的含碳量和出钢温度。目前常用的方法是动态停吹法，如图8-2所示。

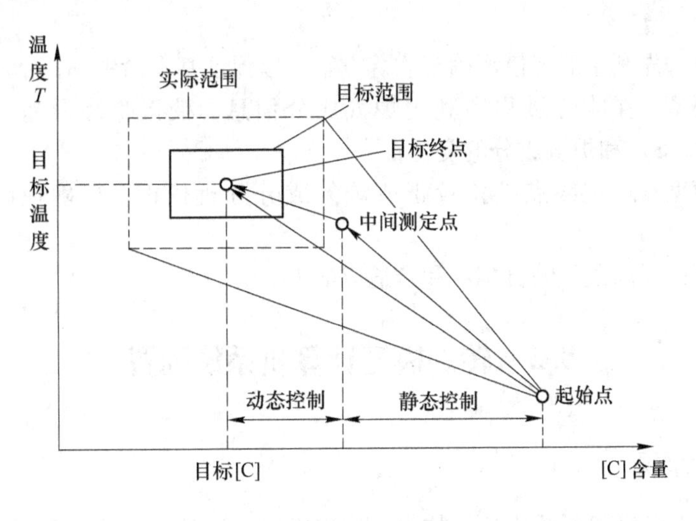

图8-2 动态停吹法示意图

在转炉吹炼的中后期，对转炉冶炼过程进行回归分析，可以建立脱碳速率、升温速率与供氧量、熔池含碳量之间的数学模型。通过检测熔液温度和含碳量，并将这些信息输入计算机进行计算，判断最佳停吹点，停吹时按需要进行相应的修正。作为最佳停吹点应该满足下面两个条件之一，即熔液含碳量和温度同时被命中，或者两者中必有一项被命中，另一项不需要后吹，只需要补充某些修正动作后即可达到目标要求。

8.1.7 转炉炼钢的全自动控制

尽管动态控制模型可以校正静态控制模型的计算误差，目前世界上的大型转炉也主要采用静态控制模型结合动态控制模型的控制方式，同时还采用了参考炉次更新和模型系数自学习等方法来增强控制模型的适应能力，从而提高终点碳温的控制精度和命中率，但是动态控制模型在实际应用中仍然存在一些问题，如不能对造渣过程进行有效检测和控制，不能降低转炉的喷溅率，不能对终点的硫和磷含量进行准确控制，不能实现计算机对整个冶炼过程的闭环在线控制。

实现转炉自动化控制目标需要用计算机网络环路控制转炉炼钢工艺过程，其关键是要消除炼钢生产过程中产生的各种误差对炼钢终点和过程控制的影响。转炉炼钢生产过程中产生的误差大致分为三类：系统误差，由各种检测仪表带来的误差和引起的波动；随机误差，由生产中各种不确定影响因素（如炉龄、枪龄和空炉时间等）的波动和变化对操作结果引起的误差；操作误差，由操作者引起的误差。

采用全自动冶炼控制技术可以很好校正这些误差保证控制精度和系统的稳定性。从理论上讲，全自动冶炼控制技术可分为理论计算模型和动态校正模型。

理论计算模型：根据炼钢过程中涉及的传热、传质和化学反应的基本原理，研究炼钢过程的基本数量关系及其内在规律，它是计算机过程的基础。

动态校正模型：根据炼钢生产过程中实施在线检测的各种信息，对模型计算结果进行动态校正，修正计算结果，减小计算误差，以达到提高控制精度和命中率的目的。

从过程上讲，全自动冶炼控制技术又可以分为静态模型、吹炼控制模型、终点控制模型和自学习模型。

静态模型：首先利用静态模型确定吹炼方案，以保证基本命中率；

吹炼控制模型：在吹炼过程中利用炉气成分信息，校正吹炼误差，预报熔池成分（C、Si、Mn、P、S）和炉渣成分的变化；

终点控制模型：通过终点副枪校正或炉气成分分析校正，精确控制终点，保证命中率；

自学习模型：提高模型的自学习和自适应能力。

8.2 转炉模型计算机系统配置

8.2.1 系统设计原则

转炉过程控制计算机系统应选用技术上先进成熟的设备，在硬件系统结构设计方面要遵照通用、开放、速度快，可靠性高、便于升级和扩展的原则，以适应增加预留转炉的需要和转炉副枪模型的需要。

8.2.2 计算机控制系统结构

某厂转炉过程控制计算机系统采用基于PC和PC Server的Client/Server体系结构：

（1）L2系统共采用两台PC服务器进行转炉的过程控制。一台作为应用和模型服务器，另一台作为备份服务器使用；两台服务器共享一个磁盘柜。

（2）采用ORACLE数据库。

（3）采用普通PC机作为操作终端。画面开发工具采用DELPHI。

（4）采用阵列磁盘组成镜像磁盘，当一组磁盘故障时，另一组磁盘可以正常工作，保证了数据的可靠性。

（5）软件结构采用C/S结构。

（6）系统网络采用标准的快速以太网体系结构，使用TCP/IP及OPC通信协议。通过网络通信技术，实现与热区过程控制计算机、转炉基础自动化、生产控制计算机、特殊仪表以及其他需要联网的计算机系统之间的数据通信。

本方案的优点：

（1）稳定性强。

（2）开发周期短，因为已经有较成熟的软件。

（3）系统的开放性和可移植性较强。

（4）投资较省。

兴澄转炉过程控制计算机系统采用客户机/服务器（Client/Server）体系结构，选用HP PC服务器，根据需要在计算机房和各操作室设置终端和打印机。转炉过程控制计算机系统与快分室计算机系统、生产控制系统、基础自动化和特殊检测仪表之间通过交换机连接，采用TCP/IP通信协议，形成三电一体化的快速以太网通信系统。

转炉模型计算机系统结构图如图8-3所示。转炉模型计算机系统网络拓扑图如图8-4所示。

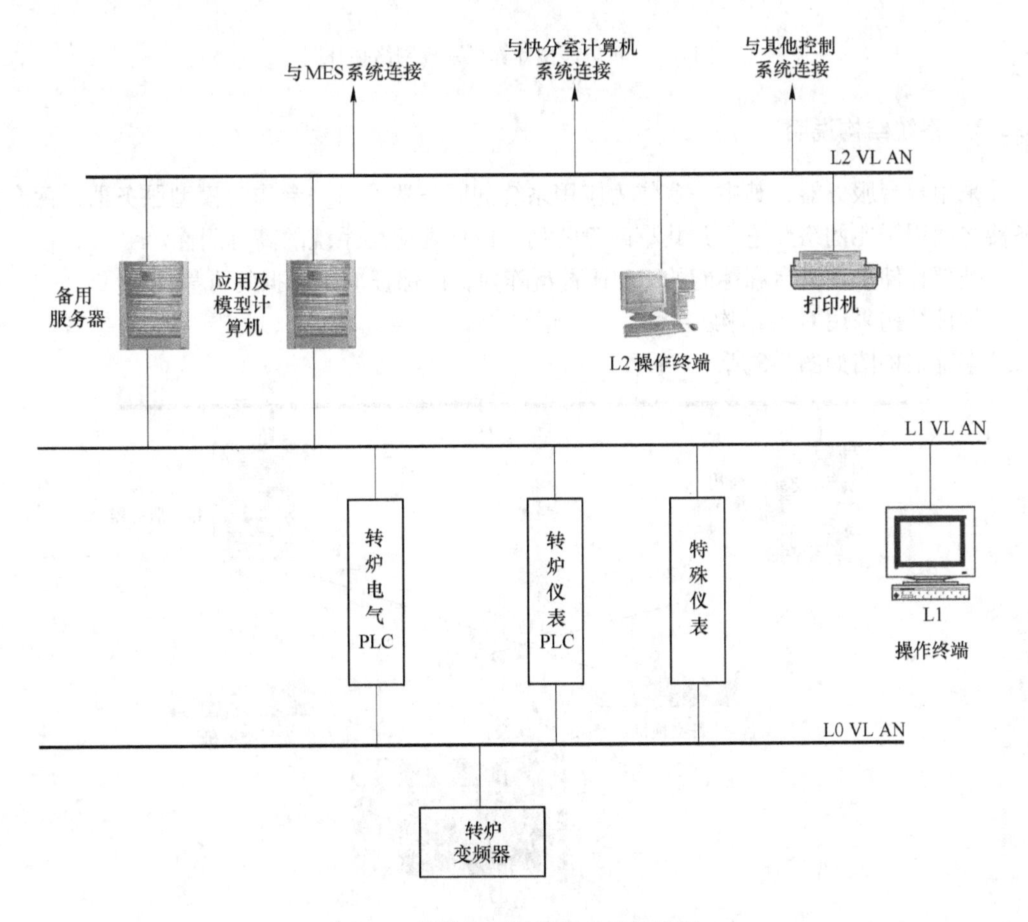

图8-3 转炉模型计算机系统结构图

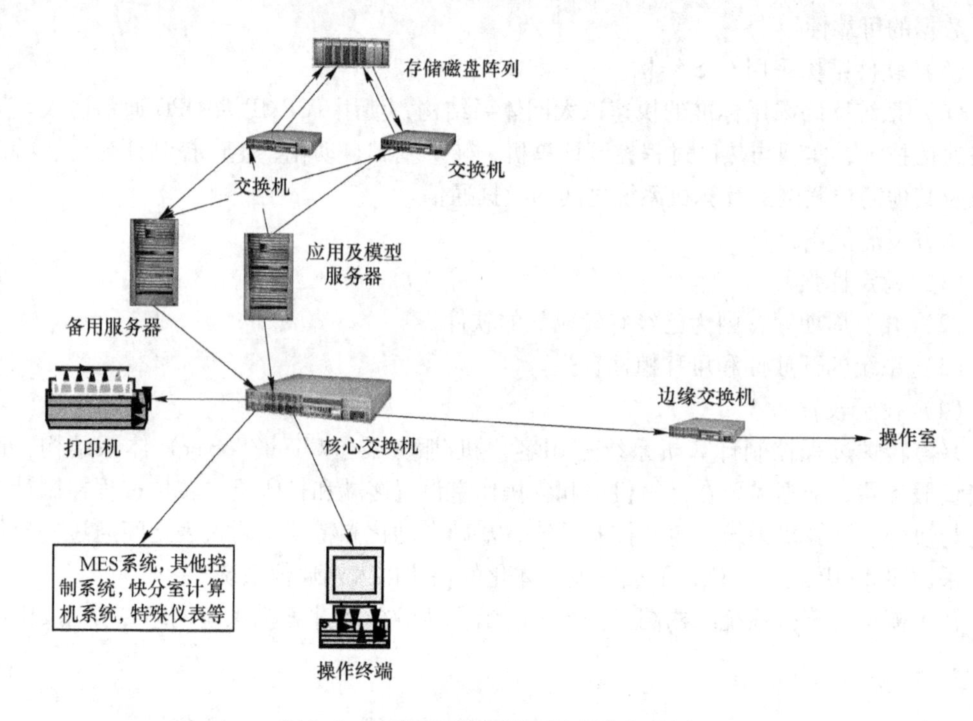

图 8-4 转炉模型计算机系统网络拓扑图

8.2.3 系统结构说明

采用两台服务器，其中一台作为应用系统的服务器，另一台作为模型服务器，两台服务器之间用千兆网络互连，并共享磁盘阵列，以保证应用系统的高可用性。

外部存储采用1台高性能的RAID磁盘阵列，以保证应用数据的可靠性。

软件结构采用C/S结构。

系统结构图如图8-5所示。

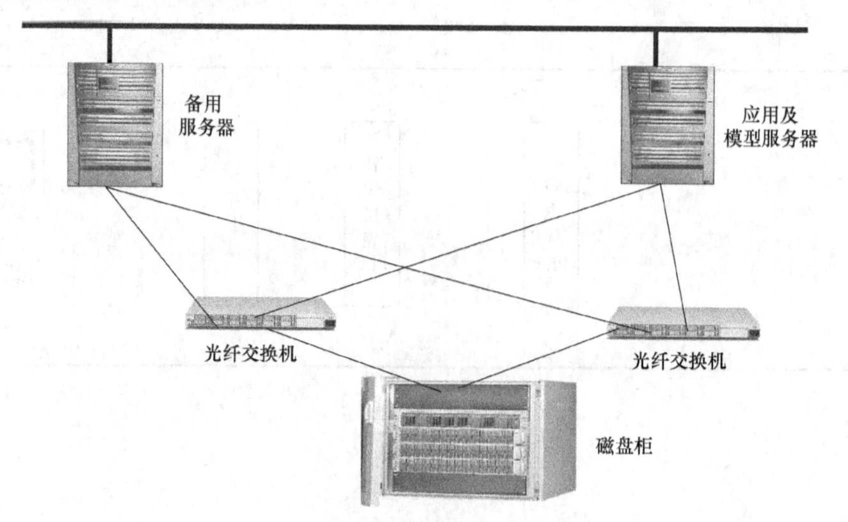

图 8-5 计算机系统结构图

8.2.4 系统软件配置

系统软件配置见表8-1。

表8-1 系统软件配置

序 号	设备名称	型 号	数 量
1	数据库	Oracle10g 标准版	1
2	编程软件	Visual C + + Net2008 中文企业版开发版	1

8.2.5 硬件设备表

过程控制计算机硬件系统主要设备见表8-2。

表8-2 过程控制计算机硬件系统主要设备

序 号	设备名称	性 能	数 量
1	HP PC 服务器（HP ProLiant DL380 G5）	标配两个双核 Intel Xeon 处理器（2.33GHz），标配4GB（4×1GB）PC2-5300全缓冲 DIMMs（DDR2-667）内存，集成双NC373i多功能千兆网卡，6个热插拔冗余风扇，支持 CD-ROM、DVD-ROM、DVD/CD-RW Combo、DVD + RW 或软驱，2U 机架式，2×146GB 硬盘，WIN2003 标准版	2
2	MSA1000 磁盘阵列	HP MSA 1000，256MB 缓存 硬盘：146GB 10K U320 UNI HDD ALL 7 块	1
3	光纤交换机	光通道交换机	1
4	操作终端	西门子工控机 RACK PC IL-43 处理器主频：P4 3.0G 内存容量：1G（扩展） 硬盘：80G×2（扩展） 操作系统 XPPRO + 补丁包	8
5	显示器	三星 G19P + 黑	10
6	客户机机柜	19′标准机柜	2
7	客户机（转炉）操作台	可放两台客户机，跟电气配套	2
8	废钢间操作台	不锈钢台面	1
9	系统开发终端	IBM T61	1
10	激光打印机	彩色激光打印机，最大打印幅面：A3 +	1
11	主交换机	思科 2950G，24个 RJ45 口，带光纤模块	1
12	光电转换器		1 对
13	西门子 OSM 交换机	两个光纤模块，6个 RJ45 口	3

8.3 系统功能

转炉过程二级系统完成对转炉生产过程的监控功能，并与三级厂级生产管理计算机及其他有关计算机系统联网，交换订单和生产数据；接受来自基础自动化（一级）系统的过程数据，完成对转炉控制和加料模型的计算，并将设定值发给一级系统。转炉二级过程计算机系统的主要功能有：

（1）废钢配料管理：废钢配料车间设置一台计算机，监控废钢配料作业，主要包括接受转炉下达的炉次配料计划，对配料过程中的废钢种类、实际废钢重量等信息进行处理，并发送给转炉炼钢计算机系统。

（2）生产计划管理：从三级接收生产计划或人工输入生产计划。

（3）炉次信息跟踪：跟踪功能提供正在处理的炉次信息，对冶炼过程进行监视，主要有废钢配料计算、废钢配料单下达，对废钢装入、铁水装入、吹炼、副原料装炉、铁合金装料、出钢、排渣等生产状态的跟踪。

（4）操作指导：操作指导功能提供人机对话的接口，以便操作人员与过程进行通信，为操作人员及时提供冶炼过程的重要信息。

（5）数据库管理：收集并存储生产实际数据，管理实际炉次数据、工艺数据、原材料数据、模型数据等。

（6）生成报表：根据存储在数据库中相关信息生成各种报表。

（7）数据通信：与一级基础自动化系统的通信，与三级生产管理计算机系统的通信，与铁水预处理过程计算机系统的通信，与LF（钢包精炼）、CCM过程计算系统的通信，与分时管理系统间的通信。

8.3.1 冶炼计划

转炉模型系统L2实时接收L3下发的作业计划，系统显示正在执行的转炉作业计划、作业计划状态自动变化、当前工艺路径自动变化。

由调度人员根据口生产计划和本系统提供的生产信息，包括：连铸生产情况、转炉的设备状况，安排单座转炉的生产计划，下达铁水、废钢需求。该项功能主要由操作人员根据计算机提供的信息，由人工操作来完成。

该系统需要向操作人员提供以下信息：

（1）连铸生产情况：钢包重量、铸机拉速、浇注钢种、浇注时间等。

（2）转炉生产情况：吹氧时间、枪位、下料量、转炉处于修炉、正常吹炼、设备故障、等铁，等。

正常吹炼又分为：准备吹炼、主吹、补吹、吹隙、溅渣。

（3）钢水包准备情况：炉后有无钢水包等。

（4）附加功能：提供钢种表供操作人员参考；提供报表查寻和打印的功能供管理使用（详见8.3.9中报表子系统）。

8.3.2 入炉物料浏览

炼钢转炉二级系统主要功能是实时采集一级的生产数据，并把所采集的数据实时而准确的传送到三级。

下料数据的采集主要包括所有料斗的加料时间，料值信息以及铁水、生铁、废钢等数据采集信息。

8.3.3 冶炼过程监控

转炉一炉吹炼周期分三个阶段：开吹前准备阶段；兑铁、废钢、备料阶段；降枪开吹到吹炼终点阶段。

8.3.3.1 开吹前准备阶段

由调度室给转炉安排并制订的铁水和废钢的生产计划，在炉前画面上显示出来，如需临时调换计划前后次序，可调换。在选定了一个计划后，就可进入“开始新一炉”画面，操作员要对一些重要数据进行输入、修改、确认。这些数据有：班号、班长号、炉次号、钢种、底吹否、副枪否、炉龄、补炉材料量、降枪方案号、加料方案号等。

8.3.3.2 吹炼阶段

在吹炼阶段中，转炉站应用软件完成的主要功能有：

（1）将副枪模型计算结果经确认后发送给副原料子系统备料，完成后再降枪吹到终点。

（2）取样化验。

（3）查看加料方案、降枪方案、混铁炉、废钢站的信息；系统信息、故障记录、耽搁时间记录等等。

8.3.3.3 补吹校正阶段

在吹炼终点取样化验，根据化验结果，操作员可决定是否进行补吹校正。如化验结果已合格，可以出钢；如需补吹校正，则转入补吹校正阶段。可以多次取样化验，多次补吹校正。出钢完成，出渣是一炉钢的结束。

根据生产实际需要收集的数据有：

（1）转炉操作数据的采集，包括：

1）空炉开始时间、空炉结束时间；

2）兑铁水开始时间、兑铁水结束时间；

3）加废钢开始时间、加废钢结束时间；

4）吹炼开始时间、吹炼结束时间；

5）取样开始时间、取样结束时间；

6）出钢开始时间、出钢结束时间；

7）溅渣开始时间、溅渣结束时间；

8）倒渣开始时间、倒渣结束时间；

9）补炉开始时间、补炉结束时间；

10）氮气压力；

11）点吹开始时间、点吹结束时间；

12）当枪位发生变化时的枪位；

13）当吹炼，点吹和抬枪时的氧气流量；

14）总氧压、工作氧压、氧累积、枪位、总耗氧量；

15）钢水温度。

（2）脱硫扒渣数据的采集，包括：

1）扒渣前S；

2）喷吹开始时间；

3）CaO喷吹量（设定值、实际值）；

4）CaO速率、Mg喷吹量（设定值、实际值）、Mg速率；

5）氮气总压、氮气工作压力、氮气流量；

6）喷吹结束时间、计划目标S；

7）CaO喷吹量、CaO速率、Mg喷吹量、Mg速率、氮气总压、氮气工作压力、总耗时，自动采集所有能源介质消耗数据，不能自动采集的通过HMI界面人工输入。

8.3.4 历史过程查询

系统将保存所有炉次数据的履历，以便后期工程师对存储的历史数据进行查询、报表生成和打印输出等。

历史过程的查询一般为起始时间、结束时间、间隔时间都不固定，最终用户根据实际需要进行查询。

8.3.5 化学成分监测

（1）转炉L2系统从MES系统中获取生产相关的各种技术工艺标准和作业标准，作为生产线操作人员的工作参照。

（2）接收检化验系统传送的对应炉次的钢水化学成分数据，在转炉操作室终端显示钢水生产过程中的各次过程检验（包括转炉取样，精炼取样，中包取样）以及最终的成品成分检验的信息。

（3）在转炉工序，根据检化验结果确定生产出的钢水是否满足生产任务单的钢种、化学成分及出站温度的要求。确定该炉钢水是否能进入下道工序。

（4）以炉次号记录该炉次在炼钢各机组的质量相关数据（化学成分、温度、重量等）。

8.3.6 参数标准设定与调整

本系统主要负责维护各生产系统的参数，供数学模型使用，主要有：造渣剂的成分、炉渣成分、模型接口参数表等。

8.3.7 物料概况浏览

（1）铁水管理子系统。铁水管理子系统主要功能有：采集由化验处理子系统传来的数据存档，并传至其他系统，如：炼钢控制系统，调度子系统。

铁水管理子系统的数据主要是铁水信息，有铁水编号、铁水成分、铁水温度、铁水重量，采集时间。

（2）废钢管理子系统。废钢子系统的功能有：采集废钢重量、废钢种类等。根据操作要求，将本炉使用的废钢重量，废钢种类等信息经终端通知操作室，并收集废钢的实际使用情况。

（3）合金管理子系统。合金子系统的功能有：搜集每炉钢的合金料的实际使用情况（包括自动加料和手动加料），包括合金种类和重量存入数据库中，供打印报表使用。

8.3.8 设备维护日志

列出炼钢区转炉的主要设备的状态信号（例如正常、检修、故障），为计划和调度人员在生产组织时对主要设备的工作状况有一个基本了解。

转炉区主要设备状态包括：倾动状况、氧枪状况、加料状况、氧氮气供应状况、风机状况、除尘状况、仪表状况、电气状况、钢包状况、其他。

8.3.9 报表

根据生产工艺的要求和管理统计工作的需要，转炉报表系统主要完成三类报表的功能：

（1）转炉过程记事：在冶炼过程中各种副原料的加料时间、加料重量、加料种类、氧枪枪高、氧气流量、氧压、氧累积、吹氧时间，每个部分包括时间和量值二维。报表信息以事件发生的时间先后为序排列，记录的多少随着冶炼的复杂程度而变化。全部数据的采集和打印工作不受人为因素的干预，此报表是对生产冶炼过程的再现和回忆。

（2）转炉熔炼记录：这一报表是对生产中各道工序的详细记录，报表信息覆盖整个炼钢的生产过程，报表的格式和信息量是固定的。信息来源分两类：

1）由人工输入：现场无法采集的信息。

2）由现场采集的信号或经过程序计算得到的：如铁水重量，铁水成分，铁水温度，钢水温度，钢水成分，废钢重量以及各种气体及副原料、氧枪、回收等可采集信息。

（3）转炉生产过程日报表：主要包括：每个炉次副原料和合金料加料品种、数量、氧气消耗量、吹氧时间及班次、炉次号。

（4）汇总信息：铁水消耗、废钢消耗、各种副原料消耗、合金消耗、氧气消耗、氮气消耗、氩气消耗、副枪探头耗量及测成率等。

8.3.10 系统管理

维护子系统完成对系统的日常维护工作。主要包括：

（1）系统初始化：数据的初始化，根据要求对数据进行定时存贮，也可以手动对某个表进行初始化操作。

（2）报警：报警记录与一级 PLC 的通讯状况和三级网络连接即数据库连接情况。

（3）日志：日志信息记录是二级计算机的重要操作。

（4）通信状态：生产数据的发送，当三级网络出现问题，数据无法发送至三级，可以存储在二级，当通信正常时，再发送至三级。

（5）备份。

（6）用户管理。

（7）权限管理。

8.4　转炉炼钢工艺模型

8.4.1　某转炉炼钢二级系统的模型概述

在实际生产过程中，转炉二级系统的各个功能是由二级系统的模型来实现的。在所有控制条件满足的情况下，转炉过程计算机根据冶炼阶段发送各种控制指令，按照二级系统模型分阶段计算冶炼数据，并将这些数据和冶炼控制模式等信息发送到转炉基础自动化控制系统，同时根据接收的实际数据来跟踪计算过程并做出调整，最终获得最佳冶炼效果。

转炉二级系统的模型主要包括计算模型和控制模型，通过与一级和二级的相关系统进行数据交互，实现对炼钢各阶段的控制。其中计算模型主要是指主原料计算模型、副原料计算模型和主吹校正计算模型；控制模型主要是指氧枪控制模型、底吹控制模型和下料控制模型。此外，为了提高模型的自适应能力，增加了模型参数自学习模型。其中主原料计算模型和副原料计算模型属于静态模型，主吹校正计算模型属于动态模型。下面针对每一个模型进行说明。

8.4.1.1　主原料计算模型

在进行主原料计算前，转炉二级控制系统需要接收从三级下发的冶炼计划信息（冶炼钢种、出钢量等），从炼铁二级接收传递过来的铁水成分、温度等信息。然后根据这些信息，由主原料计算模型计算出本炉冶炼的铁水和废钢的使用量。最后，二级控制系统将得到的计算结果传递一级控制系统，由一级进行称重投料。

模型的输入参数包括本炉次冶炼计划（钢种、出钢量等）、铁水的温度和成分等信息，输出参数包括本炉次所需铁水和废钢使用量。

主原料计算模型的流程图如图 8-6 所示。

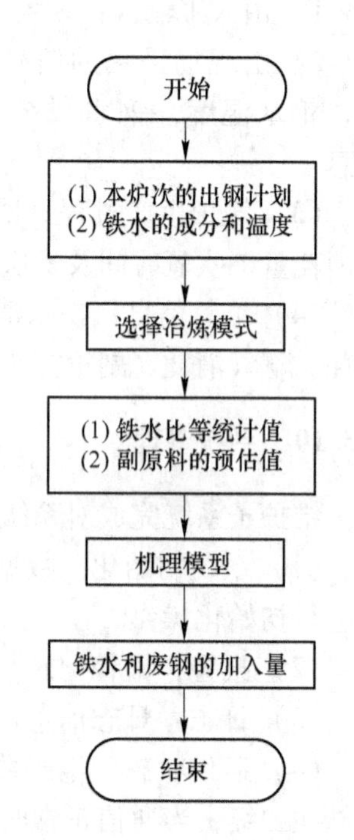

图 8-6　主原料计算模型流程图

8.4.1.2　副原料计算模型

确定主原料计算模型的计算结果后，就可以启动副原料计算模型。副原料计算是根据冶炼钢种和目标出钢量，入炉铁水的实际重量、成分和温度，各类废钢的实际加入量，计算完成本炉次冶炼需要的石灰石、镁球、萤石等副原料的使用量，以及氧气和冷却剂的使用量。副原料计算模型和主原料计算模型的计算流程相似，主要区别在于副原料计算时，铁水和废钢的重量已知。

模型的输入参数包括本炉次冶炼计划（钢种、出钢量等）、铁水的温度和成分、铁水和废钢的使用量等信息，输出参数包括石灰石、镁球、萤石、冷却剂、氧气的使用量。

副原料计算模型的流程图如图8-7所示。

8.4.1.3 主吹校正计算模型

当吹氧量到总氧量的85%时，下副枪测定熔池中钢液的含碳量和温度，启动主吹校正计算模型，进行动态校正计算。主吹校正计算模型根据副枪实测的温度和含碳量，可以计算到达终点需要的供氧量和冷却剂的使用量。并且根据冷却剂和氧气的实际用量，可以计算出钢液的温度和含碳量，从而对熔液的碳温曲线进行动态修正。

模型的输入参数包括副枪测定的温度和含碳量、出钢量，输出参数包括终点温度、终点碳含量、冷却剂的加入量、动态吹氧量。

主吹校正计算模型的流程图如图8-8所示。

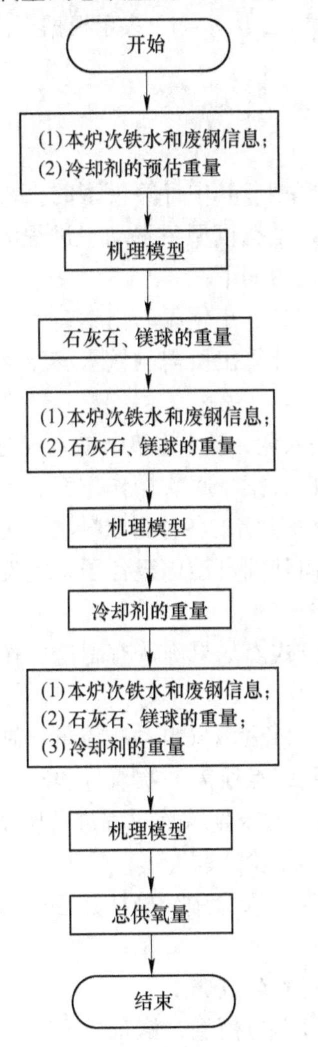

图8-7 副原料计算模型流程图

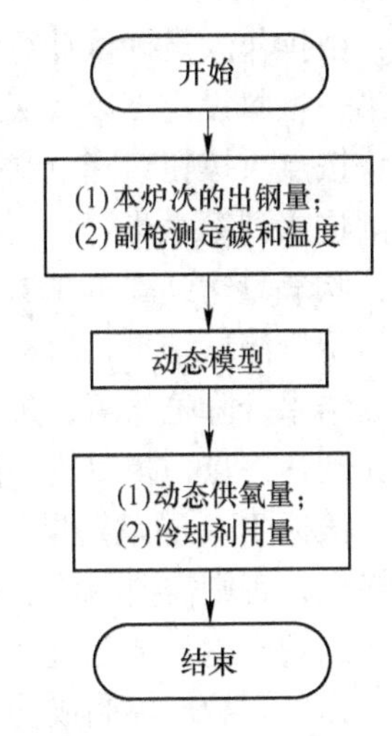

图8-8 主吹校正计算模型流程图

8.4.1.4 氧枪控制模型

在副原料计算模型完成后，可以得到本炉次的总耗氧量。按照工艺要求和冶炼操作要求将总耗氧量分解成多个氧步，设定每一个氧步的吹氧量、吹氧强度，并将这些信息发送给一级控制系统，使吹炼按照一定吹炼模型进行。

8.4.1.5 下料控制模型

根据工艺要求选择吹炼模式，确定在每一个氧步中副原料下料的百分比。每一种吹炼控制模式包括氧枪控制、底吹控制和下料控制的具体数据。

8.4.1.6 模型参数自学习模型

如果炉次冶炼控制成功，就可以启动该模型，修正模型中的部分参数，实现参数自学习功能。通过对转炉模型中一些参数的自学习，使参数数值符合实际生产状况，稳定和提高模型的控制精度。

自学习的方法采用指数平滑法，具体计算公式为$A(n) = aA(n-1) + (1-a)B(n-1)$。其中$A(n)$表示学习后的数值，$A(n-1)$表示学习前的数值，$B(n-1)$表示根据当前炉次计算出来的数值，$a$表示系数。

8.4.2 某1号转炉静动态模型流程

某1号转炉二级系统的模型包括计算模型和控制模型，其中计算模型的核心是静态模型和动态模型。静态模型负责主原料和副原料的计算，动态模型负责动态过程的计算。以一个冶炼周期为例，某1号转炉模型控制系统的执行过程如下：

第一步：确认冶炼计划数据，包括熔炼号、计划钢种、出钢量、出钢时间、铁水的温度和成分，各种操作方案，然后启动主原料计算模型，计算出所需的铁水、废钢等主原料的加入量。

第二步：由系统采集并由操作人员确认实际铁水装入量、铁水温度、铁水成分、废钢装入量、废钢种类、是否有副枪、是否有底吹、氧枪操作方案、底吹操作方案、下料操作方案，然后启动副原料计算模型，二级模型系统计算出冶炼所需的各种副原料量、吹氧量等。

第三步：由操作人员确认计算结果，二级计算机向基础自动化级各子系统发送降枪方案设定点和第一批料设定点以及底吹方案。

第四步：按点火按钮，降枪吹氧进入计算机控制方式。如果确认有副枪操作则进入到第五步，否则进入到第六步。

第五步：吹氧量达到副枪TSC测试点，氧枪提升，或者氧气自动减流量，副枪降枪测定熔液；根据副枪测试结果，启动主吹校正模型，对到终点所需的吹氧量和冷却剂进行计算，确认计算结果，降枪吹氧，进入碳-温动态曲线画面对末期吹炼过程进行监视。

第六步：到达终点，提氧枪、降副枪TSO，取样，化验。

第七步：根据TSO测量结果和钢样化验结果，判断是否命中，确认是否进行补吹，若命中则到达终点，否则需要补吹。

第八步：倒炉出钢，加合金，溅渣补炉，确定最终生产数据。

第九步：如果本炉次控制成功，则调用模型参数自学习模型，修正模型部分参数，实现自学习功能。

根据转炉模型控制流程可以作出转炉基本流程图，如图8-9所示。

8.4.3 某1号转炉的静态模型

某1号转炉的静态模型采用机理建模方式。机理建模能够较好的反映转炉冶炼过程中的物理化学反应，模型的通用性较好。当操作条件和现场冶炼状态稳定时，模型还是能够达到较高精度。此外机理模型不仅能够反映初始状态和终点状态间的数学关系，还能够反映冶炼过程的状态变化，对实现过程控制提供基础。

8.4.4 静态模型建模原理

转炉过程控制系统的机理模型，主要是以冶炼过程的热量和元素的守恒原理及炼钢反应的物理化学原理为依据，完成一炉钢从备料到钢水处理各阶段的下料计算和氧枪控制。它是以冶炼机理为基础，结合钢厂原料、设备、操作等具体工艺条件，加以改造和逐步完善。

通过研究转炉炼钢的反应过程和炼钢基本反应的平衡状态，运用冶金过程热力学方法，可以建立各元素在炉气—炉渣—钢液各相间分配原则，从而得到终渣的平衡计算方程。

在冶炼的各阶段，参加反应的各元素分别保持质量守恒，热能亦守恒，据此我们可以得到物料平衡和热平衡。

物料平衡是指计算炼钢过程中加入炉内和参与炼钢过程的全部物料（包括铁水、废钢、副原料、氧气、冷却剂和被侵蚀的炉衬等）与炼钢过程的产物（包括钢水、炉渣、炉气和烟尘等）之间的平衡关系。

热平衡是指计算炼钢过程的热量收入（包括铁水物理热、化学热）与热量支出（包括钢水、炉渣、炉气的物理热，冷却剂的熔化与分解热等）之间的平衡关系。铁水的物理热是指铁水带入的热量，与铁水的温度有直接关系；铁水的化学热就是铁水中各成分氧化、成渣所放出的热量，这与铁水的化学成分有关。

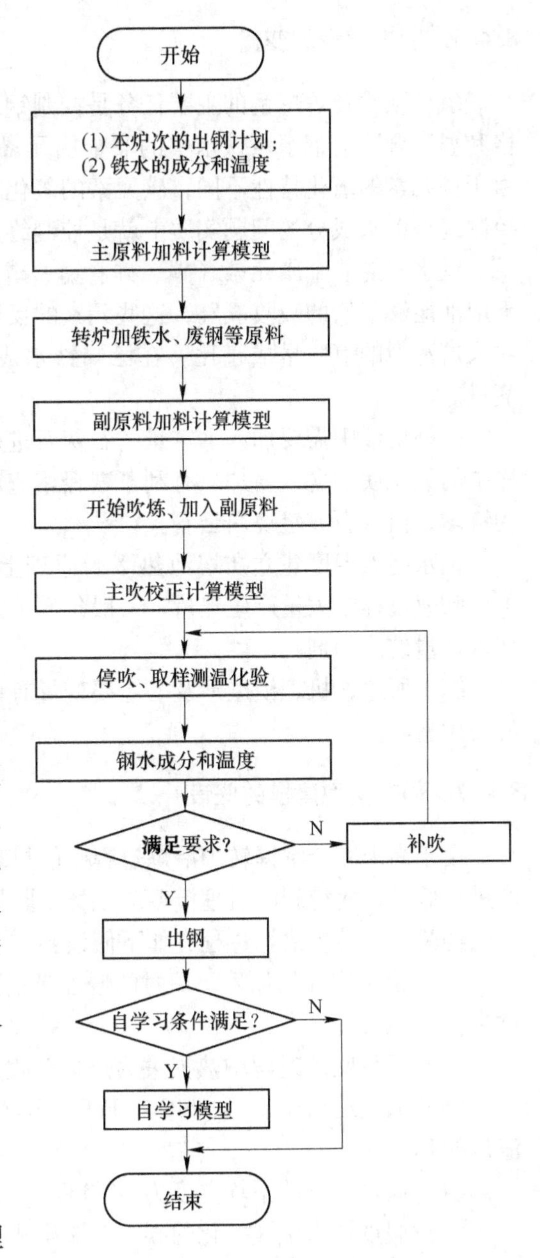

图 8-9　转炉控制模型流程图

8.4.5　静态模型建模步骤

虽然不同的炼钢厂所使用的原材料不同，目标钢种和工艺流程也不完全相同，但是机理模型建模的基础是炼钢过程中的物理化学反应，不同转炉的炼钢原理是一致的，静态建模步骤也大致相同。具体建模步骤如下：

（1）根据转炉冶炼的原材料和冶炼目标要求确定模型的输入输出变量。

（2）确定建立物料平衡和热平衡时的假设条件和经验值。

（3）建立物料平衡、热平衡和终渣平衡方程。

（4）根据实际模型功能，把平衡方程式转换成为计算方程。

（5）对计算方程式中的各项进行分类，如分为未知量、目标量、预估量和已知量等。

（6）联立方程，应用假设条件和经验值，根据模型功能和输出要求给出相应的输出。

8.4.6 静态模型的变量

氧气顶吹转炉炼钢的主要任务是控制钢水终点温度和去除非金属杂质，以获得成分合格和温度合适的钢水。铁水中的非金属元素主要是碳、硅、锰、磷、硫，在吹炼过程中，由于各元素的氧化特性不同，碳元素的氧化对终点时刻钢水是否满足要求影响较大，所以控制终点钢水成分的问题实质上就是控制终点碳含量的问题。

铁水中的非金属元素（碳、硅、锰、磷、硫）的氧化主要靠氧枪吹入的氧气，在高温下熔池能够很好的吸收氧气，这些元素的反应有直接反应和间接反应，元素氧化的数量与吹入熔池中的氧气量成正比。在已知铁水成分的情况下，熔液中碳的含量主要取决于耗氧量。

另外熔液中需要加入一定量的石灰石进行造渣，炉渣的碱度影响转炉脱碳的速度。终渣中的氧化镁的含量增加，有利于减轻熔渣对炉衬的侵蚀，所以熔液中还需要加入一定量的镁球、白云石或轻烧白云石。

钢水终点温度建立在熔池热平衡原理上，铁水的物理热和化学热是转炉热量的收入项，吹氧过程中大量产生热量，一般条件下热量是富余的，要得到温度合适的钢水就需要加入适量的冷却剂。

综上所述，机理模型涉及的主要变量有铁水、废钢、石灰石、镁球、冷却剂、氧气等的使用量。

8.4.7 静态模型建模的假设

由于尚未完全掌握转炉冶炼过程中的机理，在建立机理模型的时候，需要根据实际生产进行假设，使得到的机理模型与现场实际情况相吻合。通过现场采集生产数据和实际冶炼的经验，对转炉冶炼过程有如下假设：

（1）由于镁球的加入，炉衬的侵蚀量很小，而且有溅渣补炉操作，故不考虑炉衬的侵蚀量。

（2）假设吹炼过程中热损失为热量总收入的2%。

（3）假设终渣中 CaO、SiO_2、FeO、Fe_2O_3、MgO、MnO、P_2O_5 七种氧化物的总和占总渣量的87.5%。

（4）假设炉气的平均温度为1450℃。

（5）假设铁水中被氧化的碳，78%生成 CO，22%生成 CO_2。

（6）假设炉渣的温度与钢水温度相同。

（7）假设烟尘的产生量为总装入量的0.2%。

（8）假设终渣中 Fe^{3+}/Fe^{2+} 比值为3/7，由此得到 FeO 与 Fe_2O_3 在渣中重量百分比含量之和为 $1.33\Sigma Fe$。

8.4.8 静态模型的建立

根据机理模型的建模原理可以分别建立终渣计算方程和物料平衡和热平衡方程。

8.4.8.1 终渣计算方程组

运用冶金物理化学方法研究炼钢基本反应，根据终渣的成分、温度以及终点终渣重量、钢水重量，可以得到终渣成分与钢水中各元素成分之间的关系式。

在终渣成分计算中主要考虑 CaO、SiO_2、FeO、Fe_2O_3、MgO、MnO、P_2O_5 这七种氧化物，以终渣中这七种主要氧化物的重量百分比含量为变量，建立由七个方程式组成的终渣计算方程组。方程式分别为：

$$(FeO) = 28.13 - 140.67[C];$$

$$(CaO) = [(CaO)_s W_s + (CaO)_c W_c + (CaO)_b W_b]\gamma_{CaO} W_z;$$

$$(SiO_2) = [60/28(((Si)_t - [Si])W_t + ((Si)_{fg} - [Si])W_{fg}) + (SiO_2)_s W_s + (SiO_2)_c W_c + (SiO_2)_b W_b]\gamma_{SiO_2}/W_z$$

$$(MgO) = [(MgO)_s W_s + (MgO)_c W_c + (MgO)_b W_b]\gamma_{MgO}/W_z$$

$$(P_2O_5) = 142/62[((P)_t - [P])W_t + ((P)_{fg} - [P])W_{fg}]/W_z$$

$$(MnO) = 71/55[(Mn)_t W_t + (Mn)_{fg} W_{fg}]/\{W_z + 71/55 W_g/[K_1(0.7848(\Sigma Fe) + 1.008)]\}$$

$$(CaO) + (SiO_2) + (MgO) + (MnO) + (P_2O_5) + (FeO) = 87.5$$

式中，(ΣFe) 为渣中含铁量，$(\Sigma Fe) = 0.7527(FeO)$；$K_1$ 为 Mn 平衡系数，$K_1 = 0.127 W_z + 0.961$。

8.4.8.2 物料平衡和热平衡方程

根据物质与能量守恒原理，可以建立铁元素、氧元素和热能三个平衡方程，通过这三个方程的计算可以全面掌握转炉的物料和能量的利用情况，了解转炉的工作能力和热效率等。

(1) 铁平衡方程：

$$(Fe)_t W_t + (Fe)_{fg} W_{fg} + (\Sigma Fe)_c W_c - 0.7527(FeO) W_z - (\Sigma Fe)_d W_d - 1/\gamma_{Fe}[Fe] W_g = 0$$

(2) 热平衡方程：

$$TB_g W_g + TB_z W_z + TB_{fg} W_{fg} + TB_q W_q + TB_c W_c + TB_d W_d = \gamma_H$$

$$(TB_t W_t + H_{CO} + H_{CO_2} + H_{MnO} + H_{SiO_2} + H_{P_2O_5} + H_{FeO} + H_{CaO \cdot SiO_2} + H_{CaO \cdot P_2O_5})$$

(3) 氧平衡方程：

$$W_O = 1/\gamma_O(O_C + O_{Si} + O_{Mn} + O_P + O_{Fe} + O_g - O_{cool} - O_{fg})$$

$$V_O = (W_O - W_{orign})/32 \times 22.4/\gamma_{O1}$$

γ_{O1} 为氧气纯度。

其中，

$$W_q = [((C)_t - [C])W_t + ((C)_{fg} - [C])W_{fg}](\gamma_{CO}28/12 + (1 - \gamma_{CO})44/12)$$

$$W_d = \gamma_d(W_t + W_{fg})T_{tr} = 1538(100(C)_t + 8(Si)_t + 5(Mn)_t + 30(P)_t + 25(S)_t) - 4$$

$$TB_g = 0.699(T_{gr} - 25) + 271.96 + 0.8368(T_g - T_{gr})$$

$$TB_z = 1.247(T_z - 25) + 208.20$$

$$TB_{fg} = 0.699(T_{fgr} - 25) + 271.96 + 0.8368(T - T_{fgr})$$

$$T_{fgr} = 1538(65(C)_{fg} + 8(Si)_{fg} + 5(Mn)_{fg} + 30(P)_{fg} + 25(S)_{fg}) - 4$$

$$T_{gr} = 1538(65[C] + 5[Mn] + 30[P] + 25[S]) - 4$$

$$TB_c = (FeO)_c5020 + (Fe_2O_3)_c6670 + 208.2$$

$$TB_q = 1.136(T_q - 25)$$

$$TB_t = 0.745(T_{tr} - 25) + 217.568 + 0.8368(T_t - T_{tr})$$

$$H_{CO} = [((C)_t - [C])W_t + ((C)_{fg} - [C])W_{fg}]\gamma_{CO}10950$$

$$H_{CO_2} = [((C)_t - [C])W_t + ((C)_{fg} - [C])W_{fg}](1 - \gamma_{CO})34520$$

$$H_{SiO_2} = [((Si)_t - [Si])W_t + ((Si)_t - [Si])W_{fg}]28314$$

$$H_{MnO} = (MnO)W_z \times 55/71 \times 7020$$

$$H_{P_2O_5} = (P_2O_5)W_z \times 62/142 \times 18923$$

$$H_{FeO} = (FeO)W_z(2/3 \times 56/72 \times 5020 + 1/3 \times 112/160 \times 6670) + W_d((FeO)_d \times 56/72 \times 5020 + (Fe_2O_3)_d \times 112/160 \times 6670)$$

$$H_{CaO \cdot SiO_2} = (SiO_2)W_z \times 2070$$

$$H_{CaO \cdot P_2O_5} = (P_2O_5)W_z \times 5020$$

式中，W_{origin}为炉内残氧。

$$O_C = [((C)_t - [C])W_t + ((C)_{fg} - [C])W_{fg}](\gamma_{CO} \times 16/12 + (1 - \gamma_{CO})32/12)$$

$$O_{Si} = [((Si)_t - [Si])W_t + ((Si)_{fg} - [Si])W_{fg}] \times 32/28$$

$$O_{Mn} = (MnO)W_z \times 16/71$$

$$O_P = (P_2O_5)W_z \times 80/142$$

$$O_{Fe} = (FeO)W_z(2/3 \times 16/72 + 1/3 \times 48/160) + (\Sigma O)_d \times W_d$$

$$O_{cool} = (\Sigma O)_c \times W_c$$

$$O_{fg} = (\Sigma O)_{fg} \times W_{fg}$$

$$O_g = [O] W_g$$

式中，W_g、W_t、W_{fg}、W_c、W_z 分别为钢水、铁水、废钢、石灰石、镁球、球团矿、炉渣、炉气、氧气的重量；

(FeO)、(CaO)、(SiO_2)、(MgO)、(MnO)、(P_2O_5)分别为终渣含量百分比；

[Fe]、[C]、[Si]、[Mn]、[P]、[S]、[O] 分别为钢水主要成分含量；

$(Fe)_t$、$(C)_t$、$(Si)_t$、$(Mn)_t$、$(P)_t$、$(S)_t$ 分别为铁水主要成分含量；

$(Fe)_{fg}$、$(C)_{fg}$、$(Si)_{fg}$、$(Mn)_{fg}$、$(P)_{fg}$、$(S)_{fg}$、$(\Sigma O)_{fg}$分别为废钢主要成分含量；

T_{tr}、T_{fgr}、T_{gr}分别为铁水、废钢、钢水熔点；

T_t、T_g、T_q、T_z 分别为铁水、钢水、炉气、炉渣温度；

$(CaO)_b$、$(SiO_2)_b$、$(MgO)_b$ 分别为白云石主要成分含量；

$(CaO)_s$、$(SiO_2)_s$、$(MgO)_s$ 分别为石灰石主要成分含量；

$(CaO)_c$、$(SiO_2)_c$、$(MgO)_c$、$(FeO)_c$、$(Fe_2O_3)_c$、$(\Sigma Fe)_c$、$(\Sigma O)_c$ 分别为球团矿主要成分含量；

$(FeO)_d$、$(Fe_2O_3)_d$、$(\Sigma Fe)_d$、$(\Sigma O)_d$ 分别为烟尘主要成分含量；

TB_g、TB_t、TB_{fg}、TB_z、TB_q 分别为单位重量钢水、铁水、废钢、终渣、炉气的物理热；

H_{CO}、H_{CO_2}、H_{MnO}、H_{SiO_2}、$H_{P_2O_5}$、H_{FeO}、$H_{CaO \cdot SiO_2}$、$H_{CaO \cdot P_2O_5}$分别为氧化放热和成渣热；

O_C、O_{Si}、O_{Mn}、O_P、O_{Fe}分别为铁水废钢主要元素耗氧量；

γ_{Fe}、γ_H、γ_O、γ_{CaO}、γ_{MgO}、γ_{SiO_2}分别为铁元素、热量、氧气、CaO、MgO、SiO_2 利用系数。

8.4.9 静态模型的计算过程

机理模型建立以后，根据实际冶炼顺序，可求解相应的输出量。机理模型主要用于主原料计算和副原料计算。模型求解的基础都是终渣方程组和铁平衡方程、氧平衡方程、热平衡方程这三个平衡方程。具体求解过程如下：

(1) 主原料计算模型的目的是计算铁水和废钢的使用量。方程求解过程：根据冶炼模式、出钢量和经验假设，可以得到副原料、冷却剂、终渣的预估重量，设定 FeO 初值，代入到终渣方程组求解，可以得到终渣中各氧化物的百分含量，迭代跳出条件是终渣碱度和 MgO 满足设定边界条件；将各氧化物百分含量和其他已知信息带入到铁平衡和热平衡方程，解二元二次方程组可以得到铁水和废钢的重量（见图 8-10）。

(2) 副原料计算模型的目的是求解石灰石、镁球、冷却剂和氧气的使用量。方程求解过程：主原料计算模型完成后，铁水和废钢的重量就确定了。副原料计算开始前，根据实际的铁水废钢信息，预估副原料、冷却剂、炉渣的重量。然后代入到终渣方程组求解，设定 FeO 初值，得到终渣中各氧化物的百分含量，调整石灰、镁球重量，循环跳出的条件是终渣碱度和 MgO 满足设定边界条件；将石灰、镁球、炉渣重量和终渣氧化物百分含量等信息代入热平衡方程，解出冷却剂的重量；最后通过氧平衡，算出总供氧量（见图 8-11）。

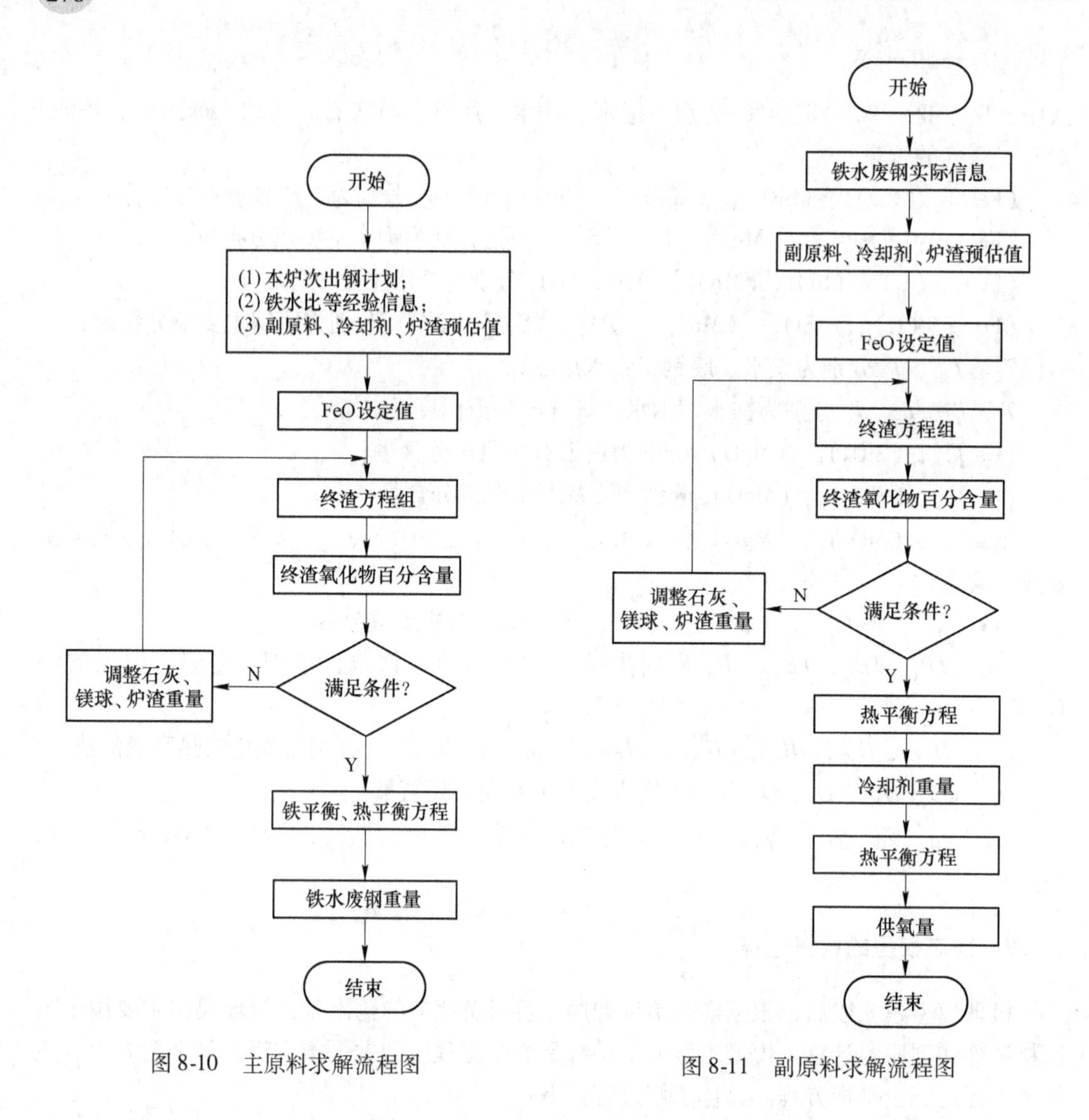

图 8-10 主原料求解流程图

图 8-11 副原料求解流程图

8.5 转炉的动态模型

静态模型是建立在炼钢原理的基础上，具有一定的通用性，但是在实际应用中效果并不好，需要进一步完善。为了提高转炉的控制精度，在副枪装置引入的情况下，在冶炼的中后期引入动态控制模型。

8.5.1 动态模型建模原理

转炉冶炼过程根据熔液温度和脱碳速度可以分为三个阶段。吹炼初期为硅锰氧化期，在碱性转炉中，熔池中以硅锰元素和其他杂质元素氧化为主，随着反应的继续进行，碳的氧化速率逐渐上升，这个阶段转炉内温度迅速上升；吹炼中期时为碳氧化期，除碳以外其他元素基本氧化结束，达到各自的平衡态，在吹氧速率不变的情况下，碳的氧化速率趋于稳定；吹炼末期时，脱碳速率主要与钢液碳含量有关，因此随着碳含量的逐渐降低，脱碳速率也是慢慢减小，直至最终吹炼结束。

在吹炼末期，脱碳速率的主要影响因素是钢液中碳的含量，这就为动态模型的建立提供了理论依据。我们可以采用不同的函数形式来拟合这段曲线，根据实际生产的冶炼数据通过回归分析得到具体的函数形式，就可以对吹炼后期的冶炼过程进行实时跟踪。典型的动态模型形式如下：

（1）指数模型：这是最早的动态控制模型形式，是由美国琼斯·劳夫林公司的 Meyer 提出的，具体函数形式如下

$$-W_{ST}\cdot dC/dO_2 = 10\alpha\cdot[1-\exp(-(C-C_0)/\beta)]$$

式中，W_{ST}为钢水重量；C为钢水碳含量；C_0为临界碳含量下限值；O_2为吹氧量；α、β为待定系数。

其温度控制模型为

$$T_E = T_M + \gamma_D\cdot\frac{O_x - O_{xM}}{W_{ST}} + \delta_D - \sum_i K_i R_i$$

式中，T_E为吹止钢水温度；T_M为副枪测定钢水温度；γ_D为吹氧升温系数；δ_D为升温常数；$O_x - O_{xM}$为后吹氧量；K_i温度系数；R_i为副枪测定后加入的冷却剂量。

（2）双曲模型：这是在 20 世纪 80 年代由日本住友金属工业综合技术研究所提出的，具体函数形式如下

$$-\frac{dO_2/W_{ST}}{dC} = a_0 + \frac{a_1}{C}$$

式中，a_0、a_1为待定系数。

其温度变化模型也采用了同样的函数形式

$$-\frac{dT}{dC} = b_0 + \frac{b_1}{C}$$

式中，b_0、b_1为待定系数。

温度模型采用这种形式是通过建立在碳-温变化模型的基础上，代入脱碳模型而得到的，它完全不同于以前由热平衡分析得到的线性模型。

（3）指数模型：这是由日本加古川制铁所提出的，具体函数形式如下

$$-W_{ST}\cdot dC/dO_2 = 10\alpha\cdot[1-\exp(-(C-C_0)/\beta)]$$

式中，α为脱碳速率，$x = C - C_0$，α、β为待定系数。它的温度控制模型和第（1）种方式中提到的类似。

以上三种经验模型都是出于同一种经验趋势的考虑，只是所取函数形式不同而已。事实上，这种经验趋势有着一定的理论依据并且已为大多数实验数据所支撑，所以它们能够在实际应用中取得较理想的效果，其中应用尤为广泛的是模型（1），目前很多钢厂的转炉动态控制模型都是采取了这种形式。当然，这些模型也有自身的不足之处，首先各种函数形式的假设也只能是大体上去拟合实际吹炼过程，并不是完全由机理分析得到的精确模型；其次模型中参数的辨识主要依赖于实时数据，在炉况稳定、冶炼初始条件和目标变化不大的情况下，可以取得较好的应用效果，但一旦上述条件发生较大变化时，就会与实际

结果偏离较远，因此需要在这些模型的基础上采取相应的自适应算法去跟踪实际过程的变化。

8.5.2 动态模型建模步骤

动态模型本质上是熔液中碳含量和脱碳速度之间的统计关系，收集熔液碳含量的实时变化，实际吹氧量等数据，通过回归软件回归指数函数的参数，就可以建立动态模型。同时，随着冶炼的进行，也可以根据实时的冶炼数据对动态模型中的参数进行自学习。具体建模步骤如下：

（1）选定合适函数形式；

（2）收集现场检测数据；

（3）回归拟合函数中未知参数；

（4）得到建立的动态模型；

（5）根据实时检测数据对动态模型参数进行自学习。

8.5.3 动态模型的建立

8.5.3.1 某厂1号转炉的动态模型

某厂1号转炉的动态模型采用Meyer提出的指数模型，通过收集现场40炉次冶炼数据对指数模型函数进行回归分析，得到脱碳函数和温度模型中的待定系数。

模型采用专家系统思想，按照TSC测量值进行分段连续拟合，这样有效地避免了动态过程输入范围不稳定带来的动态计算不稳定，因为采用的是连续参数拟合，保证了输入交界处的有效控制。

模型求解的方程可以通过指数模型得到。碳含量的计算方程将脱碳速率公式求积分可以得到；温度计算方程可以采用温度控制方程。具体的计算方程表达式如下：

（1）动态供氧量计算公式

$$O_2 = (\varepsilon \times \beta \times W_{st}/\alpha) \times \ln[\exp(C_m - C_0)/\beta - 1]/[\exp(C_{ea} - C_0)/\beta - 1] - \Sigma B_i R_i$$

式中 O_2——动态过程实际吹入的氧，m^3；

W_{st}——钢水重量，其值取静态计算的出钢量，t；

C_m——副枪测定碳含量，0.01%；

C_{ea}——目标终点碳含量，0.01%；

B_i——冷却剂中参与脱C反应的氧含量，取$20m^3/t$；

R_i——冷却剂加入量，t；

C_0——常数，数值为0.01；

ε——脱C系数；

α——脱碳系数，取值在7~15，初始值12.8；

β——系数，取值在10~20，初始值12.5。

反推可得到脱C系数为

$$\alpha = \varepsilon \times \beta \times W_{st} \times \ln[\exp(C_m - C_0)/\beta - 1]/[\exp(C_{ea} - C_0)/\beta - 1]/(O_2 + \Sigma B_i R_i)$$

（2）终点含碳量计算公式

$$C = C_0 + \beta \times \ln\{1 + \exp[(C_m - C_0)/\beta - 1] \times \exp[(-\alpha/(\varepsilon \times \beta)) \times (O_2 + \Sigma B_i R_i)/W_{st}]\}$$

（3）终点温度计算公式

$$T_{ea} = T_m + \gamma \times O_2/W_{st} + \delta_D - \Sigma K_i R_i$$

式中 T_m——副枪 TSC 测定的钢水温度,℃；
T_{ea}——计算温度,℃；
γ——升温系数，一般变化在 11～16 之间,℃/(m³·t)；
K_i——冷却剂的冷却能力，取值 30,℃/t;
R_i——动态过程实际加入的冷却剂，t;
δ_D——升温常数，取 0。

反推可得升温系数

$$\gamma = (T + \Sigma K_i R_i + \delta_D - T_m) \times W_{st}/O_2$$

式中 T——计算温度,℃。

（4）冷却剂加入量计算公式：

令钢水温度推定计算中的 $T = T_{ea}$，$C = C_{ea}$ 联立可计算出相应冷却剂的加入量。

$$R_i = [\varepsilon \times \beta \times W_{st} \times \gamma \times \ln[\exp(C_m - O_2)/\beta - 1]/[\exp(C_{ea} - O_2)/\beta - 1] - \alpha \times W_{st} \times (T_{ea} - T_m - \delta_D)](\alpha \times W_{st} \times K_i + \alpha \times B_i \times \gamma)$$

8.5.3.2 关于计算曲线、标准曲线、校正曲线的说明

计算曲线：以 TSC 时刻测得的碳温为起点，逐步吹氧到达目标碳的碳温变化曲线。

标准曲线：以 TSC 时刻测得的碳含量和理想温度为起点，逐步吹氧到达目标碳温的碳温变化曲线。

校正曲线：以 TSC 时刻测得的碳温为起点，根据实时吹氧量和实时冷却剂加入量计算得到的碳温变化曲线。

8.6 计算机过程控制

8.6.1 某厂 1 号转炉监控信息

转炉监控信息是为了方便操作人员了解转炉的工作状态，根据转炉炉龄、氧枪枪龄、副枪枪龄、出钢口寿命等检测信息，及时进行炉役检修、氧枪更换、副枪更换、出钢口更换，保证转炉正常运行。

转炉监控界面除显示转炉基本信息，如转炉编号、炉龄等外，还显示本炉次的炉次信息、出钢计划、转炉冶炼状态、炉气数据、原料加入量等冶炼信息，如图 8-12 所示。

软件系统为了方便技术人员，提供了转炉历史数据的查询功能，如图 8-13 所示。通过该界面技术人员可以查询转炉冶炼历史数据，包括炉次号、计划号、冶炼时间、出钢时间、原料使用量、铁水钢水成分等信息。

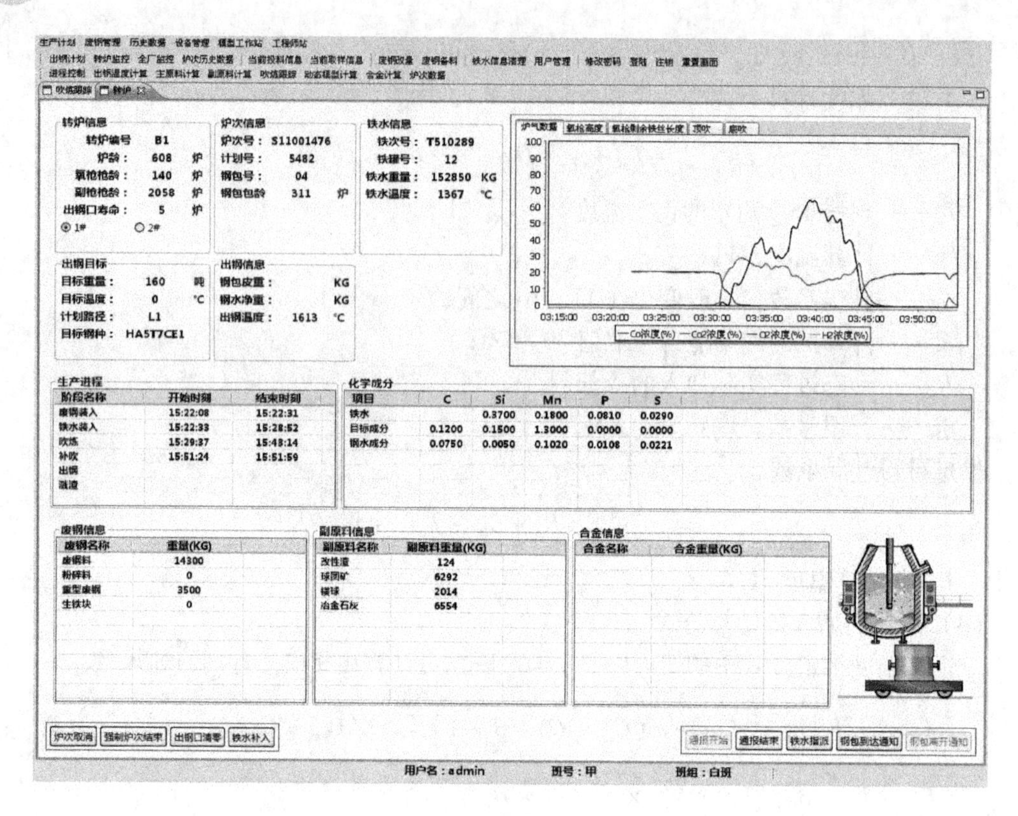

图 8-12　转炉监控画面

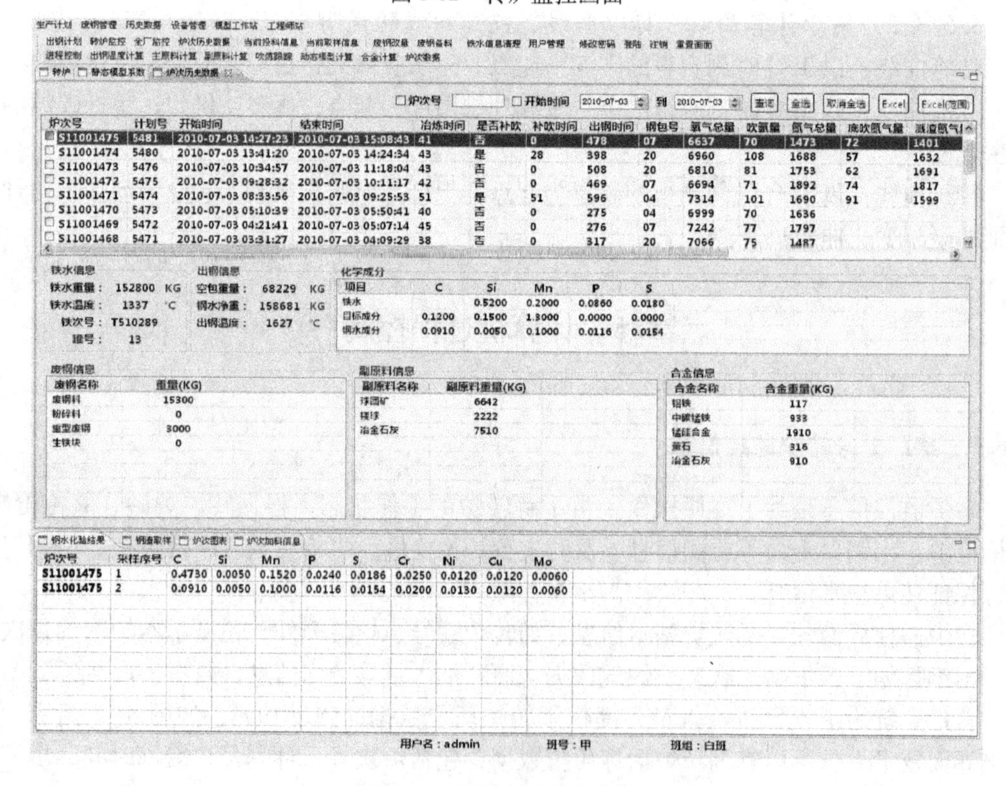

图 8-13　转炉历史数据画面

8.6.2 某厂1号转炉静态模型计算流程

8.6.2.1 出钢温度计算

出钢温度计算是根据生产计划和钢种标准，计算出该炉次在转炉终点的控制温度，包括最小值、目标值和最大值。过程控制温度除了与钢种有关外，还与炉况、中包状态、生产节奏等相关因素有关。转炉终点的温度计算是在钢种确定的温度控制值的基础上，加上炉况、中包状态、生产节奏等相关因素的校正，以及操作员的校正，得到炉次的出钢控制温度。出钢温度计算如图8-14所示。

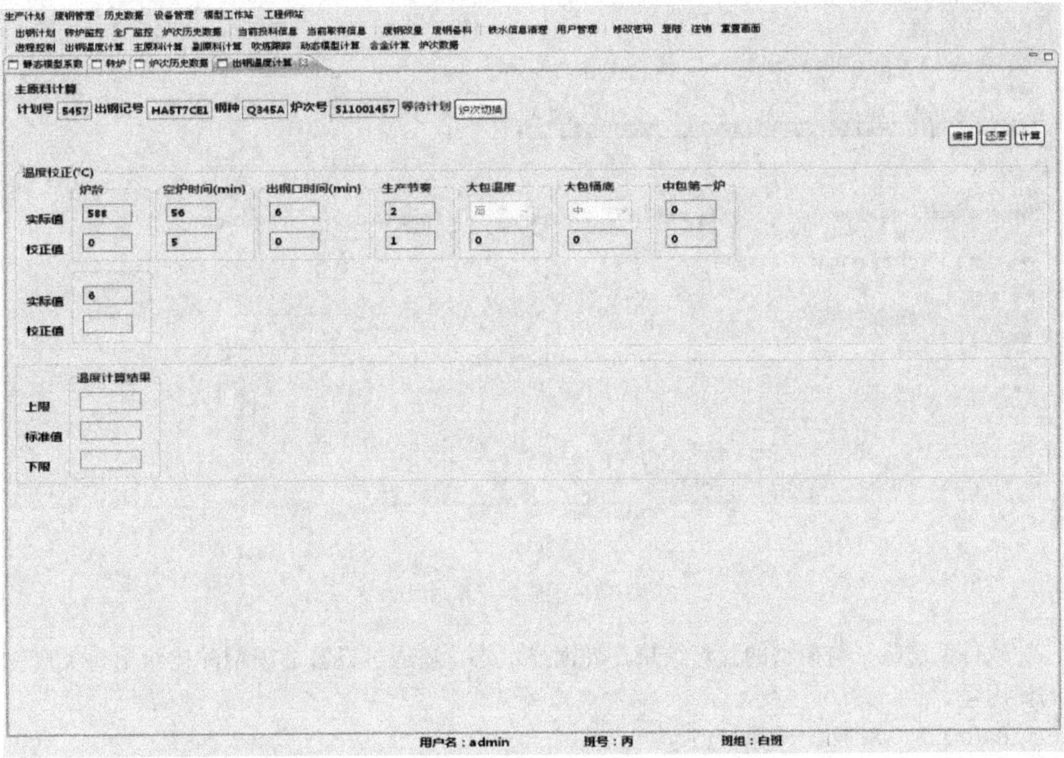

图8-14 出钢温度计算

8.6.2.2 主原料计算模型

当出钢温度确定后，转炉的热平衡和物料平衡计算目标已全部确定。对主原料进行计算，确定现时炉次条件下最优化的铁水比，是保证转炉操作过程稳定的关键因素。主原料计算模型是根据生产计划、生产标准、温度计算模型计算出的吹炼终点目标温度以及铁水成分和温度计算出炼钢所需加入的铁水重量和废钢总重，同时根据生产标准中的废钢模式计算出各类废钢的分重，操作员可以对计算出的铁水和废钢重量进行修正。如果转炉二级没有收到炼铁二级传送过来的铁水信息，此时主原料模型根据上一炉次铁水信息，对铁水和废钢的使用量进行计算。如果炼铁二级传送过来的不止一炉铁水的信息，如图8-15所示，可以选择相应的铁水炉次，获得铁水的信息，再进行主原料计算。

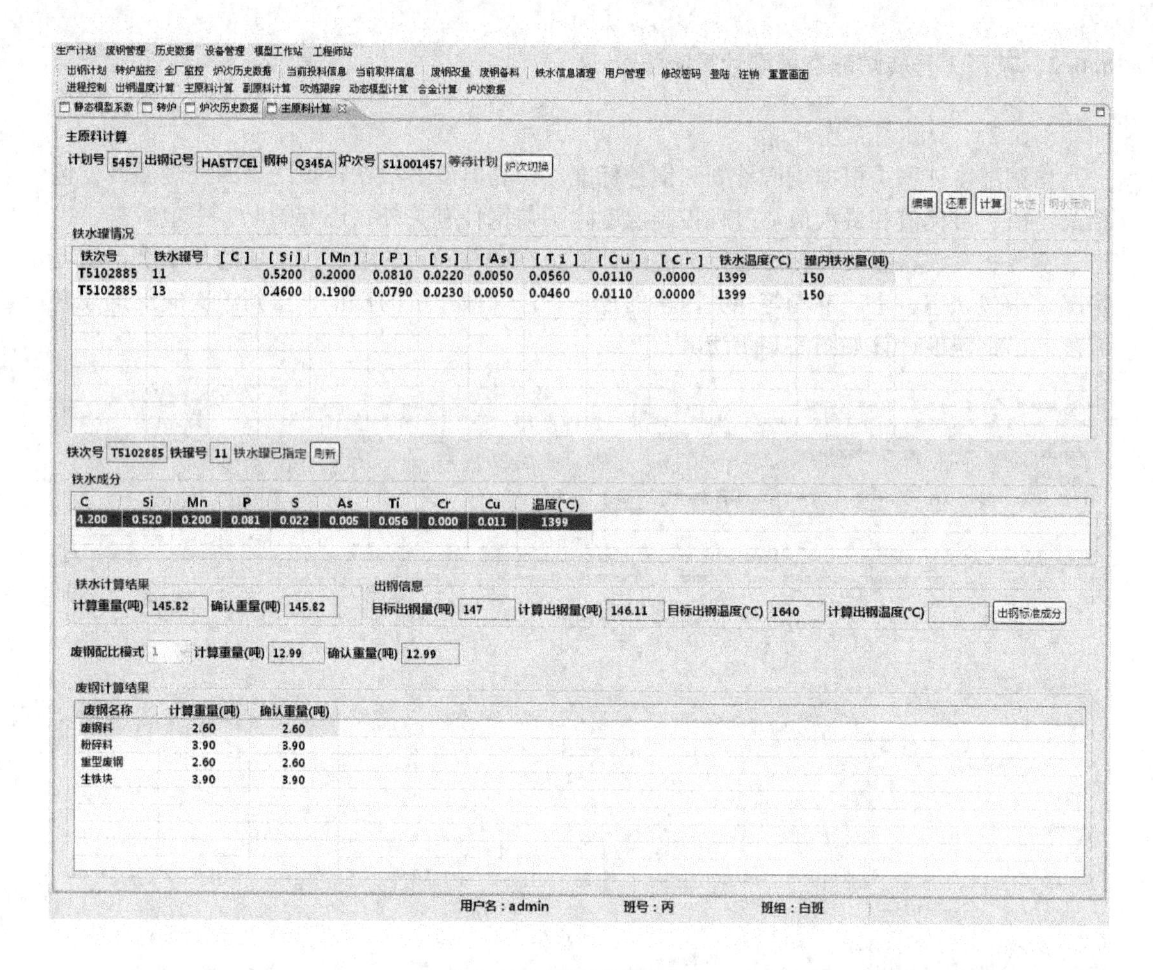

图 8-15　主原料计算画面

软件系统除了将模型的计算结果在界面显示外，还通过设置的废钢配比给出每类废钢的使用量。

8.6.2.3　副原料计算模型

合理的副原料计算模型可以保证钢水的质量，并且降低副原料的使用量，降低生产成本。副原料的计算必须在主原料计算完成之后进行。系统或操作人员确认主原料计算结果后，启动副原料计算模型。副原料计算根据实际的铁水废钢信息，计算副原料的重量，待操作员确认计算结果或者修正计算结果后，再次进行计算，以保证计算结果的准确性。副原料计算结果得到后，经系统或操作人员确认，发送给一级，一级按照制定的吹炼模式开始吹炼。副原料计算画面如图 8-16 所示。

8.6.3　某厂 1 号转炉动态模型计算流程

转炉的动态计算是一种校正计算。在转炉吹炼过程中，插入副枪测温定碳后，就进入动态控制阶段。根据副枪测得数据，对转炉冶炼过程进行调整，提高转炉终点的命中率。

在吹氧量达到总量的 85% 左右时，副枪开始进行测量，转炉二级收到副枪的碳、温测量值后，进行动态计算，计算动态阶段的供氧量和冷却剂重量，如图 8-17 所示。

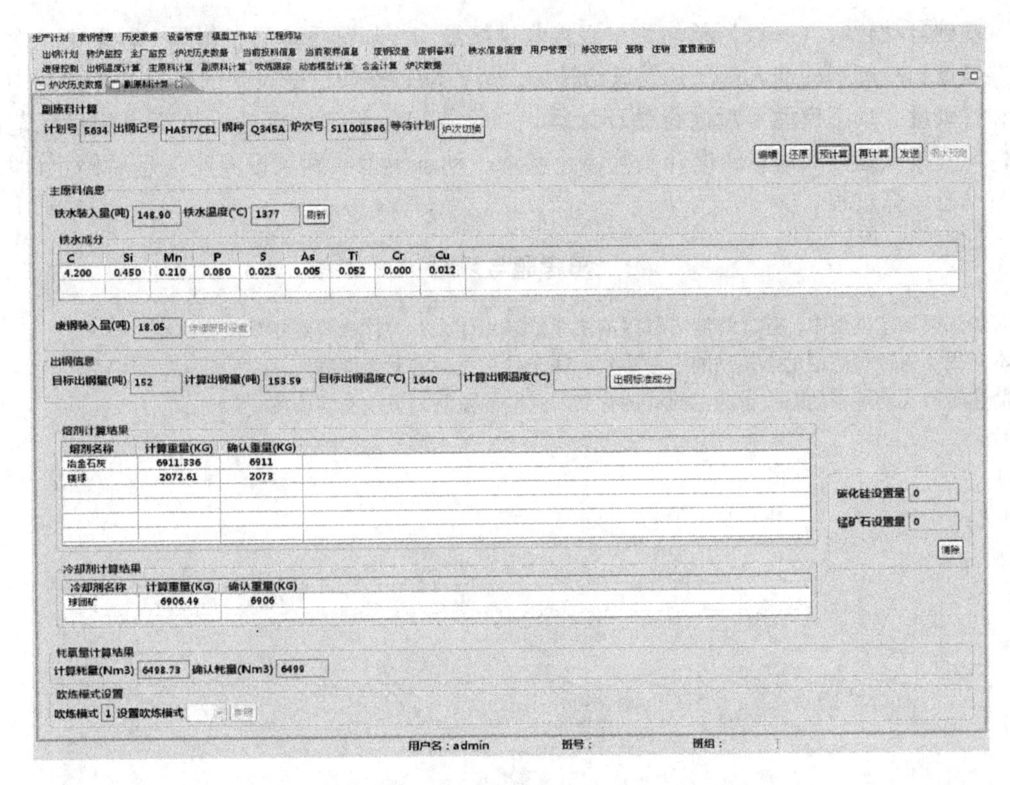

图 8-16　副原料计算画面

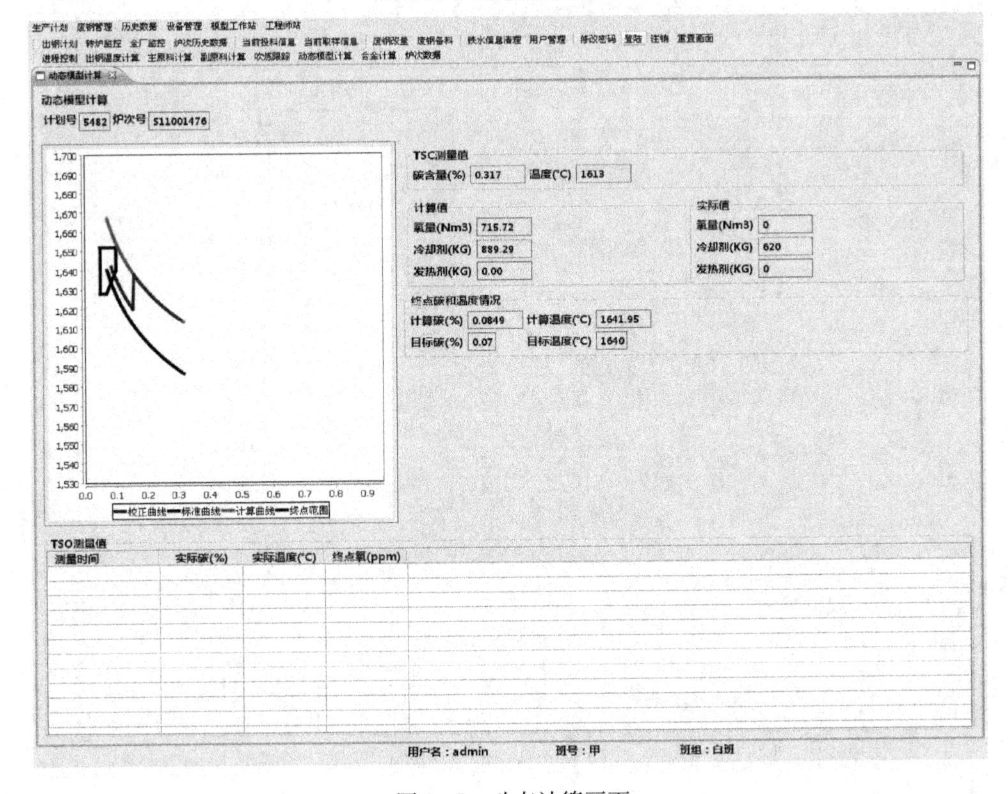

图 8-17　动态计算画面

基础自动化级（一级）从转炉二级接收供氧量和冷却剂重量后，每隔 1 秒采集一次实际供氧量和冷却剂的加入量，并发送给转炉二级，动态模型根据收到的数据计算熔液中温度和含碳量。动态模型不断进行循环计算，当计算出的预测值到达吹炼终点的目标范围时，向一级发送停吹信息，提升氧枪终止吹炼。动态模型收到氧枪停吹信息后停止计算，结束动态计算过程。

思考题与习题

1. 转炉炼钢工艺模型中，建立终渣方程组的主要依据是什么？为什么要建立终渣方程组？
2. 本章提及的转炉炼钢动态模型的三种形式，属于什么类型的动态模型？
3. 简述转炉自动炼钢动态过程的三曲线的含义。它们的监测与显示有何作用？

第9章　典型工艺流程带钢热连轧过程控制

教学要求：了解带钢热连轧主要设备与工艺；
熟悉带钢热连轧被控过程及特点；
熟悉带钢热连轧计算机过程控制系统配置与特点；
掌握带钢热连轧过程控制的主要功能及实现形式；
掌握带钢热连轧温度控制主要实现形式。

重　　点：带钢热连轧过程控制的主要功能；
带钢热连轧温度控制功能。

难　　点：带钢热连轧板形质量控制功能；
带钢热连轧厚度质量控制功能。

本章着重介绍各种带钢热连轧计算机过程控制系统配制，过程控制系统的组成、功能与工程设计相关问题。

9.1　带钢热连轧概述

9.1.1　工艺简介

带钢热连轧过程控制系统的控制范围从粗轧除鳞前入口辊道开始至卷取机卸卷小车结束。主要工艺为：板坯经加热炉加热后由高压水除鳞机去除氧化铁皮，然后进入粗轧机组轧制成精轧所需要的中间坯，经过边部加热器（预留）、热卷箱、飞剪切头、二次高压水除鳞机，然后依次进入精轧机组，轧制成需要的产品尺寸，热轧后的带钢通过轧后冷却，进入地下卷取机卷成带卷，然后用卸料小车将钢卷卸到钢卷运输线上。

9.1.2　设置轧线过程计算机系统的目的

根据板坯原始数据和从基础自动化得到的实际值，通过数学模型的计算，完成对控制区域各设备的设定，从而精确控制中间坯在粗轧出口的宽度、厚度和温度，带钢头部在精轧出口的宽度、厚度、凸度及平直度，以及带钢全长在精轧出口和卷取机入口的温度，最终和基础自动化一起确保成品全长的厚度、宽度、温度、凸度及平直度精度。

9.1.3　轧线过程计算机系统的控制范围

轧线过程计算机系统的控制范围是从粗轧除鳞前入口辊道开始至卷取机卸卷小车结束

的区域。包括高压水除鳞机入口辊道、高压水除鳞机、高压水除鳞机出口辊道、粗轧 R_1 轧机入口辊道、粗轧 R_1 轧机、粗轧 R_1 轧机出口辊道、中间辊道、边部加热器（预留）、热卷箱、精轧前高压水除鳞机、切头飞剪、精轧前高压水除鳞机、精轧前立辊入口辊道、精轧机入口辊道、精轧机、精轧机架间活套、精轧机架间冷却水、输出辊道、层流冷却设备、卷取机入口辊道、卷取机、卸卷小车等，如图 9-1 所示。

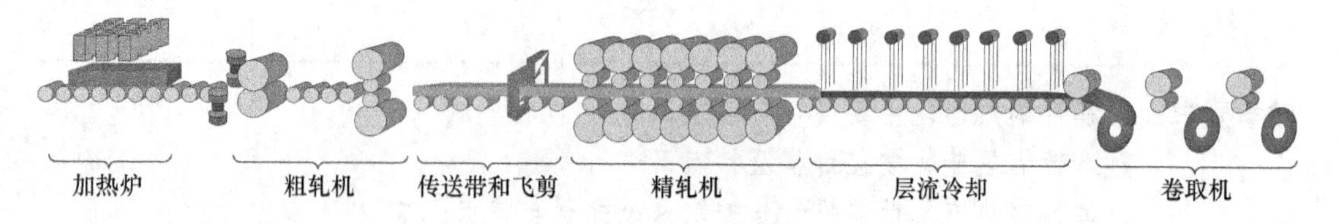

图 9-1　带钢热连轧生产线示意图

9.1.4　过程控制系统的特点

（1）良好的扩充性能。过程计算机硬件设备的性能以及存储容量等都留有一定的裕量，且在系统设计、软件设计和程序设计中将充分考虑系统的可扩充性，并且预留边部加热器后的模型计算的能力。

（2）系统的开放性。过程计算机系统具有良好的开放性，其操作系统选用 Windows 2003 Server，采用以太网进行数据通信，TCP/IP 通信协议，采用 PC 服务器，操作终端都采用普通的 PC 机，今后系统扩展、升级和软件移植均很方便。

（3）系统的可靠性。过程计算机系统采用容错计算机，从硬件上解决了服务器热备用的问题，增强了计算机硬件的可靠性，保证了系统数据的安全，网络线路采用光缆，以防止热轧厂的电磁干扰。

（4）软件开发、维护更容易。大量的应用支持软件的使用，以及所有的软件均在大家较熟悉的 PC 服务器上开发，使用大家熟悉的 Windows 操作系统，Oracle 数据库，C++语言，同时使用最新的版本管理器，降低了软件开发、使用和维护的难度。

（5）理论模型，精度更高。完全基于轧制理论的模型，适用于不同类型的轧机，不需要大量的经验参数的整定，能够保证产品的精度。

（6）离线模轧和自适应功能。强大的离线模轧功能，有利于新产品的开发，实用的自适应功能，换规格后快速命中。

（7）使用配置文件，无需编程。设备、参数的可配置和动态调整，使得增加或者减少设备，新的热轧项目无需编程，简化模型工程师的工作，避免编程和程序调试带来的错误。

9.2　轧线过程计算机的系统结构和网络配置

9.2.1　硬件系统网络配置

过程自动化级（L2）由 2 台过程控制服务器（一台在线，一台备用）组成。为了提高可靠性，采用一用一备和共享磁盘阵列的模式，同时每台服务器还对关键部件进行冗余配置并且可以热插拔。过程控制计算机留有与生产控制级（L3）连接的接口，在L3未上以前由L2完成轧制计划和PDI输入功能。L2设置一台PC Server作为二级OPC Server服务器，以实现L1与L2画面统一。另外，还配备两台高档PC机用作软件开发终端。

系统中L2/L1采用统一的HMI系统，每一台OPS可以显示L2的画面，亦可以显示L1的画面（亦可以固定分工），但硬、软件上是统一的HMI系统服务器，HMI系统服务器通过内存映像网与基础自动化各控制器连接，以便为本区的各HMI画面显示用。

过程计算机网络配置图如图9-2所示。

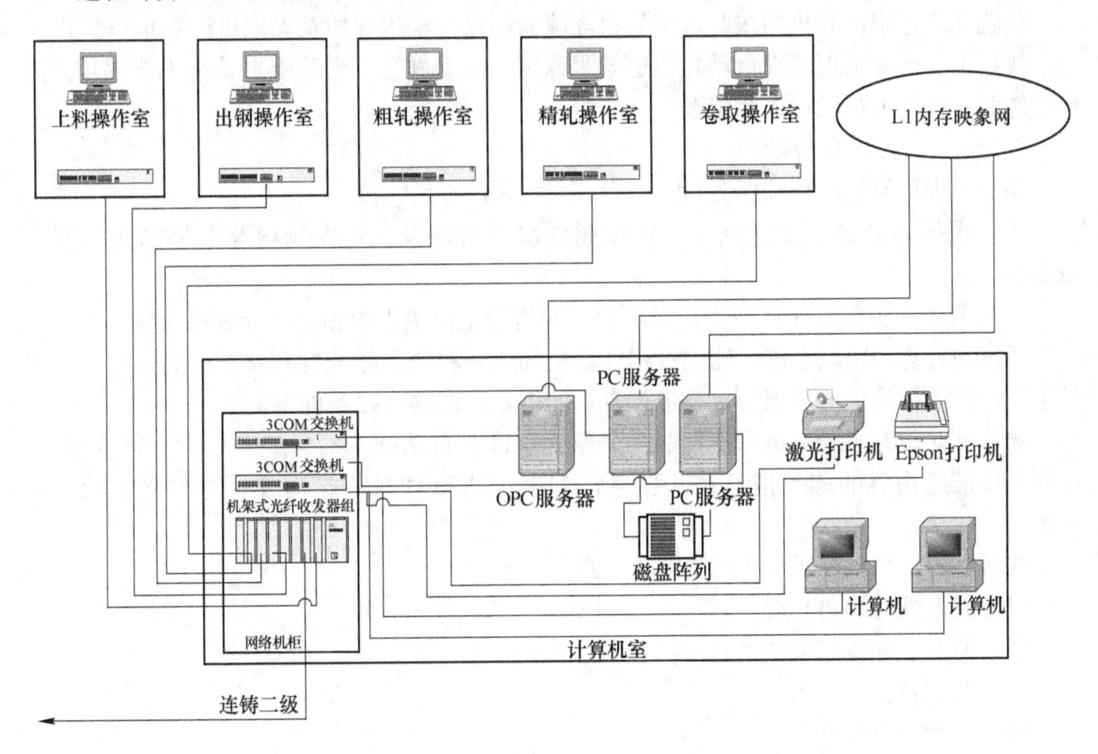

图9-2　过程计算机网络配置图

9.2.2　软件平台

（1）操作系统：

服务器：Windows 2003 Server，英文版；

PC机：Windows XP Professional，中文版。

（2）编程语言：

Microsoft Visual Stdio. NET 2008

Oracle 10g

Toad for Oracle

（3）应用软件：

RM通信软件包

OPC Server软件包

9.3 计算机过程控制的主要功能

9.3.1 物料跟踪

在物料的处理过程中，物料在生产上的具体位置和实际状态（包括物料的相关信息）对于决定物料的处理动作是非常重要的。热轧轧线过程计算机根据从基础自动化得到的相关信息对物料在跟踪区的位置及在跟踪区内部的顺序进行跟踪。

热轧轧线过程计算机的跟踪范围从粗轧除鳞前入口辊道开始至卷取机卸卷小车为止。

物料跟踪通常根据基础自动化传送的跟踪事件自动进行，当基础自动化不能够传送跟踪事件时，操作人员进行跟踪修改。

9.3.1.1 物料自动跟踪

轧线过程计算机的跟踪任务：

(1) 根据划分的跟踪区域对物料按照件次进行跟踪，建立物料与数据的正确对应关系。

(2) 起动相关的程序以便决定设定值，并将设定值传送给相关的计算机系统。

通过物料自动跟踪系统，轧线过程计算机知道物料的实际位置和状态，而这些信息是对生产过程进行优化的基础，也是进行有效的质量控制的前提条件。

物料自动跟踪系统由跟踪事件驱动，跟踪事件来自基础自动化或者操作人员的操作。跟踪事件描述物料的移动信息，并且通常和生产实际数据一起构成对物料当前状态的描述。

物料自动跟踪系统通常有如下几种处理：

(1) 接收跟踪事件信息。

(2) 物料在跟踪区间移动。

(3) 物料数据的更新。

(4) 区数据的更新。

当物料的实际位置和物料在画面上的显示位置不同时，操作人员可以通过终端对跟踪进行修正。

9.3.1.2 微跟踪和宏跟踪

轧线过程计算机的跟踪不同于基础自动化的跟踪。

轧线过程计算机完成宏跟踪，用于过程计算机的其他功能；基础自动化完成误信号的自动过滤，并且对物料进行微跟踪，用于基础自动化的其他功能。轧线过程计算机跟踪对大量数据进行管理，基础自动化跟踪仅跟踪轧件的位置。轧线过程计算机仅仅对一个跟踪区域内部的物料的顺序进行跟踪，基础自动化要对跟踪区内物料的具体位置进行跟踪。

9.3.1.3 跟踪对象

热轧轧线过程计算机要跟踪如下对象：

(1) 原料，对象标识为板坯号。

(2) 钢卷，对象标识为钢卷号。

9.3.1.4 跟踪描述

跟踪被划分成跟踪区进行，跟踪区间要设置传感器，物料移动引起的传感器 on/off 信号经过基础自动化处理后以跟踪电文的方式由基础自动化传送给轧线过程计算机，根据这些跟踪电文轧线过程计算机更新物料的跟踪映象，起动相关的程序进行设定值计算，传送设定值给基础自动化。轧线过程计算机不对物料在跟踪区内的移动进行跟踪，仅对跟踪区内的物料的顺序进行跟踪。

操作人员使用吊车或者其他设备对物料在处理线和离线区域间的移动，操作人员必须通过操作终端手动输入。轧线过程计算机不对离线的物料进行跟踪。

9.3.1.5 跟踪修正

当实际板坯的位置和计算机跟踪的板坯位置产生偏差时，操作人员通过此跟踪修正功能，消除跟踪偏差。

9.3.2 初始数据的输入

板坯进入轧线过程计算机控制范围以前，每块板坯的初始数据都要由制造执行系统传送给轧线过程计算机，如果因为某种原因，制造执行系统不能够传送到轧线过程计算机，则必须在板坯进入轧线过程计算机跟踪范围以前由人工将初始数据通过操作终端输入到轧线过程计算机中。

初始数据主要包括如下数据：

原料数据：包括板坯的长度、宽度、厚度、板坯的化学成分数据。

成品数据：包括成品钢卷的目标宽度、厚度、凸度、平直度、精轧温度、卷取温度等成品的目标值数据。

生产命令数据：包括轧制模式、冷却模式等数据。

9.3.3 轧辊磨损和热凸度模型

过程计算机系统从制造执行系统获得新辊的直径、凸度等信息。过程计算机系统定周期的计算轧辊磨损和热凸度，一直跟踪轧辊的辊径。

（1）输入值有：轧制力、板坯宽、轧制的板坯长度、轧辊直径和轧辊材质、轧辊原始凸度、轧辊冷却水水印面积、轧件温度。

（2）输出值有：轧辊热凸度、轧辊磨损。

（3）计算时序：轧辊磨损和热凸度模型将在周期计算、周期计算的计算时间小于 15s 时序进行计算。

（4）设定模型：对于轧辊磨损，模型将对每个工作辊、支撑辊和立辊进行磨损计算，计算时将轧辊沿长度方向分段进行，分段的长度可以配置，通常是 25mm。计算时考虑了轧制力分布、板坯宽、轧制的板坯长度、轧辊直径和轧辊材质等因素。轧辊磨损的计算量将在换辊时根据实际测量的磨损量进行整定。

对于轧辊热凸度，模型也将对每个工作辊，支撑辊和立辊进行热凸度计算，计算时将沿轧辊轴向和径向将轧辊切割成小块（如图 9-3 所示），轴向和径向分段的段数可以配置。计算时考虑到表面节点对于内部节点热传导，以表面节点热辐射，热对流以及摩擦产生的热，和轧件间的热传导，到辊颈部的传导热损失等为边界条件，内部节点仅考虑热传导的情况下，使用差分计算方法计算轧辊各小块的温度，然后根据材质计算轧辊的热膨胀量。轧辊热膨胀的计算量将在换辊时根据实际测量的膨胀量进行整定。

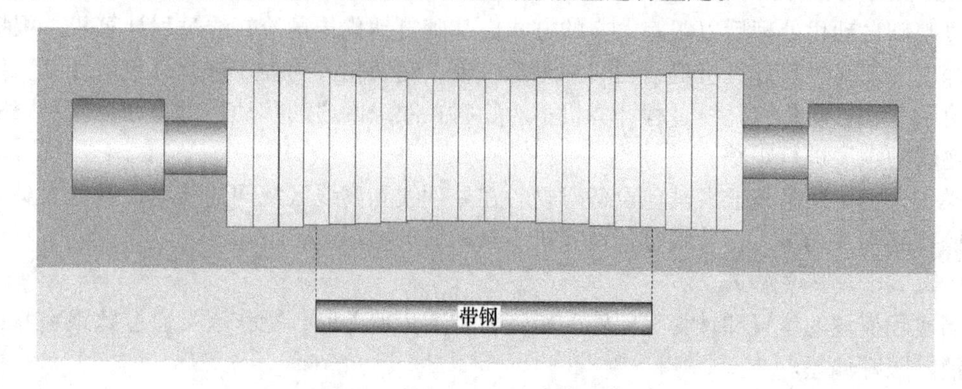

图9-3　轧辊热凸度模型计算示意图

轧辊磨损和热凸度将用于：粗轧机水平机架设定计算，粗轧立辊机架设定，精轧机设定，板形设定。

9.3.3.1　粗轧设定模型

根据基于轧制理论的粗轧设定数学模型，决定粗轧区域除鳞水，水平轧机，立辊轧机等设备的设定值，以获得希望的粗轧出口中间坯厚度、宽度和温度。

粗轧设定数学模型使用压下量分配模式，将总的粗轧的压下量分配到水平轧机和立辊轧机的各个道次。根据粗轧机的工艺布置，将可能使用到的水平轧机和立辊轧机的各种可能的轧制道次配置成轧制道次图，由于水平轧制和立辊轧制相互影响，模型自动反复计算，直到找到在满足轧机的限制条件下，使用最少的道次实现希望目标的道次图并分配给水平轧机和立辊轧机的各个道次的压下量，然后使用温度模型对于轧件的头部、中间和尾部的温度进行计算，使用轧制力预报模型计算水平轧机和立辊轧机的各个道次的轧制力，根据计算得到的轧辊热凸度，轧辊的磨损和预报的轧制力计算得到的轧机弹跳，计算无负荷时轧机各个道次工作辊道开口度。然后计算各个道次轧件的入口、轧制和出口速度，并根据前滑补偿因子计算轧机入口、轧机出口辊道的速度。

由于带钢的宽度在精轧机不可控，精轧在轧制过程中引起的宽展和由于温度变化引起的宽度变化只能够由模型计算。因而，粗轧出口的宽度精度十分重要。粗轧设定数学模型准确预报轧制过程中的展宽和狗骨恢复引起的宽度变化，并对头尾喇叭形、窄头窄尾和鱼尾进行精确预报，设定头尾锥偏差值、锥长度和立辊压下率给基础自动化，和基础自动化一起对中间坯的宽度进行准确的控制。

操作人员能够通过操作终端指定水平轧机和立辊轧机空过，根据轧机条件的变化调整负荷分配模式。

A　模型的作用

根据基于轧制理论的数学模型，决定粗轧区域设备的设定值，以满足最终的粗轧出口厚度、宽度和温度要求，大大提高产品质量精度。提高材料的收得率，实现粗轧区域的自动化。使用自动化和自适应功能，实现质量的一贯制，大大减少质量波动。通过对轧机、电机等设备的保护，减少设备故障。能够帮助操作人员快速、准确地发现问题，减少故障时间。负荷均衡、合理，实现产量最大化，提高设备的使用寿命。离线模型具有离线分析功能，供模型工程师使用，方便新钢种，新规格产品的开发和轧制。

B 输入值

初始数据和目标值：

(1) 钢卷号；

(2) 板坯和钢卷的目标厚度；

(3) 板坯和钢卷的目标宽度；

(4) 板坯长度；

(5) 粗轧出口目标温度；

(6) 钢种及化学成分。

操作人员输入：

(1) 立辊和水平轧机的负荷分配；

(2) 粗轧出口厚度偏差；

(3) 精轧出口宽度偏差；

(4) 轧辊数据。

立辊和水平轧机各个道次的测量数据：

(1) 轧制力；

(2) 轧机速度；

(3) 水平轧机辊缝；

(4) 立辊轧机辊缝；

(5) 除鳞水状态；

(6) 粗轧出口温度；

(7) 粗轧出口宽度；

(8) 精轧出口温度；

(9) 精轧出口宽度；

(10) 精轧出口厚度。

C 输出值

水平和立辊轧机每个道次：

(1) 压下量；

(2) 前滑率；

(3) 轧制力；

(4) 出口厚度；

(5) 速度；

(6) 空过标志；

(7) 最后道次出口温度。

立辊轧机每个道次：

(1) 头尾锥长度和高度；

(2) AWC 温度影响系数；

(3) AWC 轧制力影响系数；

（4）侧导板开口度。

D 计算时序

粗轧设定数学模型将在如下几个时序进行计算：

（1）第0次设定计算：当加热炉的板坯处于下一块要抽出板坯的位置时进行。使用实际的初始数据和自适应的板坯从加热炉到粗轧机的时间，当板坯还在加热炉时，进行设定计算，预报板坯在粗轧机进行轧制时可能出现的问题。计算结果也用于轧制节奏控制。

（2）第1次设定计算：当板坯从加热炉抽出时进行。

（3）第2次设定计算：板坯到达粗轧入口时进行，如果板坯停留在粗轧入口则此设定计算将周期地进行，周期时间可以配置。使用实际的板坯从加热炉到粗轧机的时间进行温度计算，如果操作人员改变初始数据或者改变负荷分配模式，此设定计算也将进行。

（4）再设定计算：当材料在粗轧轧制过程中非计划的停留后，使用当前的厚度和宽度值进行再计算，以便对后续道次的负荷进行再分配。如果需要，此计算也许会自动改变轧制道次数。

（5）变厚度设定计算：通常发生在精轧机停机时，操作人员改变粗轧出口的厚度，将粗轧内的板坯改轧成厚板，避免粗轧废钢。

（6）测试设定计算：当操作人员在操作终端上按测试设定计算按钮时进行。

E 设定模型

粗轧设定模型使用了如下数学模型进行设定计算和自适应计算：

（1）轧制力模型；

（2）转矩模型；

（3）温度模型；

（4）轧机弹跳模型；

（5）前滑模型；

（6）电机RMS模型；

（7）负荷分配模型；

（8）轧辊热凸度；

（9）轧辊磨损。

立辊设定模型除使用上述模型外还使用了如下数学模型：

（1）粗轧机展宽模型；

（2）粗轧机立辊轧制后，水平机架宽度恢复模型；

（3）精轧机展宽模型。

F 自适应

粗轧设定模型自适应包括道次自适应和件次自适应，自适应更新模型参数和偏差值。道次自适应对剩余的道次起作用，件次自适应对下块材料起作用。

粗轧设定模型自适应分为三部分：

（1）道次自适应；

（2）粗轧出口自适应；

（3）宽度自适应。

当模型收到从基础自动化传送上来的测量值后，首先要进行合理性检查。即使轧机是手动操作的，只要测量值是正确的，自适应功能仍然适用。

道次自适应使用实际的材料在机架上每个道次的咬钢和抛钢时间，对下一次材料咬钢的温度进行再计算，用以修正材料的硬度系数，决定水平机架和立辊的开口度，并且重新计算材料的出口厚度和长度，水平机架和立辊的轧制力。

当材料的最后道次出粗轧机时，当模型得到所有的测量数据后，模型对所有道次进行再计算，根据实测的轧制力，更新轧制钢种的硬度系数。根据实测的温度按照加热炉计算平均温度偏差。根据实测的粗轧出口温度，按照钢种计算相应硬度曲线。最后计算粗轧出口带钢的凸度和辊型凸度的偏差。

宽度自适应要对两个参数进行自适应，要计算两次，一次是粗轧出口的宽度扫描完成，另一次是精轧出口的宽度扫描完成，更新相应的宽度偏差值。

G 离线模型

模型有如下几种版本：在线、离线、测试。

在线版本用于实际生产控制。

测试版本只接受基础自动化系统的数据，计算结果不向基础自动化系统输出，因而模型工程师可以任意调整模型参数，测试模型计算结果。

离线版本用于离线计算，当模型工程师不在现场时，现场工程师可以将现场的模型参数传给模型工程师，由模型工程师进行模拟计算。可以用于模型调试和模型学习。

9.3.3.2 中间辊道温降模型

中间辊道温降模型根据中间坯在粗轧出口的测量值和计算值，计算中间坯在精轧除鳞机前的宽度、厚度和温度特性。

A 输入值

（1）初始数据；

（2）粗轧出口温度测量值；

（3）粗轧机压下位置和轧制力；

（4）粗轧出口宽度测量值。

B 输出值

（1）中间坯在精轧除鳞机前的尺寸包括宽度、厚度和长度；

（2）中间坯头部在精轧除鳞机前的温度和中间坯前后半段的温度梯度。

C 计算时序

中间辊道温降模型将在如下几个时序进行计算：

（1）第 0 次设定计算：当加热炉的板坯处于下一块要抽出板坯的位置时进行。计算中间坯在精轧机入口除鳞机前的尺寸和温度并传给精轧设定模型。

（2）第 1 次设定计算：在中间坯头部在粗轧出口扫描完成时进行。

（3）第 2 次设定计算：在中间坯头部到达精轧入口时进行。如果中间坯在中间辊道上摆动，每隔 5s，重复进行此计算。当操作人员改变初始数据，喷水状态，负荷分配，或者改变精轧出口的目标厚度时，第 2 次设定计算将重复进行。

（4）第 *F* 次设定计算：第 *F* 次设定计算在精轧机第 1 机架咬钢时进行。

（5）测试设定计算：当操作人员在操作终端上按测试设定计算按钮时进行。

D 设定模型

中间辊道温降模型使用如下模型计算材料到达精轧机入口除鳞机前的尺寸和温度：

（1）温度模型；

（2）TVD计算模型；

（3）轧机弹跳方程式。

模型区分辊道上有无保温罩的情况，对于使用保温罩的中间辊道，模型将根据各段保温罩的开闭状态，对于中间坯在罩上保温罩的各段辊道的温度损失计算进行特殊的处理。

E 离线模型

模型有在线、离线、测试几种版本。

在线版本用于实际生产控制。

测试版本只接受基础自动化系统的数据，计算结果不向基础自动化系统输出，因而模型工程师可以任意调整模型参数，测试模型计算结果。

离线版本用于离线计算，当模型工程师不在现场时，现场工程师可以将现场的模型参数传给模型工程师，由模型工程师进行模拟运算。可以用于模型调试和模型学习。

9.3.3.3 精轧设定模型

根据基于轧制理论的精轧设定数学模型，决定精轧区域除鳞水、精轧机、精轧机间活套和精轧机间冷却水等设备的设定值，以获得希望的带钢头部出精轧出口的厚度和温度。自适应功能确保在轧机和生产情况不断变化的情况下，产量最大，质量最好。

精轧设定数学模型使用轧制力分配模式，将精轧总的压下量分配到各个精轧机。使用轧制力预报模型计算各个机架的轧制力，根据计算得到的轧辊热凸度，轧辊的磨损和预报的轧制力计算得到的轧制力，使用轧机弹跳方程计算无负荷各机架工作辊道开口度。穿带速度由精轧温度设定功能计算得出，也可以由操作员给定。轧机速度根据秒流量一致计算，模型检查轧机的极限值，确保没有任何物理量超过极限值。

操作人员可以根据轧机和生产的情况选择一到三个机架空过，也可以调整机架的负荷。模型也计算活套的张力和侧导板的开口度。

（1）操作人员可选择的功能。精轧设定有如下操作人员可选功能：

1）精轧温度设定；

2）精轧侧导板设定；

3）精轧设定。

精轧设定数学模型包括温度设定和侧导板设定。当操作人员未选择精轧温度设定功能时，穿带速度由操作人员选择。当操作人员未选择精轧侧导板设定功能时，侧导板开口度由操作人员选择。

（2）精轧温度设定（FTS）：精轧温度设定决定精轧机的穿带速度、精轧前除鳞水和精轧机架间的喷水的开闭的数量和流量，以确保带钢头部命中精轧出口的目标温度。此外，操作人员不选择精轧温度设定功能时，操作人员可以手动输入穿带速度、精轧机前除鳞水和精轧机架间的喷水。

根据经验，在模型数据库里面，存储有按照带钢成品厚度分类的最大、最小和最佳的穿带速度。精轧温度设定计算得出的穿带速度要根据存储的极限值进行检查。如果穿带速度小于下限值，而精轧温度设定计算出来的带钢头部出精轧的温度又高于目标温度，模型将报警提示操作人员。然后自动控制中间坯在中间辊道上进行摆动直到中间坯的温度降下来为止。如果穿带速度大于上限值，而精轧温度设定计算出来的带钢头部出精轧的温度又低于目标温度，模型将报警提示操作人员，操作人员可以选择如下两种方式之一处理：

1）按照精轧设定计算结果继续轧制。

2）中间坯在中间辊道上摆动，等待操作人员确认精轧数学模型修改的精轧出口的厚度，进行变厚度轧制。

（3）侧导板设定（SGS）：当选择此功能时，侧导板设定功能设定精轧机及切头飞剪前侧导板的开口度。精轧设定根据实测的粗轧出口的宽度或初始数据中的宽度，计算得出物料在上述设备前的宽度值。侧导板设定在此宽度上加上一个约定的裕量作为上述设备前侧导板的开口度，并将此值传送给基础自动化系统。包括：

1）切头飞剪前侧导板开口度；

2）精轧机入口侧导板开口度。

（4）模型的作用：根据基于轧制理论的数学模型，精轧设定模型通过对精轧区域主要设备的设定，确保带钢头部出精轧的厚度和温度目标，大大提高产品质量精度，提高材料的收得率，实现精轧区域的自动化，大大减少精轧废钢，通过对轧机、电机等设备的保护，减少设备故障。能够帮助操作人员快速、准确地发现问题，减少故障时间。负荷均衡、合理，实现产量最大化，提高设备的使用寿命。离线模型具有离线分析功能，供模型工程师使用，方便新钢种、新规格产品的开发和轧制。

A　输入值

初始数据和目标值有：

（1）钢卷号；

（2）目标厚度；

（3）目标宽度；

（4）目标温度；

（5）钢种及化学成分；

（6）冷却模式。

操作人员输入：

（1）空过机架；

（2）负荷分配；

（3）厚度偏差；

（4）温度偏差；

（5）穿带速度（当精轧温度设定未选时）；

（6）穿带速度偏差；

（7）除鳞/机架喷水选择。

粗轧测量数据：

（1）中间坯厚度；

（2）中间坯宽度；

（3）中间坯温度。

B 输出值

（1）辊缝；

（2）主传动速度；

（3）活套张力；

（4）侧导板开口度；

（5）X射线厚度计设定值和温度合金补偿值；

（6）精轧入口压下补偿；

（7）精轧每个机架出口厚度和轧制力；

（8）AGC使用的传递函数；

（9）精轧机最大速度；

（10）除鳞水参考值；

（11）机架间喷水参考值。

C 计算时序

精轧设定计算模型将在如下几个时序进行计算：

（1）第0次设定计算：当加热炉的板坯处于下一块要抽出板坯的位置时进行。

（2）第1次设定计算：在中间坯头部在粗轧出口扫描完成时进行。

（3）第2次设定计算：在中间坯头部到达精轧入口时进行，如果中间坯在中间辊道上摆动，每隔5s，重复进行此计算。当操作人员改变初始数据，喷水状态，负荷分配，或者改变精轧出口的目标厚度时，第2次设定计算将重复进行。

（4）第*F*次设定计算：第*F*次设定计算在精轧机第1机架咬钢时进行。

（5）测试设定计算：当操作人员在操作终端上按测试设定计算按钮时进行。

D 设定模型

精轧设定计算使用了如下数学模型：

（1）轧制力模型；

（2）功率模型；

（3）温度模型；

（4）轧辊辊缝模型；

（5）轧辊变形模型；

（6）负荷分配模型；

（7）轧机速度模型；

（8）活套张力模型；

（9）轧辊热凸度；

（10）轧辊磨损。

变目标厚度设定：当精轧设定计算时，如果某些物理量超过了轧机的限制，或者精轧温度设定计算时穿带速度超过了轧机穿带速度上限，板坯不能够按照原有的精轧出口目标厚度轧制。为了减少废钢，精轧设定计算将给操作人员显示相关报警信息，中间坯将在中间辊道上摆动。如果操作人员选择了变厚度轧制功能，精轧设定计算根据在初始数据中设定好的精轧出口目标厚度进行设定计算，并将计算结果显示在操作画面上，等待操作人员确认。操作人员一旦确认，精轧机将按新的目标厚度进行自动轧制。

E 自适应

自适应以经过合理性检查的精轧出口和精轧各机架在穿带和轧制过程中的扫描数据为基础进行计算。即使轧机是手动操作，只要测量值是正确的，自适应功能仍然适用。

精轧自适应将对下列物理量进行自适应计算：轧制力、功率、轧辊辊缝。带钢头部轧制力自适应主要是对流变应力进行自适应，流变应力和材料的温度以及材料的化学成分相关。头部温度偏差自适应系数修正了精轧温度设定模型的误差。轧辊辊缝偏差与机架和成品厚度相关。此偏差值对冷头现象，轧辊磨损和热凸度偏差以及其他扰动引起的误差进行补偿。

F 离线模型

离线模型有在线、离线、测试几种版本。

在线版本用于实际生产控制。

测试版本只接受基础自动化系统的数据，计算结果不向基础自动化系统输出，因而模型工程师可以任意调整模型参数，测试模型计算结果。

离线版本用于离线计算，当模型工程师不在现场时，现场工程师可以将现场的模型参数传给模型工程师，由模型工程师进行模拟运算。可以用于模型调试和模型学习。

9.3.3.4 精轧温度控制模型

精轧温度控制通过计算并调节板带在精轧机内的加速度和精轧机架间的冷却水的开闭和流量获得，并在板带的全长维持理想的精轧出口板带的温度的条件下，提高精轧机的产量。计算时将考虑到精轧机的速度锥、机架间的冷却水的流量、卷取机的穿带速度等。

计算的第一加速度将消除由于中间坯长度方向的不同位置在中间辊道上停留时间的不同引起的中间坯从头到尾的温降。

对于使用最高的穿带速度都不能够达到精轧出口温度目标的带钢，精轧温度控制将计算高加速度进行补偿，精轧温度控制也将计算轧机的减速度和减速点，来实现板带的抛钢速度，从而实现精轧机的稳定生产。

动态控制时使用了前馈和反馈的闭环控制技术。根据已有的带钢的自适应加速度，根据当前带钢的精轧出口温度偏差、带钢精轧温度曲线、带钢平均的加速度等物理量，对精轧机第一加速度自动进行自适应，用于后续带钢的温度控制。

精轧温度控制分为使用加速度来控制精轧温度的 FTC-1 和使用机架间喷水来控制精轧温度的 FTC-2。

A FTC-1 通过速度来控制精轧出口温度

（1）输入值：

1）加速度方式；

2）是否允许高加速；

3）尾部减速度；

4）抛钢速度。

（2）输出值：

1）加速度；

2）加速点；

3）减速点；

4）抛钢降速点。

（3）计算时序：FTC-1 的设定计算在每次 FSU 的设定计算结束时进行。

1）第 0 次设定计算：当加热炉的板坯处于下一块要抽出板坯的位置时进行。

2）第 1 次设定计算：在中间坯头部在粗轧出口扫描完成时进行。

3）第 2 次设定计算：在中间坯头部到达精轧入口时进行，如果中间坯在中间辊道上摆动，每隔 5s，重复进行此计算。当操作人员改变初始数据，喷水状态，负荷分配，或者改变精轧出口的目标厚度时，第 2 次设定计算将重复进行。

4）第 *F* 次设定计算：第 *F* 次设定计算在精轧机第 1 机架咬钢时进行。

5）测试设定计算：当操作人员在操作终端上按测试设定计算按钮时进行。

6）控制计算的时序：控制计算在带钢头部进入精轧后高温计时开始进行，直到带钢的尾部出精轧后的高温计为止。

（4）设定模型：

1）加速模式：精轧机加速模式有三种，由操作人员选择。选择的操作模式将决定精轧机的加速时间。三种加速模式是：立即加速模式、推迟加速模式、手动加速模式。

立即加速模式意味着精轧温度控制可以在带钢头部进入精轧后高温计后随时可以加速。推迟加速模式意味着只有在带钢的头部进入卷取机后才允许加速。手动加速模式不允许精轧温度控制对精轧机进行加速，精轧机的加速由操作人员控制。

2）精轧温度控制的停止和恢复：如下条件会导致精轧温度控制的停止：

① 活套饱和超过一定时间；

② 电机电流到达极限超过一定时间；

③ 机架的速度到达极限，而此速度极限不是由 FSU 决定的；

④ 操作人员手动保持轧机速度；

⑤ 操作人员手动轧机加速；

⑥ 操作人员手动轧机减速；

⑦ 卷取温度控制停止轧机加速。

对于活套饱和的情况，当活套从饱和状态恢复为正常状态，精轧温度控制将立即恢复。

对于电机电流和机架速度到达极限的情况，要在情况解除后操作人员选择重新使用 FTC 控制轧机时，精轧温度控制才恢复。

对于操作人员干预的情况，要在操作人员选择重新使用 FTC 控制轧机时，精轧温度控制才恢复。

对于卷取温度控制停止轧机加速的情况，精轧温度控制不能够恢复对于本块钢的控制。

操作人员也可以选择带钢不使用精轧温度控制功能来进行控制，这样的选择将一直有效，直到操作人员重新选择。

只有在精轧温度控制轧机的带钢，模型才能够保证精轧出口的温度。对于没有使用精轧温度控制的带钢，模型不能够保证其精轧温度。

3）轧机减速开始点：精轧温度控制计算轧机的减速开始点和减速度，以便实现带钢以规定抛钢速度在最后机架进行抛钢。

当带钢在精轧的第一个机架抛钢时，精轧温度控制计算此轧机的减速开始点和减速度。

操作人员也可以手动减速轧机。

4）使用的模型：FTC-1 使用了如下的数学模型：温度模型、TVD 模型。

图 9-4 是 TVD 模型计算的最复杂的 TVD 曲线。

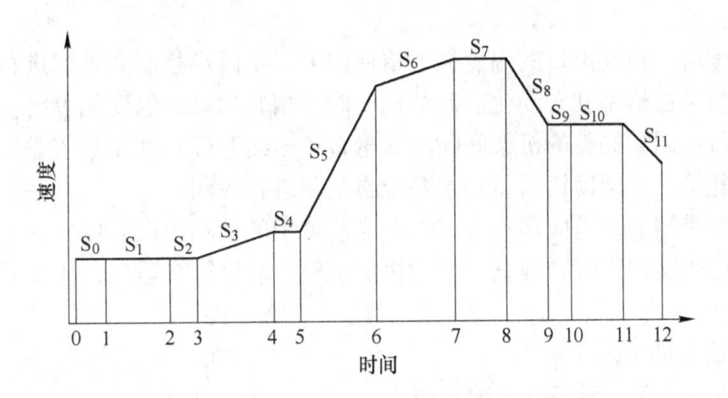

图 9-4 时间-速度-距离曲线

0—除鳞机入口；1—精轧入口机架咬钢；2—精轧出口高温计咬钢；3—卷取机咬钢前加速度；4—到达卷取机穿带速度，停止加速；5—卷取机咬钢，开始高加速；6—高加速完成，恢复一般加速；7—到达最高速度，停止加速；8—开始尾部减速；9—到达抛尾速度，停止减速；10—精轧出口高温计抛尾；11—尾部减速；12—带钢尾部进入卷取机；S_0，S_1，S_2—穿带速度；S_3——般加速直到卷取机咬钢速度；S_4—到达卷取机咬钢速度；S_5—高加速；S_6—卷取机咬钢后的低加速；S_7—到达最大速度；S_8—尾部减速；S_9—到达抛尾速度；S_{10}—抛尾速度；S_{11}—尾部减速

（5）控制方式：反馈控制，当带钢到达精轧出口温度计 ON 时，将带钢进行分段，实际测量每段的温度和目标精轧温度的偏差，计算轧机加速度值，并将此加速度值给基础自动化执行。这种计算直至带钢尾部离开精轧出口温度计为止。

（6）自适应：自适应根据当前带钢的精轧出口温度偏差，带钢精轧温度曲线，带钢平均的加速度，实际的 TVD 曲线等物理量，使用热辐射、热对流、热传导方程对带钢在精轧的温度进行再计算，根据再计算的结果，重新计算为了实现精轧出口温度需要的加速度值，并按钢种将此自适应值存储在数据库中，用于后续带钢的精轧温度控制。

（7）离线模型：在线版本用于实际生产控制。

测试版本只接受基础自动化系统的数据，计算结果不向基础自动化系统输出，因而模型工程师可以任意调整模型参数，测试模型计算结果。

离线版本用于离线计算，当模型工程师不在现场时，现场工程师可以将现场的模型参数传给模型工程师，由模型工程师进行模拟运算。可以用于模型调试和模型学习。

B FTC-2 通过机架间喷水控制精轧出口温度

FTC-2 是通过调整精轧机架间喷水来控制带钢出精轧出口的温度的功能。此时 FTC-1 被用来计算精轧机的第一加速度，就像前面解释的那样，此加速度用来消除带钢在中间辊道上的头尾温差。

在高加速段，由于速度的急剧变化引起温度的升高，FTC-2 计算如何调整精轧机架间喷水来消除这种温度升高的趋势。这样在保证精轧出口温度的同时，提高精轧机的产量。

此时仍然使用 FTC-1 来计算轧机的减速度和减速点，以便轧机按照希望的抛钢速度进行抛钢。

第一加速度时，精轧出口的温度偏差将使用 FTC-1 闭环控制的技术进行控制。调整的加速度设定值将传送给基础自动化。高加速度时，精轧出口的温度偏差将使用 FTC-2 闭环控制的技术进行控制。调整的机架间喷水流量直接送给基础自动化系统进行控制。减速点和减速度在精轧第一机架抛钢时传送给基础自动化进行控制。

根据已有的带钢的自适应加速度，根据当前带钢的精轧出口温度偏差，带钢精轧温度曲线，带钢平均的加速度等物理量对精轧机加速度自动进行自适应，用于后续带钢的温度控制的功能不变。

（1）输入值：同 FTC-1。

（2）输出值：FTC-2 计算如下输出值：

1）加速度；

2）加速点；

3）减速点；

4）减速度；

5）机架间喷水参考值。

（3）计算时序：

1）第 0 次设定计算：当加热炉的板坯处于下一块要抽出板坯的位置时进行。

2）第 1 次设定计算：在中间坯头部在粗轧出口扫描完成时进行。

3）第 2 次设定计算：在中间坯头部到达精轧入口时进行，如果中间坯在中间辊道上摆动，每隔 5s，重复进行此计算。当操作人员改变初始数据，喷水状态，负荷分配，或者改变精轧出口的目标厚度时，第 2 次设定计算将重复进行。

4）第 *F* 次设定计算：第 *F* 次设定计算在精轧机第 1 机架咬钢时进行。

5）测试设定计算：当操作人员在操作终端上按测试设定计算按钮时进行。

6）控制计算的时序：控制计算在带钢头部进入精轧后高温计时开始进行直到带钢的尾部出精轧后的高温计为止。

当卷取机咬钢时，高加速开始，根据精轧出口高温计测得的温度和精轧出口目标温度的偏差，FTC-2 开始调整机架间喷水。一旦机架间喷水全部打开，并且开到最大，FTC 将使用第一加速控制轧机。如果轧机达到最高速度，FTC 将控制轧机停止加速，并维持最高速度进行轧制。在最高速度下，如果需要，FTC 将调整机架间喷水来实现精轧出口的温度目标。控制一直到带钢尾部在精轧出口的高温计抛钢为止。

（4）设定模型：

1）速度控制：FTC-2 对于速度控制的方法和 FTC-1 相同。

2）机架间喷水控制：FTC-2 投入使用的必要条件：

① 有一组或者更多的机架间喷水可以使用；

② 卷取机咬钢。

控制原理是：卷取机咬钢后，FTC-2 开始控制轧机进行高加速轧制。此高加速轧制引起精轧出口温度的升高，FTC-2 调节机架间的冷却水，以便消除这种温度的升高，维持精轧出口的温度。

精轧机的加速时间取决于机架间冷却水的能力，如果仅有少量的精轧机架间喷水可以使用，当所有可用的机架间喷水都打开，并且开到最大时，加速度就必须回到第一加速状态，以避免精轧出口温度的继续升高。

为了更准确地控制精轧出口温度，精轧机架间喷水被分为主冷和精冷两部分。主冷部分用前馈控制，精冷部分用反馈控制。前馈控制预测冷却到精轧出口温度需要的机架间冷却水。反馈控制根据实测的精轧出口温度和精轧目标温度的偏差，对精冷段的机架间冷却水进行调整，准确控制精轧出口温度。

主冷段和精冷段的机架间喷水的数量可以配置。通常精冷段的机架间喷水的数量配置为“2”，即 F_5 和 F_6 间的机架间喷水配置为精冷段，其他为主冷段。

根据计算的精轧出口温度、实测的精轧出口温度和速度，FTC-2 周期性地计算需要调节主冷段和精冷段的机架间喷水的数量和压力，并传送给基础自动化执行。

3）使用的模型：FTC-2 主要使用如下模型：温度模型、TVD 计算模型。

（5）控制方式：

1）前馈控制。当带钢到达精轧机入口温度计 ON 时，将带钢进行分段，计算所需要的主冷段机架间喷水的流量，并将此流量传送给基础自动化执行。这种计算直至带钢尾部离开精轧第一个机架时结束。

2）反馈控制。当带钢到达精轧出口温度计 ON 时，将带钢进行分段，实际测量每段的温度，计算每个反馈段所需要的精冷段机架间喷水的流量，并将此流量传送给基础自动化执行。这种计算直至带钢尾部离开精轧出口温度计为止。

（6）自适应：FTC-2 的自适应同 FTC-1 相同，自适应根据当前带钢的精轧出口温度偏差，带钢精轧温度曲线，带钢平均的加速度，实际的 TVD 曲线等物理量，使用热辐射，热对流，热传导方程对带钢在精轧的温度进行再计算，根据再计算的结果，重新计算为了实现精轧出口温度需要的加速度值，并按钢种将此自适应值存储在数据库中，用于后续带钢的精轧温度控制。

（7）离线模型：在线版本用于实际生产控制。

测试版本只接受基础自动化系统的数据，计算结果不向基础自动化系统输出，因而模型工程师可以任意调整模型参数，测试模型计算结果。

离线版本用于离线计算，当模型工程师不在现场时，现场工程师可以将现场的模型参数传给模型工程师，由模型工程师进行模拟运算。可以用于模型调试和模型学习。

需要指出的是可以进行 FTC-1 的控制部分的离线模拟，但是 FTC-2 的控制部分的离线模拟目前暂时还不可能实现。

9.3.3.5 板形设定模型

根据基于轧制理论的板形设定数学模型，决定精轧各机架工作辊的窜动量和弯辊力，必要时调整精轧各机架的负荷，以获得希望的带钢头部出精轧出口的凸度和平直度。自适应功能确保在轧机和生产情况不断变化的情况下，更好地进行设定，以确保带钢头部出精轧出口的凸度和平直度目标。

A 输入值

（1）初始数据中的产品目标凸度；
（2）中间坯的宽度和厚度；
（3）精轧设定计算得出的各精轧机架出口的厚度；
（4）精轧温度设定计算得出的各精轧机架出口的温度；
（5）精轧设定计算得出的各精轧机架的轧制力；
（6）精轧设定计算得出的各精轧机架间带钢的张力；
（7）换辊后新工作辊、新支撑辊的直径和辊型；
（8）轧辊磨损和热凸度模型计算的工作辊和支撑辊的磨损和热凸度；
（9）凸度仪测得的精轧出口的实测带钢凸度；
（10）平直度仪测得的精轧出口的实测带钢平直度；
（11）各精轧机架的窜辊的位置；
（12）粗轧设定计算得出的中间坯的凸度。

B 输出值

（1）精轧各机架工作辊的窜动量；
（2）精轧各机架工作辊的弯辊力；
（3）新的精轧各机架轧制力分配；
（4）弯辊力变化/轧制力变化；
（5）轧件对工作辊的凸度变化/工作辊对支撑辊的凸度变化；
（6）弯辊力变化/轧件对工作辊的凸度变化；
（7）弯辊力变化/带钢平直度变化。

C 计算时序

（1）第0次设定计算：当加热炉的板坯处于下一块要抽出板坯的位置时进行。
（2）第1次设定计算：在中间坯头部在粗轧出口扫描完成时进行。
（3）第2次设定计算：在中间坯头部到达精轧入口时进行，如果中间坯在中间辊道上摆动，每隔5s，重复进行此计算。当操作人员改变初始数据，喷水状态，负荷分配，或者改变精轧出口的目标厚度时，第2次设定计算将重复进行。
（4）第F次设定计算：第F次设定计算在精轧机第1机架咬钢时进行。
（5）测试设定计算：当操作人员在操作终端上按测试设定计算按钮时进行。

D 设定模型

图9-5表示板形设定模型和跟踪、精轧设定计算、板形控制等功能之间的关系。

特别需要指出的是，板形设定模型除了计算相关的设定值以便控制带钢头部出精轧出口命中目标凸度和目标平直度以外，还计算弯辊力变化/轧制力变化等增益系数，以便基础自动化根据轧制力的变化进行前馈控制；计算弯辊力变化/带钢平直度变化等增益系数，以便基础自动化根据精轧出口实测带钢平直度与目标平直度的偏差反馈控制最后机架的弯辊力。

初始数据中的目标凸度是产品的边部特定位置的希望凸度（通常为C40，代表距离边部40mm处的凸度值），板形设定模型和精轧设定计算模型一起计算适当的设定值来确保精轧出口的目标凸度和目标平直度的命中。

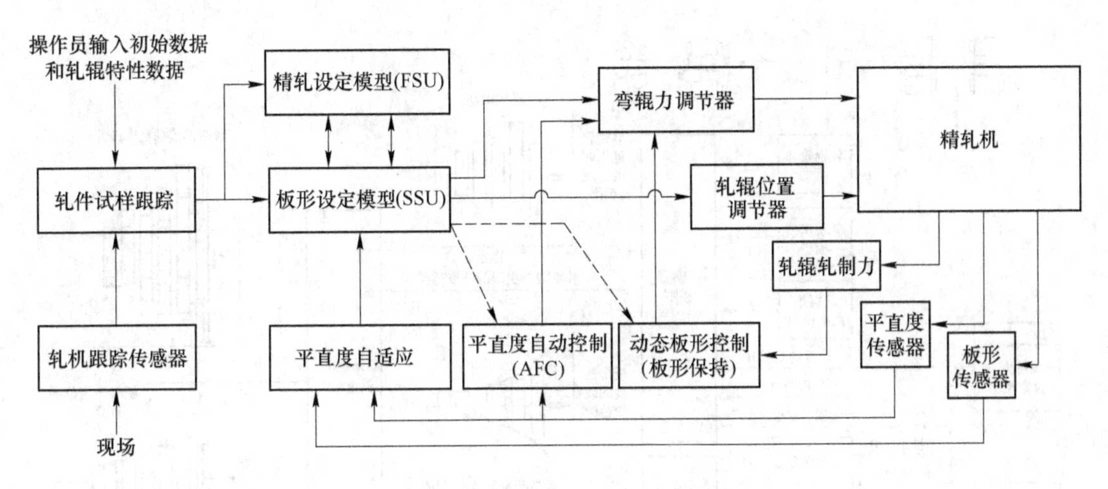

图 9-5 精轧板形设定与控制示意图

板形设定模型和精轧设定计算模型是两个完全独立的数学模型。但是在计算时序上是精轧设定计算模型先计算，然后调用板形设定模型。精轧设定计算模型先计算初始的轧制力分配，然后板形设定模型计算为了获得精轧出口目标凸度和目标平直度所需要的精轧各个机架的工作辊窜动量和精轧各机架工作辊的弯辊力。然后，板形设定模型计算是否有机架后面会产生浪形，精轧设定计算模型计算是否有机架的轧制力超限。如果有必要进行适当的调整以便消除预测的浪形和轧制力超限。板形设定计算考虑到了轧机和产品的变化。例如：轧辊的直径、轧辊的热凸度、轧辊的磨损、产品的宽度、厚度、温度及变形抗力等。同时操作人员也可以输入凸度的偏差值来对于目标凸度进行修正。

板形设定模型使用了如下数学模型：

（1）轧制力模型；

（2）功率模型；

（3）温度模型；

（4）轧辊辊缝模型；

（5）轧辊变形模型；

（6）负荷分配模型；

（7）轧机速度模型；

（8）活套张力模型；

（9）轧辊热凸度；

（10）轧辊磨损；

（11）轧辊辊缝轮廓模型；

（12）平直度判定模型。

基本思路是恒单位凸度轧制不会产生浪形。材料在轧制过程中的沿宽度方向的流动以及在机架间的失张，将导致产生浪形的可能。根据板带特性，板带起浪模型计算得出精轧机各机架单位凸度变化不导致浪形发生的上下限，最终形成精轧机架单位凸度变化上下限，如图 9-6 所示。前部机架允许的单位凸度变化大，后部机架允许的单位凸度变化小，因而在板形模型设定计算时，前部机架通常用于凸度控制，后部机架接近恒单位凸度控制。

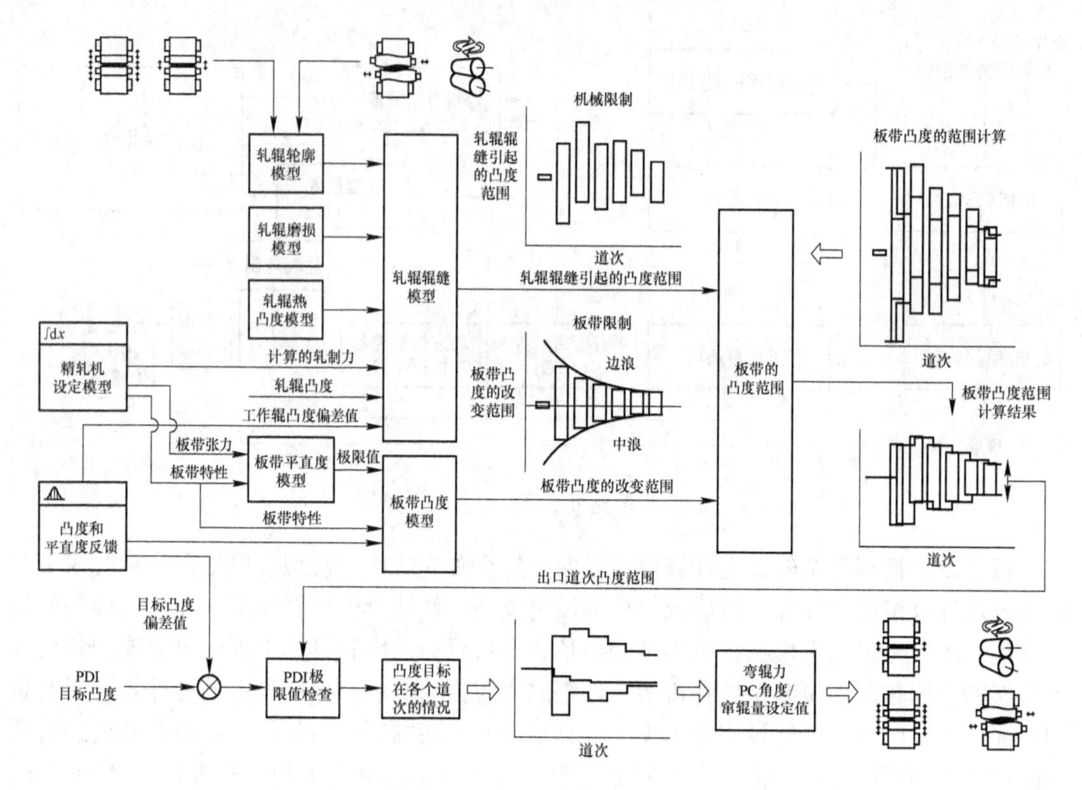

图9-6 板形设定模型计算过程

板形模型设定计算时，首先，要满足机架间和最后机架的出口没有浪形出现。其次要满足初始数据中的目标凸度。板带单位凸度控制范围的计算结果代表考虑到板带的特性限制和机械设备的限制轧机能够实现的单位凸度范围。机械设备限制是考虑到轧辊的状态、轧制力、板带宽度以及机械设备的弯辊、窜辊极限的每个道次的能够实现的单位凸度范围。板形模型设定计算的单位凸度变化二者的限制都要满足。

如果在满足平直度限制的条件下，初始数据规定的目标凸度不能够实现。板形模型修改轧制力负荷分配，精轧设定计算和板形设定计算将重新进行，如果重新计算仍然不能够满足初始数据规定的目标凸度，板形模型将初始数据规定的目标凸度改为能够达到的凸度。此时，板形模型将报警提示操作人员。

板形模型包括了对于轧辊有载辊缝轮廓的计算，有载辊缝轮廓由三个部分组成：轧制力分布引起的辊缝轮廓，轧辊热凸度引起的辊缝轮廓和轧辊磨损引起的辊缝轮廓。

在换辊时，由操作人员录入新辊的凸度值，程序根据使用的轧辊的辊形决定轧辊的凸度曲线。

轧辊热凸度由轧辊热凸度模型进行计算，热凸度计算时将在轧辊轴向和径向将轧辊切割成小块，分块的段数可以配置。计算时考虑到表面节点对于内部节点热传导，以表面节点热辐射、热对流以及摩擦产生的热和轧件间的热传导，到辊颈部的传导热损失为边界条件，内部节点仅考虑热传导的情况下，使用差分计算方法计算轧辊各小块的温度，然后根据材质计算轧辊的热膨胀量。

轧辊磨损凸度由轧辊磨损模型进行计算。磨损量是宽度，轧制力，带钢长度，轧辊直径和轧辊类型的函数。

计算时考虑到轧机空过的情况，根据轧机的状态，确定轧机是否使用，如果轧机没有使用，则按照空过处理。

操作人员可以输入如下物理量：

(1) 使用板形设定模型；

(2) 轧辊数据，换辊时输入；

(3) 目标凸度裕量；

(4) 带钢平直度。

E 自适应

使用带钢尾部出精轧出口后，实测的带钢的凸度、平直度，各个精轧机架的轧制力、弯辊力、窜辊量、活套张力、带钢在精轧出口高温计的温度等物理量，使用板形设定模型计算精轧各个机架辊系凸度用于下块带钢的板形控制。

模型使用两个自适应带钢凸度和平直度偏差值。一个是根据实测的轧制力、弯辊力、窜辊量等使用板形模型计算带钢凸度值和平直度值，此计算值和实测值的偏差用于计算第一个偏差值，此偏差值用于纠正理论物理模型偏差。另一个是根据板形模型预计算和再计算的带钢凸度值偏差和平直度值偏差，计算带钢凸度值和平直度值偏差。此偏差值用于纠正未知误差。

F 离线模型

模型有在线、离线、测试几种版本。

在线版本用于实际生产控制。

测试版本只接受基础自动化系统的数据，计算结果不向基础自动化系统输出，因而模型工程师可以任意调整模型参数，测试模型计算结果。

离线版本用于离线计算，当模型工程师不在现场时，现场工程师可以将现场的模型参数传给模型工程师，由模型工程师进行模拟运算。可以用于模型调试和模型学习。

9.3.3.6 卷取温度控制模型

在精轧机出口到卷取机入口的热输出辊道部分，设置层流冷却设备。当带钢通过该区段时，将带钢从精轧出口温度降到卷取目标温度，以便带钢获得规定的机械性能。

本功能由 L2/L1 系统共同完成，其 L1 与 L2 系统的功能分配见图 9-7。

A 输入值

(1) 初始数据；

(2) 操作人员输入数据；

(3) 中间辊道入精轧入口温度计算数据；

(4) 带钢在精轧出口的数据；

(5) 带钢速度曲线数据等。

B 输出值

(1) 打开的层流冷却设备喷头数；

(2) 精轧机的速度曲线图；

(3) 带钢的前滑值等。

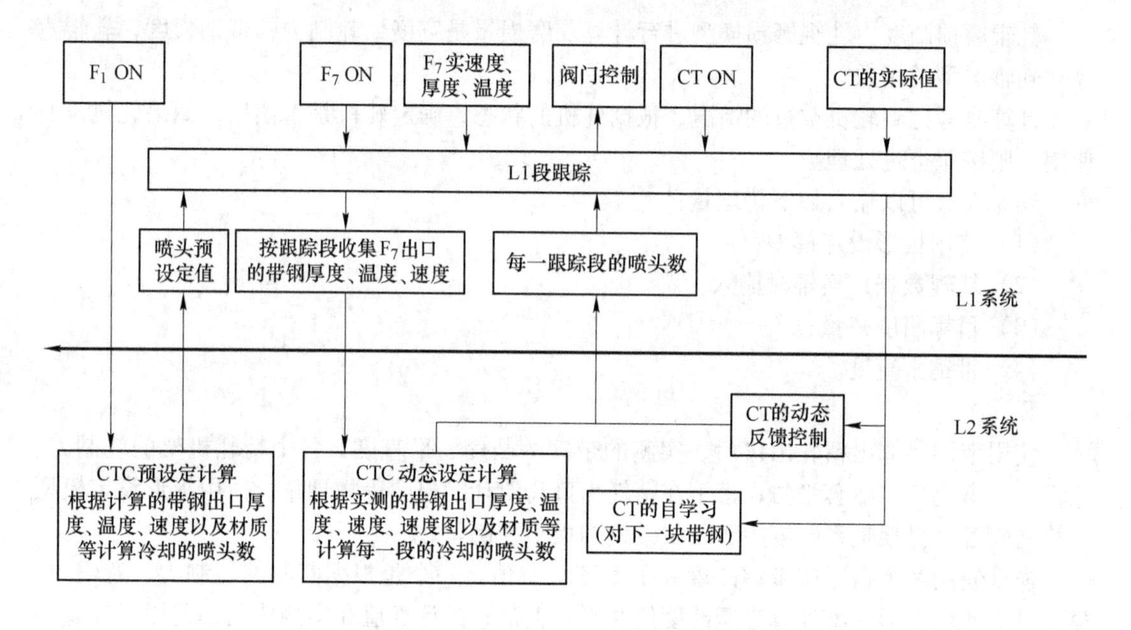

图9-7 卷取温度控制L1与L2系统功能分配

C 计算时序

（1）第0次设定计算：当加热炉的板坯处于下一块要抽出板坯的位置时进行。进行CTC的预设定计算，并将设定计算的结果在操作终端上显示。

（2）第1次设定计算：在中间坯头部在粗轧出口扫描完成时进行。

（3）第2次设定计算：在中间坯头部到达精轧入口时进行，如果中间坯在中间辊道上摆动，每隔5s，重复进行此计算。当操作人员改变初始数据，喷水状态，负荷分配，或者改变精轧出口的目标厚度时，第2次设定计算将重复进行。

（4）第F次设定计算：第F次设定计算在精轧机第1机架咬钢时进行，计算该带钢预定打开的喷头数，并将设定值传送给基础自动化。

（5）测试设定计算：当操作人员在操作终端上按测试设定计算按钮时进行。

（6）当带钢在头部到达精轧出口高温计后，L1系统将带钢分成段，分段的长度可以配置，对每一段实测该段的厚度、精轧出口温度、该时刻的精轧出口速度、加速度等数据，传送给L2系统，L2系统对每段进行设定计算，计算该段需要打开的喷头数。

（7）当带钢在卷取温度计ON后，根据每段实测的卷取温度，进行带钢的动态反馈控制计算，将计算的结果传送给L1系统，用精冷段的喷头进行反馈控制。

（8）当带钢在卷取温度计ON后，根据实测的卷取温度，进行自适应计算，用于下一块带钢的设定计算。

D 设定模型

（1）有限差分的内部热传导：有限差分计算通常使用在模型内部的热传导上。计算保持了每块板坯从加热炉到卷取机中每个节点的温度。节点距离是不一样的，因此节点和节点之间的距离可能是在表面上比中间的要小。

（2）热辐射：由于热辐射，将热量从带钢的各个节点的上表面或下表面传送给周围环境，产生热损失。热辐射损失通过 Stefan-Boltzmann 公式计算。

（3）喷水对流传热：带钢表面的节点，通过对流传热，将热量传送给冷却液。对流传热的热损失通过牛顿公式计算。假设没有能量存在边界层，带钢的热损失全部转移到冷却液上。

（4）相变：采用分层的方法存储不同钢种在不同温度下内部铁素体和奥氏体的含量在数据库中。根据计算得出的带钢内部温度计算带钢铁素体和奥氏体的含量。

（5）奥氏体和铁素体的热焓：根据奥氏体和铁素体的含量计算热焓、相变的潜热、与温度对应的比热。任何温度下的相变的潜热可用简单的差分法根据奥氏体及铁素体的总的热焓决定。

（6）对热输出辊道的热传导：是一个可配置的参数，这个参数表示从带钢底部增加的热损失，这些热损失是带钢表面传导给热输出辊道。

（7）冷却水温度的补偿：用于计算因冷却水温度的变化对对流传热参数的增量系数。这个修正值通常在大约 50 °F 并且是一个关于冷却水温度的 3 次方程。

（8）冷却水流量的影响：对于每一个不同规格的喷头（包括顶部和底部喷头），对流传热系数曲线是被定义的。每一条曲线都是被规格化为一个基本的流量。

（9）节点能量平衡：由于模型在计算内部热传导中将带钢分成好多节点，所以每一个节点的能量必须平衡。带钢内部能量的变化等于所有外部传送给带钢的热流。

所有节点已有热流都会向邻近节点传导，对于表面节点，还要附加热辐射、冷却水的对流传热和与热输出辊道的热传导等的热流。

E 控制冷却方式

CTC 控制的冷却方式有以下几种：前部冷却、后部冷却、梯度冷却、中断冷却（不采用）、头尾不冷却等。

（1）前部冷却：带钢在精轧机出口，即快速冷却到一定温度，然后经过空冷冷却到卷取温度，如图 9-8 和图 9-9 所示。

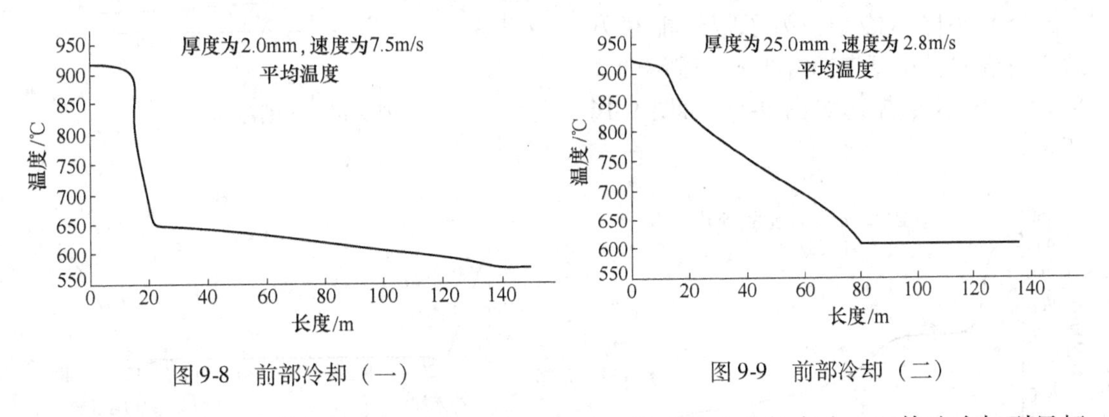

图 9-8 前部冷却（一） 图 9-9 前部冷却（二）

（2）后部冷却：带钢在开始阶段空冷，经过一段时间后进行水冷，以快速冷却到目标温度，如图 9-10 和图 9-11 所示。

（3）梯度冷却：带钢在层流冷却系统中以均匀的冷却速率冷却到卷取温度，如图 9-12 和图 9-13 所示。

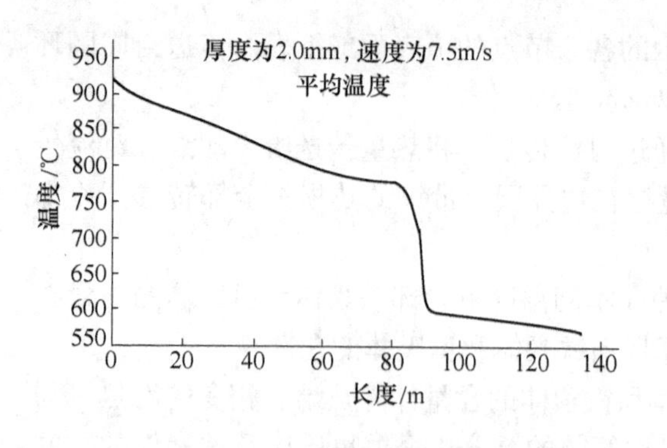

图9-10　后部冷却（一）

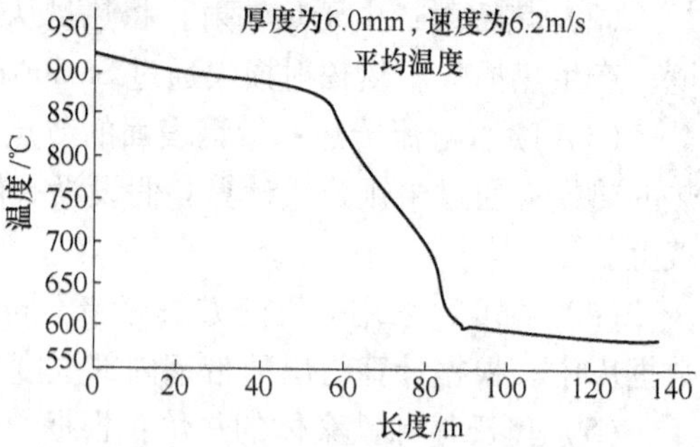

图9-11　后部冷却（二）

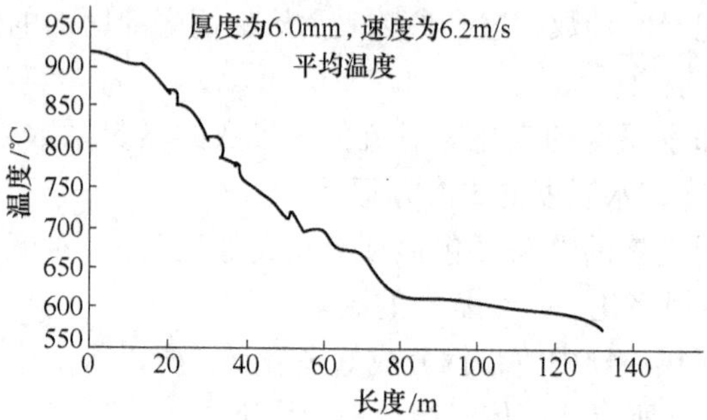

图9-12　梯形冷却（一）

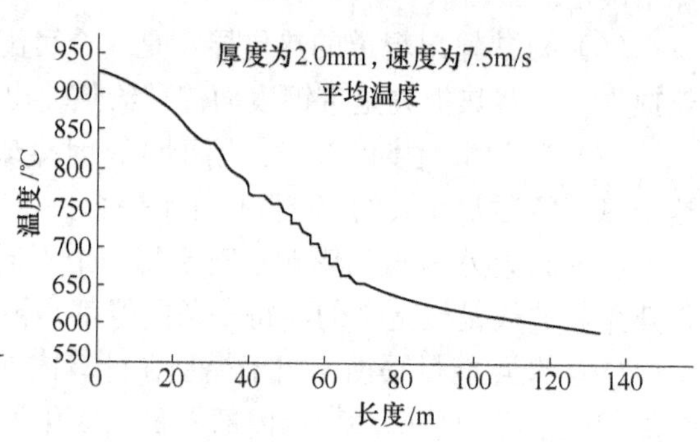

图9-13　梯形冷却（二）

（4）中断冷却：即带钢在层流冷却系统中进行冷却速率控制，材料尽可能快的在变相点冷却，然后在一个高冷却率冷却到很低温度之前在空气中保持5s（最好10s）（主要使用在双相钢），如图9-14所示。

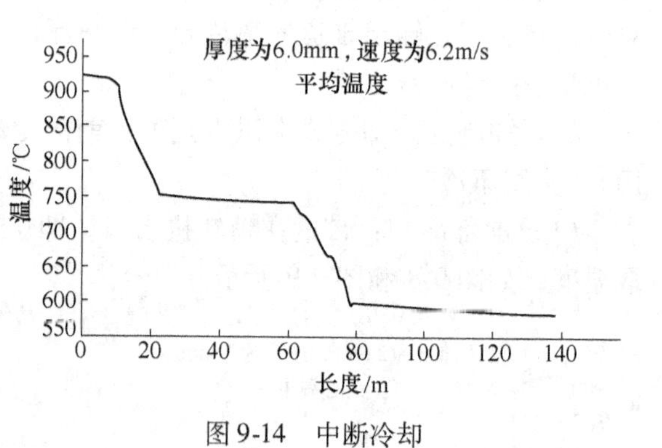

图9-14　中断冷却

（5）头尾不冷却：为了带钢能很好地进行卷取，在厚带钢情况下，带钢的头部和尾部不冷却，如图9-15和图9-16所示。

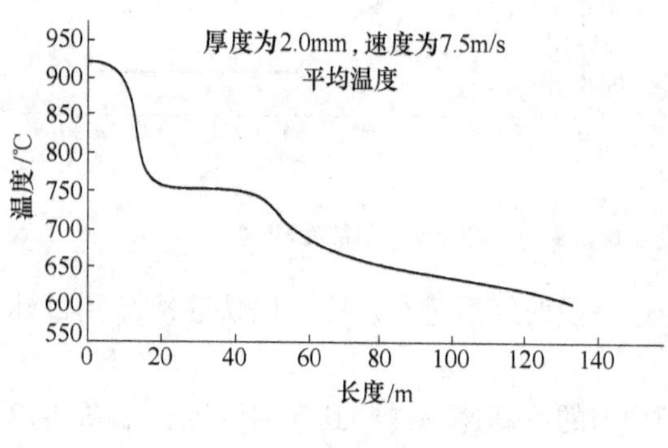

图9-15　头尾不冷却（一）

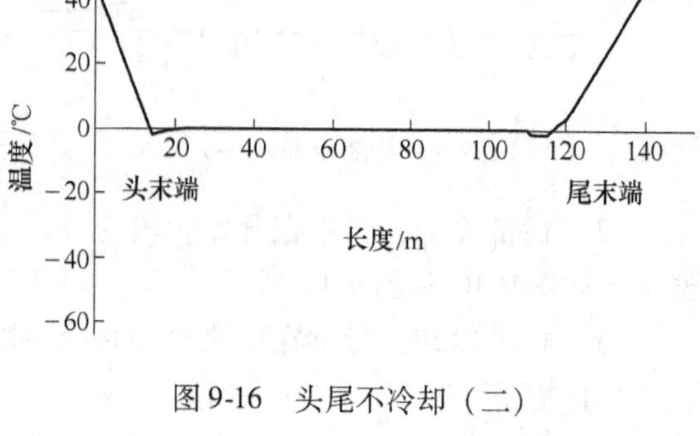

图9-16　头尾不冷却（二）

（6）变目标值冷却：通过设定精轧出口沿长度方向上的不同位置的不同温度目标值，实现沿长度方向的变目标值温度控制（见图9-17）。

头部偏差	50℃	头部长度	30m	尾部长度	50m
中部目标	650℃	头部到中部的转换	200m	尾部转换长度	250m
尾部偏差	30℃	头部转换形式	2	尾部转换形式	2

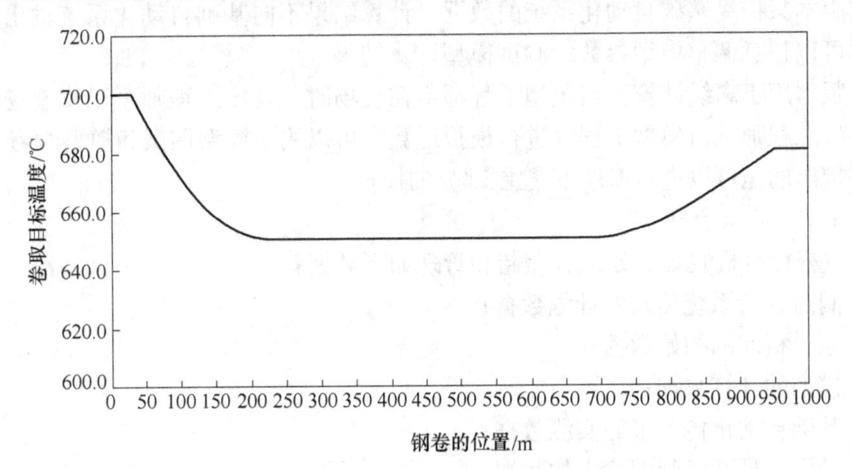

图9-17 变目标值冷却

F 控制方式

CTC的控制方式有以下两种：

（1）计算机控制方式。这是在生产中通常使用的控制方式，由L2计算机进行设定计算，由L1系统进行带钢的跟踪和阀门的开闭控制。

（2）手动控制方式。由操作工在操作终端上进行阀门的开闭操作，通常用于维修时使用。

当层流冷却的阀门故障时，可以通过操作终端，输入故障的阀门号，这样在控制计算时，将该喷水集管排除在外。

预设定计算：当带钢在精轧机第一机架咬钢时，进行CTC的预设定计算，采用精轧预设定计算的穿带速度、精轧出口目标温度、精轧出口目标厚度、中间目标温度和卷取目标温度进行设定计算，此设定计算的结果传送给L1系统。

L1系统对前一块带钢的尾部进行跟踪，当前一块带钢的尾部离开所需要冷却的最后一个喷头位置时，考虑一个提前量（阀门开闭的时间）按本块带钢预设定计算的喷头数打开有关喷头。

前馈控制：当带钢到达精轧出口温度计ON时，将带钢进行分段，计算每段所需要的喷头数。这种计算直至带钢尾部离开精轧出口温度计为止。

在选择中断冷却的方式时，当该段带钢到达中间温度计时，实测中间温度的值，得到中间温度的实际值与目标值的偏差，对该段的第二冷却区的喷头数进行调整。

反馈控制：当每一段带钢到达卷取温度计处，实际测量该段的卷取温度，根据实际的卷取温度和目标卷取温度的偏差，调整精冷段的喷头，进行反馈控制设定计算，并将反馈控制设定值，连同段的ID号传送给L1系统。

G 自适应

根据实际测量的卷取温度和目标卷取温度的差，进行自适应控制，对控制模型的一些参数进行修正，用于对下一块带钢的设定计算。

H 离线模型

在线版本用于实际生产控制。

测试版本只接受基础自动化系统的数据，计算结果不向基础自动化系统输出，因而模型工程师可以任意调整模型参数，测试模型计算结果。

离线版本用于离线计算，当模型工程师不在现场时，现场工程师可以将现场的模型参数传给模型工程师，由模型工程师进行模拟运算。可以用于模型调试和模型学习。

需要指出的是可以进行 CTC 的控制部分的模拟。

9.3.3.7 数据管理

轧线过程计算机收集、处理、存储和管理如下数据：

(1) 制造执行系统传来的计划数据；

(2) 原料板坯的初始数据；

(3) 模型的计算数据；

(4) 基础自动化传上来的实测数据；

(5) 操作人员通过画面输入的数据。

利用 Oracle 数据库对上述数据的存储和管理，方便操作人员、技术人员对数据的查询、统计和分析。可以利用模型分析工具将实测数据图形化进行分析，部分数据也可以直接图形显示在画面上，例如轧制力、层流水的状态等。

9.3.3.8 画面

轧线过程计算机将和基础自动化共用操作终端。轧线过程计算机将在计算机室、粗轧操作室、精轧操作室、卷取操作室、管理室设置终端设备。主要显示画面有：轧制顺序画面、初始数据输入画面、物料跟踪及修改画面、粗轧设定值显示画面、精轧设定值显示画面、层流冷却设定值显示画面、报表打印画面等。

9.3.3.9 报表

主要报表种类有：工程记录报表、质量报表、生产班报表、事件记录。

9.3.3.10 通信

A 与制造执行系统的通信

热轧轧线过程计算机接收制造执行系统下列信息：

(1) 轧制计划信息；

(2) 原始数据信息；

(3) 轧制计划改变信息；

(4) 原始数据删除信息；

(5) 轧制顺序改变信息等。

热轧轧线过程计算机传送给制造执行系统下列信息：

(1) 生产结果数据；

(2) 工程记录；

(3) 停机信息；

(4) 班实际数据。

B 与加热炉计算机系统的通信（辊道 PLC）

加热炉控制计算机接收轧线过程计算机下列信息：

(1) 粗轧出口温度实际值信息；
(2) 板坯“吊销”信息；
(3) 板坯回送信息；
(4) 装炉板坯抽出节奏信息；
(5) 抽出开始信息。

加热炉控制计算机（经辊道 PLC）传送给轧线过程计算机下列信息：

(1) 装炉板坯信息；
(2) 出炉板坯信息；
(3) 停止出炉信息；
(4) 装炉返回信息；
(5) 反装入炉信息；
(6) 再热板坯信息等。

C 与基础自动化系统的通信

传送设定值或控制信息给轧线基础自动化系统，具体内容包括：

(1) 除鳞机设定信息；
(2) 粗轧机设定信息；
(3) 立辊轧机设定信息；
(4) 宽度计设定信息；
(5) 精轧机设定信息；
(6) 厚度计设定信息；
(7) 活套设定信息；
(8) 机架间喷水设定信息；
(9) 层流冷却水设定信息；
(10) 卷取机设定信息。

从轧线基础自动化系统接收过程控制信号及测量值，具体内容包括：

(1) 跟踪信息；
(2) 粗轧机实际值；
(3) 立辊轧机实际值；
(4) 宽度计实际值；
(5) 精轧机实际值；
(6) 机架间喷水实际值；
(7) 厚度计实际值；
(8) 精轧温度实际值；
(9) 凸度实际值；
(10) 平直度实际值；
(11) 层流冷却水实际值；

（12）卷取温度实际值。

9.3.3.11 模拟轧钢

该功能用于实验室调试、现场程序改造后的确认等。

模拟轧钢实时模拟来自轧线过程计算机和基础自动化等所有外部系统输入本过程计算机系统的信息，使本系统所有应用程序宛如在线运行一样。

产生的外部信息包括：

（1）模拟来自轧线过程计算机的信息；

（2）模拟轧线过程计算机接收本计算机传送的信息；

（3）模拟来自基础自动化的信息；

（4）模拟基础自动化接收本计算机传送的信息。

思考题与习题

1. 简要说明带钢热连轧计算机过程控制系统的配置与特点。
2. 带钢热连轧过程控制中的跟踪功能的主要作用是什么？
3. 简述粗轧设定模型及其计算过程。
4. 描述精轧设定模型及计算过程。
5. 请简要阐述精轧温度控制中的设定模型、前馈控制与反馈控制的控制方式及其相互关系。
6. 简要说明精轧板形模型计算与实时控制模式。

第10章　工业过程控制实践

教学要求：了解喷雾式干燥设备中运用的简单过程控制方法；
掌握串级控制系统中的主副回路设计原则，了解其在水槽水位调节中的应用；
了解比值控制系统的主动量、从动量的选择及其在转化炉中的应用；
了解前馈控制系统、纯滞后系统的特点、原理，了解二者在精馏塔反应装置中的应用；
了解解耦控制系统在裂解炉出口温度控制实例中的应用。

重　点：串级控制系统中主副回路的选择；
前馈控制系统的特点和原理；
精馏塔中涉及的过程控制应用实例。

难　点：串级控制系统副回路的选择；
精馏塔中前馈控制系统及纯滞后控制系统的应用实例。

10.1　简单过程控制系统

本节以喷雾式干燥设备控制系统作为案例介绍简单控制系统的设计。图10-1所示是喷雾式干燥设备，工艺要求将浓缩的乳液用热空气干燥成奶粉。乳液从高位槽流下，经过滤器进入干燥器从喷嘴喷出。空气由鼓风机送到热交换器，通过蒸汽进行加热。热空气与鼓风机直接送来的空气混合以后，经风管进入干燥器。乳液中的水分被蒸发，称为奶粉，

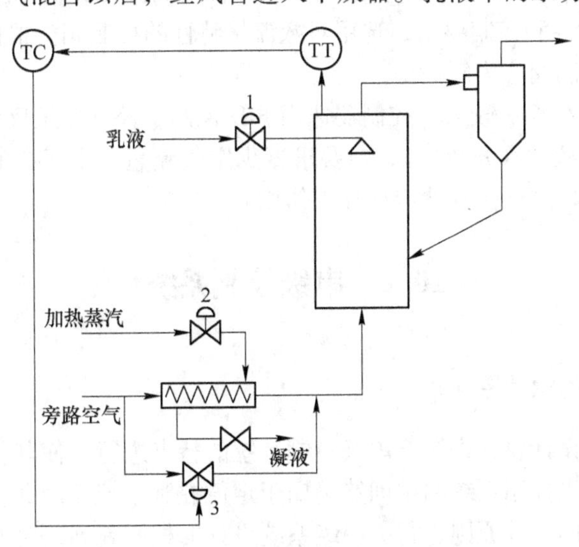

图10-1　干燥器温度控制流程图

并随湿空气一起送出。干燥后的奶粉含水量不能波动太大，否则将影响奶粉质量。

10.1.1 控制方案设计

10.1.1.1 确定被控变量

从工艺概况可知需要控制奶粉含水量。由于测水分的仪表精度不太高，因此不能直接选奶粉含水量作为被控变量。实际上，奶粉含水量与干燥温度密切相关，只要控制住干燥温度就能控制住奶粉含水量。所以，选干燥温度作为被控变量。

10.1.1.2 确定操纵变量

影响干燥器温度的因素有乳液流量、旁路空气流量和加热蒸汽流量。粗略一看，选其中任一变量作为操纵变量，都能构成温度控制系统。在图10-1所示控制流程图中控制阀位置代表可能的3种控制系统。

方案一（控制阀1）：如果乳液流量作为操纵变量，则滞后最小，对干燥温度控制作用明显。但是乳液流量是生产负荷，如果选它作为操纵变量，就不可能保证其在最大值上工作，限制了该装置的生产能力。这种方案是为保证质量而牺牲产量，工艺上是不合理的。因此不能选乳液流量作为操纵变量，该方案不能成立。

方案二（控制阀2）：如果选择加热蒸汽流量作为操纵变量，由于换热过程本身是一个多容过程，因此从改变蒸汽量，到改变热空气温度，再来控制干燥温度，这一过程时滞太大，控制效果差。

方案三（控制阀3）：如果选择旁路空气流量作为操纵变量，旁路空气量与热风量混合后经风管进入干燥器，其控制通道的时滞虽比方案一大，但比方案二小。

综合比较之后，确定将旁路空气流量作为操纵变量较为理想。

10.1.2 检测控制仪表的选用

应根据生产工艺和用户要求，选用电动单元组合仪表。

（1）由于被控温度在600℃以下，选用热电阻作为测温元件，配用温度变送器。

（2）根据过程特性和控制要求，选用对数流量特性的控制阀。根据生产工艺安全原则和被控介质特点，控制阀应为气关型。

（3）温度控制系统滞后较大，控制器选用PID控制。控制器正反作用选择时，可假设干燥温度偏低（即乳液中水分减少），则要求减少空气流量，由于控制阀是气关型，因此要求控制器输出增加，这样控制器应选择正作用。

10.2 串级控制系统

10.2.1 主、副回路的设计原则

串级控制系统的设计要紧密结合串级控制系统的特点进行，使其优良性能能够得到充分的发挥。首先，串级控制系统的主回路仍属于定值控制系统，因此，主回路的设计仍可采用单回路控制系统的设计原则进行。串级系统设计的核心是副回路的设计。

设计副回路时，除应注意工艺上的合理性外，应特别注意中间过程变量的选择。因

为，从对象中能引出中间变量是设计串级控制系统的前提条件，当对象能有多个中间变量可引出时，这就有一个副被控变量如何选择的问题。

由串级控制系统的方块图可以看出，系统的操作变量由单回路时的改变阀门开度转变为先影响作为副被控变量的中间过程变量，然后再去影响主被控变量的。所以，应选择工艺上切实可行，容易实现，对主控变量有直接影响且影响显著的中间变量为副被控变量，构成副回路。

其次，从扰动抑制角度来看，串级控制系统副回路由于具有调节速度快、抑制扰动能力强等特点，所以在设计时，副回路应尽可能包含生产过程中主要的、变化剧烈、频繁和幅度大的扰动，只有这样才可以充分发挥副回路的长处，确保主被控量的控制品质。

但同时要注意的是，副参数的选择应使副对象的时间常数比主对象的时间常数小，调节通道短，反应灵敏；也就是使副回路具有良好的随动性能，因为它是串级控制系统正常运行的首要条件。否则，系统可能发生“共振”现象。

“共振”是由于主、副回路的工作频率十分接近，以至于系统进入增幅区，主、副参数依次产生大幅度振荡，相互影响经久不衰，最终导致系统不稳定。显然，共振现象在实际生产中是决不允许的。

当可能发生共振的时候，从主控制器看来，内环闭环传递函数的幅频特性可用二阶振荡环节来近似描述，如图 10-2 所示。

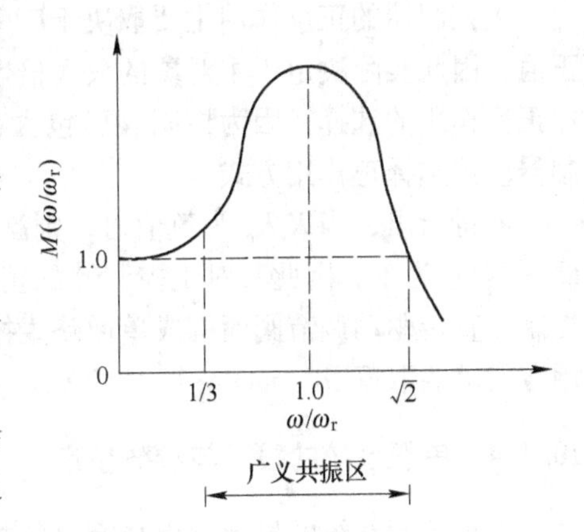

图 10-2 内环闭环传递函数的幅频特性

当其阻尼系数满足关系 $0 \leqslant \xi \leqslant 0.707$ 时，会在谐振频率 ω_{r2} 处出现谐振峰值，并且在满足 $\frac{1}{3} < \frac{\omega}{\omega_{r2}} < \sqrt{2}$ 的频率区间内，内环动态增益会大于1，会对外环控制器输出信号起放大作用，有可能导致“共振”现象的发生。因此，通常将上述区域称为“广义共振区”。为了避免“共振”现象的发生，就应该使得外环的工作频率 ω_{d1} 尽量避开此区域，即满足如下条件

$$\frac{\omega_{d1}}{\omega_{r2}} < \frac{1}{3} \quad 或 \quad \frac{\omega_{d1}}{\omega_{r2}} > \sqrt{2} \tag{10-1}$$

当然，外环应该比内环工作频率低，同时考虑到 $\omega_{r2} \approx \omega_{d2}$，因此应满足

$$\omega_{d1} < \frac{\omega_{d2}}{3} \quad 或 \quad T_1 > 3T_2 \tag{10-2}$$

也就是说，为避免共振现象，主、副回路的工作频率应该错开，相差三倍以上；或者副对象的时间常数和时滞应比主对象小一些，一般选择 $T_1/T_2 = 3 \sim 10$ 为好。

最后，结合串级控制系统有助于提高系统自适应能力的特点，应尽可能地将带有非线性或时变特性的环节包含于副回路中。

10.2.2 主、副回路控制器的选择

在串级控制系统中，主、副控制器所起的作用是不同的。主控制器起定值控制作

用，副控制器对主控制器输出起随动控制作用，而对扰动作用起定值控制作用，因此对主控制变量无余差，副被控制变量却允许在一定范围内变动。这是选择控制规律的基本出发点。

凡是设计串级控制系统的场合，对象特性总是较大的滞后，一般主控制可采用比例、积分两作用或比例、积分、微分三作用控制规律，副控制器采用单比例作用或比例积分作用控制规律即可。

10.2.3 主、副控制器正反作用的选择

控制器正、反作用的选择原则是，要使系统成为负反馈系统，为保证所设计的串级控制系统正、副回路成为负反馈系统，必须正确选择主、副控制器的正、反作用。

在具体选择时，先依据控制阀的气开（K_v 为正）、气关（K_v 为负）形式，副对象的放大倍数 K_{p2}，决定副控制器正反作用方式。

主控制器的正反作用主要取决于广义对象的放大倍数 $K'_{p2}K_{p1}K_{s1}$，由于通常 $K'_{p2}K_{s1}$ 总是正值，因此实际决定于主对象的放大倍数。至于控制阀的气开、气关形式已不影响主控制器正反作用的选择，因为控制阀已包含在副回路内。举例来说，当 K_{p1} 为负值时，则主控制器应该选择正作用方式。

值得指出，当 K_vK_{p2} 为负值时，则副调节器应取正作用方式；而内回路闭环放大倍数 K'_{p2} 一般总为正，因此其对主控制器的正反作用方式没有影响。但当切除副控制器，由主控制器直接驱动调节阀而构成单回路主控方式时，为实现负反馈，主控制器的原有正反作用方式就要取反。

10.2.4 串级系统的投运与参数整定

串级控制系统的投运过程与简单控制系统一样，也必须保证无忧切换，通常都采用先副回路，后主回路的投运方式。参数整定相应地可以采取两个步骤，即主控制器手动情况下，先整定副调节器参数，整定好后，主调节器切自动，整定主控制器参数。具体过程如下：

（1）设置主控制器为“内给定”、“手动”，设置副调节器为“外给定”、“手动”。

（2）主控制器手动输出，调整副控制器手动输出，直至偏差为零时，将副控制器切“自动”。

（3）整定副控制器参数，使副被控变量的响应满足所需性能指标（如衰减比指标）。

（4）调整主控制器手动输出，直至偏差为零时，将主控制器切“自动”。

（5）整定主控制器参数，使主被控变量的响应满足所需性能指标（如1/4衰减比指标、零静差等）。

值得指出，设置副环的目的主要是提高主被控变量的控制品质，因此，对副控制器参数整定的结果不应作过多的限制，应以快速、准确跟踪主控制器输出为整定目标。

同时，参数整定时应注意防止发生“共振现象”，一旦出现共振，就应设法使主、副回路工作频率错开，例如，可以减小主控制器的比例增益（或增大副控制器的比例增益），

这样虽然可能降低控制系统的品质，但可以消除“共振”现象。

最后，再以图 10-3 所示二级水槽水位控制系统为例，从状态反馈控制的角度给出串级控制系统的另外一种解释；同时，还可以阐明 PID 控制与状态反馈控制之间的关系。

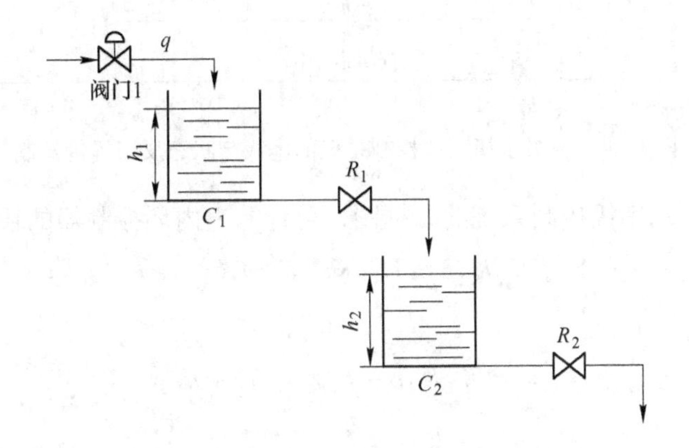

图 10-3 二级水槽水位调节对象

可以看出，图 10-3 所示二级水槽实际上就是两个一级水槽的串联，并且第二级水槽水位不影响第一级水槽水位，即没有负载效应。这里，取第二级水槽水位为被控变量，而第一级水槽的进水流量选作调节量。这里给出二级水槽水位的动态特性：

$$C_1 \frac{\mathrm{d}h_1}{\mathrm{d}t} = k_u u - \frac{1}{R_1}h_1 \tag{10-3}$$

$$C_2 \frac{\mathrm{d}h_2}{\mathrm{d}t} = \frac{1}{R_1}h_1 - \frac{1}{R_2}h_2 \tag{10-4}$$

根据上两式，如取系统状态：$x_1 = h_1, x_2 = h_2$，则可得到对象的状态方程为

$$\begin{cases} \begin{bmatrix} \dot{x}_1 \\ \dot{x}_2 \end{bmatrix} = \begin{bmatrix} -\dfrac{1}{R_1C_1} & 0 \\ \dfrac{1}{R_1C_2} & -\dfrac{1}{R_2C_2} \end{bmatrix} \begin{bmatrix} x_1 \\ x_2 \end{bmatrix} + \begin{bmatrix} k_u \\ 0 \end{bmatrix} u = Ax + Bu \\ y = [0 \quad 1] \begin{bmatrix} x_1 \\ x_2 \end{bmatrix} = Cx \end{cases} \tag{10-5}$$

同样，可得到对象的传递函数为

$$G_{P1}(s) = \frac{H_1(s)}{U(s)} = \frac{R_1 k_u}{R_1C_1s + 1} \tag{10-6}$$

$$G_{P2}(s) = \frac{H_2(s)}{H_1(s)} = \frac{R_2/R_1}{R_2C_2s + 1} \tag{10-7}$$

假设两级水槽水位都是可测的，则可引入如图 10-4 所示的串级控制。

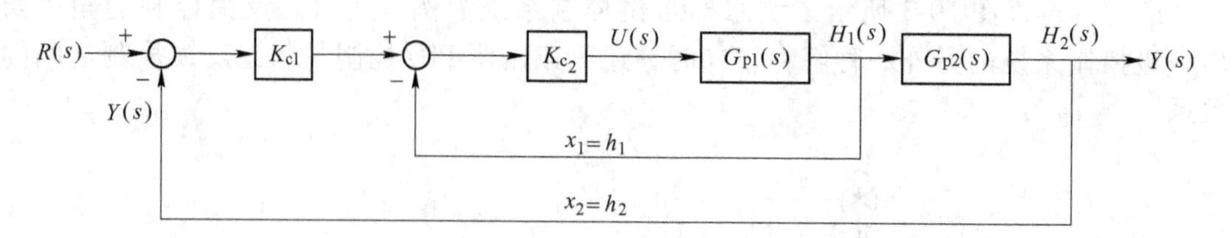

图 10-4　两级水槽水位控制系统的串级与状态反馈等价控制

根据图 10-4 所示串级控制系统的方框图，可计算出内环控制器的输出为

$$U(s) = K_{c2}K_{c1}R(s) - K_{c2}[K_{c1}H_2(s) + H_1(s)] \tag{10-8}$$

写成时域形式，有

$$u = K_{c2}K_{c1}r - K_{c2}[K_{c1}h_2 + h_1] \tag{10-9}$$

或者

$$u = K_{c2}K_{c1}r - K_{c2}K_{c1}x_2 - K_{c2}x_1 = K_{c2}K_{c1}r - [K_{c2} \quad K_{c2}K_{c1}]\begin{bmatrix} x_1 \\ x_2 \end{bmatrix} \tag{10-10}$$

显然，当主、副调节器都采用比例控制时，图 10-4 所示的串级控制系统结构就等价于状态反馈控制器；其中，状态反馈增益矩阵为

$$k_c = [K_{c2} \quad K_{c2}K_{c1}] \tag{10-11}$$

另外，如果我们没有测得液位 h_1，而是根据式（10-4），通过输出 h_2 来重构 h_1，则有

$$H_1(s) = G_{PD}(s)H_2(s) \tag{10-12}$$

其中

$$G_{PD}(s) = R_1C_2s + \frac{R_1}{R_2} = \frac{R_1}{R_2}(R_2C_2s + 1) \tag{10-13}$$

则可得到如图 10-5 所示具有比例微分先行的变形 PD 控制算法。由此可见，图 10-4 所示状态反馈控制结构，如果包含状态观测器，就等价于具有比例微分反馈的常规 PD 控制算法。

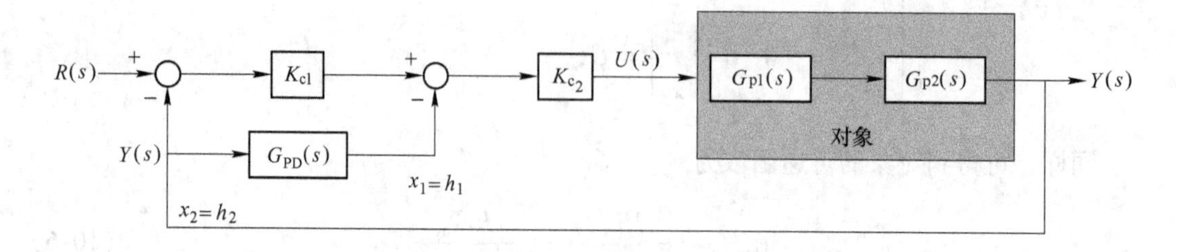

图 10-5　两级水槽水位控制系统的变形 PID 控制结构

由于上述算法都不包含积分运算，因此无法实现无静差环节。为此，在图 10-5 的主

控制器中可引入积分环节，如图 10-6 所示，相应地就给闭环系统增添了一个状态变量积分状态 x_I，于是有

$$\boldsymbol{x_I} = \int_0^t (r(t) - y(t))\mathrm{d}t, y(t) = x_2(t) \tag{10-14}$$

或者

$$\dot{x}_I = r(t) - x_2(t)$$

于是，得到增广系统的状态方程

$$\begin{cases} \begin{bmatrix} \dot{\boldsymbol{x}} \\ \dot{x}_I \end{bmatrix} = \begin{bmatrix} \mathbf{A} & \mathbf{0} \\ \mathbf{C} & 0 \end{bmatrix} \begin{bmatrix} \boldsymbol{x} \\ x_I \end{bmatrix} + \begin{bmatrix} \mathbf{B} & \mathbf{0} \\ 0 & 1 \end{bmatrix} \begin{bmatrix} u \\ r \end{bmatrix} \\ y = [\mathbf{C} \quad 0] \begin{bmatrix} \boldsymbol{x} \\ x_I \end{bmatrix} \end{cases} \tag{10-15}$$

式中，矩阵 **A**、**B** 与 **C** 如式（10-5）定义。对上述系统状态引入状态反馈控制设计，有

$$\begin{aligned} u &= K_{c2}K_{c1}r - K_{c2}K_{c1}x_2 - K_{c2}x_1 + K_{c2}K_I x_I \\ &= K_{c2}K_{c1}r - [\mathbf{C} \quad K_I K_{c2}] \begin{bmatrix} \boldsymbol{x} \\ x_I \end{bmatrix} \end{aligned} \tag{10-16}$$

显然，图 10-6 所示就类似微分先行的 PID 控制算法。

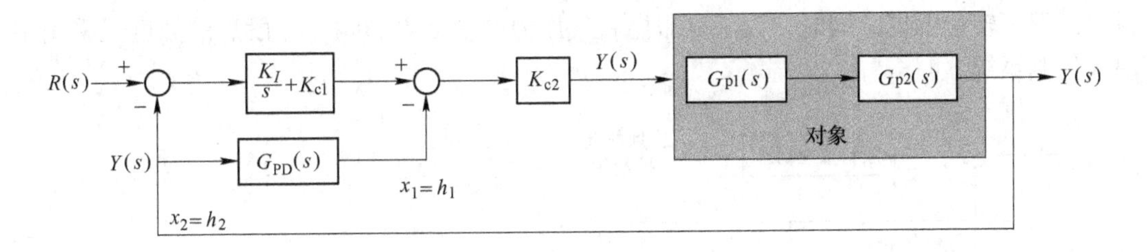

图 10-6 两级水槽水位状态反馈控制系统与变形 PID 控制的等价结构

10.3 比值控制系统

10.3.1 比值控制系统工程应用中的问题

10.3.1.1 主动量和从动量的选择

选择依据如下：

（1）主动量通常选择可测量但不可控制的过程变量。

（2）从安全考虑，如该过程变量供应不足会不安全时，应选择该过程变量为主动量。

（3）从动量通常应是既可测量又可控制，并需要保持一定比值的过程变量。

10.3.1.2 比值控制系统类型的选择

(1) 主动量不可控时，选用单闭环比值控制系统。

(2) 主动量可控可测，并且变化较大时，宜选用双闭环比值控制系统。

(3) 当比值根据生产过程的需要由另一个控制器进行调节时，应选择变比值控制系统。

(4) 当质量偏离控制指标需要改变流量的比值时，应采用变比值控制系统。

(5) 变比值控制系统的第三过程变量通常选择过程的质量指标。

10.3.2 比值控制系统的参数整定和投运

单闭环比值控制系统是随动控制系统，应按照随动控制系统的整定原则整定从动量控制器的参数，即整定为非振荡或衰减比为10∶1的过渡过程为宜。双闭环比值控制系统中主动量的控制系统是定值控制系统，以衰减比为4∶1整定主控制器参数，从动量控制系统是随动控制系统为主的控制系统，以非振荡或衰减比为10∶1整定从动量控制器参数。变比值控制系统中从动量控制系统是串级控制系统的副环，因此，按串级控制系统副环的整定方法整定参数，变比值控制器按串级控制系统主对象整定控制器参数。

10.3.3 应用实例

一段转化炉的主要功能是将原料转化为合成氨所需要的氢，该转化过程是在一定的温度条件下进行的，所以转化过程中原料量与加热燃料量有一定的比例关系，为此设计了双闭环比值控制系统。简化的控制系统框图如图10-7所示。比值控制系统的主动量为原料量，从动量为燃料量，其目的是随着生产负荷的变化，相应实时地提高或减少加热燃料气量，以保证转化温度。同时，为了克服燃料气压力的扰动等影响，一段炉的温度还采用了串级控制系统。

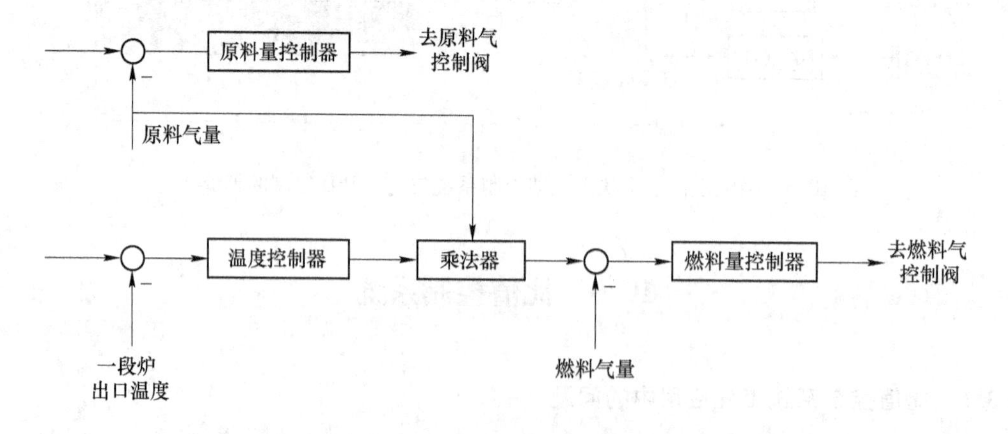

图10-7 一段转化炉原料量与加热燃料量比值控制系统框图

该比值控制系统由单回路控制器来构成，其比值运算部分的组态如图10-8所示，比值运算采用了两个乘法器，其中U_1为温度控制器的输出，U_3为原料量，U_4为燃料控制器的外给定值，而P_4则为所要计算的仪表比值系数K，内部运算变量均为百分数(%)型数据。流量信号都选取了开方、小信号切除、滤波平滑等预处理。

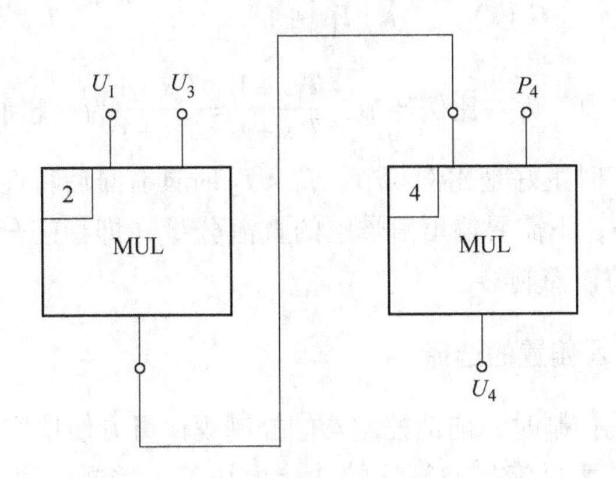

图 10-8 比值运算部分的组态

由燃料气热值和变换反应方程等工艺条件可知工艺比值系数 $K=0.567$，即工艺要求的燃料气与原料气的动态比值关系，因此，U_1 有一个量程问题，取工艺要求的 K 的两倍 K_{max} 为量程上限，即 U_1 的值代表了 $K/2$。表 10-1 所示为各运算块内部变量的工作范围。

表 10-1 各运算块内部变量的工作范围

内部变量	0.0%	100%	说明
U_1	0	113.4	温度控制器输出
U_3	0	41577m/h（标态）	原料量测量
U_4	0	20000m/h（标态）	燃料控制器的设定，燃料气量测量

10.4 前馈控制系统

10.4.1 采用前馈控制系统的条件

如前所述，前馈控制是根据扰动作用的大小进行控制的。前馈控制系统主要用于克服控制系统中对象滞后大、由扰动而造成的被控变量偏差消除时间长、系统不易稳定、控制品质差等弱点，因此采用前馈控制系统的条件是：

（1）扰动可测但是不可控。

（2）变化频繁且变化幅度大的扰动。

（3）扰动对被控变量影响显著，反馈控制难以及时克服，且过程对控制精度要求又十分严格的情况。

10.4.2 前馈控制算法

前馈控制算法对大多数实际工业过程可用时滞加一阶滞后的结构形式，前馈控制器的传递函数为

$$G_d(s) = -\frac{G_f(s)}{G_o(s)} = -\frac{K_f}{K_o}\frac{T_o s + 1}{T_f s + 1}e^{-(\tau_f - \tau_o)s} = K_d\frac{T_1 s + 1}{T_2 s + 1}e^{-\tau_d s} \tag{10-17}$$

式中，$K_d = -\frac{K_f}{K_o}$是增益项，为一比例环节；$\frac{T_1 s+1}{T_2 s+1} = \frac{T_o s+1}{T_f s+1}$为一超前-滞后环节，$T_1 > T_2$ 时具有超前特性，$T_1 = T_2$ 时正好是比例环节，$T_1 < T_2$ 时具有滞后特性。

在这些过程控制中，不需要输出信号中的直流分量（即稳态分量），此时可采用传递函数为 $T_s/(T_s+1)$的前馈控制器。

10.4.3 前馈补偿装置及偏置的选择

采用 DCS 或计算机控制时，前馈控制器的控制规律可方便地实现，例如，可采用超前滞后功能模块，采用前馈-反馈控制算法的功能模块等。常规仪表实施时，通常采用稳态前馈，即用前馈增益 K_{ff}实现，例如用比例环节。当被控过程的模型和扰动模型能够较准确获得时，也可采用相应的单元组合仪表实现动态前馈控制规律。

在正常工况下，扰动变量有输出，因此，前馈控制器也有输出。当组成前馈-反馈控制系统时，反馈信号与正常工况下前馈信号相结合，其数据可能超出仪表量程范围，因此，采用常规仪表时，应在前馈控制器输出添加偏置信号，其数据应等于正常稳态工况下扰动变量经前馈控制器后的输出，其符号应抵消正常工况的输出。

添加偏置值后，正常工况下，扰动引入的前馈信号与偏置值信号抵消，因此，送到执行器的信号是反馈控制信号。当扰动量变化时，扰动变量引入的前馈信号减去偏置值后作为实际的扰动前馈信号，与反馈信号相加，实现了前馈-反馈控制功能。

采用 DCS 或计算机实现前馈-反馈控制系统时，也可如上述方法设置偏置值。有些情况下，例如锅炉三冲量控制系统中，给水和蒸汽量是物料平衡的，可不设置偏置量。

10.4.4 前馈控制系统的投运和参数整定

前馈控制系统的参数整定包括：确定稳态前馈增益、设置偏置值、调整超前滞后环节的时间常数。

10.4.4.1 稳态前馈增益的确定

除了可根据机理分析计算稳态前馈增益外，还可有两种实测确定方法。方法一是工况下实测扰动通道的增益和控制通道的增益，然后相除得到稳态前馈增益；方法二是扰动变化量 Δf 影响下，通过反馈控制系统使被控变量恢复到设定值，这时，控制器输出变化量为 Δu，则稳态前馈增益为

$$K_{ff} = \frac{\Delta u}{\Delta f} \tag{10-18}$$

10.4.4.2 偏置值的设置

根据已确定的稳态前馈增益，在正常工况下，扰动变量经检测变送和前馈控制器后输出信号的负值作为偏置值。

10.4.4.3 超前滞后环节的整定

当采用动态前馈时，需进行超前滞后环节的整定。有两种方法，方法一是实测扰动通

道的传递函数 $G_F(s)$，实测前馈广义对象的传递函数 $G_o(s)$，前馈通道广义对象包含扰动变量的检测变送环节、执行器和被控过程。当扰动变量是流量时，可用实测的执行器和被控过程的传递函数近似，当扰动变量不是流量或动态时间常数较大时，应实测扰动变量检测变送环节的传递函数，然后确定动态前馈的超前滞后环节参数。方法二是经验法，根据输出响应曲线调试超前滞后环节参数。由于动态前馈的参数调整不合适反而引入扰动，因此，一般过程控制中动态前馈应用较少。

前馈控制系统的投运通常与反馈控制系统投运相结合。方法一是先投运反馈控制系统，然后投运前馈控制系统。方法二是反馈控制系统和前馈控制系统各自投运，整定好参数后再把两者结合。

10.4.5 应用实例

图 10-9 所示为某炼油厂气体分离装置中的两个关联较强的精馏塔-反应原料塔（以下称塔 2）和橡胶原料塔（以下称塔 4）的多变量前馈-反馈控制流程图。塔 2 顶部产品作为烷基化反应原料送出，塔底的重组分则输送到下一工序作为塔 4 的进料。塔 4 的塔顶产品为合成橡胶的原料，底部产品则送往罐区作为液化气用。由于塔 2 塔底的 C_4、C_5 馏分是靠塔内自压压入塔 4 作为进料而没有中间储槽直接输送，所以为保证塔 2 塔顶产品质量所进行的一些必要操作势必会影响到塔 4 的工况，给塔 4 的操作带来较强烈的扰动。考虑塔 2 和塔 4 的实际情况，其塔 4 的主要扰动是来自塔 2 底部出料的流量以及温度变化。鉴于此，在常规反馈控制的基础上，应用了多变量前馈-反馈控制系统。

针对塔 2 与塔 4 的特定工况，设计采用前馈控制方案。其原因是：为稳定塔 2 的产品

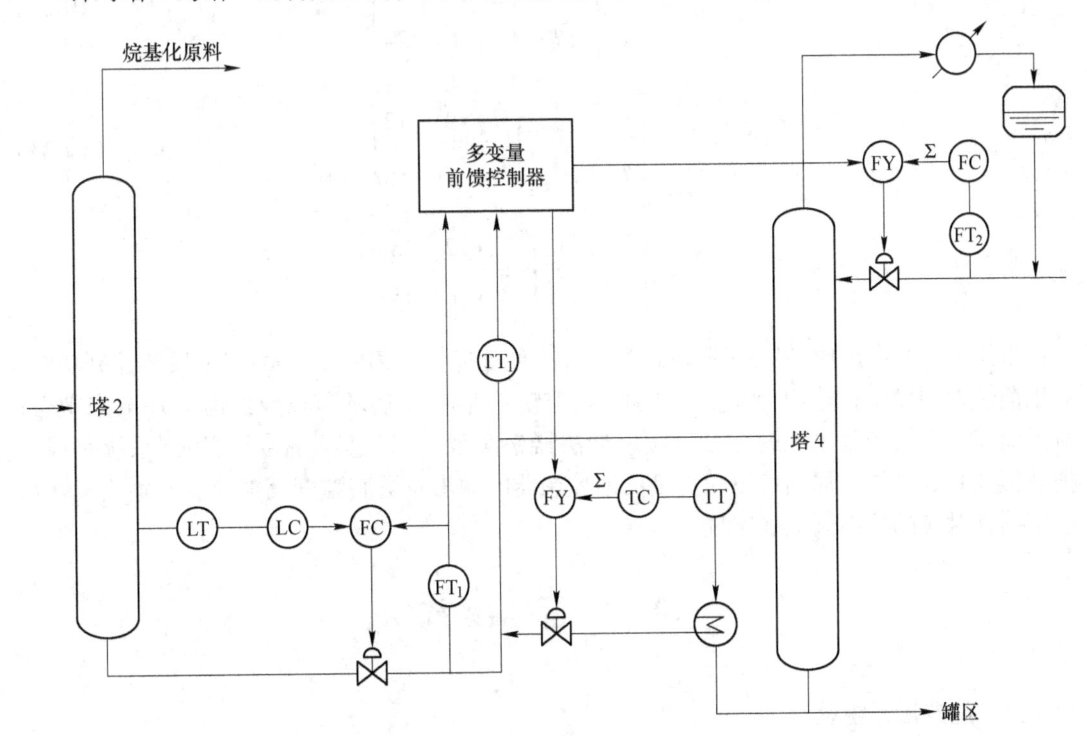

图 10-9 精馏塔多变量前馈-反馈控制流程图

质量而进行的各种操作必然会对塔4造成可测而不可控的扰动。基于此，在常规的反馈控制方案前提下，选择塔2底部的出口流量（FT_1），以及表征塔4底的再沸器蒸汽流量作为控制变量构成多变量前馈-反馈控制系统。通过该控制方案，可以有效地克服塔2操作对塔4所造成的干扰。此时塔4顶、底成分的控制关系为

$$\begin{bmatrix} X_D \\ X_B \end{bmatrix} = \begin{bmatrix} A_{11} & A_{12} \\ A_{21} & A_{22} \end{bmatrix} \begin{bmatrix} L \\ V \end{bmatrix} + \begin{bmatrix} B_{11} & B_{12} \\ B_{21} & B_{22} \end{bmatrix} \begin{bmatrix} F \\ Q \end{bmatrix} \tag{10-19}$$

式中，X_D 为塔4顶的轻关键组分；X_B 为塔4底的重关键部分；V 为塔4再沸器的蒸汽量；F 为塔4进料流量；Q 为塔4进料的热焓；L 为塔4回流量。

为了工程实施简便，采用多变量前馈控制器结构为

$$DD = K_{d_{ij}} \frac{T_{1_{ij}} + 1}{T_{2_{ij}} + 1} e^{-\tau_{ij} s} \tag{10-20}$$

经过实际测算，前馈控制器各参数预定为

$$K_{d_{ij}} = \begin{bmatrix} K_{d_{11}} & K_{d_{12}} \\ K_{d_{21}} & K_{d_{22}} \end{bmatrix} = \begin{bmatrix} -0.8 & -0.1 \\ 1.0 & -0.9 \end{bmatrix} \tag{10-21}$$

$$T_{1_{ij}} = \begin{bmatrix} T_{1_{11}} & T_{1_{12}} \\ T_{1_{21}} & T_{1_{22}} \end{bmatrix} = \begin{bmatrix} 12 & 21 \\ 16 & 24 \end{bmatrix} \tag{10-22}$$

$$T_{2_{ij}} = \begin{bmatrix} T_{2_{11}} & T_{2_{12}} \\ T_{2_{21}} & T_{2_{22}} \end{bmatrix} = \begin{bmatrix} 9 & 18 \\ 20 & 15 \end{bmatrix} \tag{10-23}$$

$$\tau_{ij} = \begin{bmatrix} \tau_{11} & \tau_{12} \\ \tau_{21} & \tau_{22} \end{bmatrix} = \begin{bmatrix} 12 & 28 \\ 10 & 23 \end{bmatrix} \tag{10-24}$$

采用DCS不同的控制功能模块组态可以方便地完成上述的多变量前馈-反馈控制功能。对于前馈控制模型，选用DCS内部的比率环节、超前/滞后环节以及纯滞后环节来拟合；对于前馈与反馈控制系统的综合，应用加法器来实现。多变量前馈-反馈控制系统是通过把前馈控制的结果叠加到塔顶回流量反馈控制器的输出及塔底温度反馈控制器输出，然后作用到其对应的控制阀上来实现的。

10.5　纯滞后系统

10.5.1　纯滞后系统设计

从广义角度来说，所有的工业过程控制对象都是具有纯滞后（时滞）的对象。衡量过

程具有纯滞后的大小通常采用过程纯滞后τ 和过程惯性时间常数 T 的比值τ/T。当$\tau/T<0.3$ 时，称生产过程是具有一般纯滞后的过程。当$\tau/T>0.3$ 时，称生产过程是具有大纯滞后的过程。一般纯滞后过程可通过常规控制系统得到较好的控制效果。而当纯滞后较大时，用常规控制系统常常较难奏效。目前克服大纯滞后的方法主要有史密斯预估补偿控制、自适应史密斯预估补偿控制、观测补偿器控制、采样控制、内部模型控制、大林算法等。图 10-10 所示为史密斯预估补偿控制结构框图。

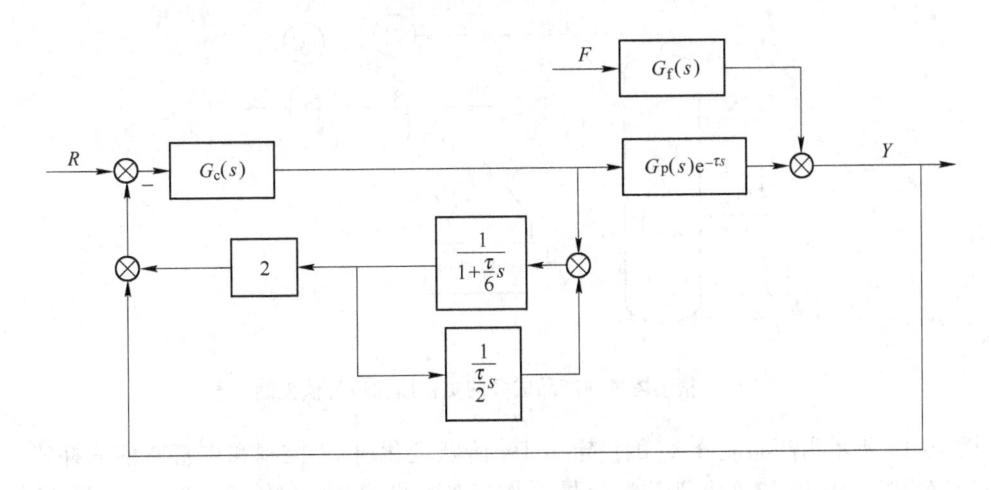

图 10-10 精馏塔多变量前馈-反馈控制流程图

由此可以求得该系统在给定作用下闭环传递函数为

$$\frac{Y(s)}{R(s)} = \frac{G_c(s)G_p(s)e^{-\tau s}}{1 + G_c(s)G_k(s) + G_c(s)G_p(s)e^{-\tau s}} \tag{10-25}$$

$e^{\tau s}$是一个在反馈回路上的超前环节，这就意味着被控变量 $Y(s)$ 经检测之后要经过一个超前环节 $e^{\tau s}$才被送到控制器。而这个送往控制器的信号 $y_\tau(t)$ 要比实测的被控信号 $y(t)$ 提早一个时间τ［因为$y_\tau(t)=y(t+\tau)$］。这就是说经过 $e^{\tau s}$这样一个环节，可以提前预知被控变量的信号。因此，史密斯补偿器又称为预估补偿器（简称史密斯预估器）。

10.5.2 应用实例

如图 10-11 所示为精馏塔顶产品成分的史密斯预估补偿控制系统原理图。系统的被控变量是塔顶成分 X_d，操纵变量是回流量 R，干扰主要为 F。实验测试获得了塔顶成分 X_d 与回流量 R、干扰量 F 的传递函数。

$$\frac{X_d(s)}{R(s)} = \frac{e^{-600s}}{1002s+1}$$

$$\frac{X_d(s)}{F(s)} = \frac{0.167e^{-486s}}{895s+1} \tag{10-26}$$

按反应曲线法整定参数，可得常规控制器的参数为

$$\delta\% = 6.69\%$$

$$T_i = 198\text{s} \tag{10-27}$$

经调整，实际采用的参数是 $\delta\% = 10\%$，$T_i = 250\text{s}$。

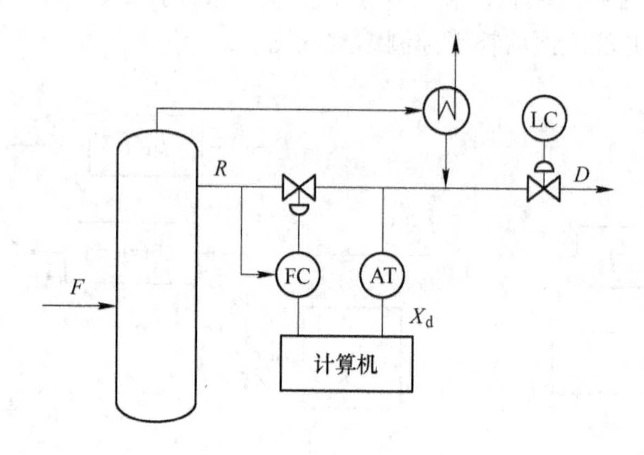

图 10-11 精馏塔塔顶产品成分的史密斯预估补偿控制方案

图 10-12 所示为产品成分 X_d 的设定值 1% 阶跃变化时 PI 控制和史密斯预估补偿控制时的响应曲线。图 10-13 所示为进料流量 F 作 22% 阶跃变化时的响应曲线。可以清楚地看到，史密斯预估补偿控制有更好的控制效果。随动控制系统的效果要比定值控制系统的好。

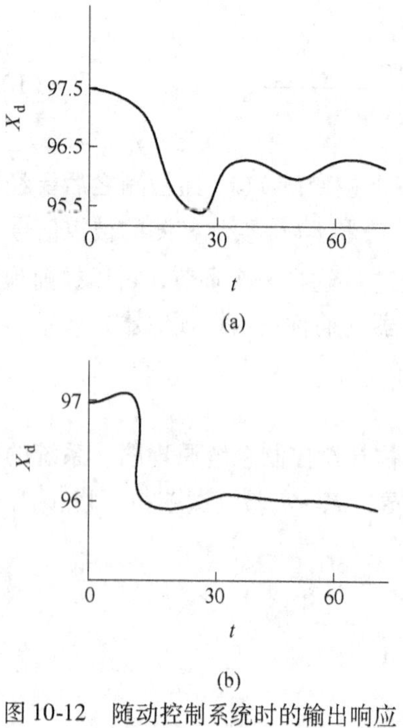

图 10-12 随动控制系统时的输出响应

（a）PI 控制；（b）史密斯控制

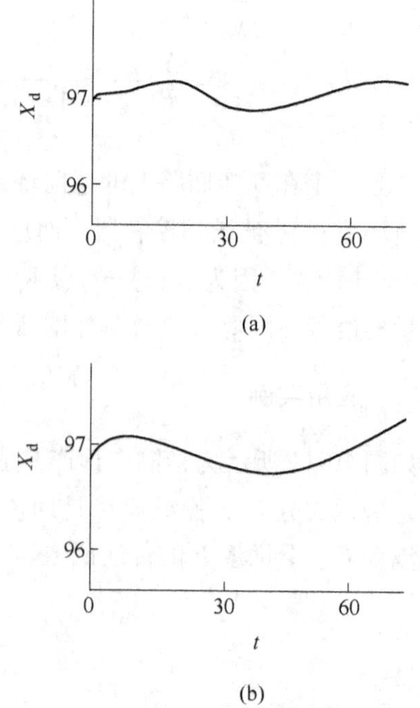

图 10-13 定值控制系统时的输出响应

（a）PI 控制；（b）史密斯控制

10.6 解耦控制系统

在此介绍某乙烯装置裂解炉的解耦控制。它具有4组并联的裂解炉管，每组炉管对应于烧嘴。每组有燃料油的控制阀。原料油（煤油、柴油等）经预热至590℃后进入裂解炉管进行裂解，生成乙烯、丙烯、丁烯、甲烷、乙烷、丙烷等。为了减少炉管结焦和提高乙烯等产品收率，需要降低裂解炉管内的油气分压，因此须按一定的比率加入稀释蒸汽。原料油和稀释蒸汽的比率应该控制好。

裂解反应温度的控制是十分重要的。它不仅影响乙烯收得率，而且直接关系到结焦的情况。因为结焦到一定程度后必须清焦，所以也关系到清焦周期。通常是控制好炉管出口温度，以保证反应温度维持在合适的区间。

假设只有一组炉管，最简单的控制方案是用炉管出口温度作为被控变量，燃料油流量作为操纵变量组成单回路控制方案。然而这里有4组炉管，而且安装在同一炉膛之内，相互关联是相当严重的。例如，流经第一组炉管烧嘴的控制阀的燃料油流量发生变化后，不仅会影响到第一组炉管内的出口温度，也会影响到相邻的第二组炉管的出口温度；第二组炉管烧嘴燃料流量的变化，除影响本组炉管外，也会影响到相邻的第一组和第三组等。如果采用4个简单的温度主控制器，另外引入4个偏差设定器，并使用计算机进行解耦计算，达到令人满意的结果。下面简单介绍这一方案。

如图10-14所示为裂解炉出口温度解耦控制系统的原理框图。

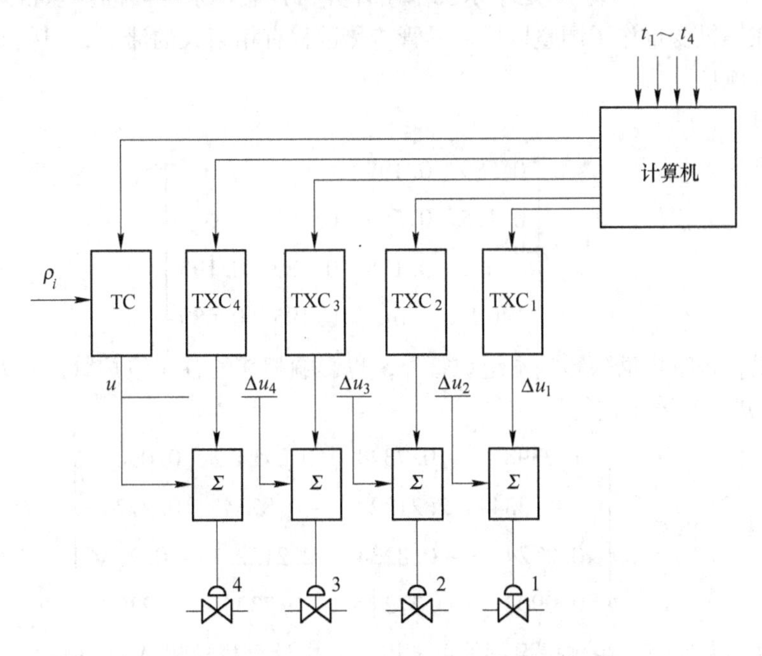

图10-14 裂解炉出口温度解耦控制原理框图

先暂且不考虑主控制器TC的输出 u，而单独探讨各偏差设定器 TXC_i 的修正值 Δu_i 对各组炉管出口温度的影响。显然，过程稳态特性可表述为

$$\Delta t_i = f_i(\Delta u_1, \cdots, \Delta u_4) \qquad i = 1,2,3,4 \tag{10-28}$$

式中，t_i 为第 i 组炉管的出口温度。

假设在最小范围内可以线性化

$$\Delta t_i = A\Delta u \tag{10-29}$$

即

$$\begin{bmatrix}\Delta t_1\\ \vdots \\ \Delta t_4\end{bmatrix} = \begin{bmatrix} a_{11} & \cdots & a_{14}\\ \vdots & \ddots & \vdots \\ a_{41} & \cdots & a_{44}\end{bmatrix} = \begin{bmatrix}\Delta u_1\\ \vdots \\ \Delta u_4\end{bmatrix} \tag{10-30}$$

式中，$a_{ij} = \dfrac{\partial f}{\partial u_j}$。

反过来，如果要求各点温度作 Δt 的稳态变动，应该施加的 Δu 是

$$\Delta u = A^{-1}\Delta t \tag{10-31}$$

这样，如果已知各 t_i 与基准温度的差 e_i，即温度偏差，并要求消除这些温度偏差，则各点温度应该作出的稳态变动是

$$\Delta t_i = -e_i \tag{10-32}$$

而应该施加的 Δu 就是

$$\Delta u = A^{-1}\Delta t = -A^{-1}e \tag{10-33}$$

其中，$e = [e_1 \quad e_2 \quad e_3 \quad e_4]^{\mathrm{T}}$。这个系统采用计算机控制，采样时间应该很好考虑，现取5min。这样在操纵变量作了调整以后，尽管传热过程有相当大的滞后，但仍有足够的时间使出口温度起响应。

经过测试

$$A = \begin{bmatrix} 0.589 & 0.195 & 0 & 0\\ 0.195 & 0.589 & 0.195 & 0\\ 0 & 0.195 & 0.589 & 0.195\\ 0 & 0 & 0.195 & 0.589\end{bmatrix} \tag{10-34}$$

也就是说，每组烧嘴除影响本组炉管外，也影响相邻的各一组炉管，其效应为对每组炉管的1/3。进行矩阵求逆得

$$A^{-1} = \begin{bmatrix} 1.9398 & -0.7334 & 0.2724 & 0.0902\\ -0.7334 & 2.2122 & -0.8234 & 0.2724\\ 0.2724 & -0.8234 & 2.2122 & -0.7334\\ 0.0902 & 0.2724 & -0.7334 & 1.9398\end{bmatrix} \tag{10-35}$$

把 A^{-1} 值编入程序，在测得温度偏差 e 以后，由计算机求出 Δu 的值。

那么用什么作为基准温度呢？可选任何一组炉管的出口温度。

也许可能想到出口温度的设定值作为基准温度，但在此不这样做。因为各 Δu 值每5min 计算一次，单靠它来控制出口温度达到设定值，动作不够及时，所以宁可把它们作为消除各炉管出口温度差别的手段。

至于使基准温度达到设定值的任务，是由主控制器 TC 来完成，它可以是 PID 连续作用的，主控制器输出为 u。

在控制方案上把两者结合起来，通过偏差设定器中的加法器，把 u 和 Δu_i 代数相加，其输出作为送往执行器的信号。

现场经验表明，这样的系统是成功的。为了使动作更平稳，修正不是一蹴而就的，实际采用的 Δu 值的 1/2，即

$$\Delta u = KA^{-1}\Delta t \tag{10-36}$$

$K=0.5$，同时，对各 Δu_i 进行限幅，每次不超过全范围的 3%，运行结果是各点间温度差保持在 1.5℃以内。

目前不少裂解炉出口温度控制不采用解耦控制而采用另外控制方案，每组炉管出口温度与响应的进料流量组成串级控制系统，调整某组炉管进料量不会影响其他炉管出口温度，即相互之间没有耦合，且响应速度快，能保持炉出口温度符合要求。采用这个控制方案的最大问题是如何保证进料负荷的稳定。一般情况下炉管出口温度微小波动，只需调整进料量的 1% ~2%，最多小于 5%。为保证进料负荷的稳定，可采用总进料负荷（总进料量）与燃料总管压力的串级控制，总进料量控制器采用间隙控制器，偏差小于 5% 控制器输出不变，防止了温度控制系统与压力控制系统之间关联作用。

思考题与习题

1. 简单控制系统定义是什么？画出简单控制系统的典型框图。
2. 有一蒸汽加热设备利用蒸汽将物料加热，并用搅拌器不停地搅拌物料，到物料达到所需温度后排出。试问：

   （1）影响物料出口温度的主要因素有哪些？

   （2）如果要设计一温度控制系统，你认为被控量与操纵变量应选谁？为什么？

   （3）如果物料在温度过低时会凝结，据此情况应如何选择控制阀的开、闭形式及控制器的正、反作用。
3. 试简要说明串级控制结构的引入给对象干扰通道、调节通道的扰动输入响应特性会带来怎样的影响？
4. 已知图 10-15 所示换热器的被加热液体的出口温度为被调参数，用蒸汽管路上的调节阀来调节。假如被加热液体与蒸汽的流量波动是主要的扰动源，试制订前馈与串级控制方案予以补偿。

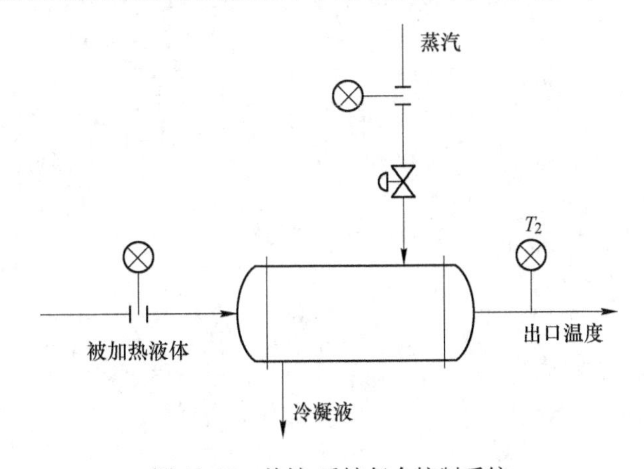

图 10-15　前馈-反馈复合控制系统

5. 比值调节系统主要有哪几种实现形式？各有哪些特点？
6. 什么情况下前馈控制系统需要设置偏置信号？应如何设置？
7. 与反馈控制系统相比，前馈控制系统有什么特点？为什么控制系统中不单纯采用前馈控制，而是采用前馈-反馈控制？
8. 裂解炉出口温度解耦控制中，解耦的被控变量和操纵变量分别是什么？作用原理是什么？

参 考 文 献

[1] 郭一楠，常俊林，赵峻，等. 过程控制系统[M]. 北京：机械工业出版社，2009.
[2] 俞金寿，孙自强. 过程控制系统[M]. 北京：机械工业出版社，2008.
[3] 黄德先，王京春，金以慧. 过程控制系统[M]. 北京：清华大学出版社，2011.
[4] 潘永湘，杨延西，赵跃. 过程控制与自动化仪表[M]. 2 版. 北京：机械工业出版社，2012.
[5] 何衍庆，俞金寿，蒋慰孙. 工业生产过程控制[M]. 北京：化学工业出版社，2004.
[6] 潘立登. 过程控制[M]. 北京：机械工业出版社，2008.
[7] 李国勇. 过程控制系统[M]. 北京：电子工业出版社，2009.
[8] 王树青，戴连奎，于玲. 过程控制工程[M]. 2 版. 北京：化学工业出版社，2008.
[9] 潘立登，李大宇. 过程控制技术原理与应用[M]. 北京：中国电力出版社，2007.
[10] 王再英，刘淮霞，陈毅静. 过程控制系统与仪表[M]. 北京：机械工业出版社，2006.
[11] 郑辑光，韩九强，杨清宇. 过程控制系统[M]. 北京：清华大学出版社，2012.
[12] 李文涛. 过程控制[M]. 北京：科学出版社，2012.
[13] 侯慧姝. 过程控制技术[M]. 北京：北京理工大学出版社，2012.
[14] 牛培峰，张秀玲，罗小元，彭策. 过程控制系统[M]. 北京：电子工业出版社，2011.
[15] 鲁照权，方敏. 过程控制系统[M]. 北京：机械工业出版社，2014.
[16] 杨三青，王仁明，曾庆山. 过程控制[M]. 武汉：华中科技大学出版社，2008.
[17] 陈夕松，汪木兰. 过程控制系统[M]. 北京：科学出版社，2011.
[18] 林锦国，张利，李丽娟. 过程控制[M]. 南京：东南大学出版社，2009.
[19] 邵惠鹤. 工业过程高级控制[M]. 上海：上海交通大学出版社，1997.
[20] 李正军. 计算机控制系统[M]. 北京：机械工业出版社，2009.